그린카 동력시스템

power system

임옥택 지음

UUP

그린카 동력시스템공학

▪
2012년 3월 16일 **초판 인쇄** ▪ 2012년 3월 22일 **초판 발행** ▪ **지은이** 임옥택 ▪ **펴낸이** 이 철
▪ **펴낸곳 UUP**(울산대학교출판부) 680-749 울산광역시 남구 대학로 93(무거동) 울산대학교 출판부
▪ 전화 (052)259-2488 팩스 (052)277-3011 ▪ **홈페이지** http://uup.ulsan.ac.kr
▪ **출판등록** 제370-1996-000001호(1996.3.13)
▪ ₩ 16,000원

▪
이 도서의 국립중앙도서관 출판시도서목록(CIP)은 e-CIP홈페이지(http://www.nl.go.kr/ecip)와 국가자료공동목록시스템(http://www.nl.go.kr/kolisnet) 에서 이용하실 수 있습니다.(CIP제어번호 : CIP2012001234)

ISBN 978.89.7868.277.0 (93550)

머리말

21세기의 시작과 더불어 인류에게 '에너지'라는 화두는 자동차동력기관의 진화를 이끌어 올렸다. 고효율화와 저공해성을 만족하기 위한 끊임없는 노력의 결과로 동력기관의 전기화, 엔진의 업그레이드 및 클린 신연료의 이용을 통한 대체에너지엔진, GDI엔진, 클린디젤엔진, EV, HEV그리고 Fuel Cell을 사용하는 자동차가 등장하게 되었다.

하지만, 근 미래에 그린카동력시스템을 설계할 공대학부생들을 대상으로 하는 동력시스템의 구동원리 및 개념에 대한 국내외의 그린카관련 서적은 매우 부족한 상황이다. 이에 본 교재에서는 그린카동력원의 구동원리 및 관련기술과 그린카 동력전달장치 및 구성부품의 개발 및 제어방법, 그리고 그린카의 성능측정 및 성능향상을 위한 방법론에 대하여 다루어서 이용하는 학부생들이 쉽게 이해 할수 있도록 집필하였다.

본 교재는 그린카동력시스템에 대한 개발역사, 구동원리, 디자인 형태, 이론에 대하여 설명한다. 또한, 각 자동차의 성능, 형상, 제어이론, 디자인방법론, 모델링과 시뮬레이션에 대하여 언급하였다. 1장에서는 에너지와 자동차에 대해서 이야기하고, 2장에서는 클린디젤의 역사 및 관련 부품 및 기술에 대해서 설명하였다. 3장에서는 하이브리드 자동차의 도입배경 및 분류, 개념 그리고 최근의 하이브리드 기술에 대해서 언급하였다. 4장에서는 전기자동차의 종류 및 관련부품을 설명하고 주행연장 전기자동차에 대해서도 설명하였다. 5장에서는 연료전지자동차의 역사, 원리 및 기술 그리고 수소의 저장기술에 대해서도 설명하였다.

집필 과정 중, 기술적 자료들을 수집하고 활용하기 위하여, 기존의 많은 관련 서적, 보고서 및 논문, 관련 웹사이트 등을 참고자료로 인용했으나 일일이 이해를 구하지 못한 점을 이 자리에서 양해를 구하며 이들에게 깊은 사의를 표하는 바이다.

저자는 앞으로도 꾸준히 본 교재에 대한 사용자들의 반응과 의견들을 경청하여 개정과 보완작업에 게을리 하지 않을 것을 약속한다.

이 교재가 나올 수 있도록 내용의 보완과 현장의 경험을 살려 감수를 해 주신 국내외 여러 관계자님들께 깊은 감사를 드린다. 또한, 교재의 세세한 부분까지 정리해주고 수정해 주신 울산대학교 출판부의 관계자들 덕분에 출판되게 됨을 다시 한번 감사드린다.

끝으로 본 교재는 울산대학교 그린카인재양성센터의 지원을 받아 집필된 것임을 밝히며, 교재 개발비를 지원해 주신 관계자 여러분에게 깊은 감사의 말씀을 드린다.

2012년 3월

저자 배상

차 례

제1장
에너지와 자동차

1. 서론

석유의 가격 상승과 기후 변화에 관한 지속적인 관심에도 불구하고 수송 분야의 에너지 사용은 전 세계적으로 증가하고 있는 추세이다. 특히 전 세계의 석유소비량 절반 이상이 수송 분야에서 소비되고 있으며, 이에 따른 이산화탄소 배출은 전체 에너지 관련 배출의 약 25% 이상을 차지하고 있다. 따라서 수송 분야는 연료 사용량 및 온실가스 배출 감소라는 두 가지 커다란 과제에 당면해 있는 실정이다. 본고는 국제에너지기구(IEA)의 2050년 에너지 기술 전망(ETP 2050 : Energy Technology Perspectives)의 2008년판에 근거하여 수송용 연료기술을 조망한다. 약 2050년경의 차량용 연료 전망은 기본적인 기술에 대한 불확실성이 존재하기 때문에 기술의 성숙도에 따른 가정이 필요하다. 따라서 현재 가지고 있는 기술 그대로 2050년 까지 지속되었을 경우, 강력한 정책들이 가정되지만 기본적인 기술의 가격 경쟁력을 유지했을 경우, 바이오 연료의 많은 사용이 있으며, 전기자동차 및 연료전지자동차의 도입이 생겼을 경우의 세 가지 시나리오를 바탕으로 2050년경의 차량용 연료 전망을 하도록 하겠다. 각각의 시나리오는 Baseline, Act Map, Blue Map으로 나뉜다.

2. Baseline 시나리오

현재로서 가능한 미래 연료 전망 중 하나는 현재의 기술 수준에서 혁신적인 발전 없이 몇 %정도의 연비증가를 가정하는 것이다. 또한 이러한 경우에는 현재 연구 단계에 있는 플러그인 하이브리드 자동차, 전기자동차, 연료전지 자동차 등의 극적인 기술 성공을 가정하지 않는다. 연료의 효율 향상이나 효과적인 사용면에 있어서 현재로서 상당한 수준에 이르렀으며, 따라서 혁신적인 기술 발전이 없을 수 있다는 가정도 타당하다. 특히 수송에 사용되는 효율을 향상시키는 것은 수송량 증가의 일부분만을 상쇄시키는 것이며 앞의 가정을 반증하듯 효율 개선 추세가 둔화되고 있는 것이 사실이다. 그러나 인구의 증가와 산업의 증가 추세로 봤을 때 2005년에서 2050년 사이 소형 승용차의 수송량은 세 배 이상 증가할 것이 예상되며, 이에 따른 버스, 트럭, 소형 승용차를 제외한 다른 수송량도 두 배 이상 증가할 것으로 예상된다. 특히 지역적으로 보았을 때 이러한 증가 추세는 개발도상국 중심으로 이루어질 것이며, 특히 자동차 보유 대수 증가 추세가 높은 중국과 인도에 두드러지게 나타난다.

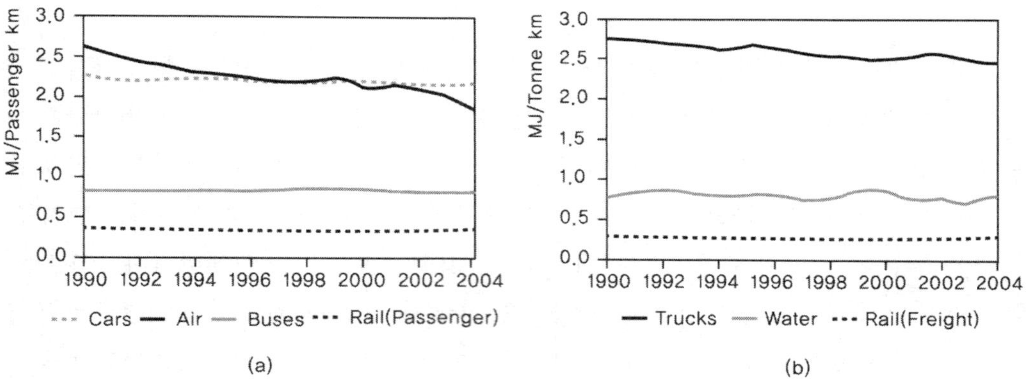

〈그림1-1〉 IEA 국가의 승용〈a〉과 화물〈b〉 수송에 따른 에너지사용 밀도 변화 경향 (출처: IEA,2008)

<그림 1-1>은 IEA 국가의 승용과 화물 수송에 따른 최근 몇 년간의 에너지 사용 밀도 변화 경향을 보여준다. 최근 몇 년간 운송 수단의 에너지 밀도가 매우 느리게 발전했음을 보여주고 있다. 이러한 가정에는 대체연료의 사용이 현재 수준과 비슷하기 때문에 전체 에너지 소비는 화석연료의 사용에 의존하게 될 것이다. 그러나 전통적인 석유의 생산량은

최고점을 기록한 후 감소하기 시작할 것이다. 따라서 이에 따른 부족분은 비 통상적인 석유(유사 : 油砂. Tar Sand)와 GTL 및 CTL 등 의한 화석 자원으로 메워질 것이 예상된다. 이러한 연료들은 평균적으로 기존 석유에 비하여 탄소의 함량이 매우 높아 이에 의존할 경우 현재보다 자원의 소모 및 환경 파괴가 더 심해질 것으로 예상된다. 결국 이로 인하여 이 Baseline 시나리오에 따르면 세계 수송분야의 에너지 소모와 배기가스 배출은 2030년경에는 2005년 대비 50% 이상 증가할 것이며, 2050년경에는 두 배 이상 증가할 것으로 예상할 수 있다.

<그림 1-2>는 Baseline 시나리오에 따른 분야별 투자비율을 나타내고 있으며, <그림 1-3>에서는 Baseline 시나리오에서 예상하는 지역별 연료 사용량을 나타내고 있다.

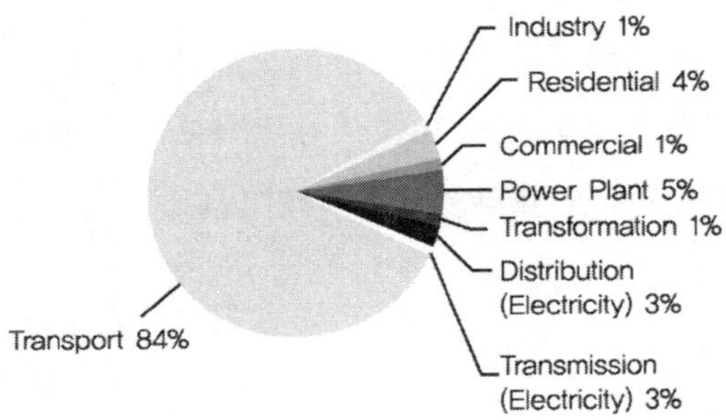

〈그림1-2〉 Baseline 시나리오에 따른 투자 비율(출처:IEA, 2008)

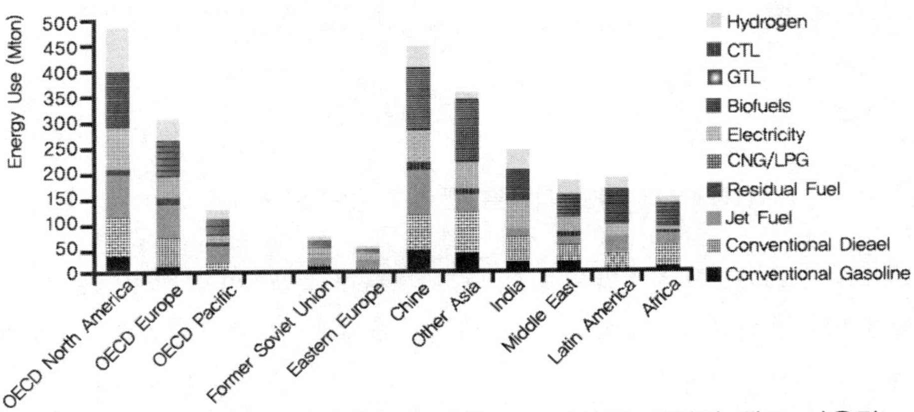

〈그림1-3〉 Baseline 시나리오에 따른 2050년 경 지역별 연료 사용량
(출처:IEA, 2008)

3. 현 연료 상황

전 세계적인 석유 가격의 상승과 기후 변화에 관한 관심에도 불구하고 수송 분야에서의 연료 사용은 증가하는 추세에 있다. 지난 수십년간 많은 수준의 효율이 증가하였으나 이러한 효율의 증가로 인한 연료 사용량의 감소에 비하여 전체 운송 차량의 증가가 급격하여 전체적인 연료 사용량은 증가하였다. 특히 현재 대부분의 차량용 연료는 석유계 연료인 가솔린 경유 등에 의존하고 있으며 그 사용량은 약 95%에 달한다. 현재 몇몇 국가에서는 압축 천연가스(CNG, Compressed Natural Gas)나 액화 석유가스(LPG, Liquefied Petroleum Gas) 등을 대체 연료로 사용하고 있는 추세이다. 또한 일부 국가에서는 차량 연료로 화석 연료가 아닌 연료들을 사용하기 시작하였다. 특히 북미 OECD 국가와 라틴아메리카에서는 바이오 디젤과 상용 디젤을 혼합한 연료가 많이 쓰이고 있으며 CNG와 LPG 또한 라틴아메리카와 북미 OECD국가에서 큰 역할을 하고 있다. CTL(Coal to Liquid)과 GTL(Gas to Liquid)은 크게 사용되고 있지 않으며 남아프리카 등지에서만 CTL이 조금 사용되고 있다. 현재까지는 수소 연료의 사용은 거의 없다.

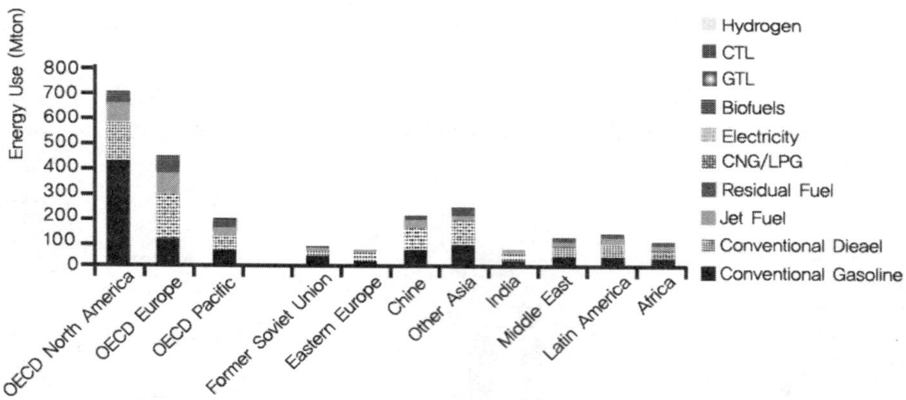

〈그림1-4〉 2005년 지역별 연료 사용량 (출처:IEA, 2009)

<그림1-4>은 2005년의 지역별 연료 사용량을 나타내고 있으며 <그림1-5>는 2005년의 지역별 비 석유계 연료 사용량이다. 주로 OECD국가에서 대부분의 연료를 사용하고 있으며 비 석유계 연료의 경우에는 각 지역의 특성에 따라 소비량이 다르다.

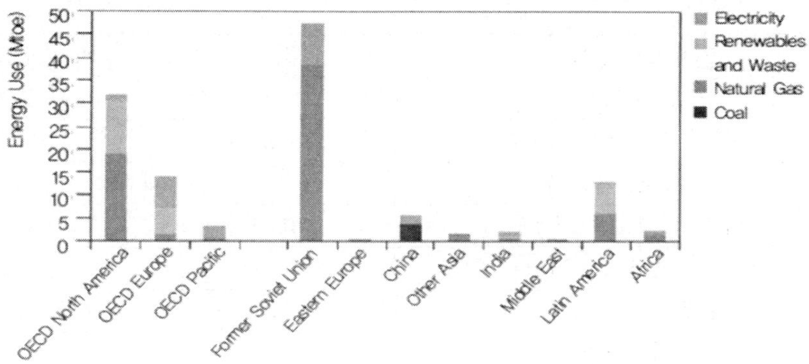

〈그림1-5〉 2005년 지역별 비 석유계 연료 사용량 (출처:IEA, 2009)

4. 대체에너지

4-1 바이오연료자동차

1) 바이오디젤

(1) **개요**

바이오디젤이란 유채유, 대두유, 팜유 등의 식물성 기름, 우지와 같은 동물성 지방, 폐식용유 등 다양한 재생 가능한 자원을 <그림 1-6>에서와 같이 촉매 존재 하에 알을과 반응시켜 생성하는 에스테르화 기름을 말하며 <표 1-1>에서와 같이 경유와 물성이 유사하므로 경유에 대체 또는 혼합하여 압축착화 디젤엔진에 사용할 수 있다.

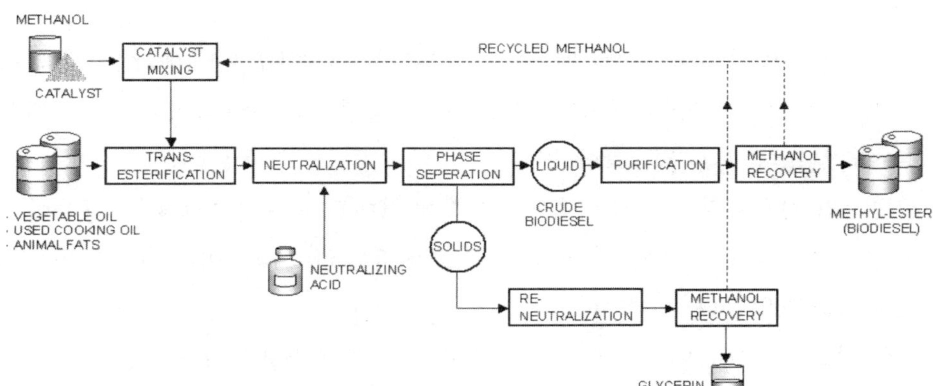

〈그림 1-6〉 바이오디젤의 제조공정 개요 (출처 : NREL)

〈표1-1〉 경유에 대비한 바이오디 젤의 물성 (출처 : KIER)

연료의 물성	경유	바이오디젤
연료의 조성	$C10 \sim C21\,HC$	$C12 \sim C22\,FAME$
저위발열량 (Btu/gal.)	131.295	117.093
동점도 (@ 40℃)	1.3~4.1	1.9~6.0
비중 (kg/l @ 60°F)	0.85	0.88
밀도 (lb/gal @ 15℃)	7.079	7.328
탄소수 (wt %)	87	77
수소수 (wt %)	13	12
산소수 (wt %)	0	11
황함량 (wt %)	.05 max	0.0 ~ 0.0024
운점 (℃)	-15 to 5	-3 to 12
유동점 (℃)	-35 to -15	-15 to 10
세탄가	40~55	48~65
윤활성 HFRR (microns)	685	314

현행 경유에 대한 바이오디젤의 장점을 살펴보면,

① 국내 자급이 가능하고 재생 가능한 식물자원(바이오매스)에서 생산되므로 에너지 자원의 고갈 문제가 없고, 폐식용유 등의 폐자원을 유효 활용할 수 있다.

② 바이오작물의 재배에서 바이오디젤의 생산 및 차량 이용에 이르기까지 전 주기(라이프사이클)에서 볼 때에 차량 연료 사용에 따라서 배출된 이산화탄소는 바이오작물의 육성과정에서 식물의 광합성 작용으로 회수되므로 그의 순 배출량이 대단히 적다.

③ 산성비의 주범인 SOx를 전혀 배출하지 않고, 함산소연료(산소 10% 이상 함유)이므로 발암물질인 입자상물질이나 CO, HC 등 디젤엔진의 유해 배출가스를 크게 저감할 수 있다(<표 1-2> 및 <그림 1-7>)

④ 세탄가가 경유보다 높아서 압축착화엔진에 그대로 적용이 가능하며, 경유에 소량 혼합하여 사용하는 경우에는 엔진의 개조가 필요 없고 출력이나 연비 변화도 거의 문제시되지 않는다.

⑤ 액상 연료이기 때문에 기존의 연료 인프라를 그대로 활용할 수 있다.

⑥ 윤활성이 좋기 때문에 경유의 저유황화에 따른 윤활성 저하 대책으로 사용할 수 있다.

⑦ 벤젠 등을 배출하지 않아서 독성이 적고, 생분해도가 높아서 유출시 환경오염이 적다.(3주 이내에 90% 이상분해)

단점으로는,

① 연료의 안정성이 경유에 비해 좋지 않기 때문에 적절히 제조 또는 관리되지 않으면 산가나 수분함량의 증가 연료품질의 악화에 기인하여 엔진 연료계 금속부품의 부식 또는 손상을 유발할 수 있고, 연료분사 인젝터의 막힘이나 실린더 내 카본퇴적의 증가를 유발할 수 있다.

② 경유에 비해 유동점이 높기 때문에 한냉시의 시동성 악화를 유발할 수 있다.

③ 연료계통의 일부 고무재료 등을 열화시킬 수 있으므로 고농도로 사용하는 경우에는 재질 변경을 요한다.

이와 같이 바이오디젤은 국내 자급이 가능한 재생 가능한 바이오매스자원 또는 폐식용유를 유효 활용하여 자동차 연료의 주류를 점유하는 석유계 연료를 대체할 수 있고 지구온난화가스인 이산화탄소와 대기오염물질인 PM, THC, CO 등 유해 배출가스를 크게 저감할 수 있기 때문에 에너지원의 다양화, 기후변화협약의 대응, 대기환경의개선 등을 위하여 각국에서 보급을 확대하고 있는 유망한 대체에너지원의 하나이다.

〈표 1-2〉 경유대비 바이오디젤의 공해저감 효과(출처 : 미국 NBEL/TP-580-24772)

항 목	B100	B20
황산화물(SOx)	-100	-17.6
오존발생잠재도(OFP)	-50	-10
발암성 방향족화합물(PAH)	-80	-13
질화 발암성방향족 화합물	-90	-50
라이프사이클 CO_2 저감량	-78.45	-15.66

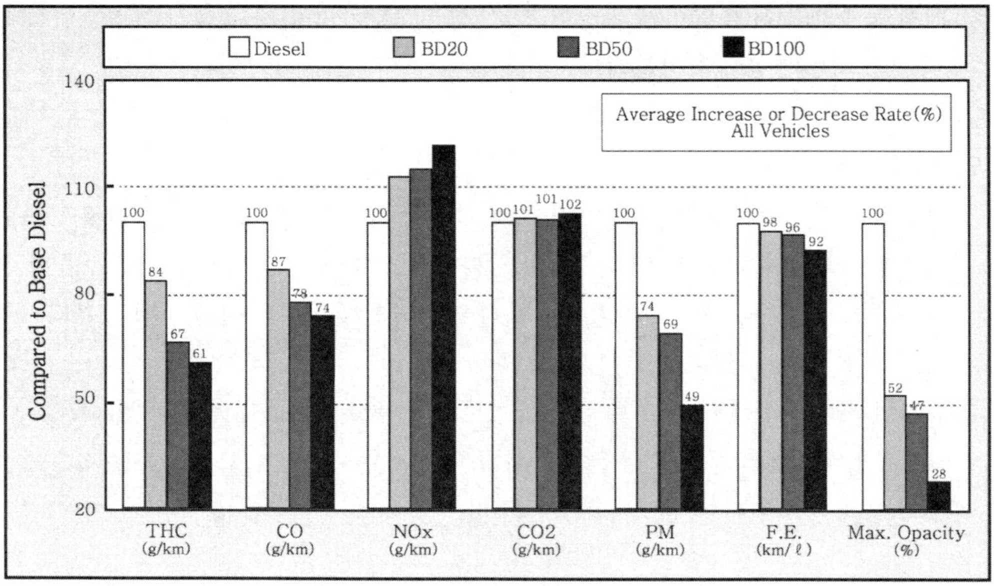

〈그림 1-7〉 바이오디젤 혼합비율에 따른 소형 디젤자량의 배출가스 변화(출처 KIER)

2) 바이오에탄올

(1) 개 요

에탄올은 석유계 연료인 에틸렌으로부터 합성되기도 하지만 차량용 연료로서 부각되고 있는 바이오에탄올은 <그림 1-8>에서와 같이 옥수수나 카사바와 같은 전분질계, 사탕수수나 사탕무와 같은 당질계, 목재나 농산폐기물과 같은 목질섬유소계 원료를 발효시켜 생산한다.

〈표 1-3〉 유럽 대비 한국의 바이오디젤 품질규격(2006. 4 현재)

물 성	단위	유럽연합 EN14214	한국 No.2006~37
		최저/최고	최저/최고
에스테르함량	%(m/m)	96.5	←
밀도 @ 15℃	kg/m^2	860-900	←
동점도 @ 40℃	mm^2/s	3.5-5.0	1.9-5.0
인화점	℃	120	←
황함량	mg/kg	10	←
10% 잔류탄소	%(m/m)	0.30	0.10 (잔류탄소)

세탄가		51.0	-
회분	%(m/m)	0.02	0.01
수분	mg/kg	500	500 (물과 침전물)
침전물	mg/kg	24	
동판부식 (3h @ 50℃)	rating	class 1	class 1
산화안정성 @ 110℃	hours	6.0	←
산가	mg KOH/g	0.50	←
요드가		120	-
리놀레닉산 메틸에스테르	%(m/m)	12.0	-
다고리불포화(>=4중결합) 메틸에스테르	%(m/m)	1	-
메탄올	%(m/m)	0.20	-
모노글리세라이드	%(m/m)	0.80	-
디글리세라이드	%(m/m)	0.20	-
트리글리세라이드	%(m/m)	0.20	-
프리글리세롤	%(m/m)	0.02	←
총글리세롤	%(m/m)	0.25	0.24
그룹 Ⅰ(알카리) 금속 (Na+K)	mg/kg	5.0	←
그룹 Ⅱ 금속 (Ca+Mg)	mg/kg	5.0	←
인	mg/kg	10.0	←

전분질계와 당질계는 손쉽게 바이오에탄올을 제조할 수 있으나 자원량이 제한리어 있고 가격이 비싼 단점이 있기 때문에 자원량이 풍부하고 저렴한 목질섬유소계를 활용하여 바이오에탄올을 제조하는 공정이 연구 개발되고 있다.

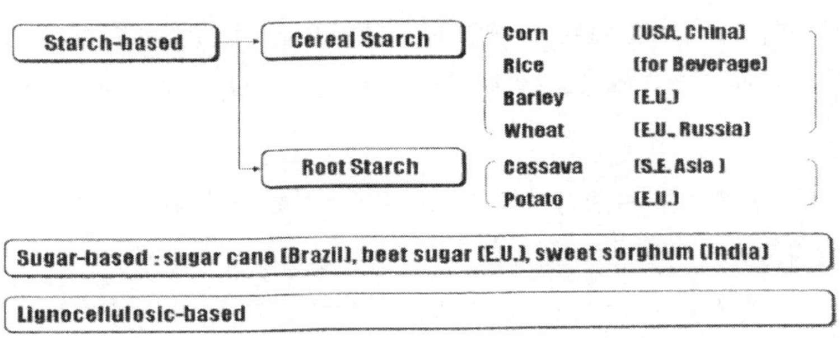

〈그림 1-8〉 바이오에탄올의 제조원료

바이오에탄올은 <표 1-4>에서 보는 바와 같이 옥탄가가 높아서 Otto cycle에 의한 스파크점화연소가 가능하므로 휘발유에 대체 또는 혼합하여 가솔린엔진의 연료로 사용할 수 있다. 휘발유에 소량 혼합하는 경우에 기존 가솔린엔진에 그대로 적용할 수 있으며 고농도 혼합 또는 순수에탄올을 연료로 사용하는 경우에는 연료계 부품의 재질 변경, 전자제어장치의 Remapping 등 소폭 개조를 통하여 사용가능하며 기존의 주유인프라도 활용가능한 장점이 있다.

〈표 1-4〉 휘발유에 대비한 에탄올의 물성

항목		단위	에탄올	MTBE	ETBE	휘발유
밀도(15℃)		kg/m^3	796	746	747	710-780
함산소량		wt %	34.8	18.2	15.7	0
비점		℃	78.3	55.2	71.7	25-210
증기압		kPa	15.9	55	27.6	55-90
진발열량		MJ/kg	26.7	35.2	37.8	약 43.9
옥탄가	리서치 옥탄가	-	111	117	118	레귤러≒93 프리미엄≒90
	모터 옥탄가	-	92	101	102	레귤러≒83 프리미엄≒90
물 용해도		wt %	상호용해	4.3	1.2	0.02
이론 공연비		-	9	11.7	12.1	약 14.6

현행 휘발유에 대한 바이오에탄올의 장점을 살펴보면,

① 국내 자급이 가능하고 재생 가능한 식물자원(바이오매스)에서 생산되므로 에너지자원의 고갈 문제가 없고, 폐 식용유 등의 폐자원을 유효 활용할 수 있다.

② 바이오작물의 재배에서 바이오에탄올의 생산 및 차량 이용에 이르기까지 전 주기(라이프사이클)에서 볼 때에 차량 연료 사용에 따라서 배출된 이산화탄소는 바이오작물의 육성과정에서 식물의 광합성 작용으로 회수되므로 그의 순 배출량이 대단히 적다.

③ 함산소연료(산소함량 34.8%)이므로 CO, HC 등 가솔린엔진의 유해 배출가스를 저감할 수 있다.

④ 옥탄가가 휘발유보다 높아서 스파크점화엔진에 그대로 적용이 가능하며 휘발유에 소량 혼합 사용하는 경우에는 기존 엔진의 개조가 불필요하고, 고농도 혼합 또는

순수에탄올을 사용하는 경우에는 압축비를 높여 엔진의 열효율을 높일 수 있다.

⑤ 옥탄가가 높아서 MTBE 대신에 옥탄가 향상제로 활용이 가능하다.

⑥ 벤젠 등을 배출하지 않아서 독성이 적고, 생분해도가 높아서 유출시 환경오염이 적다.

⑦ 액상 연료이기 때문에 기존의 연료 인프라를 그대로 활용할 수 있다.

단점으로는,

① 발열량이 크게 낮아서 연비를 악화시킨다.

② 베이퍼록, 증발가스 증가 등을 유발할 수 있고, 알데하이드의 배출량이 증가한다.

③ 비점이 높아서 한냉시의 시동성 악화를 유발한다.

④ 연료계통의 일부 금속 재료를 열화시키고, 고무나 합성수지를 팽윤시키므로 고농도 사용시에는 재질 변경을 요한다.

⑤ 고농도 사용시에는 엔진 제어계 재 튜닝이 필요하다.

⑥ 소량 혼합할수록 상분리가 쉬워지며, 유통인프라 개조가 필요하다.

이와 같이 바이오에탄올은 국내 자급이 가능한 재생 가능한 바이오매스자원을 유효 활용하여 자동차 연료 의 주류를 점유하는 석유계 연료를 대체할 수 있고 지구온난화 가스인 이산화탄소와 대기오염물질인 HC, CO 등 유해 배출가스를 크게 저감할 수 있기 때문에 에너지원의 다양화, 기후변화협약의 대응, 대기환경의 개선 등을 위하여 각국에서 보급을 확대하고 있다.

FFV(Flex Fuel Vehicle)는 브라질 휘발유(무수에탄올 20-25% 혼합휘발유), 100% 함수에탄올(최대 5%함수) 또는 이들의 혼합연료를 사용할 수 있는 자동차로서 순수에탄올 사용시의 차량 성능은 휘발유 사용 시에 비하여 최고속도, 순간가속도 등이 우수하고(<그림 1-9>), HC, CO, NOx 등의 배출가스는 거의 동일한 것으로 알려져 있다.

FFV는 기존 가솔린차량에 대하여 압축비 증대(9.4 : 1에서 10.5 : 1로), 냉시동 보조장치 장착(18'C 이하의 저온, 연료탱크내의 휘발유 함량 15% 이하에서는, 별도보조탱크 내의 순수 휘발유로 시동), 연료계 부품의 내부식성 재료 채용(연료필터, 펌프 등), 새로운 전자제어상치(에탄올 함량 변화에 따른 공연비 변화를 보정), 새로운 연료 인젝터(내부식성 향상, 에탄올의 낮은 발열량에 따른 연료유량 증대), 가열산소센서 등을 수정한 것(<그

림 1-10>)으로서 상술한 바와 같이 브라질 휘발유(25%에탄을 혼합 휘발유)과 함수에탄을 각각 또는 이들의 혼합사용에 대응 가능하다.

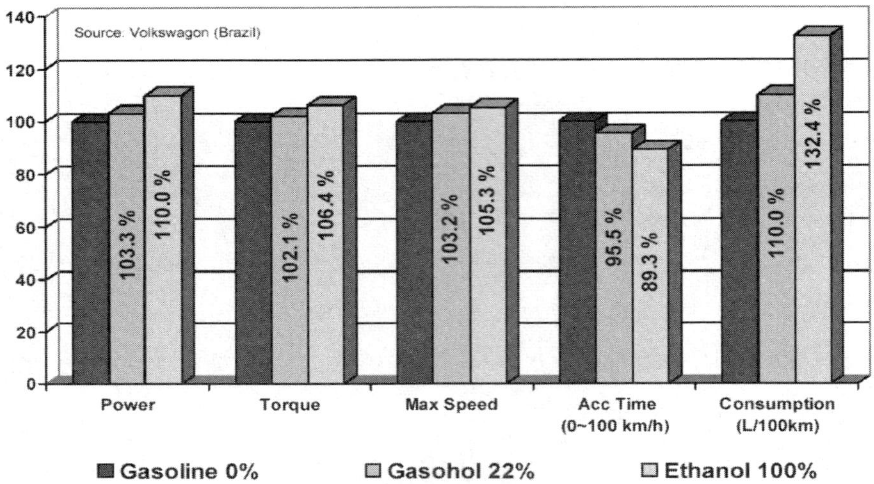

〈그림 1-9〉 가소홀 및 E100 자량의 출력 및 연비 특성 (출처 : 브라질 VW)

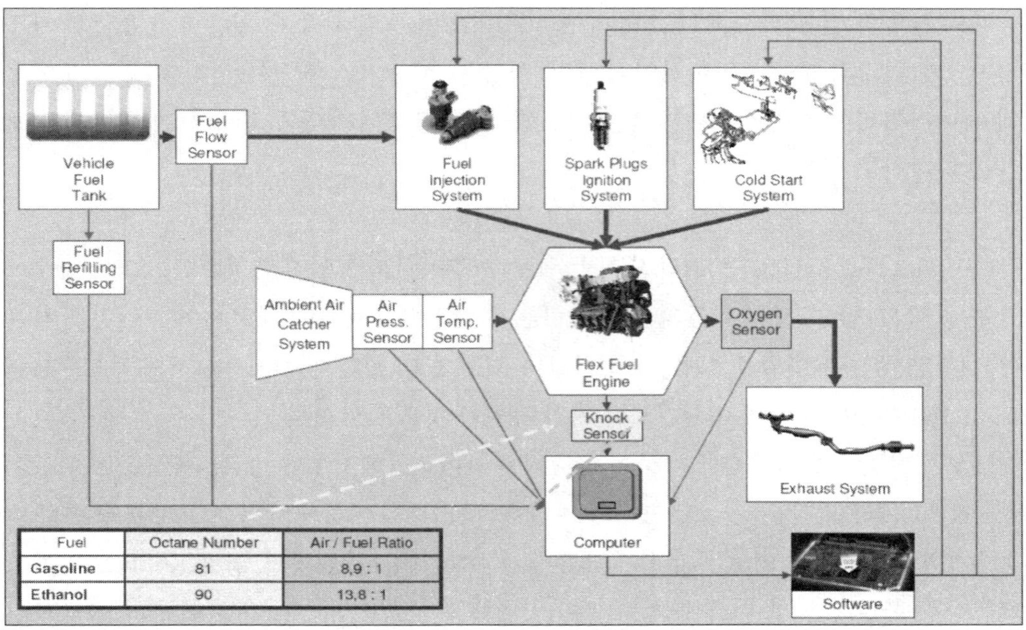

Fuel	Octane Number	Air / Fuel Ratio
Gasoline	81	8,9 : 1
Ethanol	90	13,8 : 1

〈그림 1-10〉 브라질 FFV의 엔진 및 연료계 (출처 : ANFAVEA)

(2)바이오에탄을 혼합연료의 차량 영향

북미에서는 오래전부터 E10(가소홀)이 일반차량용 연료로 유통되어 온 바, 세계 유수의 자동차제작사에서는 대부분 가소홀 연료에 대응하고 있으며, 이에 따라서 현행 가솔린자동차에 에탄을 10% 이내를 포함하는 경우에는 대부분의 차량에 사용이 가능할 것으로 생각된다(대부분1986년 식 이후 보증, <그림 1-11> 참조).

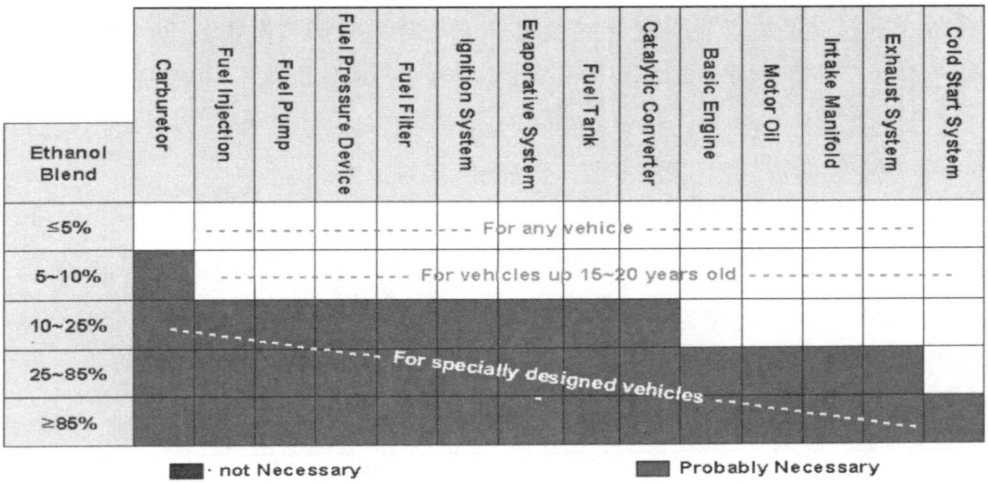

〈그림 1-11〉 바이오에탄올의 기존 가솔린차량에 대한 적합성 (출처 : ANFAVEA)

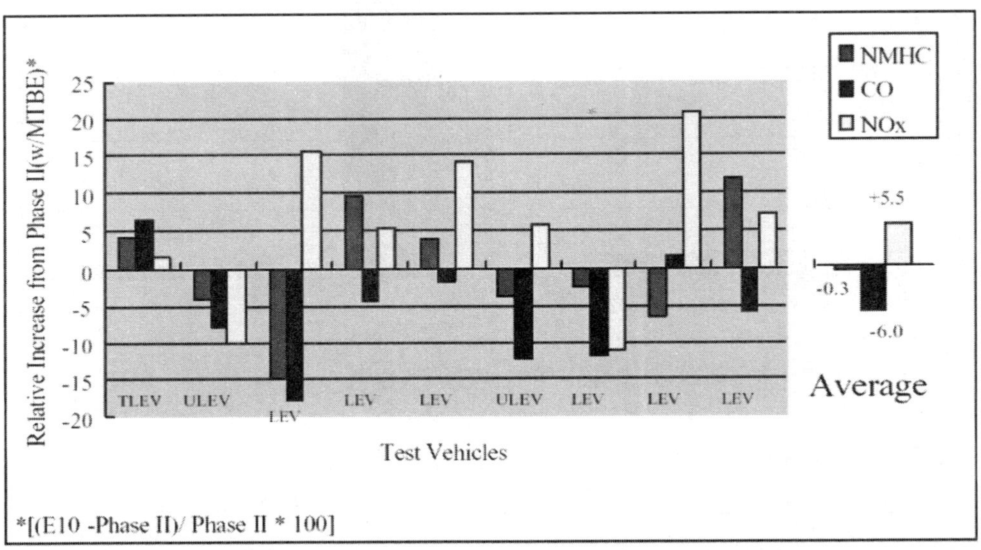

〈그림 1-12〉 일본 내수차량의 미국 FTPU75모드 배출가스 시험결과 (출처 : JARI)

한편 일반적으로 가솔린차량에 에탄올 혼합연료를 사용하면 에탄올에 포함된 산소성분에 기인하여 공연비의 희박화가 이루어져 전술한 바와 같이 삼원촉매의 정화율이 변화하기 때문에 CO, HC는 감소하고, NOx는 다소 증가하는 것으로 알려져 있다. 그러나 이러한 공연비 희박화에 따른 배출가스 특성은, 시험대상 차량이 에탄올 혼합연료에 대응하도록 당초에 설계 되었는지, 시험차량의 엔진 ECU 제어로직이 어떠한 시험모드에서 최적화되었는지, 배출가스 허용기준에 대응한 제작년도, 몇 퍼센트의 에탄올 함량에 대응하도록 설계되었는지 등에 따라서 그의 변화특성 및 변화량(변화율)이 상이하다.

일본자동차연구소에서 일본의 내수 가솔린차량 9대를 사용하여 E10에 대해 시험한 결과에서는 <그림 1-12>에 나타내는 바와 같이 평균적으로 NMHC는 0.3% 감소하고, CO는 6.0% 감소하며, NOx는 5.5% 증가하는 결과를 나타내고 있다.

한국 에너지 기술 연구원에서 국내 양산 중형 승용차를 사용하석 E0(베이스휘발유), E3, E5 및 E10에 대하여 CVS-75모드 연비 및 배출가스 시험을 실시한 주요결과는 아래와 같다. 시험에는 휘발유, 휘발유에 바이오에탄올을 체적비로 3%, 5%, 10%혼합한 연료를 사용하였다(이하 EO, E3, E5, E10).

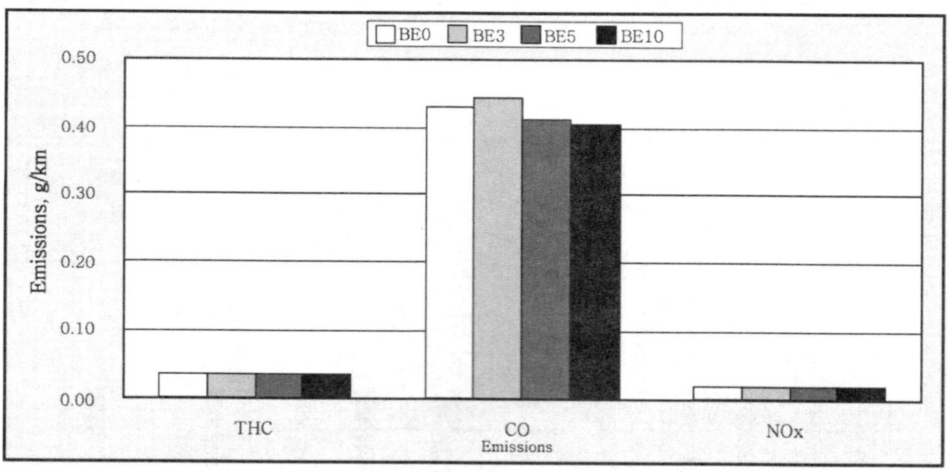

〈그림 1-13〉 에탄올 혼합비율에 따른 배출가스 변화 (출처 : KIER)

<그림 1-13>에 베이스 휘발유에 대비한 E3, E5, E10의 THC, CO, NOx 등 배출가스특성을 나타낸다. 그림에 의하면, 에탄올 혼합비율이 증가할수록 T보C 배출농도가 감소하는 경향을 나타내며, CO의 경우에는 E3를 제외하고는 베이스 휘발유에 비하여감소하는 경향을 나타내고 있다. NOx의 경우에는 E3, E5의 경우에는 베이스 휘발유와 동일한 배출

농도를, E10의 경우에는 다소 감소하는 결과를 나타내고 있다.

<그림 1-14>에는 베이스 휘발유에 대비한 로3, E5, E10치 연비 특성을 나타낸다. 그림에 의하면, 에탄올 혼합비율이 증가할수록 연비가 다소 감소하는 경향을 나타내며, 이는 에탄올의 낮은 발열량에 기인하는 것으로 생각된다.

이들 연비 및 배출가스 시험 결과에서 볼 수 있는 바와 같이, 바이오에탄올 혼합율이 증가하면 THC, CO, NOx 등 모든 배출가스가 다소 감소하는 경향을, 연비 역시 다소 감소하는 경향을 나타내나, 그들의 절대 값 변화는 크지 않기 때문에 전반적으로 볼 때에 바이오에탄올 10%까지의 혼합에 대해서는 연비나 배출가스 특성에 큰 영향을 미치지 않는 것으로 판단해도 좋을 것으로 생각된다.

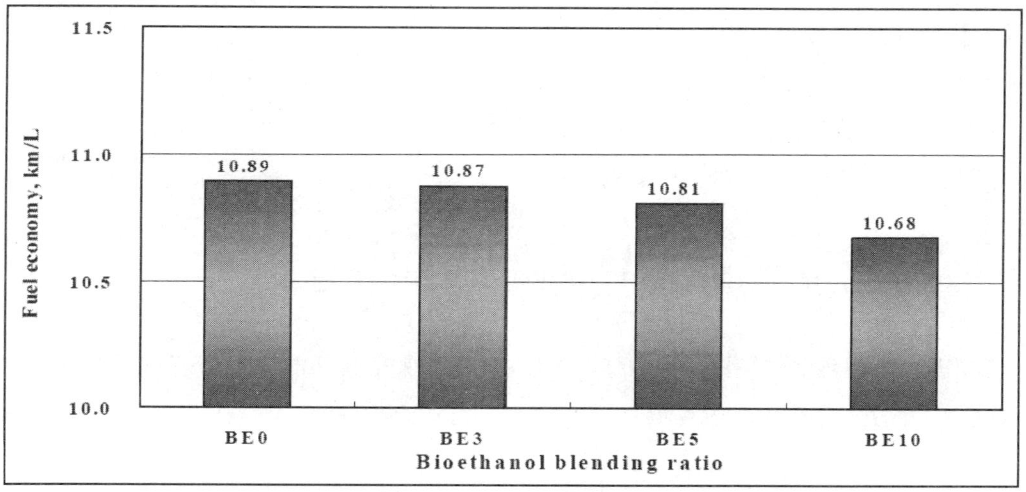

〈그림 1-14〉 예탄올 혼합비율에 따른 연비 변화 (출처 . KIER)

4-2 합성연료자동차

1) DME자동차

(1) 개요

DME (Dimethyl Ether)는 경유와 동등 이상의 세탄가를 갖고 있기 때문에, 압축착화에 의한 디젤사이클 운전이 가능하여 디젤엔진 수준의 열효율과 이산화탄소 배출량을 얻을 수 있고, 함산소연료이기 때문에 PM을 거의 배출하지 않는 등 경유 대체연료로서 우수한 특성을 많이 가지고 있다. 특히 최근에 저가격으로 DME를 제조할 수 있는 직접 합성반응기술이 개발되고, 천연가스. 석탄, 바이오매스, 폐플라스틱 등 다양한 원료에 의해 그의 제조가 가능할 것으로 확인됨에 따라서, 2010년 이후에는 자동차용 경유 대체연료로서는 물론 다양한 용도로서, 그의 보급이 확대될 것으로 전망된다(<그림 1-15>). 따라서 그동안 스프레이용 추진체, 올레핀 생산, MTG (Methanol To Gasoline), 메틸아세테이트 합성용으로 주로 사용되어 오던 DME에 대하여, 그의 제조 및 활용기술 연구가 활발히 추진되고 있다.

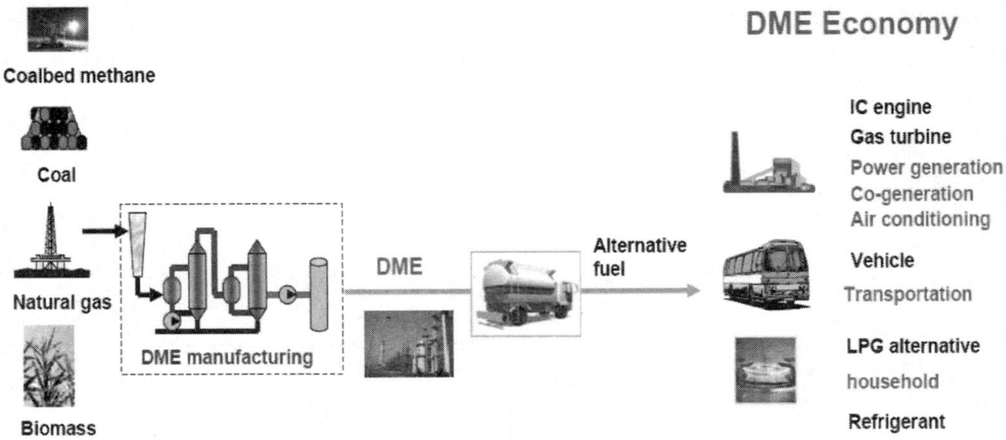

〈그림 1-15〉 DME의 제조원료 및 용도

DME는 <표 1-5>에서와 같이 1개의 산소분자와 2개의 메탄기가 결합한 에테르화합물로(CH_3OCH_3) 디젤엔진 연료로서 아래와 같은 많은 장점이 있다

① 세탄가(약 60)가 높기 때문에 디젤사이클 운전이 가능하여, 디젤엔진 수준의 열효율과 이산화탄소 배출량을 얻을 누 있다.

② 함산소연료(34.8wt%)이므로 PM의 발생이 극히 적고, 황분을 함유하지 않아서 황화합물을 배출하지 않는다.

③ EGR을 적용하면, 저NOx 및 저PM의 동시실현이 가능하다.

④ 인체에 위해성이 없고, 금속계통에 대한 부식성이 없다.

⑤ LPG와 유사하게 약 5기압정도에서 상온 액화가 가능하기 때문에, 현행 LPG차량의 연료용기나 연료공급인프라 등을 대부분 준용할 수 있다.

〈표 1-5〉 DME와 다른 연료간의 물성치 비교

	DME	메탄	프로판	노말 부탄	경유
화학식	CH_3OCH_3	CH_4	C_3H_8	C_3H_{10}	-
비등점(섭씨)	-25.1	-161.5	-42.0	-0.5	180-370
액체밀도 (g/cm^3,20도)	0.67	-	0.49	0.57	0.84
가스비중 (공기=1)	1.59	0.55	1.52	2.00	-
증발잠열 (kcal/kg)	111.7	121.9	101.8	92.1	60
포화증기압 (atm, 20도)	6.1	246	9.3	2.4	-
폭발한계(%)	3.4-17	5.0-15.0	2.1-9.4	1.9-8.4	0.6-6.5
세탄가	55-60	-	(5)	(10)	40-55
저위발열량 ($kcal/Nm^3$)	14,200	8,600	21,800	28,300	-
저위발열량 (kcal/kg)	6,900	12,000	11,100	10,930	10,000

(2) **제조 기술**

종래에 DME는 메탄올의 탈수반응에 의한 간접법에 의해 제조되며 합성가스→U메탄올→DME의 경로를 거쳐 제조된다. 그러나 최근에 덴마크의 Haldor topsoe, 일본의 JFE 등에서 천연가스, 석탄, 바이오매스 등에서 만들어지는 CO, Hz 등의 합성가스로부터 DME를 직접 하성하는 제조기술이 개발되었다.

종래의 메탄을 탈수반응에 의한 DME 제조기술은, 생산효율이 낮고, 고가인 메탄올을 사용하기 때문에, 값싸게 합성할 수 없는 문제점이 있었으나, 합성가스로부터 DME를 직접 합성·제조하는 기술은, 천연가스, 석탄가스화 가스, 바이오매스, LNG탱크의 BOG(Boil Off Gas), 제철소의 부생가스, 석유잔사, 폐기물(플라스틱 등), 가축분뇨 등 다종다양한 값싼 원료를 활용 가능할 점, 메탄을 탈수법에 비해 에너지소비가적고, 자기열형 개질기(Auto thermal reformer) 등에 의해 개질 프로세스의 경비를 저감할 수 있어서, 제조가격을 대폭 낮출 수 있는 점 등 이점이 많다고 보고되고 있다.

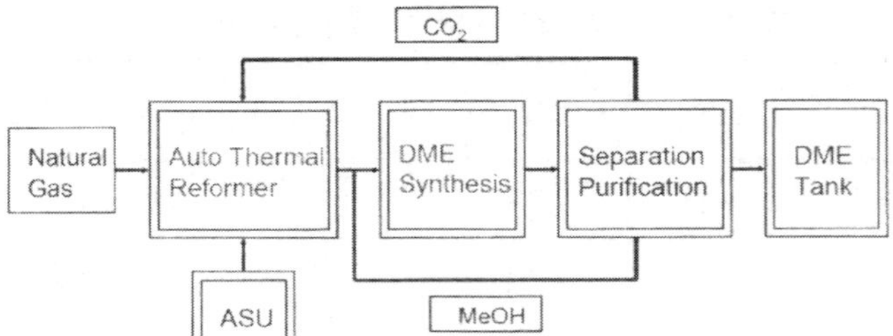

Autothermal reformer	$2CH_4+O_2+CO_2 \rightarrow 3CO+3H_2+H_2O$
DME synthesis	$3CO+3H_2 \rightarrow CH_3OCH_3+CO_2$
Overall reaction	$2CH_4+O_2 \rightarrow CH_3OCH_3+H_2O$

〈그림 1-16〉 일본 TFE의 DME Direct Conversion Process

현재 <표 1-5>에서와 같이 일본강판(NKK), Air Products & Chemicals사(미국) 및 Haldor Topsoe사(덴마크) 등에서 DME 직접 합성프로세스 개발 연구를 활발히 추진하고 있으며, NKK방식이 DME만을 약 99%의 높은 수율로 제조하는 방식임에 대하여, 나머지 두 방식은 메탄올과 DME를 병산하는 방식이다.

우리나라의 K0GAS(한국가스공사)에서는 2001년도에 50kg/day 규모의 DME 파일럿플랜트를 완공하여 대형 플랜트 설비로의 스케일-업에 필요한 설계 데이터 및 공정운전 데이터를 수집하고 있으며, 2004년도에는 10ton/day의 플랜트를 2008년도 완공을 목표로 착수하였다.

(3) DME자동차의 연구 현황

DME 자동차는 아직 세계적으로 양산화되어 있지 않으며, 연료탱크, 엔진의 연료펌프 및 인젝터 등 연료계를 중심으로 기술개발이 추진되고 있다. 유럽 오스트리아의 AVL사에서는 덴마크의 Haldor topsoe사의 연구위탁을 계기로 1995년부터 DME엔진에 대한 연구를 추진하였으며 그간의 연구성과를 바탕으로, 인라인펌프방식, 컴먼레일방식, DHPO (Digital Hydraulic Operating System)방식 등 다양한 DME 연료공급시스템을 제안하고 있다. 덴마크에는 합성가스로부터 DME를 직접 제조하는 기술을 보유하고 있는 Haldor topsoe사가 있어서, DME자동차의 실용화를 각국에 적각 추천하고 있음과 동시에, 자국내에서도 운수환경성, 연구기관, 버스회사, 스웨덴의 자동차회사인 Volvo, 노르웨이의 석유회사(Statoil) 등이 참여하여 1996년부터 DME자동차의 플릿테스트를 실시하였다. 이 버스는 EURO-4 배기규제를 만족하고, PM에 대해서는 EUR0-5 배기규제를 만족하였다

이어서 Volvo에서는 2002년부터 3년간 대형 DME 트럭의 기술개발을 추진하고 있다(<그림 1-17>). 이 DME트럭에는 약 300마력의 DME 엔진이 탑재되며 배출가스 목표는 EURO-4 기준이다.

미국의 펜실버니아 주립대학에서 DME Shuttle bus project를 수행한 바 있으며, 미국 AVL Powertrain technologies에서는 중부하 디젤엔진용 DME 컴먼레일시스템의 개발을 추진하고 있다. 그 외에 AMOCO와 Navista, SwRI 등지에서도 DME 디젤엔진의 연구를 추진하고 있다.

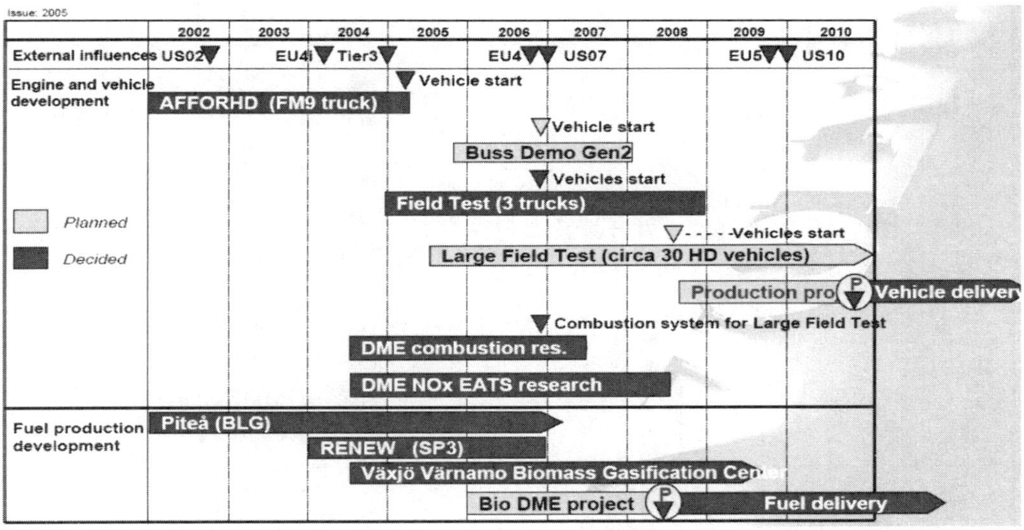

<그림 1-17> Technology road map of DME vehicle by Volvo

일본은 DME 차량개발에 가장 활발한 나라로서 <표 1-6>에 나타내는 바와 같이 여러 기관 및 기업에서 DME 차량을 개발하고 있다. NEDO 프로젝트의 일환으로 DME 직접합성법을 개발한 일본의 NKK(현 JFE)에서는, DME 트럭을 시작한 바 있으며(1996~) 최근에는 국토교통성의 허가를 받아 공로상에서 주행시험을 실시하고 있다. 정부 프로젝트로서 히노자동차에서는 경제산업성의 지원을 받아 NEDO의 ACE 프로젝트의 일환으로 고효율 DME엔진 탑재 하이브리드 버스를 개발하였으며 시제작 DME엔진은 디젤엔진과 동일한 출력에서 PM Zero를 실현하고 있다. 이스즈자동차와 닛산디젤에서는 국토교통성의 DME엔진 차량 평가프로그램의 일환으로 중형 DME엔진 버스와 트럭의 개발을 추진하였으며 이들 차량은 공로상에서 주행시험을 실시하고 있다.

〈표 1-6〉 일본의 DME자량 개발 현황

차종	최대적재량/최대승차인원	배기량	연료계	Emission g/kWh (target)	Project	Year, FY
트럭	2톤	3,600cc	인라인 펌프	D-13 test NOx: 4.435, PM: 0.021	JFE	1995-2002 Field test
트럭	4톤	4,600cc I/C+T/C	커먼레일	D-13 test NOx: 2.83, PM: -	MLIT, NTSEL, NISSAN DIESEL	1998-2001
버스	63인	8,226cc	커먼레일	D-13 test NOx: 2.17, PM: 0.026	MLIT, NTSEL, ISUZU	1998-2001
HEV	70인	7,961cc	커먼레일	D-13 test NOx: 0.83, PM: 0.008	NEDO, JARI HINO	1997-2003
트럭	2톤	4,214cc	커먼레일	D-13 test NOx: 3.71, PM: 0.02	JOGMEC, AIST, MITSUBISHI	2001-2002
버스	23인	4,214cc	분배식 펌프	D-13 test NOx: 3.71, PM: 0.02	JOGMEC, AIST, MITSUBISHI	2001-2002
트럭	10톤	6,925cc I/C+T/C	커먼레일	JE-05 test (transient)(NOx:0.5	MLIT, NTSEL NISSAN DIESEL	2002-2004
트럭	3.3톤	7,166cc	분배식 펌프	D-13 test NOx: 2,479, PM: 0.0102	JOGMEC, AIST	2002-2003

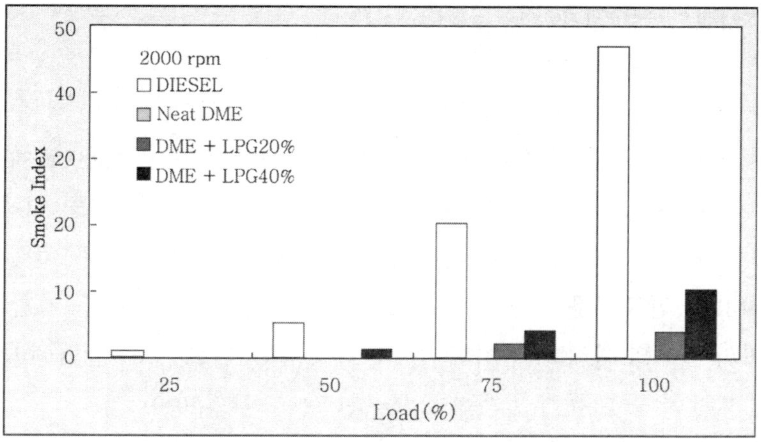

〈그림 1-18〉 경유 대비 DME, DME+LPG 혼합연료의 매연 배출특성 (출처 : KIER)

우리나라의 현황을 살펴보면 대학 및 연구소에서 DME의 분무 및 연소특성 연구, 디젤 엔진 적용 연구, 연료공급계 및 연소계 최적과 연구 등을 수행하고 있다. 한국에너지기술연구원에서는 2000년 이래 DME엔진 및 자동차에 대한 연구를 수행하여 현재 2.5톤 DME 트럭을 이용한 실증시험을 실시하고 있다. 동 연구원에서 수행한경유대비 DME, DME+LPG 혼합연료, DME+Biodiesel 혼합연료의 배출가스 특성을 <그림1-18>과 <그림1-19>에 나타낸다. 그림에서 보는 바와 같이 DME의 경우에는 매연을 전혀 배출하지 않으며, LPG나 바이오디젤을 혼합하는 경우에도 매연을 거의 발생하지 않음을 볼 수 있다.

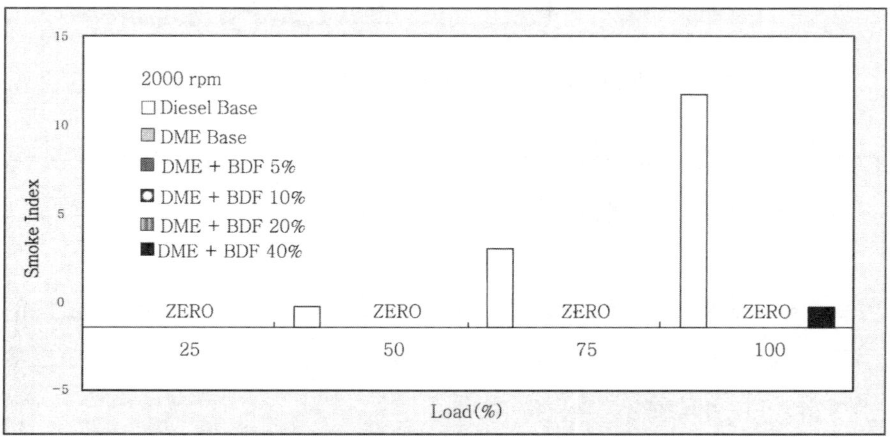

〈그림 1-19〉 경유 대비 DME, DME+바이오디젤 혼합연료의 매연 배출특성
(출처 : KIER)

(4) **DME엔진의 기술과제**

DME는 점도가 낮기 때문에 플런저 등의 극간에서 연료가 누설되기 쉽고, 압력 및 온도 변화에 따라 탄성계수와 밀도가 크게 변화하는 특징이 있어서, 온도나 압력이 크게 변화하면 엔진의 요구분사량을 확보하기 어려운 문제가 예상된다(압력 300bar에서, 온도가 50℃에서 80℃까지 30℃ 상승하면 밀도는 5.5% 저하하고, 탄성계수는 35%저하함). 따라서 온도가 상승하기 쉬운 종래의 분배형 연료펌프는 사용하기가 어려우며, 열형 연료펌프의 경우에도, DME의 압축성을 고려하여 연료쿨러의 장착, 연료갤러리 등 저압부의 내압성 향상, 딜리버리 밸브의 최적화, 진각타이머의 대용량화, 연료온도 · 압력에 맞춘 분사량 · 분사개시시기 제어 등 대폭적인 개선이 요구된다(<그림 1-20>).

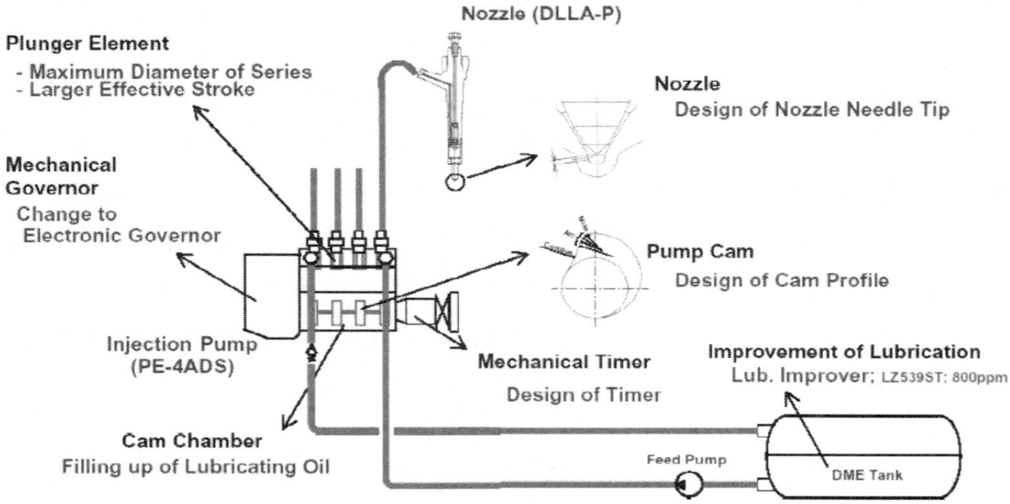

〈그림 1-20〉 Bosch Japan의 DME 엔진 연료공급계

DME에 최적인 연료분사계는 종래의 플런저 방식보다는 커먼레일방식이며 이 경우에도 아래와 같은 대책이 필요한 것으로 알려져 있다.

① 연료분사노즐 이전에 열교환기를 설치하여, 연료를 냉각해서 일정 온도로 유지한다.
② 점도가 낮음에 따른 연료누설을 방지하기 위하여, 낮은 분사압력의 연료분사계를 사용하거나, 점도향상제를 첨가한다.
③ 연료의 압축성에 따른 분사량 변화를 해결하기 위하여, 연료온도 보정기능을 갖춘 연료분사시스템을 사용한다.
④ 고무와 같은 탄성부품과 화학반응을 일으키므로, DME와 접하는 실링부품의 재질

선정에 주의를 요한다.

⑤ 엔진 정지시에 분사노즐의 기밀불량에 의해 가스가 누설되기 쉬우므로, 이에 대한 대책이 요망된다.

또한 DME를 디젤엔진에 그대로 적용하면, PM은 크게 저하하나, NOx, HC 및 CO는 동등 이상의 수준으로 배출된다. 따라서, EGR을 적용하여 NOx를 저감할 필요가 있고, HC와 CO를 보다 저감하기 위해서는 산화촉매의 사용도 고려해야 한다. 촉매컨버터의 적용을 고려하는 경우에는, DME엔진의 배출가스에 다량의 산소가 포함되기 때문에, 가솔린 엔진에 사용되는 촉매는 사용이 어려우므로, 적합한 촉매의 개발도 요망된다.

그리고 DME는 점도가 낮아서 연료계 부품의 마모증가가 예상되므로 점도향상제의첨가를 고려할 필요가 있다. 또한 연소시에 흑연을 발생하지 않기 때문에 흡배기밸브의 마모증가가 예상되며, 연소생성물에 수분의 함량이 많기 때문에 배기계의 부식도 예상된다, NOx저감대책으로서 EGR을 사용하는 경우에는, 실린더라이너나 축베어링의 부식·마모 등 엔진의 신뢰성과 관련된 문제가 예상되므로, 이들에 대한 개선책을 확보할 필요가 있다.

2) GTL

(1)개요

GTL (Gas To Liquid)은 합성가스로부터 FT (Fischer-Tropsch) 공법에 의해 제조되는 합성 연료유로서 그의 제조원료는 천연가스, 석탄, 아스팔트와 같은 중질유에서부터 바이오매스까지 광범위하다. GTL은 <표 1-7>에 나타내는 바와 같이 경유와 물성이 아주 유사한 연료로서, 황분과 방향족을 포함하지 않고 세탄가가 아주 높기 때문에 디젤엔진에 사용하는 경우에 입자상물질, 일산화탄소, 탄화수소를 수십 퍼센트 저감할 수 있으며, 상온상압에서 액체이기 때문에 기존의 주유 및 물류 인프라를 준용할 수 있는 장점이 있다.

GTL은 경유에 비해 윤활성이 약간 부족하고 연료분사계의 일부 실링재료에 다소영향을 미치나 전자는 에스테르계 또는 지방산계 윤활성 향상제를 사용하여 쉽게 개선이 가능하고 후자는 최근의 디젤엔진 실링계 재질인 불소계 고무에 대해서는 영향이 경미한 것으로 알려져 있다. 따라서 GLT은 기존 디젤엔진을 개조 없이 사용할 수 있으나 성능 최적화를 위해서는 연료분사시기의 조정 등이 필요하며, 압축비를 낮춘 GTL 전용엔진을 개발하여 성능을 보다 최적화하고자 하는 경우도 있다.

〈표 1-7〉 경유 대비 GTL의 주요 물성

연 료	GTL	경 유
화학식	$C_nH_{2.13n}$	$C_nH_{1.87n}$
밀도 (g/m^3)	0.784	0.835
저발열량 (J/kg)	46876	43200
90% 증류온도 (℃)	326	341
착화온도 (K)	>493	523
세탄가	86	54
방향족 (ppm)	0	20
황성분 (wt%)	<0.0001	0.038
동점도 (mm^2/s)	3.162	3.76
유동점 (K)	273	243-278
윤활성 HFRR (microrns)	610	<435

(2) **제조기술**

GTL 기술의 핵심공정인 FT 합성법은 1923년 독일의 화학자인 Fischer와 Tropsch가 석탄가스화에 의한 합성가스로부터 합성연료를 제조하는 기술을 개발한데서 처음 시작되었다. GTL은 <그림 1-21>에서와 같이 합성가스 제조 → FT합성 → 수소화 분해의 공정을 거쳐 제조된다. 이는 천연가스 분자를 분해하여 원유를 구성하는 분자와 같은 보다 긴 고리형 분자로 재조합하는 과정으로서 이러한 공정결과 냄새, 유황, 질소 등의 오염물질이 전혀 없는 순수한 합성유가 생산되며 최종적으로 휘발유, 경유, 납사 등의 액체연료와 석유화학제품으로 정제된다. 합성가스 제조의 전 단계에서는 황성분을 모두 제거하고 파라핀기를 합성하므로 기본적으로 GTL은 황과 방향족 성분을 포함하지 않는 청정한 연료이고 높은 세탄가를 가지는 것이 커다란 장점이다.

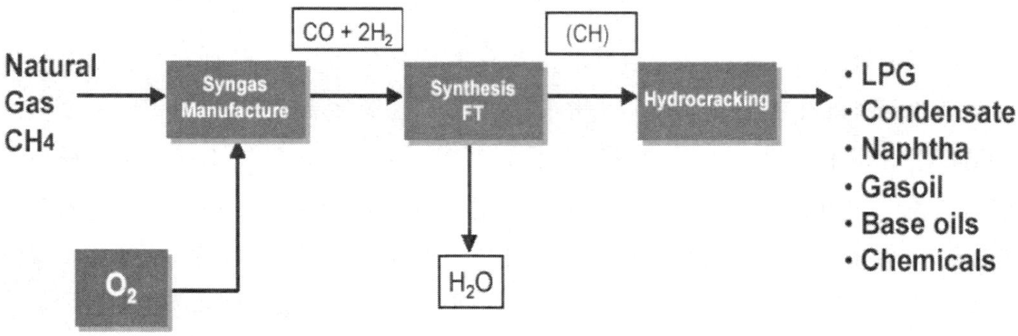

〈그림 1-21〉 GTL의 제조 공정 (출처 : SHELL)

GTL의 성상은 사용된 촉매나 수소화 분해기술에 따라서 약간 변화한다. 연료의 성상에서 살펴보면 GTL은 크게 2가지로 분류되며 성분의 대부분이 노말파라핀인 제11세대 GTL, 측쇄(Side chain)을 가진 이소파라핀성분이 50% 이상을 차지하는 제2세대 GTL로 구분된다.

이소파라핀의 함유량은 주로 수소화 분해에 사용하는 촉매에 의해 좌우되나 이소파라핀의 함유량을 확대함으로써 제2세대 GTL은 제 1세대 GTL에 비해 유동점을 낮추는 동시에 윤활성을 높이는 효과를 얻을 수 있다는 장점이 있다.

GTL은 <그림 1-21>에서와 같이 천연가스, 석탄, 바이오매스 등 다양한 에너지원으로부터의 제조가 가능한 장점이 있으며, 보다 세분화하여 천연가스로부터 생성된 연료는 GTL, 바이오매스로부터 생성된 연료는 BTL (Biomass To Liquid), 석탄으로부터 생성된 연료는 CTL (Coal To Liquid)라고 불리기도 하나 이들을 통칭하여 GTL이 라고 부른다.

위와 같이 현재 상용화된 GTL 공정은 모두 합성가스를 경유하는 간접액화법으로서 합성가스의 액체 연료화 반응에 FT 합성반응이 주로 사용되고 있으나 총괄효율이 65%로 거의 한계에 달하고 있다.

따라서 원료인 천연가스나 석탄으로부터 화학반응에 적합한 활성을 갖는 중간체인 합성가스(C0+H2인 혼합기체)를 경유하여 간접적으로 최종 화합물을 합성하는 간접액화법 대신에 중간체를 경유하지 않고 직접 원하는 화합물을 합성하는 직접액화법에 대한 연구도 활발해지고 있다. 그러나 이는 반응수율과 반응조건 등에 해결해야 할 과제가 많아서 실용화에는 상당한 기간이 필요한 것으로 보인다.

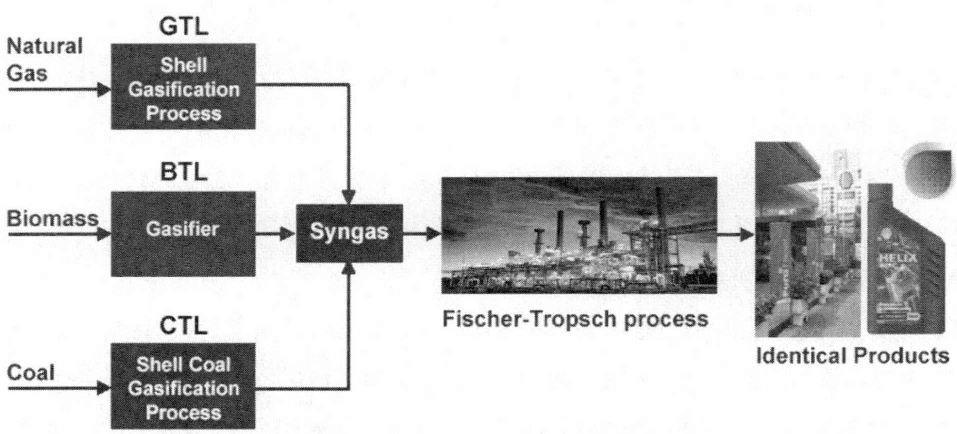

〈그림 1-22〉 원료원에 따른 GTL의 분류 (출처 : SHELL)

(3) **GTL의 차량 이용 현황**

남아공에서는 이미 GTL 연료가 상용화되어 있으며, 그 밖의 나라에서는 주로 Shell이 주도하여 2003년 이래 각국에서 차량 실증시험을 활발히 실시하고 있다.

Shell은 GTL의 상용화에 커다란 관심을 갖고 있어서, 방콕, 아테네 등지에서 디젤 대체 연료로써 GTL을 상업화하면서, 영국, 독일, 미국, 중국 등지에서 승용차와 버스 등 실차를 대상으로 실증운전을 실시하고 있다(<그림 1-23>).

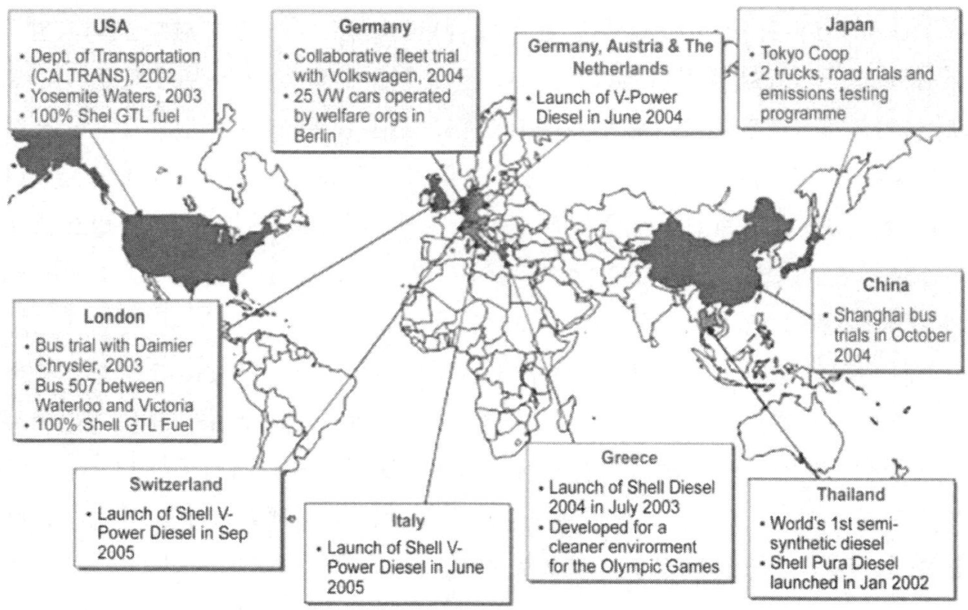

〈그림 1-23〉 각국의 Shell GTL 실증 현황 (출처 : SHELL)

VW과 Shell은 2003년에 GTL에 대한 공동설명회를 개최하고 25대의 Golf 승용차(TDI engine 74kW/100 PS)을 대상으로 베를린에서 5개월간의 실증시험을 수행하였다. 100% GTL을 사용한 5개월의 실증시험 결과, 기계적인 문제점 없이 HC 63%, PM 26%, NOx 6%, CO 91%, CO_2 4%가 저감되어 EURO-3 수준의 엔진을 연료만의 변경으로 EURO-4 수준을 만족시킬 수 있다고 발표하였다(<그림 1-24>).

2003년 7월에는 Shell사과 Daimler-Chrysler에서 워털루역과 빅토리아역을 왕복하는 런던의 EvoBus를 대상으로 GTU(Gas to Liquid) 경유를 적용하여 실증운전에 착수하였다. 1년 후인 2004년 7월에는 EUR0-IV 규제를 만족하는 촉매컨버터 D-CAT (Diesel Clean Advanced Technology)을 장착한 토요타의 Avensis CRDI 디젤승용차 10대를 대상으로

100% GTL 연료를 사용하여 런던 시내에서 3개월 동안 8.000km를 문제점 없이 시운전을 하였다. 이 시운전의 목적은 기존차량을 변경하지 않고 100% GTL 연료가 출력 저하 없이 공해저감을 위해 사용될 수 있다는 가능성을 보여주기 위한 것이다.

미국에서는 2002년도에 Shell과 California 교통부(CALTRANS)가 9대의 트럭, 픽업, 트랙터, 건설기계 등에 100% Shell GTL 연료를 사용하여 실증운전을 완료하였고, 2002년 11월에는 요세미티 생수회사의 대형 물류트럭 3대에 실증운전을 실시하였다.

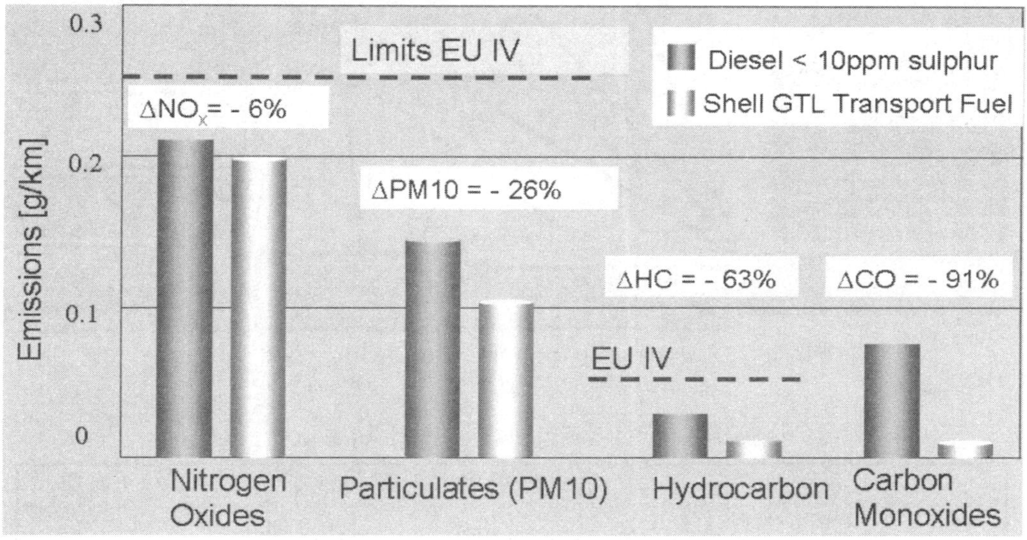

〈그림 1-24〉 Shell GTL의 자동차 배출가스 저감 효과 (출처 : VW)

그밖에 일본 및 중국에서도 Shell의 지원하에 버스 등을 대상으로 실증운전을 실시하고 있으며, 우리나라에서도 2004턴 8월부터 산업자원부의 배기제로화 사업으로 한국기계연구원에서 PM원천저감을 위한 GTL 적용 연구를 실시하고 있다.

4-3 수소내연기관자동차

1) 개요

수소는 연소할 때에 질소산화물을 미량 생성하는 외에, HC, CO, CO_2 등 대기오염물질이나 지구온난화가스를 생성하지 않는다. 수소는 가스나 액체상태로 쉽게 수송할 수 있

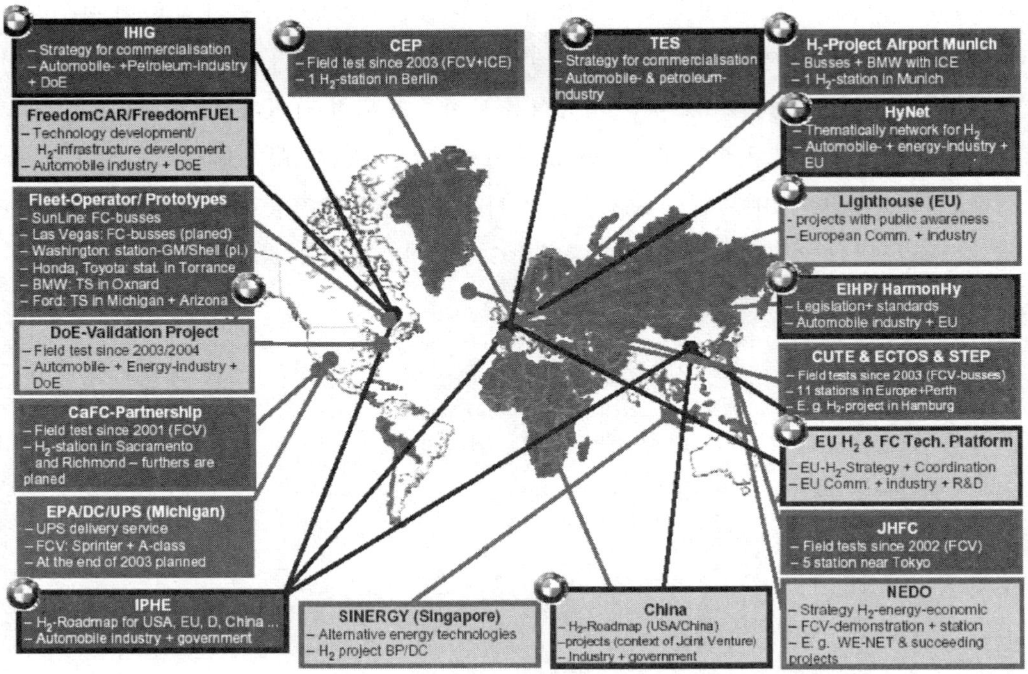

〈그림 1-25〉 Hydrogen activity worldwide (출처 : BMW)

〈표 1-8〉수소와 이소옥탄의 주요물경 비교 (0℃, 1atm)

물 성	단위	수소	이소옥탄
저위발열량	kJ/kg	120110	44360
이론공연비	(mass)	34:1	15:1
	(volume)	2.38:1	59.5:1
단열화염온도	℃	2,384	2,270
공기중에서의 자발착화온도	℃	580	500
최저점화에너지	mJ	0.02	0.29
공기중에서의 가연한계 @ 25℃	λ	10-0.14	1.4-0.26
	vol %	4-75	1.2-6
층류연소속도 @ λ=1	m/s	1.70	0.58

으며, 고압가스, 액체수소. 수소흡장합금 등 다양한 형태로 저장하여 사용할 수 있다. 또한 수소는 궁극적으로 지구상에 무한정한 물을 원료로 생산할 수 있고, 연소 후에 생성된 물은 다시 재순환되기 때문에 재생 가능한 꿈의 에너지이다. 이에 따라서 21세기에는 수소경제가 주도할 것으로 전방하여 각국에서 수소의 제조, 저장에서 이용에 이르기까지

기술개발을 활발히 추진하고 있으며(<그림 1-25>), 그의 하나로 수소연료전지자동차의 개발을 활발히 추진하여 왔다. 그러나 연료전지의 가격과 내구성이 기존 자동차에 현저히 미달하기 때문에 연료전지자동차는 도입시기가 점차 지연되어 최근에는 빨라야 20년 이후에나 본격적인 양산이 가능할 것이 라고 전망하고 있다. 이러한 전망 하에 수소연료전지자동차로 가기 위한 중간기술로서 수소내연기판자동차(이하 H2ICEV)가 다시 부각되고 있다.

수소의 주요물성을 <표 1-8>에서와 같다 주요특징은 아래와 같다.

① 수소는 무색무취이고 탄소성분이 없는 2원자 분자로서 조성이 단순하고, 상온에서 항시 가스 상으로 존재하는 기체이다 기체강태의 밀도는 0.083 kg/m^3로서 현존하는 원소 중에서 가장 가벼우며 확산계수는 0611cm^2 /s로 매우 커서 공기 중에서 쉽게 상승하고 확산한다.

② 수소연료의 큰 비열비, 넓은 가연한계(당량비로 10~014), 낮은 점화에너지(최소점화에너지 0.02mJ) 및 빠른 연소속도는 점화성의 향상 및 연소촉진 효과가 있어 열효율을 증가시키는 역할을 한다. 특히 초희박연소가 가능하여 저부하 운전영역에서의 열효율향상이 현저하므로 고효율기관의 실현이 가능하다. 반면에, 이들 특성들은 고부하 운전영역에서 연소실내에 점화원을 발생시켜 조기착화를 야기하고 흡입과정 중 빠른 연소속도에 의해 흡기관내로 화염이 역류하여 역화를 발생시킬 수 있다. 수소기관의 역화는 고부하 운전영역뿐만 아니라 냉 시동 시에도 종종 관찰되므로 역화억제는 수소기관의 실용화에 주요한 문제점으로 작용하고 있다.

③ 수소는 단열화염은도가 석유계 연료보다 높아서 NOx 배출량이 증가하는 경향이 있으나, 가연한계가 넓으므로 초희박연소를 하거나 대량 EGR을 적용하여 거의 무공해수준까지 저감 가능하다.

④ 수소의 높은 단열화염온도와 큰 열전달계수는 기관의 냉각손실과 연소실 벽면온도를 증가시키는 요인으로 작용한다. 이로 인해 기관의 열적 장해가 유발될 수 있기 때문에 수소 내연기관에서는 연소실 각부의 열부하 대책 및 냉각시스템의 개선이 요구된다.

⑤ 수소공기혼합기의 연소에 의해 발생되는 고온의 수증기파 실린더 벽면의 윤활유와 접촉하거나 크랭크 케이스 내로 블로바이되면 윤활유를 희석시킬 수 있다.

⑥ 수소 내연기관은 기존 내연기관의 개발 및 양산 기술을 준용할 수 있어서 비교적 짧

은 시간에 개발 및 양산이 가능하여 연료전지에 비해 훨씬 저렴한 비용으로 수소경제에 대응할 수 있다.

2) 제조기술

현재 확립된 수소제조기술은 천연가스의 수증기 개질법(Steam methane reforming)이나 부분산화법(Partial oxidation)으로서 이들이 가장 저렴한 방법이다. 그러나 화석연료의 한계성을 고려하면 미래의 제조방법으로는 바람직하지 않으며, 궁극적으로는 태양에너지에서 비롯된 각종 재생에너지원을 이용하여 발전된 전기에 의해 물을 전기분해하여 제조하거나, 지구상에 풍부한 식물자원인 바이오매스를 원료로 하여 제조하는 방법이 바람직하다(<그림 1-26>).

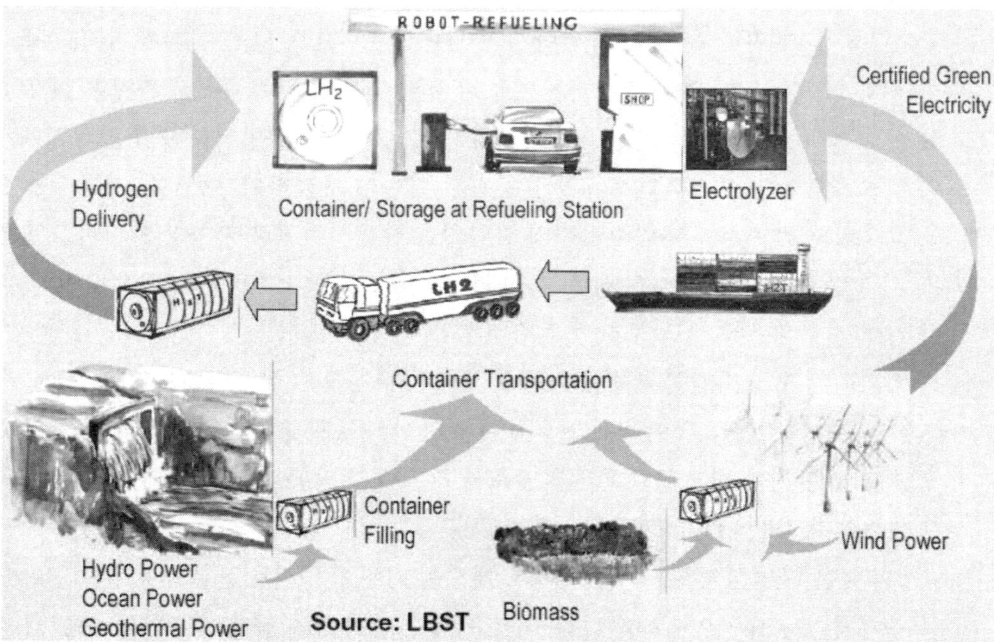

〈그림 1-26〉 Renewable Hydrogen Fuel Supply

전기분해법은 물에 전류를 가하여 수소와 산소로 분해하는 방법으로서 음극에서는 수소가, 양극에서는 산소가 얻어지며, 화학공업용으로 100여 년 전부터 사용되어왔으나 수소생산비용, 장치의 대형화에 뒤져서 천연가스 개질법으로 대치되었다. 그러나 1970년대의 오일쇼크 이래 관심이 높아지면서 새로운 수전해 방법이 많이 연구되고 있으며, 장치의 소형화에 필요한 전류밀도의 증대에 따른 전기저항 손실을 해결하기 위하여 알칼리 수전해, 고분자 전해질막 수전해, 고온 수증기 수선해 등이 상용화 또는 연구 중에 있고 시장 전망도 밝게 보고 있다. 아울러 기존 화석연료의 개질에 의한 수소제조방법과 같이 바이오매스로부터 얻어지는 바이오에탄올이나 DME 등을 개질하여 수소를 제조하는 방법도 최근 활발히 연구되고 있다.

미래기술로서 태양에너지를 이용한 여러 물분해 기술이 아래와 같이 연구되고 있으나 상용화에는 많은 시간이 소요되어 2010년대 후반 이후에나 상용화 가능할 것으로 전망되고 있다.

광 촉매법은 태양에너지와 촉매에 의해 물분자를 산소와 수소로 분해하는 방법이며, 촉매 소재로는 이산화티탄과 같은 반도체 물질이 주로 사용된다. 이 방법은 풍부한 물과 태양광을 사용하므로 기존의 화학적 제조방법에 비해 평정도가 높은 기술이다.

열화학적 제조방법은 물을 고온에서 수소와 산소로 해리하는 방법으로서 3300K이상의 온도에서 수행되는 직접 열분해에 의한 물 분해 과정을 산화환원이 용이한 매개물질을 사용한 화학반응을 이용하여 단계적 반응으로 나누어 1300K 이하의 온도에서 물을 분해하는 폐싸이클을 구성하는 기술이다. 열원으로는 고온 가스로, 태양열 집열로, 핵반응로 등을 사용 할 수 있다.

생물학적 제조방법은 태양광을 에너지원으로 하는 녹조류를 사용하여 물로부터 양성자와 전자를 공급받아 수소화 효소반응에 의해 제조하는 방식, 질소고정력이 있는 청록색 세균이 광합성중에 식물셀에서 물을 분해하여 산소를 발생하고 이산화탄소를 고정하며 이질세포에서 이산화탄소와 수소를 발생하는 니트로게나제 관여 2단계 수소 제조기술, 유기물로부터 합성 세균에 의해 생산하는 광합성 수소제조기술 또는 광이 존재하지 않는 조건에서 혐기 미생물에 의해 유기물 자체가 에너지원으로 사용되는 발효에 의한 수소제조기술 등이 연구되고 있다.

3) 저장기술

수소저장방식은 크게 나누어 압축수소 저장, 액체수소 저장, 금속수소화물 저장, 탄소계 저장 등 4가지로 나뉜다.

수소의 고압가스 저장은 가장 성숙된 기술이나, 가장 가벼운 원소이고 정상조건에서 가장 낮은 밀도를 갖고 있기 때문에 컴팩트한 저장이 어려운 단점이 있다. 용기는 주로 복합재 압력용기가 사용되며, 라이너 재료에 따라서 Type Ⅲ (알루미늄 라이너)와 Type IV

(폴리머 라이너)로 구분된다. 저장압력은 350~700bar 정도로서 700bar급이 공간과 주행거리의 제약을 극복할 수 있는 해답으로 인정되고 있는 추세이다. 액체수소 저장은 -253℃의 액체수소를 진공단열용기에 저장하는 방식으로서 가스저장방식에 비해 체적이 감소한다. 그러나 수소의 액화는 많은 전기에너지를 소비하며, 수소에너지 기준 약 1/3을 소비하는 것으로 알려져 있다.

금속수소화물 저장은 가역 또는 비가역적으로 금속수소화물에 저장하는 방식이다. 가역저장에서 금속은 수소가 회생될 수 있는 시스템 중량 및 온도로 최적화 합금되며, 수소가 사용될 때에는 어느 온도 및 압력조건에서 금속수소화물로부터 방출되고 합금은 이전 상태로 되돌아간다. 비가역저장에서 금속은 물 등 타 물질과 화학반응하며 수소화물로부터 수소를 방출한다. 부산물은 수소화물로 다시 변환되지 않는다.

탄소계 저장은 Fullerene carbon buckyball 내에 수소를 화학적으로 저장하거나, Carbon nanotube 내에 물리적으로 흡착 저장하는 방식으로서 공정상 온도와 압력이 제어되어야 한다.

이들 저장기술은 각기 장단점을 가지고 있다. 예로서 액체저장은 증발에 의해1%/day의 손실이 있으며, 충전시에 최대 30%의 손실이 있다. 그리고 수소를 -253℃의 온도로 유지할 수 있는 단열기술을 요구한다. 가스저장은 탱크하우징의 침투성에 문제가 있으며 고압화에 높은 에너지를 요한다. 수소화물은 가스 또는 액체수소의 위험도를 줄일 수 있으나 탈착에너지가 크고 시스템 중량과 가격이 높다. 가장 최근에 발견된 나노재료는 탄소를 흡착제로 사용하는 새로운 시도이다. 이 분야는 보다 많은 연구를 요하나 나노구조 탄소는 표면적이 넓고 공극이 많기 때문에 향후의 가장 바람직한 저장방식으로 평가되고 있다.

주요 수소저장방식의 저장 밀도는 <표 1-9>에서와 같다.

〈표 1-9〉 Hydrogen storage efficiency

		압축수소		탄소나노튜브	액체수소
		350bar	700bar		
단위체적당 중량	kg/m^3	22.6	37.04	45	34
단위저장체적당 수소 질량비	%	8.5	7.6	3.5	9.2

4) 수소 내연기관자동차 기술개발 동향

(1) 독일의 BMW

독일의 BMW그룹에서는 1978년 이래 현재에 이르기까지 H2JCEV의 개발을 추진하고 있다. 현행 가솔린 또는 디젤엔진 자동차의 비출력과 토크, 효율을 초과함을 목표로 하고 있으며, 기초연구는 뮌헨 소재 "BMW Group Research and Technology"과 Graz 소재 "Institute for Internal Combustion Engines and Thermodynamics"의 협력 하에 추진되고 있다.

1979년에 520시리즈를 개조한 제1세대 H2ICEV인 520h(배기량 3.5리터, 휘발유/수소 바이퓨얼 2중구조의 진공단열 용기, 알미늄-유리섬유 복합체, 내용적 45리터, 증발율 최대 2%/day, 최대주행거리 300km)를 선보인 이래, 1984년 이후 BMW 7시리즈인 745i Turbo, 735i, 725i, 728iL를 개조한 차량을 잇달아 발표하였다(<그림 1-27>).

〈그림 1-27〉 H2JCEV from 1979 to 2000 by BMW

2000년도에는 BMW 750iL을 개조한 제5세대 차량인 BMW 750hL을 발표하였다(<그림 1-28>). 5세대 차량은 양산 705iL을 베이스로 한 것으로서 배기량 5.4리터의 수소/휘발유 바이퓨얼 스파크점화엔진, 트렁크 내에 추가로 탑재한 액체수소연료탱크, 보조동력인을 위한 5kW. 42V, 효율 42%의 PEM (Polymer electrolyte membrane) 연료전지 APU (Auxiliary Power Unit)를 탑재하고 있다(UTC IFC 제공).

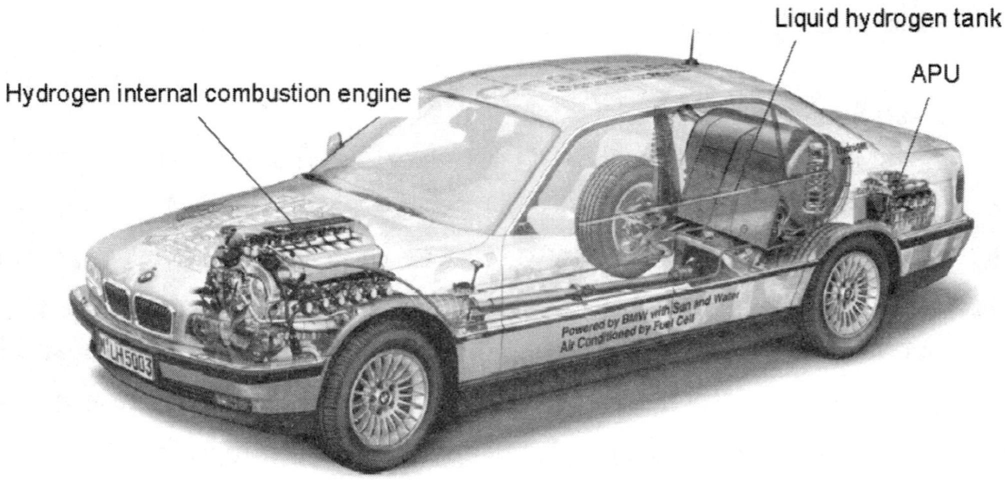

〈그림 1-28〉 Hydrogen system integration in the BMW 750h1

이 차량은 듀얼모드(수소 및 휘발유)로 운전되며. 수소로 주행하는 경우에 300km 주행이 가능하고, 휘발유와 합하면 총 900km를 주행할 수 있으며, 최고속도는 226km/h이고, 0~100km/h에 소요되는 시간은 9.6초이다.

엔진은 양산 V12 가솔린엔진을 베이스로 하였으며, 주요변화는 수소 전자인젝터 및 제어유닛, 점화시스템의 재설계 등을 포함한 수소모드 운전을 가능케 하기 위한 것이다(<표 1-10>).

〈표 1-10〉 Characteristics of the 12-cylinder engine

Engine data	BMW 12기통 가솔린엔진	BMW 12기통 수소엔진
배기량 [cm^3]	5,379	←
보어/스트로크 [mm]	85/79	←
압축비	10.0:1	←
밸브개폐시기 [$^0 CA$]	흡기 240/ 112 배기 240/ 109	←
연료	SuperROZ 95	H_2 / SuperROZ 95
최대출력 [kW]	240 @ 5,000rpm	150 @ 5,800rpm
최대토크 [Nm]	490 @ 3,900rpm	300 @ 3,000rpm
ECU	Bosch M5.2.1	Bosch M5.2.1

주 : *는 수소운전인 경우

액체수소는 Linde AG에서 개발한 단열용기에 -253℃로 저장된다. 용기는 이중벽 구조의 진공탱크로 이루어져 있고, 1~2%/day의 보일오프가스를 방출한다. 가연성 물질을 차량 외부로 방출하지 않기 위하여 보일오프가스는 작은 버너에 의해 연소되거나 APU용 연료전지의 연료로 사용된다. 수소연료탱크의 용량은 140리터이고, 충전시간은 3분이며, 작동압력은 1~4bar이다. 이 차량은 총 15대가 제작되어 뮌헨공항 수소프로젝트 등 세계 각지에서 실증운전되고 있다.

2001년도에는 제6세대인 745hL(배기 량 4.4리터, V8, 최고속도 215km/h)을 발표하였고, 2003년도에는 배기량 6.0리터의 V12 등을 탑재한 7시리즈 차량을 발표한 후, 2004년도에는 업그레이드된 이 엔진을 탑재한 H2R이라는 컨셉트카를 발표하였다(배기 량 6.0리터, V12, 최고출력 210kW, 최고속도 302.4km/h, 0~100km/h 가속시간6초 이내). BMW에서는 2010년도 이전에 100-10,000대 정도 H2JCEV를 소량 생산하고, 2010년 이후에는 양산할 계획을 발표하고 있다.

(2) 일본의 무사시공업대학

일본의 무사시공업대학에서는 <그림 1-29>에서와 같이 1974년에 제1세대인 Musashi 1 픽업을 발표한 이래, 승용차, 트럭, 스테이션 왜건 등을 차종을 확대하였고, 1997년에는 Musashi 10을 발표하였다. 이들 차량의 주요 특성은 <표 1-11>에서와 같다.

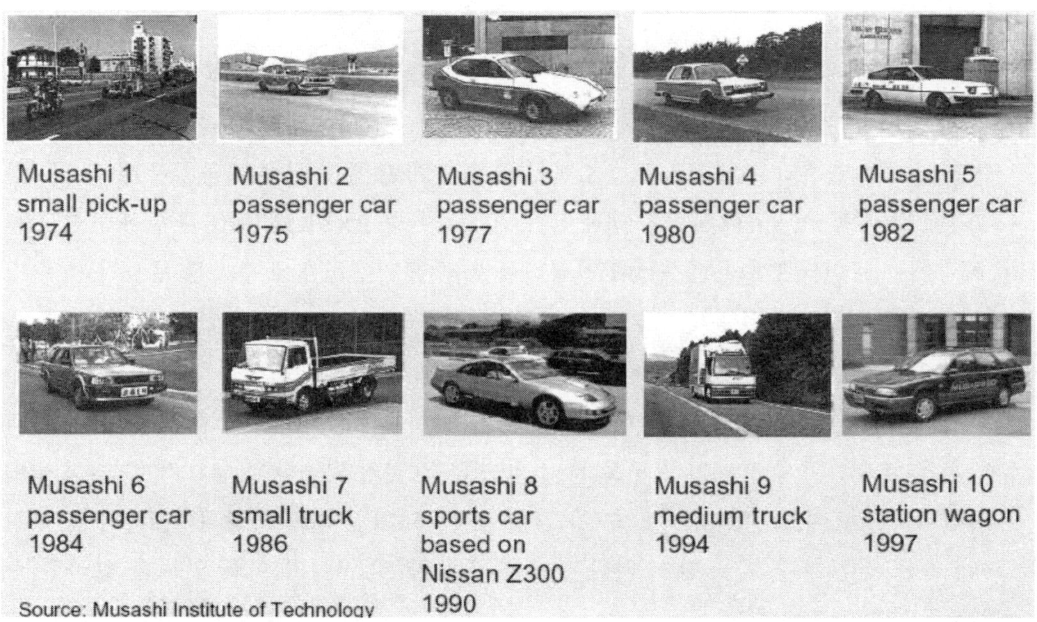

〈그림 1-29〉Proto H2JCEV of Musashi Institute of Technology

〈표 1-11〉 Major specifications of H2JCEV (Musashi Institute of Technology)

Generation	년도	차종	연소방식	저장방식
Musashi 1	1974	픽업	스파크점화, 예혼합	CH_2
Musashi 2	1975	승용차	스파크점화, 포트분사	LH_2
Musashi 3	1977	승용차	2행정, 스파크점화, 저압 직분	"
Musashi 4	1980	승용차	"	"
Musashi 5	1982	승용차	2행정, 열면착화, 저압 직분	"
Musashi 6	1984	승용차	4행정, 열면착화, 고압직분	"
Musashi 7	1986	픽업	"	"
Musashi 8	1990	승용차	4행정, 스파크점화, 고압 직분	"
Musashi 9	1994	중형트럭	"	"
Musashi 10	1997	승용차	4행정, 스파크점화, 터보차저, 전자제어 다점분사	"

(3) 일본의 MAZDA 자동차

일본의 마츠다자동차는 세계에서 유일하게 로타리엔진을 탑재한 가솔린승용차를 양산 판매하고 있다. 마츠다자동차에서는 이 엔진을 활용하여 1991년에 H2JCEV인 HR-X를 발표하였다. 이 차는 승차정원 4인승의 로타리엔진을 탑재한 차량으로서, 수소는 금속수소화물에 저장(37Nm^2)하였고, 최대주행거리는 200km를 나타내었다. 1993년에는 수소의 저장량을 43Nm^2으로 늘리고 최대주행거리를 230km를 확장한 HR-X2를 발표하였다.

1995년에는 카펠라를 베이스로 한 2개의 차량을 개발, 운수성에서 공로주행허가를 받아 2년에 걸쳐 총 2만km를 시험 주행하였다. 2003년에는 RX8 RENES1S를 발표하였으며, 이 차량에는 로터당 2개의 전자제어 인젝터를 통해 흡기챔버내에 수소를 분사하여, 수소 또는 휘발유로 듀얼퓨얼 운전이 가능하도록 한 로타리엔진을 탑재하였다(그림 1-30). 수소 로타리엔진은 압축비, 연료 인젝터 등은 휘발유 제원을 그대로 사용하고 있다. 이 엔진의 특징으로서, 수소는 아주 연소하기 쉬워서 엔진내부에서 이상연소하기 쉬우나, 로타리엔진은 연소실과 흡기실이 별도로 되어 있는점, 열원이 되는 배기밸브가 없는 점 등이 유리하다고 판단하고 있다. 수소는 고압탱크에 350기압으로 저장되며, 차량 중량이 130kg 정도 증가한다. 수소만에 의한 주행거리는 약 50km이고 이들 연료를 합하면 총 630km의 주행이 가능하다.

HR-X

HR-X 2

RX8 RENESIS

〈그림 1-30〉 Hydrogen rotarv engine vehicle bv MAZDA

(4) **미국의 FORD**

Ford는 궁극적으로 수소연료전지자동차로 가기 위한 교두보로서 H2JCEV가 Critical bridging strategy라고 생각하고 있다. H2JCEV는 하기와 같이 수소연료전지와 유사한 많은 환경이점을 가질 뿐 아니라 Chicken-and-egg문제를 해결하는데에 도움이 될 것으로 생각하고 있다. 포드의 전문가들에 의하면 최적화된 수소 내연기관은,

- 도시 열효율 최고 52%. 제동열효율 최고 37%
- 엔진 가격은 현행 가솔린엔진과 동일
- HC, CO는 거의 제로이며, 윤활유로부터만 소량 발생(CO:0(1)ppm, HC0(5)ppm)으로서 가솔린엔진 대비 각각 1,000 또는 250분의 1)
- 배기관 NOx는 5~6ppm으로서, 후처리장치를 사용하면 촉매후 배출가스는 Near zero를 나타내어 대기 중의 레벨인 50ppb에 필적하는 것으로 전망하고 있다.

2001년에 P2000 승용차를 발표한 이래(2.0리터, 3,600psi로 87리터의 수소 저장, 주행거리 100km), 2003년에는 H2JCE HEV인 Model U와 H2RV(2.3리터 수퍼과급 4기통엔진, MHTS 하이브리드변속기, 288V/36Ah의 리튬이온전지, 35MPa의 압축수소저장, 주행거리 200km 등)를 발표하였다. 2004년에는 Focus C-MAX를 발표하였고(2.4리터 4기통 수퍼과급 82kW H2JCE, 5.5bar의 MPI, 고압수소저장(350bar, 총119리터 저장, 주행거리 200km 등), 12인승의 H2ICE E-450 셔틀버스의 개발도 추진하고 있다(6.8리터 V10엔진, 350bar의 압축수소 저장, 주행거리 240km 등).

Model U는 수퍼과급 2.3리터 내연기관을 채용하여 수소로 작동되며 MHTS (Modular hybrid transmission system)을 채용하고 있다(<그림 1-31>). 엔진은 Ranger, 유럽생산 Mondeo, 다수의 Mazda 차량에서 사용되는 global 2.4L 1~4엔진을 베이스로 하고 있다.

〈그림 1-31〉 7 H2ICEV by Ford

〈표 1-12〉 Ma]or specifications of Ford Model U H2ICE HEV

item	Specification
L/W/H	4,230/1,810/1,651mm
Fuel	Compressed Hydrogen
Fuel capacity	7 kg
Power train	Hydrogen 2.31, ICE engine with supercharging
Engine power	118 hp (88kW) at 4,500rpm
MHTS assist	33 hp (25kW) continuous, 46 hp (35 kW) peak
Fuel consumption	45 miles per kilogram hydrogen
Range	315 miles
Operating pressure	10,000 psi
Top speed / acceleration	125 km/h (- 80 mph)

엔진은 수소에 최적 연소되도록 12.2 : 1의 고압축비로 운전되며, 수소가스용 인젝터 Coil-on-plug 점화시스템, 전자스로틀, 새로운 엔진제어 S/W 등이 채용된다. 이 엔진의 총괄 효율은 38%을 예상하고 있으며, 이는 가솔린엔진보다 약 25% 향상된 것이다. 모델 U에 채택된 MHTS라 불리는 선행 하이브리드 변속기술에서 기존 변속기의 토크컨버터는

고전압 전동기와 2개의 유체클러치로 대체되어 전동기가 엔진과 관리 또는 조합하여 운전된다. 전동기는 동시에 플라이휠, 스타터, 알터네이터, 하이브리드 트랙션모터의 기능을 수행한다. 회생제동기능에 의해 300V 공냉 배터리팩에 에너지를 회수 저장하여, 다음 가속 또는 등판시에 사용된다. 정차시에는 엔진이 자동적으로 꺼져서 연료를 절약하며, 가속페달이 작동되면 전동기가 즉시 엔진을 시동하여 발진되며 300ms 내에 모든 일이 이루어진다. MHTS는 다른 하이브리드시스템에 비해 복잡성과 가격을 줄이도록 설계되었으며, 효율을 대폭 개선하면서 성능과 주행특성에는 번화가 없도록 구성되어 있다.

(5) 독일의 MAN

독일의 MAN에서는 EQHHPP의 일환으로 H2ICE를 탑재한 SL 202 시내버스(41석 승차정원 92명, 전장 12m, 공차중량 11.5톤, 최고속도 85km/h)를 3대 시제작하여 수소/휘발유 듀얼퓨얼로 Erlangen과 Munich에서 1996년 4월~1998년 8월에 걸쳐 실증시험을 실시하였다. 이 버스는 MAN Nutzfahrzeuge Aktiengesellschaft에서 설계 제조하였으며, LH2 저장용기와 충전설비는 Linde AG에서 설계 제조하였다. 베이스엔진은 MAN E 2866 DUH 천연가스 양산엔진으로서 6기통 12리터 엔진이며 NOx를 줄이기 위하여 삼원촉매를 장착하고 이론공연비로 운전된다. 이 엔진은 가스화된 수소와 휘발유에 적합하게 개발되었으며, 수소로 운전될 때의 최고출력은 140kW/2,200rpm이다. 2 sequential MPI 시스템이 채택되어 각 실린더에는 각 1개의 휘발유 및 수소분사노즐이 장착된다. 수소는 가스상태으로 분사되며, 분사노즐은 Bosch Motronic M3.3 ECU에 의해 제어된다. 연료탱크는 3개의 초단열된 타원형 LH2 탱크로서 각 실린더의 용량은 200리터이고 총 570리터의 액체수소를 저장할 수 있다. 기존 휘발유탱크도 차내에 탑재되어 듀얼 퓨얼 운전이 가능하다.

1998년에는 바바리아 주정부의 지원을 받아 뮌헨공항 수소프로젝트의 일환으로 <그림 1-32>에서와 같이 제2세대인 H2ICE 버스 2대를 시제작하여 1999년 이래 뮌헨 공항의 셔틀버스로 사용하고 있다.(Neoplan에서도 동일한 엔진 탑재버스 1대 추가제작). 엔진은 H2866 UH를 베이스로 하였으며 직렬 6기통, 12.8리터, 압축비 8.5 : 1, 순차 MPI 수소분사, 과농혼합기, NOx 후처리촉매 적용(95% 저감), 최고출력140kW 등의 특성을 가지고 있다. 수소는 탄소섬유로 래핑한 15개의 알루미늄 탱크에 250bar로 총 2,580리터가 저장되며, 충전시간은 10분, 주행거리는 150km, 최고속도는 30km/h이다. 이 버스에 탑재된 엔진의 배출가스는 <그림 1-33>에서와 같다.

〈그림 1-32〉 MAN H2ICE shuttle bus in Munich airport (MAN H2MUC)

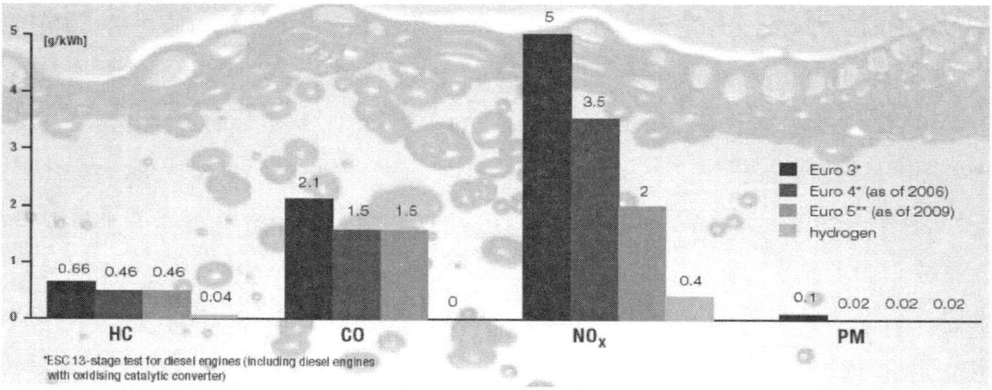

〈그림 1-33〉 Exhaust emission from MAN H2ICE

(6) 기타

그 밖에 GM에서는 Hummer를 베이스로 한 H2H를 2004년에 발표한 바 있으며(배기량 6리터, V8, Vortec 6000엔진, 최고출력 190kW, 350bar 고압수소저장, 주행거리 80km 등), 미쯔비시자동차에서는 Nessie(V8, 배기량 25리터)를 시제작한 바 있고, 그 외에 ISE Corporation 등 여러 기관에서 프로토차량을 개발하여 실증운전을 실시하고 있다.

국내의 수소기관 연구는 1987년에 성균관대학교에서 연구용 수소기관을 개발한 것이 계기가 되었다. 1993년에는 유압구동식 볼밸브형 고압수소분사밸브가 장착된 자동차용 직접분사식 수소엔진을 개발하고, 이를 차량에 탑재하여 "성균 1호 및 성균 2호"를 국내 최초로 주행하였다. 현대자동차는 1994년에 엑센트엔진을 베이스로 압축초기 저압분사 수소기관을 개발하였고, 1997년에는 동일 방식의 수소기관과 MH 수소저장 시스템을 티뷰론에 탑재한 수소자동차를 발표하였다. 그러나 현대자동차의 수소내연기관자동차는 연료전지자동차의 부각으로 중도 포기하였다. 2003년부터는 수소프론티어 사업의 일환으로 고열효율 달성이 가능한 수소연소 리니어 발전시스템개발에 관한 연구가 효성(주)의 주관으로 진행 중이다.

5. ACT Map 시나리오

ACT Map 시나리오는 기술적 관점에서 현재보다 효율의 빠른 발전을 가정하며 수송분야에서 탄소 함량이 높은 화석 연료의 사용을 줄이기 위해 진보된 바이오 연료의 사용이 장려되도록 강력한 제재가 이루어진 경우를 예상한다. 또한 모든 ACT Map에서는 2050년까지 이산화탄소의 감소 비용을 톤당 USD 50 정도 예상하고 있으며, 이러한 비용 투자를 통하여 2030년경 혹은 그 전까지 대부분의 성과가 이루어질 것으로 예상한다.

<그림 1-34(a)>는 ACT Map 시나리오에서 예상하는 Baseline 시나리오 대비 추가 투자 비용을 나타낸다. 이 경우 하이브리드 자동차의 성공을 통하여 2050년 경까지 약 50% 이상의 연료 소모량 감소가 이뤄질 것이며, 이러한 하이브리드 차량의 시장 점유율이 지역에 따라 약 75~95%를 차지할 것으로 예상하고 있다. 또한 다른 교통 수단 전환 및 교통 시스템 발전을 꾀하여 전체 Baseline 대비 약 15% 정도의 수송량 감소가 이루어질 것이다. 특히 ACT Map 시나리오의 경우 바이오 연료의 도입에 상당수를 의존하고 있다. 따라서 ACT Map 시나리오의 성공을 위해서는 전체적인 온실가스의 배출이 적은 바이오 연료의 개발 및 보급의 성공이 시급하다. 특히 에탄올이나 바이오 디젤과 같은 액체상태의 바이오 연료는 기존의 내연기관과의 호환성이 뛰어나 향후 수송분야에서 온실가스 배출 감소에 중요한 역할을 하게 될 것이다. 특히 향후 10~15년동안 가장 가격 경쟁력이 있는 바이오 연료로는 브라질과 그 외 개발 도상국에서 생산되는 사탕수수로부터 만들어진 에탄올이 될 가능성이 높다. 이후 시간이 지남에 따라 목질섬유소에서 공급되는 에탄올과 Fischer-Tropsch 과정을 통해 얻어지는 합성 디젤 및 2세대 바이오 연료들이 온실가스 감소에 중요한 역할을 하게 될 것이다. 그러나 아직까지는 이러한 2세대 바이오연료의 생산수준이 불투명하며 바이오 연료사용 시 식량 수급에 대한 문제 등의 극복해야 할 장벽이 존재하기 때문에 성공적인 바이오 연료의 개발을 위해서는 산업, 대학, 정부 등의 기술 및 정치적 협조가 요구된다. 특히 바이오 연료의 원료로 사용될 농작물을 재배하기 위한 농촌의 인프라 구축과 인력확보를 달성해야 하며, 바이오 연료 산업이 형성되었을 때에 나타나는 공기 오염과 환경적인 변화들에 대한 선행 연구가 필요할 것이다.

6. BLUE Map 시나리오

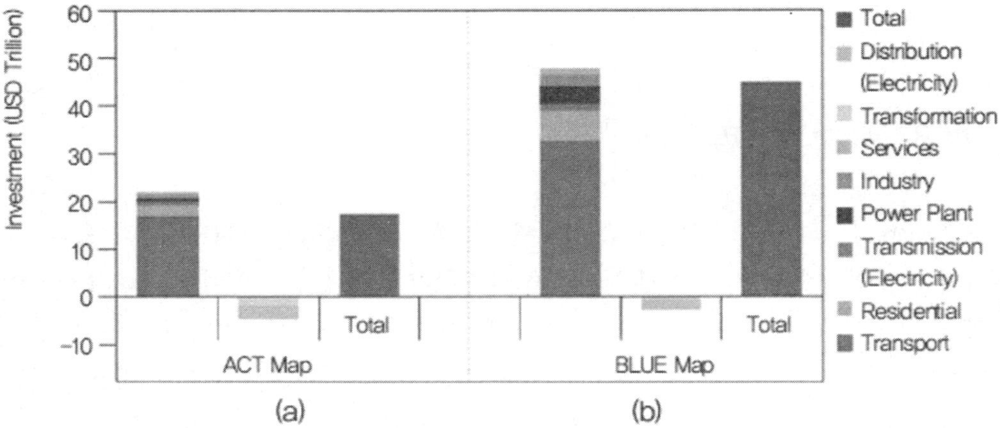

〈그림1-34〉 Baseline 시나리오 대비 ACT Map 시나리오(a) 및 BLUE Map 시나리오(b)의 종목별 투자 비용

BLUE Map 시나리오에 의하면 2050년까지 수송 분야의 CO2 배출은 전체적으로 2005년 수준의 에 비해 30% 가량 감소하게 될 것이다(즉 2050년의 Baseline 시나리오에 비해 70% 가량 감소한 수준). ACT Map 시나리오에 반영된 것과 같이 효율 향상을 비롯한 몇 가지 에너지 저감 기술들은 상대적으로 저렴한 가격에 이뤄질 수 있다. 그러나 최저 가격은 온실가스 감소를 위해 연료를 2세대 바이오나 수소 혹은 전기로 전환하는 과정에서 급격히 증가할 가능성이 있다. BLUE Map 시나리오에서 원가절감에 관련된 기술의 큰 발전이 없다면 2025년 후 연료전지 자동차, 전기자동차 사용의 증가를 통한 CO2 감소 비용은 1톤당 USD 500 가량 될 것으로 예상된다. <그림 1-34(b)>는 Baseline 시나리오 대비 BLUE Map 시나리오의 종목별 추가 투자 비용을 나타내고 있다. BLUE Map 시나리오에서는 향후 15년간의 에너지 저장 장치, 연료전지 시스템과 진보된 바이오 연료 시스템에 관한 연구 및 기술개발 증대를 통해 장기적인 관점에서 수송 분야의 CO2 감소에 필요한 비용을 낮추는 것이 중요할 것으로 생각된다.

7. 결론

수송분야는 (매우 높은 수준에서의) 연료 사용과 온실가스 배출의 감소라는 큰 과제에 당면해 있다. 연료전지나 차체 내부 에너지 저장장치(예, 배터리, 울트라캐패시터, 수소 저장장치)와 같은 혁신적인 기술들은아직 기술적으로 성숙하지 못했고, 가격 경쟁력이 없으며 합리적인 가격에 CO2 배출량 감소에 기여하기까지는 오랜 시간이 필요하다. 그러나 현재 가격 경쟁력을 가진 것으로 판단되는 다른 몇몇 기술들이 이미 상용화 되어 있다. 이런 기술들은 향후 5년에서 15년 동안 가격을 낮추기 위한 지속적인 노력과 활발한 연구를 필요로 한다. 낮은 비용으로 이산화탄소 배출을 상당량 감소시키기 위한 잠재적 방법 중 하나는 현재 사용되고 있는 차량들의 효율을 향상시키는 것이다.

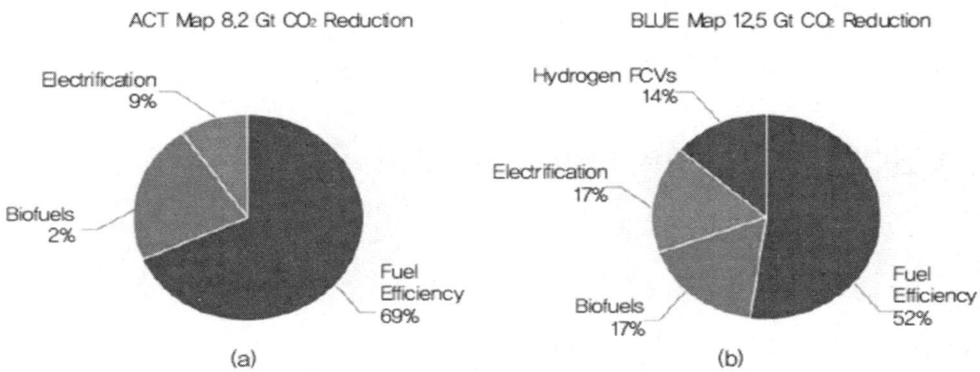

〈그림 1-35〉 ACT Map 시나리오(a) 및 Baseline 시나리오(b)
각각에 따른 수송으로 인한 이산화탄소 저감 기여 요소
(출처 : IEA, 2009)

<그림 1-35>에서 보는 바와 같이 획기적인 이산화탄소 감소를 예상하는 ACT Map 및 BLUE Map 시나리오에서도 효율 향상기술의 성장이 중요한 부분을 차지하고 있다. 또한 탄소 함량이 낮은 대체연료의 사용을 가능하게 하는 등의 기술을 발전시키고 위 기술들의 가격을 낮추기 위한 지속적인 연구 개발이 필요하다. 이러한 신기술들이 시장에 진입한다면 본 기술들은 가격경쟁력을 갖춘 이산화탄소 감소의 중요한 역할을 할 수 있을 것이라 기대된다.

제2장

클린 디젤

1. 클린디젤의 역사 (The history of Clean Diesel)

1-1 서론

열에너지로부터 기계적 동력으로 변환시키는 원동기를 열기관(heat engine)이라 한다. 열에너지는 연료의 연소에 의하여 얻어지므로 열기관의 목적은, 연료의 화학에너지로부터 동력을 생산하는 데 있다. 연료의 화학에너지는 연소에 의하여 열에너지로 변환되고, 이 열에너지는 기관의 기계장치에 의하여 기계에너지로 변환된다. 이와 같은 에너지 변환은 작동유체(working fluid)를 매체로 하여 이루어지며, 기계적 동력 발생을 위해서는 이상과 같은 에너지 변환이 사이클을 통해서 이루어져야 한다. 연료의 연소에 의하여 발생된 열은 작동유체에 전달되며, 사이클로서는 이것이 고열원이 되고, 팽창할 때 주어지는 열의 일부가 일로 변환되고, 남은 열에너지는 저열원으로 방출된다. 이것은 열역학 제2법칙으로부터 명백하다.

이 작동유체에 열을 주는 방법에 따라 내연기관(internal combustion engine)과 외연기관(external combustion engine)으로 구분된다. 내연기관은 연소에 의하여 발생된 열을 작동유체에 전달하며 이것이 팽창할 때의 일을 직접 이용하는 방식이며, 이 책의 대상이 되는 피스톤식 왕복기관(piston type reciprocating engine) 외에 가스터빈, 제트엔진 등이 있다.

외연기관은 보일러와 같이 열전달 벽을 통하여 열을 작동유체에 전달하는 방식이며 증기기관, 증기터빈 등이 있다.

열기관의 열효율은 사이클에 차이가 있을지라도 기본적으로 작동유체에 열을 줄 때의 온도(최고온도)와 열을 방출하여 사이클을 완료할 때의 온도(최저온도)와의 비에 비례한다. 이것은 열역학의 사이클론이 나타내는 바와 같다. 이와 같은 관점으로부터 왕복형 내연기관과 기타 열기관을 비교하면 스스로 열효율에 관한 특징이 명백해진다. 먼저 최고온도에 있어서 증기기관에 있어서는 열은 보일러의 전열관을 통하여 작동유체에 전달되므로 그 최고온도는 보일러가 견딜 수 있는 온도, 압력의 범위에서 사용되지 않으면 안 된다. 최근의 내열·내압재료의 진보가 현저하지만 최고온도 650℃전후이고, 디젤기관과 같은 고압축비 기관도 500℃이하로 되는 경우는 없다. 즉, 왕복형 내연기관에 있어서의 사이클의 작동온도 범위는 2500~500℃인 데 비하여 증기기관에서는 650~40℃이다. 지금 이 온도에 대응하는 카르노 사이클의 열효율을 산출해 보면 각각 75℃와 55℃로 된다. 이와 같이 내연기관은 고효율과 고출력을 얻을 수 있는 열기관이다. 가스터빈은 항공용 열기관으로 발전되어 왔으며 중량, 용적당의 출력이 매우 크고 진동도 적은 이점이 있다. 그러나 본질적으로 설계점 이외의 부하에서는 열효율이 낮은 것이 결점이지만, 재생용의 열교환기의 발전에 따라 사용범위가 매우 넓어질 것으로 생각된다. 그리고 최근에 와서는 세라믹 재료의 발전에 따라 세라믹 가스터빈(CGT)의 실현이 머지 않을 것으로 보이며, 이것이 실현되면 차세대 자동차용 기관으로 유력시된다. 그 이유는 터빈 입구 가스온도를 1300℃이상 높일 수 있으므로 열효율을 40℃이상 얻을 수 있으며, 가스터빈의 특징으로서 여러 다종연료를 사용할 수 있다는 장점과 부품수가 적다는 이점을 가지고 있기 때문이다. 이들 각각의 열기관은 서로 다른 여러 특징을 가지고 있으므로 가까운 장래에 어느 것이 소멸한다거나 하는 것은 생각되지 않으며, 각각의 경쟁에 의하여 더욱 좋은 성능을 가지는 기관으로 개발되고 발전해 갈 것으로 본다. 18세기의 후반부터 유럽에서는 산업혁명의 시대를 맞이하여 석탄산업이 성행하였으며, 광산의 배수에 인력을 대신할 수 있는 커다란 기계에너지를 얻고자 하는 필요가 생겨, 열기관을 출현시키고자 하는 여러 가지 시도가 행하여졌다. 최초로 실용화된 것은 J.Watt가 1796년에 개발한 왕복형 증기기관이었다.

한편, 실용화에 있어서는 증기기관보다 늦기는 하였지만 내연기관의 연구도 일찍 추진되어 왔다. 연료를 실린더 내에서 연소시켜 그때 발생한 열에너지를 기계적 에너지로 변환시키고자 하는 실험은 이미 1680년에 C.Huygens에 의하여 행하여졌다. 1794년 R.Street는 화염으로 가열된 철편에 테레빈유를 낙하시켜 증발시키고 피스톤이 상승하면 실린더

내에 공기를 흡입시켜 혼합기 형성을 시키고 피스톤이 점화공을 지날 때 화염으로 점화시키는 방식이었다. 가스압력에 의하여 피스톤을 밀어올리고, 외부로부터 냉각수로 가스를 냉각함으로써 실린더 내부에 발생된 부압에 의하여 피스톤을 귀환시키는 대기압 기관이었지만 실용화는 되지 못하였다. 1860년에 E. Lenoir는 2사이클 복동식의 전기 점화에 의한 가스 기관을 제작하였다. 그러나 이 기관에서는 혼합기의 압축을 행하고 있지 않기 때문에 최고출력은 3마력 정도이고, 열효율을 4% 전후 정도였다. 그는 작동가스의 급격한 폭발은 기관에 충격을 주어 기관의 운전이 원활하지 못하고 출력향상에도 도움이 되지 못할 것으로 생각하여 느리게 연소시키는 것이 중요하다고 생각 한 것 같다.

1861년, G. Schmidt는 현재의 기관과 같이 혼합기를 압축한 후에 점화하는 것이 열효율 향상에 도움이 된다는 것을 제안하였으며, 1862년에는 Beaude Rochas가 처음으로 4사이클 기관의 원리를 논문으로 발표하였다. 그러나 압축한 후에 점화하는 것이 열효율이 향상된다는 것은 이론적 발견이 아니고, 당시의 발명가가 경험에 의하여 발견한 것이라고 생각하는 것이 타당할 것 같다. 이 방식도 처음에는 폭발력에 대응할 수 있는 기술적 수단이 강구되지 못하였으며, 크랭크 기구 등의 파손을 초래하여 곧바로 실용화되지는 못하였다.

1824년 S. Carnot에 의하여 카르노 사이클이 제안되었지만 그 가치가 L. Kelvin 등에 의하여 인정된 것은 그의 사후 20년이 경과된 후의 일이며, 이와 같은 열역학적 사이클론이 중시되고, 실제 기관에 응용될 때까지는 그 후 많은 세월을 경과하고 있다.

N. A.Otto는 동료 E. Langen과 같이 당시로는 아직 신뢰성이 약한 전기 스파크 방식을 화염점화방식으로 해결하여 래크(rack)를 사용하여 피스톤의 직선운동을 기어로 회전운동으로 바꾸어 동력을 얻어내는 자유피스톤기관(free piston engine)을 완성하였다. 그리고 그 수의 연구에 의하여 1876년 원리적으로는 현재의 4사이클 기관과 같은 가스기관을 개발하였다.

2사이클 기관은 1877년 J. Selden의 특허가 선행하고 있지만, 실제의 기관은 1878년에 D. Clerk에 의하여 완성되었다. 그는 공학자이고, 내연기관의 저술도 하였으며 연구업적이 많은 인물이었다.

한편, 1898년 R. Diesel은 이론적 추구결과 높은 열효율을 갖는 압축착화 기관을 발명하였다. 이것이 잘 알려져 있는 디젤기관의 시초이며 그 후, 이 기관은 선박용, 차량용, 정치용으로서 오늘날과 같은 발전에 이르고 있다. 디젤기관은 출력당 중량이 크기 때문에 항공기용으로는 적합하지 않지만, 열효율이 높고 큰 배기량, 큰 출력에 적합하므로 대형기관이 그 주류를 차지하고 있다.

가솔린기관은 1883년에 G. Daimler가 W. Maybach의 협력으로 실용화시켰다. 그 후, K. Benz, A, de Dion 등 많은 사람들에 의한 개발이 행하여 졌다. 1900년대 초에는 거의 현재와 같은 전기 스파크점화방식의 것이 주로 자동차용으로 완성되었다. 가솔린기관은 중량당 출력이 크기 때문에 1903년, Wright형제에 의하여 항공기용으로 사용되고서부터 항공기 기관으로서도 급속한 발전을 해왔다. 이상 기술한 바와 같이 왕복형 내연기관의 발달은 초기에는 경험과 시험제작에 따라 개발되고, 그 후 점차 이론적 뒷받침을 한 것과 같은 발전과정으로 경과해 왔지만, 제 1차 세계대전 후 항공기의 발달에 따라 서서히 그 이론이 체계화되고, 각종의 성능도 매우 정확하게 추정할 수 있게 되었으며, 내연기관공학으로서 기계공학 안에 큰 분야를 점유하기에 이르렀다. 극히 최근까지의 내연기관의 연구는 어떻게 하면 높은 출력과 효율을 가진 기관을 제작할 수 있을까 하는 데 주로 관심이 집중되어 왔지만, 최근에는 유해배출가스, 저연비 및 소음의 저감과 같은 사회적 요구에 따라 이와 같은 분야에 연구의 주력이 경주되어 있다. 또한, 석유에너지의 유해성과 고갈 등의 문제로 새로운 동력원으로서의 에너지의 추구와 함께 차세대 기관은 어떤것이어야 할까 하는 데도 연구가 진행되고 있다. 대기 공기질의 보전과 지구환경보전을 위하여 무공해 자동차(zero emission vehicle: ZEV) 및 저공해자동차(low emission vehicle: LEV)에 탑재할 무공해 및 저공해 기관의 개발을 추진하고 있다.

1-2 에너지보존 및 디젤엔진

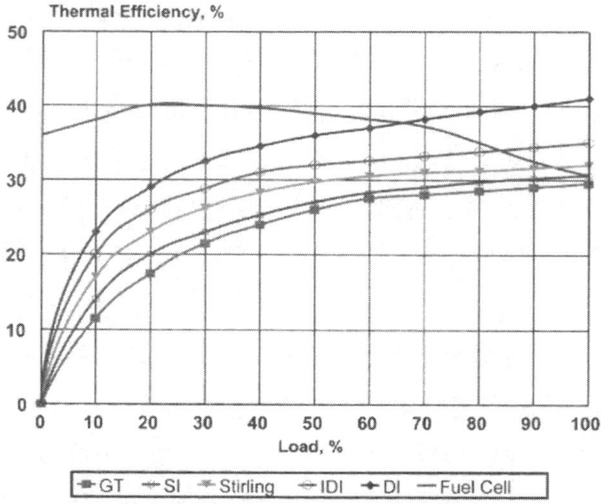

〈그림 2-1〉 각 발전장치들의 열효율 비교

디젤엔진들의 주요 장점중의 하나인 연료 경제성에 대해 간단하게 말하자면, 연료 경제성은 다른 형태의 에너지 변화 기계들 사이에서 얼마나 경쟁력이 있는지 반드시 고려해봐야 할 변수이다. 크라이슬러 회사에서 '엔진 효율의 기본'이라는 타이틀의 논문이 1995년 8월에 China Automotive Technology Conference/Workshop에서 발표되었다. 그림은 발표된 자료에서 발췌한 것이며 여섯 개의 각기 다른 발전 장치의 열효율을 비교분석했다.

2 흡기시스템 (Intake Systems)

2-1 서론

디젤엔진은 전통적으로 낮은 비출력(즉, 최대 출력 대비 무게)을 고 민해 왔다. 또한, 비출력은 엔진의 이동관점에서 비교될 수 있다. 이러한 현상의 주요 원인으로서는 출력은 각 연소실 챔버 내에서 얼마나 많은 연료가 효율적으로 연소되는가에 의해 제한받기 때문이다. 효율적인 연소를 위해서는 적절한 산소의 공급이 제공되어져야 한다. 효율적인 연소를 위해서는 흡입되는 공기도 중요하지만 연료와의 좋은 혼합상태가 이루어져야 한다. 그러한 상태에서 탄화수소 연료에서 이산화탄소와 물로의 완전한 변환을 이상적으로 만족하는 적절한 비를 화학적으로 이룰 수 있다.

흡기 시스템은 일반적으로 공기필터, 입구 덕트, 입구 매니폴드 그리고 입구포트로 구성된다. 또한 흡입 밸브도 흡기 시트메에 포함될 수 있다. 한번 엔진이 설계되면 흡기의 양은 기본적으로 결정된다. 최대 공기량은 입구 필터의 억제, 입구 턱트, 입구 매니폴드, 입구 포트의 압력손실에 의존한다. 그러나 만약 흡기가 엔진에 유입되기 전에 대기압보다 높은 고밀도로 압축되면, 출력은 흡입되는 추가 질량에 비례하여 연료를 더 많이 공급함으로써 증대될 수 있다. 추가된 공기량과 연료는 혼합되어 연소됨으로써 더 큰 출력을 발생시킨다.

엔진에 공기를 흡입하기 전에 공기밀도를 증가시키기 위해 사용하는 과정을 과급공기의 부스팅이라고 부른다. (더 흔한 표현은 수퍼차징이 사용된다.) 과급공기의 부스팅은 일반적으로 다양한 펌핑 또는 압축기에 의해 실현된다. 본 장에서는 이러한 장치와 일반적인 특징을 소개한다. 또한, 엔진출력과 배기의 형태에 대해서도 언급한다.

2-2 공기 과급의 방법

공기 과급에는 세 가지 기본적인 방법이 있다. 첫 번째 방법은 엔진출력의 일부를 과급 공기의 압력과 밀도를 높이기 위해 공기펌프, 압축기, 블러어의 기계적 구동으로 제공하는 것이다. 일반적으로, 이러한 기계적으로 구동되는 장치는 슈퍼차져라고 부른다. 두 번째 방법은 공기 압력과 밀도를 증가시키는 공기압축기를 구동하기 위해 과도한 배기열을 이용하는 형태인데 터보차징이라고 한다. 여기서 터빈 휠은 공기 압축기를 구동하기 위해 배기 매니폴드의 출구의 통로에 위치하게 된다. 세 번째 방법은 슈퍼차져와 터보차징의 조합으로 표현된다. 배기 매니폴드에서 나오는 변동하는 압력파는 앞 장에서 언급한 바와 같이 기계적으로 구동되는 기기의 통로로 유입되는 공기에 에너지의 일부를 나누어 주는 데 사용된다. 이러한 타입의 장치를 웨이브 슈퍼차져라고 부른다.

2-3 슈퍼차져의 종류

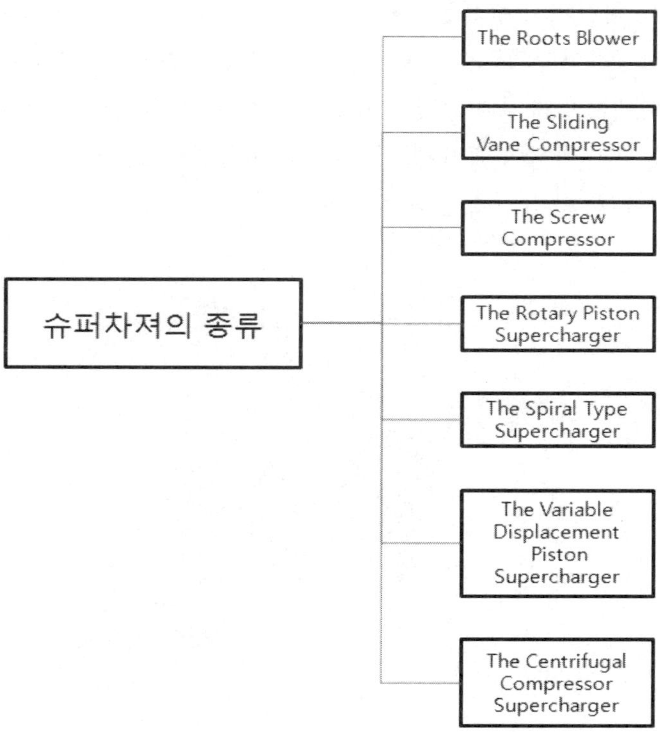

〈그림 2-2〉 슈퍼차져의 종류

슈퍼차져는 일반적으로 순방향 변위장치이며 여러 종류의 타입으로 분류될 수 있다. <그림 2-2>은 공기를 과급하는데 사용되는 다양한 슈퍼차져를 보여준다.

<그림 2-2>에 있는 첫 번째 여섯 개의 장치들은 순방향 변위이며 바닥에 있는 것은 원심압축기이며 공력학적 또는 연속적 유동장치로 분류된다. 순방향 변위장치들은 1회전당 특정 공기체적량을 공급한다. 체적효율은 거의 일정하기 때문에 유동은 일반적으로 슈퍼차져 또는 엔진의 속도에 비례한다. 이러한 장치들은 각각 장단점을 갖고 있으며 각 슈퍼차져는 특정 응용에 따라 특성화되어 있다. 일반적으로 과급압력은 대부분 장치에서 슈퍼차져 속도의 제곱에 비례한다.

2-4 터보차져

슈퍼차져와 마찬가지로 터보차져는 엔진에 공급하는 공기량을 증가시키는 장치이다. 앞서 언급한 바와 같이 엔진에 공급되는 공기량의 증가에 따라 그에 상응하는 연료량의 추가가 허용되고 이는 동일엔진의 자연적 흡기에 따른 출력보다 더 큰 출력을 발생시킨다. 터보차져와 슈퍼차져의 주요한 차이는 전자는 엔진 배기가스를 이용하며 터빈 휠이 회전적 운동을 제공하지만 후자는 일반적으로 기계적, 전기적, 수력학적으로 구동된다는 것이다. 터보차져에는 압축기와 터빈 휠이 동일 축상에 설치되어 있다<그림 2-3>. 터빈 휠은 압축기를 구동하기 위하여 배기가스 에너지를 이용한다. 압축기는 대기공기를 흡입하고 압력을 증가시켜서 엔진의 실린더로 보낸다.

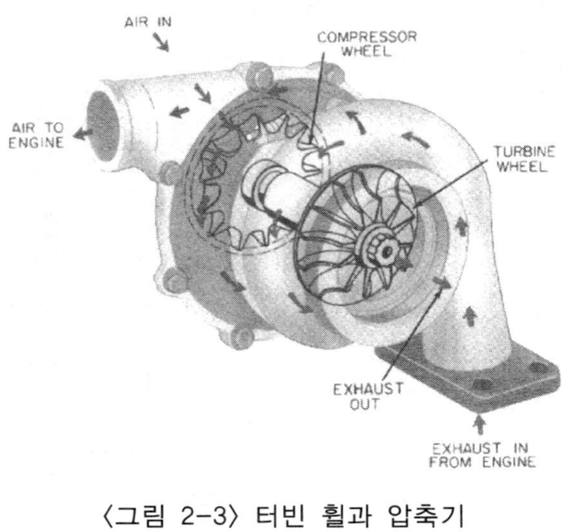

〈그림 2-3〉 터빈 휠과 압축기

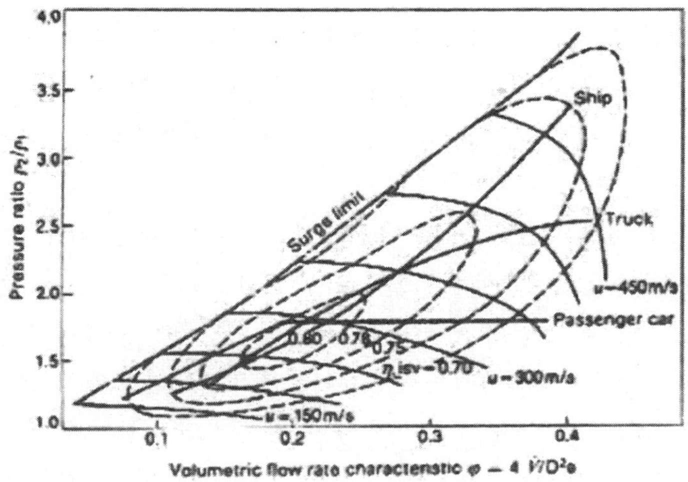

〈그림 2-4〉 압축기의 성능맵

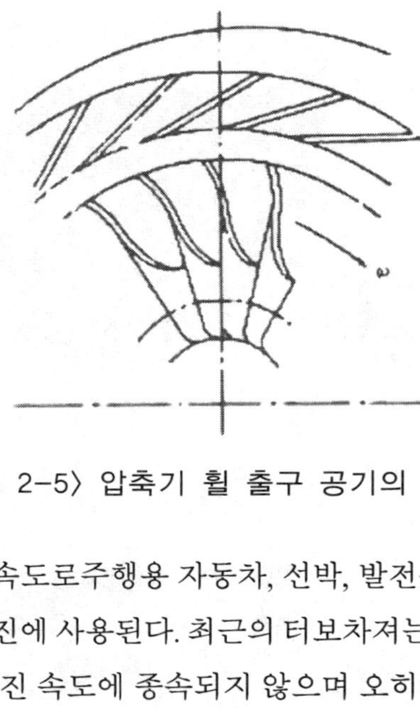

〈그림 2-5〉 압축기 휠 출구 공기의 유동

터보차저는 시내주행, 고속도로주행용 자동차, 선박, 발전용, 자동차, 기차, 작은 발전 엔진 등에 적용되는 디젤 엔진에 사용된다. 최근의 터보차저는 회전속도가 150,000 rpm을 초과한다. 이러한 속도는 엔진 속도에 종속되지 않으며 오히려 터빈에 공급되는 배기가스의 에너지와 압축기를 구동하는데 필요한 에너지와 연관된다. 압축기의 성능 맵은 <그림 2-4>에 나타내었다.

압축기 성능은 서지 라인의 오른쪽에 해당된다. 이러한 선들은 안정된 압축기 성능을 나타내고 왼쪽의 서지 라인들은 불안정한 성능의 영역이므로 운전할 수 없다. 원심형 압축기에서는 필터링 된 공기가 압축기의 커버의 중심으로 들어오게 되고 압축기 휠의 인듀서로 진행한다. 공기는 압축기 휠을 통과함에 따라 90도로 바뀜에 따라 축방향에서 반경방향으로 유동의 방향을 바꾸게 된다. 압축기 휠 출구의 공기는 <그림 2-5>과 같이 정지해 있는 디퓨져로 들어간다. 디퓨져에서 공기는 벌류트라고 불리우는 컬렉터로 보내지게 된다.

<그림 2-6>은 두 종류의 벌류트를 보여주고 있으며 각각의 압축기 휠을 보여준다. 두 벌류트의 차이는 벌류트 출구에서 파이프와 어떤 방법으로 연결되는 가에 따라 구분된다. 콜렉터의 횡단면적은 벌류트의 출구에서 파이프에 연결되기 까지 점진적으로 증가한다. 이러한 점진적인 횡단면적의 증가는 운동에너지를 위치에너지로 바꾸어 주는 역할 또는 공기의 속도를 압력으로 변환시키는 역할을 한다. 증가되는 압력과 더불어 압축된 공기는 온도상승을 동반하게 되고 이는 밀도를 감소시킨다. 하지만 터보차져를 탑재하는 많은 엔진에서는 공기의 밀도를 높이기 위하여 애프터쿨러(after cooler)를 적용한다.

〈그림 2-6〉 두 종류의 벌트류

압축기 휠 블레이드는 휠 허브면의 중심에서 직선형(반경형)이거나 후향 경사각을 가진다.(즉, 회전방향과 반대방향임) 블레이드 형상은 이웃한 블레이드에 의해서 형성되어진 채널내에서 난류유동을 최소화함으로써 효율을 최대화하도록 설계되어진다. 압축기 휠은 알루미늄으로 만들어지고 후면유동(backflow)을 최소화하기 위해 하우징과 아주 작은 간극을 유지한다. 엥겔하드의 연구자들은 팁 간극(블레이드와 하우징간의 반경방향 간극)의 영향을 최소화하기 위해 압축기 하우징에 벗겨지는 코팅(abradable coating)을 실시하였다. 참고문헌 7과 <그림 2-7>에서는 압축기 하우징 내부에 코팅을 작업함으로써 연료절감의 개선효과를 실험으로 나타낸다. 연료절감효과뿐만 아니라 압축기의 효율 개선이 엔진부하 변동구간에서 탄소를 포함한 입자(carbonaceous particulate)의 emission을 낮추어 주었다.

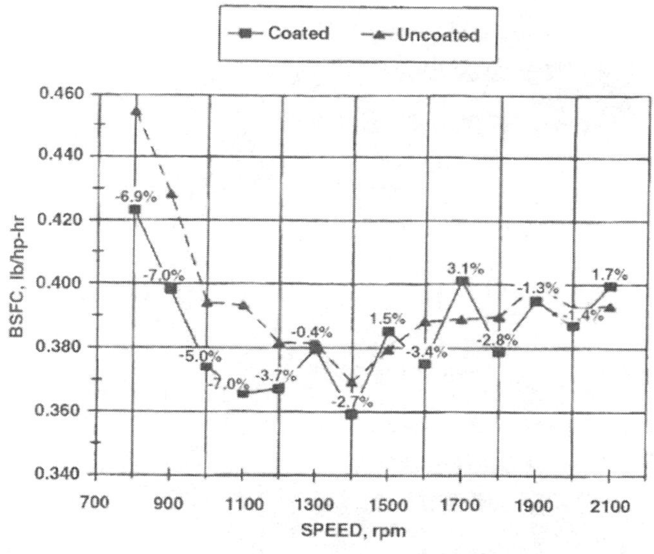

〈그림 2-7〉 압축기 하우징 내부 코팅시 연료절감의 개선효과

아마 원심압축기에 대하여 훨씬 많이 언급할 수 있지만 언급된 일반적인 설명은 기본개념을 이해하는데 적절하다. 터보차져의 다른 중요한 요소는 터빈이다. 터빈 휠은 니켈베이스의 합금강이며 압축기와 연결되는 동일한 축을 회전시킨다. 터빈의 목적은 블로우다운(blowdown: 배기 밸브가 열렸을 때 배기가스를 배출) 과정에서 압축기 휠을 구동하기 위하여 배기가스를 이용하는 것이다. 터빈은 일반적으로 사각형의 형상을 갖는 플랜지에 연결되는 배기 매니폴드에 볼트로 고정되는 하우징 내에서 회전한다.

배기 매니폴드와 터빈사이의 연결은 터보차져의 동적인 운동에서 매우 중요한 역할을 한다. 매니폴드와 마찬가지로 연결부의 체적을 크게 함으로써 배기 밸브에서 매니폴드까지의 맥동은 완화되고 거의 정압으로 바뀌게 된다. 이러한 이유 때문에 터보차져에서 배기 매니폴드로의 연결을 정압형이라고 부른다. 이러한 방법은 터빈 블레이드로의 유동을 연속적으로 이루어지게 하지만, 엔진 배기밸브의 압력보다 더 높은 압력이 형성되면 엔진을 통해서 나오는 순방향의 가스 흐름을 방해하고(역류를 의미함) 총합적인 체적효율을 낮게 한다.

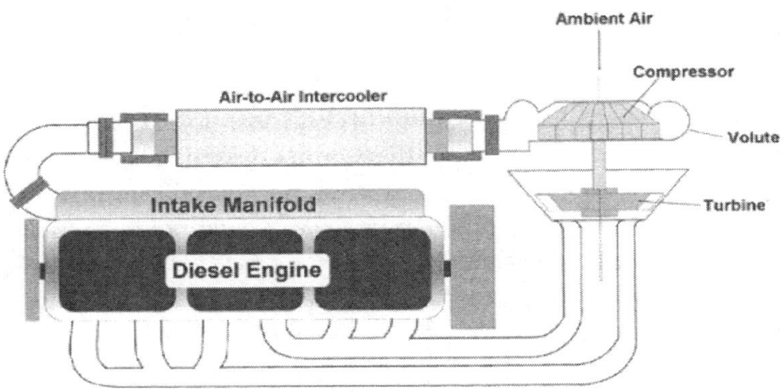

(a)

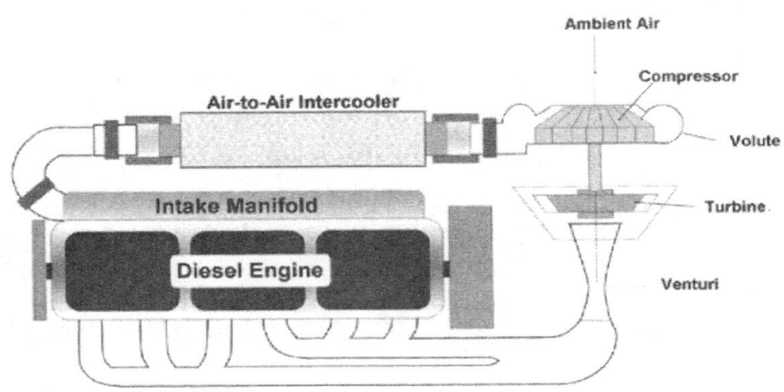

(b)

〈그림 2-8〉 터빈하우징과 배기 매니폴드 연결 방법

터빈 하우징과 배기 매니폴드를 연결하는 두 번째 방법은 각 배기 밸브에서 나오는 맥동하는 유동을 이용하는 것으로써 펄스형이라고 부른다. 일반 설계는 앞의 실린더들을 하나의 매니폴드에 묶고 이는 플랜지의 한쪽에 (one side) 연결된다. 그리고 뒤쪽 실린더들은 또 다른 매니폴드에 묶고 그것은 플랜지의 다른 쪽에 연결된다.(참조 그림 2-8a) 이러한 방법은 엔진의 반응이 중요할 때(주로 고속주행의 경우) 선호되는 방법으로서 맥동형의 에너지는 터빈 블레이드를 통하여 발산되고 배기 압력을 낮게 유지하기 때문이다.

세 번째이자 마지막 방법은 펄스 컨버터형이라고 부른다. <그림 2-8b>는 예시도이며 배기의 동적인 에너지를 포텐셜 에너지 또는 압력으로(이것은 정압형과 유사한 개념이다.) 바꾸어 주는 벤츄리 박스를 나타낸다.

일반적으로 2행정 엔진에서는 정압형을 사용하고 고속도로 주행용의 4행정 엔진에서는 펄스형의 시스템을 사용한다. 터빈 하우징이 안전하게 제공되어야 하는데, 이는 터빈이 폭발 시에 터빈 블레이드가 보호되어야 하므로 적절한 벽 두께를 가지도록 설계하는 것은 매우 중요한 일이다. 터빈 하우징은 뜨거운 하우징으로 불리우기도 한다. 일반적으로 슈퍼차져 또는 터보차져를 사용하는 것은 체적효율을 향상시키고 증가된 연료량으로 인한 더 높은 실린더 압력을 발생시킴으로써 보다 더 큰 엔진출력을 발생시킨다. 증가된 실린더 압력 때문에 기계적 부하는 증가되고 엔진구성요소의 강건한 설계가 요구된다. 일반적인 과정은 엔진에 터보차징을 적용할 때 압축비를 어느 값까지 줄이는 것이다.(예를 들면 18 -> 17:1)

좋은 특성들이 터보차져에 적용되었다 할지라도, 원치 않는 특성을 가지게 된다. 이러한 것 중 하나는 터보차져 래그라고 불리는 현상이다. 왜냐하면 터보차져는 배기 블로우다운에서 펄스 출력에 의해 구동되기 때문에 엔진 과급에 적당한 터보차져 회전수를 예측하려면 그 이전에 그에 해당하는 만큼의 공기량이 필요하다. 예를 들면, 운전자가 더 큰 출력을 위하여 가속페달을 밟을 때 실린더에 더 많은 연료가 공급된다. 그러나 더 많이 공급된 연료가 연소되고 나서야 터빈이 가속되고 압축기에서 더 많은 공기를 실린더로 공급하게 된다. 실린더에 연료가 추가되고 압축기에서 더 많은 공기를 공급하게 되는 사이의 시간 결과를 터보차져 래그라고 부른다. 터보차져 래그동안 연소는 가시적인 스모크의 배출을 일으키는 공연비에서의 일시적인 딥(dip) 현상을 일으킨다.

터보차져 설계와 특별한 엔진에 매칭될 때 부딪히는 다른 문제는 자은 엔진 속도와 부하에서의 낮은 성능이다. 이러한 엔진운전조건에서는 낮은 공기량과 연료량을 이용하기 때문에 배기 펄스 출력은 낮다. 이러한 이유들로 인하여 엔진 설계자들은 낮은 배기 펄스 출력에 노출되었을 때 더 빨리 가속하고 회전수를 올리기 위하여 더 작은 터빈 휠의 관성모멘트를 갖는 터보차져 설계를 강요하게 된다. 그러한 설계는 낮은 엔진 속도와 부하에서 좋을 수는 있지만 고속도, 높은 부하에서 약점이 될 수 있다. 만약 주어진 응용에서 이러한 경우라면, 높은 엔진출력 운전구간에서 매우 높은 압력을 과급하는 것을 방지하기 위하여 심각한 고려가 되어야 한다. 게다가, 높은 과급압력과 함께 잠재적인 문제는 연소실 내부에서 연료 분무 패턴의 변경으로 심각한 연소 품질 문제에 직면할 수 있다.

디젤엔진에서는 흡기와 배기 시스템이 제한받지 않을 때 가장 좋은 성능을 낸다. 터빈 휠을 배기가스의 통로에 두는 것은 배기 유동을 제한하고 체적효율의 감소를 일으킬 수 있다. 그러나 모두 다는 아니지만 대부분의 설계에서 체적효율의 감소는 터보차징 덕분에 엔진에 공급되는 과급공기를 감안하면 보상이 된다. 이것은 특히 해수면보다 낮은 압력을 가지는 대기조건의 높은 고도에서 명백하다. 이러한 경우에 자연적으로 흡입하는 엔진은 더 낮은 스모크 제한된 출력 때문에 엔진의 출력을 낮추게 되는 심각한 결점에 직면할 수 있다. 따라서 터보차징은 출력을 유지하고 엔진의 출력을 낮추지 않게 하기 위해 고도에 대한 보상으로 사용될 수 있다.

2-5 터보차져의 종류들

대부분의 터보차져는 하나의 터빈-축-압축기로 구성된 설계를 가진다. 그러나, 배출가스 저감을 포함하여 다양한 이유에 의해서 터보차져의 응용의 증가에 따라 새로운 설계와 타입의 터보차져가 요구되고 있다. 이러한 설계의 일부는 새로운 것이 아니며 앞서 언급된 고정형 터보차져(fixed-geometry turbocharger)를 수정하는 것을 포함한다. 현대 터보차져의 주요한 전제는 넓은 범위의 운전조건에서 동일한 급기 압력을 달성하는 것이다. 이 목표를 만족하기 위해서는 터보차져는 유연하게 운전되어야 한다. 이 과정은 배기가스 출구쪽에 흡기 끝에서의 제어를 통하여 달성 될 수 있다. 배기가스 출구쪽에서의 제어는 기본적으로 waste gate와 가변(Variable geometry) 터보차징을 통해서 달성된다.

1) Waste-Gated Turbocharger

Waste-Gated 터보차져는 일반적으로 입구 시스템의 압력신호에 기초하면서 공압적으로 구동된다. <그림 2-9>는 터빈 주위에서 배기가스를 바이패스 시키는 메커니즘을 보여주는 waste-gated 터보차져의 개략도를 보여준다. 이러한 바이패스는 포핏밸브를 작동하는 스프링의 다이어프램에 의해 제어된다. 이것은 <그림 2-9>의 항목 3에 해당한다.

1. Engine. 2. Exhaust-gas turbocharger. 3. Waste gate.

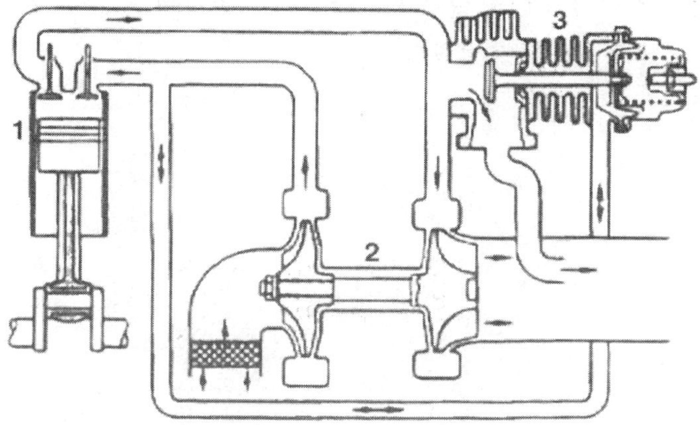

〈그림 2-9〉 터빈주위에서 바이패스되는 배기가스에 대한 메커니즘

실제 구동할 때는 흡기 매니폴드의 압력신호가 waste-gated 다이어프램에 전달된다. 이 압력 힘은 목표점에 설정된 스프링을 누르게 되면 바이패스 포핏 밸브가 열리게 되고 터빈으로 들어오는 펄스 에너지의 배기가스가 터빈 출구를 거쳐서 대기로 빠져나가게 된다. 이러한 과정은 낮은 배기 에너지에 노출되었을 때 쉽게 가속시키기 위해 사용되고 그리하여 적절한 흡입 압력(입구 매니폴드 압력)을 적절하게 높인다. 또한 엔진이 고출력에서 운전될 때 많은 배기량에 의해 높은 흡기 압력이 생성되는 것을 방지해 준다.

2) 가변(Variable-Geometry) 터보차져

Waste-Gated 터보차져는 앞서 언급한 것처럼 배기 펄스 에너지의 일부가 터빈을 구동시키지는 않는다. 배기 에너지를 대기로 발산시키는 것은 잠재적인 에너지 효율을 줄이게 되는 낭비(waste)로 보여질 수 있다. 이 방법에 대한 대안이 <그림 2-7>에 나타난 것처럼 가변 터보차져이다.

<그림 2-10>는 VGT(variable geometry turbocharger)의 터빈 하우징을 보여주며 가변각 베인, 톱-이빨을 맞추는 링으로 구성된다.(<그림 2-10>에서 항목 1, 2, 3) 가변 각 베인은 배기 매니폴드와 터빈사이에 있다. 낮은 에너지의 배기 조건일 때에는 가변각 베인들은 두 개의 연속적인 베인사이의 유동 면적을 줄이게 되고 배기 포텐셜 에너지(압력)을 운동에너지(속도)로 변환하게 한다. 터빈 블레이드를 터 빠르게 하는 배기 충격은 회전수를 높이게 되고 압축기에 더 많은 에너지를 전달하게 되어 실린더로 공급공기를 더 많이 주게 된

다. 역으로 높은 엔진부하에서는 포텐셜 에너지를 거의 변환하지 않도록 베인이 위치된다. 이러한 조건은 압축기가 너무 높은 회전수에서 작동하지 않도록 하는 것이며 실린더로 들어오는 급기를 적절하게 조절한다.

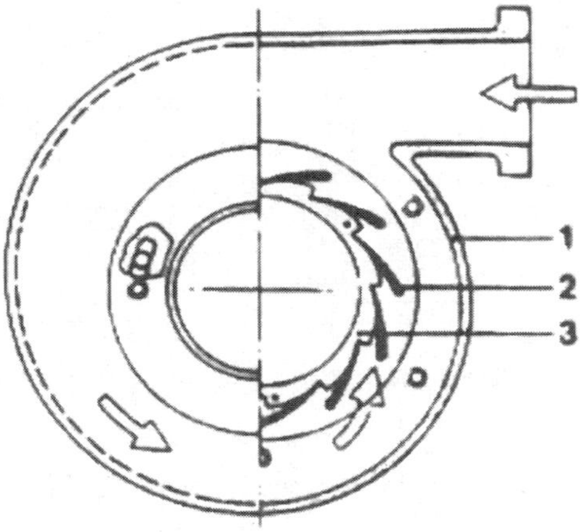

〈그림 2-10〉 VGT(Variable Geometry Turbocharger)의 터빈 하우징

가변 터보차져는 엔진성능을 조절하는 데에 있어서 배출물을 저감하는 측면 뿐만 아니라 매우 유용함을 제공한다. 특히, 현대 엔진에서처럼 전자식을 많이 쓰는 경우는 더욱 보편화되어 있다. 예를 들면, 운전자가 빠른 가속을 원하면 전자식 제어모듈에서는 가변 베인을 유동면적이 좁게 위치하게 함으로써 터빈의 회전속도를 높이고 부가적인 급기를 공급하게 한다. 부가적으로 공급된 공기는 연소실 내부에 공급되는 연료의 공급보다 먼저 도착하게 된다. 이 제어는 급가속에 흔히 일어나는 일시적인 스모크 발생을 제거하는데 도움이 된다.

이러한 기능에 추가하여 가변 터보차져는 다른 이점이 있다. 그 중에 하나는 배기와 흡기 매니폴드사이에 압력을 제어하는 것이다. 즉, 가변 베인을 유동면적이 작게 위치하게 하면, 배기 매니폴드의 압력이 증가하지만 흡기 매니폴드에서는 같은 양만큼의 압력이 증가하지는 않는다. 배출물 저감 엔지니어는 더 많은 양의 EGR(exhaust gas recirculation)을 달성하기 위하여 이러한 특징을 이용함으로써 더 많은 NOx를 저감한다.

포드 트랙터 엔진을 가지고 1980년대 중반에 실시한 실험은 고정(fixed-geometry) 베인 터보차져와 가변 터보차져에 대한 실험결과를 제공했다. <그림 2-11>은 동일한 엔진속도에서 VGT에 대한 매니폴드 압력과 스모크사이의 관계를 보여준다. 고정 베인 터보차져에 대한 결과도 같이 나타내었다. <그림 2-11>으로부터 몇가지 결론이 도출될 수 있다.

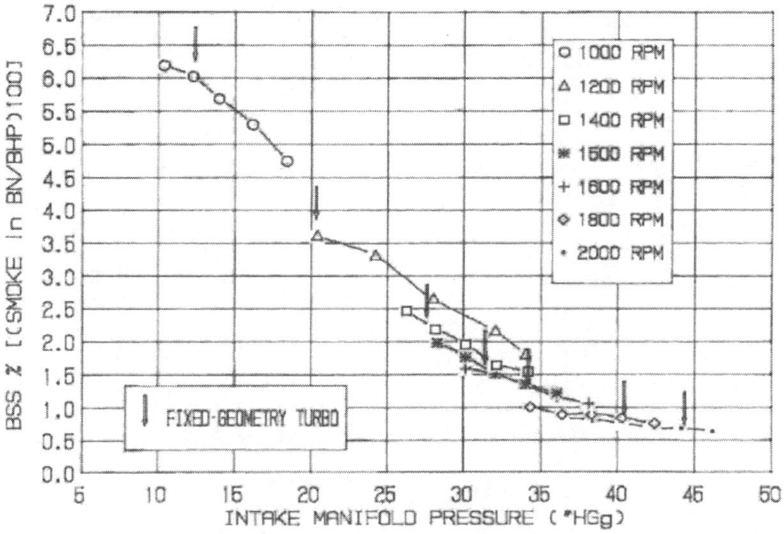

〈그림 2-11〉 VGT에 대한 매니폴드 압력과 스모크사이의 관계

- VGT를 사용하면 본질적으로 더 낮은 스모크를 발생시킨다. 스모크는 보쉬NO에 의해 측정되는데 엔진출력을로 나누고 100을 곱한 값이다.
- VGT를 사용하면 고정 터보차져와 비교할 때 낮은 엔진속도 또는 낮은 흡기 매니폴드 압력에서 매우 효과적이다.
- 높은 엔진출력조건에서 VGT를 사용하면 매우 잘 매칭된 고정 터보차져와 비교할 때 잘 맞지 않을 수도 있다.

스모크 제어에서 달성된 것과 마찬가지로 연료 절감뿐만 아니라 토크와 출력에서의 이점을 보여주고 있다. <그림 2-12>는 낮은 피크 토크에서 VGT를 적용한 경우에 매우 우수한 성능을 보여준다.

어떤 경우에, 급기를 조절하는 것은 압축기에서 달성될 수 있다. 공기가 압축된 이후에 바이패스하는 방법은 waste-gated 터보차져에서 언급한 것처럼 배기가스를 바이패스시키는 방법보다 흔하지는 않다. 이유는 엔진에 적용되는 것보다 압축된 공기를 바이패스시키는 것은 손실이 되기 때문이다.

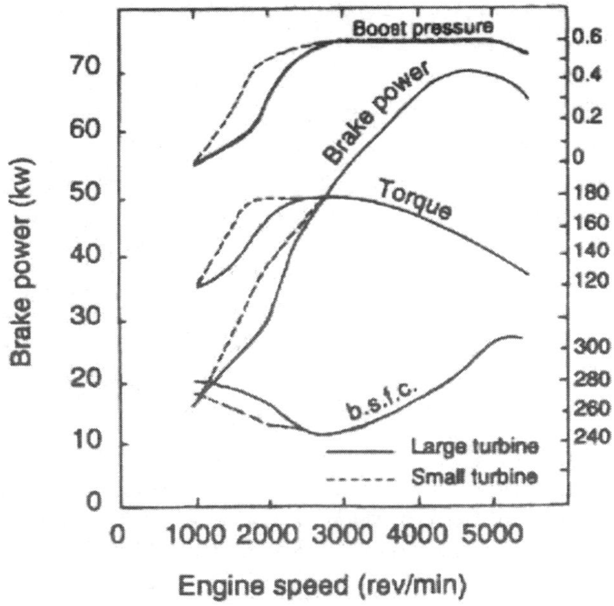

〈그림 2-12〉 낮은 Peak 토크에서 VGT를 적용한 경우에 나타나는 성능향상

3 디젤엔진의 배기가스 재순환 (Exhaust Gas Recirculation in Diesel Engines)

3-1 서론

디젤 엔진이 다른 엔진보다는 더 연료효율이 좋다는 것은 이전 장을 통하여 살펴보았다. 그러나, 틀림없이 이런 엔진에는 동시에 필요로 하는 NOx와 미립자 물질(PM) 기준에 도달하는 어려움이 있다. 전통적으로, 이런 두 가지 배기가스 종류 중에 하나를 줄이는 것을 목표로 하는 설계 변화가 다른 방향에서 증가 되어지고 있다. NOx/PM 인과관계로써 알려진 물리적인 특징은 강렬한 연구노력의 목표이다.

미국 사법과 여러 디젤 엔진 제조사간에 1998년 10월의 동의법력 타협안이 EPA대기 정화법의 환경 보호국(EPA)에서 분명히 했다. 타협의 조약은 각각 엔진 제조사에 부과된 벌금을 보도한 것뿐만 아니라 제안된 배기기준을 진보시키는 것을 명료화했다. 추가적으로, 새로운 정상 상태 배출 실험과 한계는 새로운 기준으로 정의되고 만들어 졌다.

엔진 제조사는 이 새로운 NOx 기준을 달성하기 위하여 배기가스 재순환(EGR)이라는 시스템을 개발했다. 디젤 엔진에서 EGR을 사용하는 것은 공/연비 (A/F) 비율 (50:1 ~

100:1)인 저부하 엔진상태에서 강한 이점이 있다. 고 부하엔진에서 공연비가 극도로 줄어들고 20:1보다 더 적은 부하 상태에 도달할 수 있다. 이 낮은 공연비는 다량의 매연 형성물을 이끌어낸다. 다량의 매연물을 포함한 배기순환은 저부하, 고부하상태든 간에 엔진 내 구성 및 윤활유량에 따른 다양한 결과를 가지고 있다.

이 장은 EGR을 주제하에, 이의 기본적인 정의 및 각종 형태 및 배기에 따른 영향을 제시한다. 일반적으로 EGR 시스템의 구성요소는 또한 그들의 중요한 설계 세부사항의 분석과 함께 기술된다. EGR 시스템의 구성요소는 또한 그들의 중요한 설계 세부사항의 분석과 함께 기술된다. EGR 시스템의 성공적인 수단을 위한 제어 전략의 특징을 또한 설명되어진다. 과도한 EGR 사용의 불리한 결과는 토론되고 특정 EGR 시스템 적용에 관한 일반적인 정보가 제공된다.

3-2 정의

간단히 말하면, 배기가스 재순환은 엔진의 배기의 한 부분이 흡입 시스템을 지나서 연소실에 되돌아가는 방법이다. (그림 2.13) 이 방법은 연소 과정에서 열을 얻기 위해 고안됐고, 따라서 연소온도를 낮추고 NOx를 감소시킨다. 이 방법은 또한 신기로 엔진으로 인도된 산소의 일부분을 교체하는 것과 관련이 있고 따라서 NOx 층의 비율을 줄인다.

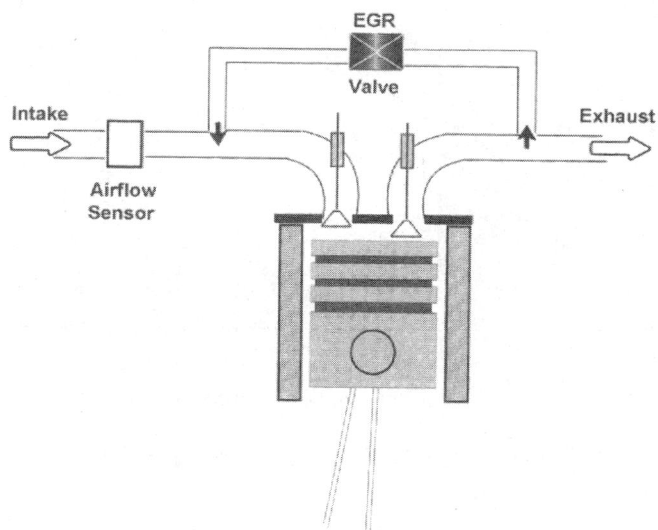

〈그림 2-13〉 배기가스 재순환(Exhaust Gas Recirculation)

배기가스 재순환은 확실히 가솔린 혹은 light-duty 디젤 엔진을 위한 신기술이 아니다. 그러나, 대형 디젤에서 EGR 적용은 새로운 배기가스 규제가 있을 때까지 요구되지 않았다. 엄격한 NOx 규제의 전망으로 (2.0 g/bhp 시간 또는 2.7gHWh), 엔진 제조자는 강력한 디젤 엔진 직접분사에서 NOx 제어를 위한 정교한 EGR 시스템을 실험하고 개발했다. EGR가 NOx 감소에서 매우 효과적인 방법임을 보였다. 일찍 언급된 것처럼, 2개의 원리는 EGR를 사용할 때 NOx 감소를 제어할 수 있다고 생각한다. 제 1원리는 EGR이 열 싱크(시스템 내에서 에너지를 처리하는 장치)로 작동하는 최고 연소 온도를 감소시키는 것이다. 이 경우에는, EGR에 의해 흡수된 열은 정압비열 (CP), EGR률의 생성물, 연소 온도와 EGR (ΔT)간의 온도 차에 직접적으로 비례한다. 그러므로 다음과 같이, 흡수한 열(f)는 표현될 수 있다.

$$Q \quad = \quad m \times C_p \times (\Delta T) \qquad (4.1)$$

배기가스는 4.18과 0.82의 정압 비열에서 물과 이산화탄소로 주로 구성된다. 대조적으로, N_2 의 정압비열 1.04kJ/kg K 이다. EGR를 부피 측정으로 미터로 재는 것이 관습적이다. 그러므로 이 희석액의 밀도가 고려될 때, NOx 감소에 대한 영향은 <그림 2-14>에서 보일 수 있다.

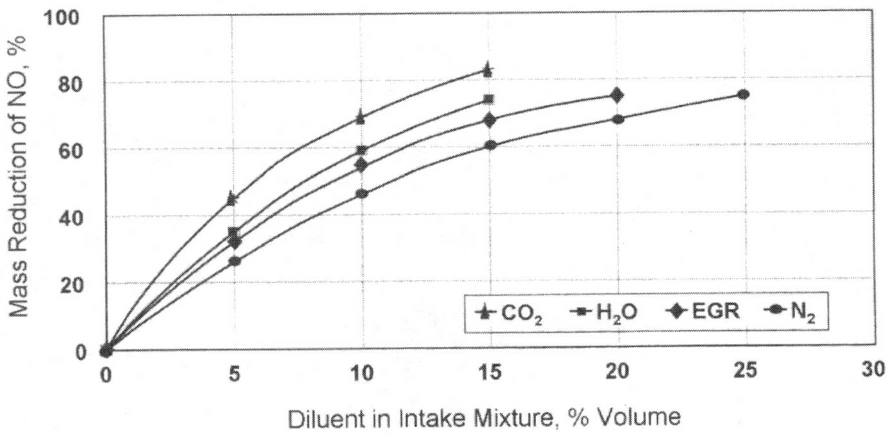

〈그림 2-14〉 희석액의 밀도에 따른 NOx 감소 효과

추가적으로 NOx 감소는 EGR 냉각이 Eq(4.1)처럼 다른 조건에서 온도를 증가시키고, 따라서 EGR 열은 흡입하는 용량을 증가해서 그 다음 NOx를 감소시킨다.

EGR의 NOx 배출을 감소시키는 두 번째 그리고 더 중요한 원리는 신기로 유도된 산소의 일부분을 교체시킨다. 단순화된 방법으로 살펴보면, 열 NOx는 N_2, O_2 로 함수로 나타내고, 연소온도, 그리고 NO, NO_2 의 분리로 수식된 고온 NOx 형태의 환경에서 체류시기로 나타내어진다.

that is:

$$\frac{d(NO)}{dt} = K_1(N_2, O_2) - K_2(NO, NO_2) \qquad (4.2)$$

N1 and K2 가 반응률 상수인 것은 연소 온도의 강한 기능이다. 기본변수(N2, O2, Tcomb and tr) 제어는 NOx 층의 비율을 제어하는 것이다. 그러므로, EGR에 의하여 일정한 신기 충전물을 감소시키는 것은 NOx 층을 제공하는 4가지 중의 하나를 줄이므로 NOx 층을 감소시킨다.

EGR 사용의 부정적인 결과의 하나는 미립자 배출물의 불리한 영향이다. 시리즈 60, 11-L에 시행된 시험은, EGR가 규칙적으로 수준A에서 D로 증가하는 터보차져, 인터쿨러 된 디젤엔진은 일치하는 전체 PM 배출물이 EPA 강력한 일시적인 실험의 형태동안에 증가하는 것을 나타낸다. 미립자 견본의 분석은 SOF(용해성 유기물질)이 일정하고, EGR율이 A에서 D만큼 증가시킨 미립자의 불용해성 유기물질이 나타났다. 산화 유형 촉매변환은 원래 미립자 SOF(용해성 유기물질)를 감소시키기 위하여 고안됐고, 공교롭게도, 주로 탄소질 물질인 불용해성 유기물질은 억제하지 못한다. 불용해성 물질은 처리 대안이 일반적으로 디젤 엔진 미립자 덫으로 알려져 있을 디젤 엔진 미립자 여과기 (DPF)가 있다.

3-3 EGR 형태

<그림 2-13>은 압력 차는 EGR이 전자에서 후자에 흐를 수 없는 것 없이 흡, 배기 매니폴드에서 존재한다. 강력한 터보차져 디젤엔진에서 흡기 매니폴드 압력이 배기 시스템 압력보다 크기 때문에 EGR을 유입하는 것은 어렵다. 이 딜레마를 피하기 위해서 배기가스는 흡기 매니폴드의 압력보다 더 고압인 터보차져의 상류층 지점에서 차단된다. (<그림 2-14>를 보십시오) 배기가스 유량의 일부분이 냉각 후에 전기적으로 제어된 EGR 밸브를 통해서 엔진 실린더로 <그림 2-14>에서 보이는 것과 같이 돌려보내진다. 이 접근은 고압 루프(HPL) EGR로 일반적으로 불린다.

강련한 디젤 엔진에 적용된 HPL EGR은 2.0 g/bhp인 EPA FTP 수준으로 NOx를 감소시키는 것에 효과적으로 입증됐다. 그러나 EGR 시스템에 따른 불이익은 연료소비에서 기록적인 증가였고, PM 배기물의 관련된 증가였다. HPL EGR 실시에서는, 터보차져 매치는 배기가스의 일부분이 차단되거나 이런 에너지가 터빈 휠로 변경되었을 때 보통 과급효과를 보정하기 위해 수정된다. 이 작용은 미립자 방출에 대한 불히나 영향뿐만 아니라 감소된 연료 경제성 불이익의 결과를 초래한다.

배기 매니폴드로 나온 EGR은 EGR 냉각기, EGR 제어 밸브를 통해서 보통 보내지고, 흡기 매니폴드로 <그림 2-14>에서 설명되는 것과 같이 유입된다. 배기와 흡기 매니폴드사이의 압력 강하를 높이기 위하여, EGR를 조성해서 엔진 흡입 덕트로 흘러 보내고, 일부 연구원은 벤투리를 이용했다. 그런 고안의 사용은 일반적으로 EGR의 운동 에너지와 낮은 펌핑 손실을 줄이는 것을 증가한다.

대형 디젤 엔진에서 EGR 방법의 다른 시스템은 low-pressure 루프 (LPL) EGR 시스템이다. 이 시스템은 여러 장점이 있는 처리 시스템 이후에 덫을 놓는 기초를 두는 것과 함께 수시로 채택된다. 보다는 오히려 터빈 전 위치에서 sourcing EGR (HPL EGR 경우에서 것과 같이), LPL EGR 시스템은 디젤 배기가스 저감 처리장치(DPFs)를 통해서 걸러진 배기가스를 이용한다. <그림 2-15>은 EGR이 DPF에서 하류 지점에서 재순환 된 LPL EGR 시스템의 개략적인 개념을 보여준다.

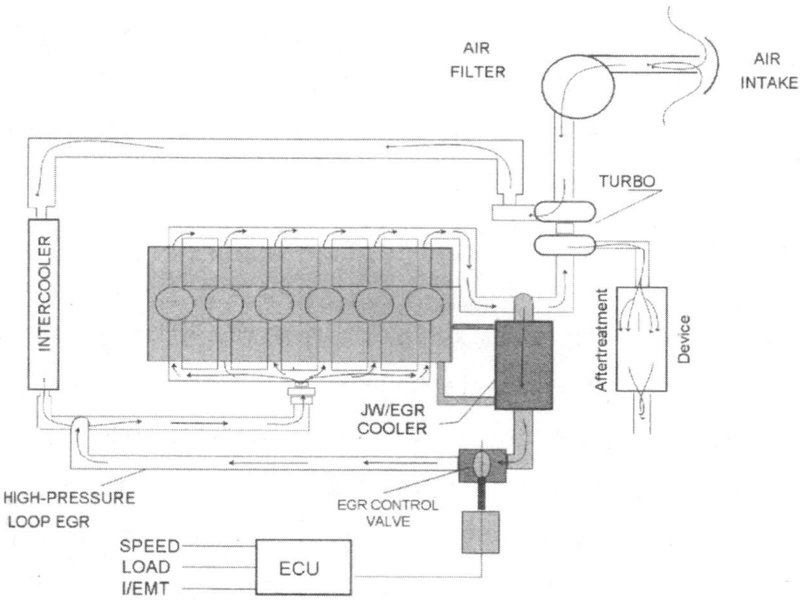

〈그림 2-15〉 EGR이 DPF에서 하류 지점에서 재순환 된 LPL EGR 시스템

이 상호간의 형태는 제거장치의 하류 지점에서 배기가스를 공급해서 터보차져의 성능을 유지하는 것이고, 그래서 터빈에서 이용되는 배기가스의 전부를 이용한다. 이 위치에, 배기가스 압력은 흡입 매니폴드에서 보다 더 낮은 수준이다. 흐름을 촉구하기 위해서 EGR은 터보차져 컴프레셔의 상류의 엔진에서 유입된다. 제거장치의 하류지점과 터보차져의 상류지점에 사이 압력차는 일반적으로 강력한 디젤엔진에서 EPA FTP NOx, 2.0 g/bhp-hr level을 줄이기 위해 필요된 EGR유량에 충분하다. LPL EGR 시스템의 장점은 다음을 포함한다.

1. HPL 형태보다 더 나은 터보차져 성능의 결과로써 HPL 형태로의 저연비
2. 그러나, 만약에 HPL EGR 시스템이 완전히 수행되는 경우에, 터보차져는 배기가스 경로 변경에서 EGR 순환까지 결과로 나온 배기가스 에너지의손실에 대하여 줄기이 위해서 수정되어져야 한다.
3. 제거장치의 존재와, LPL EGR는 터보 충전기 압축기를 통해서 엔진의 인레트에 우위하게 걸러진 배출을 공급한다. 그러므로, 엔진 내구성은 잘 보존할 수 있다.
4. 제거장치의 하류 배기가스는 터보차져의 상류에서 제공된 것보다는 더 차갑다(HPL 경우에서처럼). 그러므로, LPL EGR에는 HPL EGR과 유사한 유량률을 위한 용량을 흡수하는 고온 열을 가지고 있다. LPL의 용량을 흡수하는 높은 열 때문에, 기회는 EGR 냉각 필요조건(감소된 크기 EGR 냉각기)를 감소시키고 더 조밀한 단위를 제공하기 위하여 존재한다. 추가적으로, EGR 냉각기에는 엔진 수냉 덮개에서 분사된 낮은 열을 취급하고, 다루기 위한 라디에이터에서 더 적은 냉각부하를 가지고 있다.
5. EGR 냉각 얄을 감소시키는 것은, EGR 밸브, EGR 배관 및 터보차져, 압축기 휠과 배기장치 압축기 그리고 EGR 냉각기의 잠재력 부식을 방지하는 것을 돕는다.
6. 더 나은EGR 및 신선한 충전물을 터보차져 컴프레셔의 혼합물 상류층을 유입하게 된다.

많은 이점에도 불구하고, LPL EGR 시스템은 많은 이유 때문에 HPL 시스템보다 선호하지 않는다.

비록 LPL EGR은 제거장치로부터 하류로 흐를지라도 EGR은 효율을 잡기 위한 필터는 100%보다 더 적기 때문에 탄소류 물질에서 전체적으로 자유롭지 않다. 재순환 배기 흐름에서 여전히 남은 탄소질의 물질로, 높은 속도로 돌 때, 압축기 휠에 충격이 어쩌면 파괴될수도 있다.

인터쿨러가 사용되는 경우에, 압축기를 통해서 흐르는 탄소질의물질과 다른 여과되지 않는 물질은 좁은 냉각기 수로에서 가두어진다. 시간이 넘어 축적되어 남은 경우엔 엔진으로 공기흐름은 줄어들고 성능과 배출, 연료 경제성 악화를 초래한다.흡입 시스템에서 축적된 탄소계 미립자의 표면이 흡착된 미연소 연료뿐만 아니라 미연소 오일 증기는 고온으로 배출될 때 일산화탄소를 방출한다. 이것이 일어날 때, 엔진에 신선하고 냉각된 공기는 연소 효율에 유해한 CO를 교체한다. LPL EGR 배열을 위한 배관공사는 보기 흉하고 거추장스럽다.

자주, 엔진은 우회하는 터보차져를 구비한다. 이 장치는 엔진 속도범위와 특히 엔진속도에서 엔진 공기유량 조건을 수용하기 위해서 고안됐고, 최고 토크 아래에서 이런 엔진 속도 범위를 통한다. 최고 토크 속도의 위. 터보 차져에 배기가스 흐름이 보통 연료 퍼짐을 보존하고 연소실에 있는 공기와 균질하게 섞이기 위해서 우회한다. 터보차져를 배기가스가 우회함으로써, <그림 2-16>에서 보이는 것과 같이, 배기와 흡기 매니폴드사이의 압력차뿐만 아니라 배기 매니폴드의 압력을 감소시킨다.

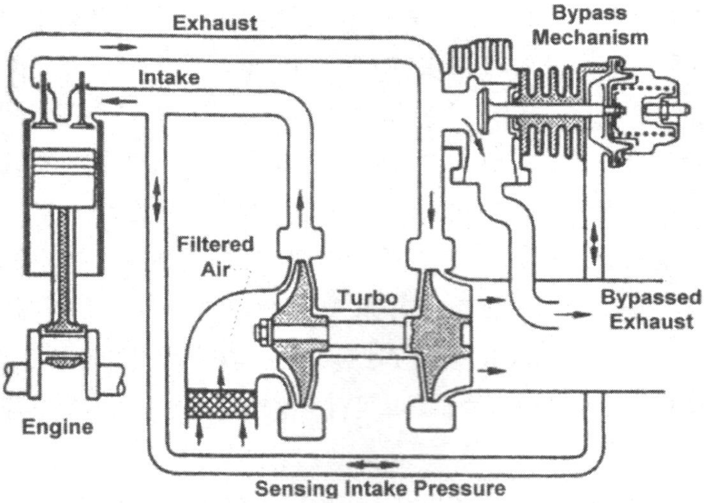

〈그림 2-16〉 우회하는 터보차져

그런 경우에는 HPL 및 LPL의 특징을 결합하는 하이브리드 시스템은 자주 사용한다(<그림 2-17>을 보십시오). <그림 2-17>에 나타나는 개략도에서, EGR은 HPL 형태에서 것과 같이 터빈(preturbine)은 상류점에서 흡입되고, LPL 형태에서 것과 같이 precompressor로 전달된다. 이 시스템은 LPL EGR 시스템의 같은 불리한 특징이 있더라도, LPL EGR은 배기. 흡입 매니폴드 사이에 충분한 압력 차를 제공한다. 이것은 펌프가 필요한 것 혹은 엔진으로 EGR을 되돌리기 위한 다량의 배기가스 back pressure 없이 충분한 NOx 감소하도록 EGR 비율을 허용한다.

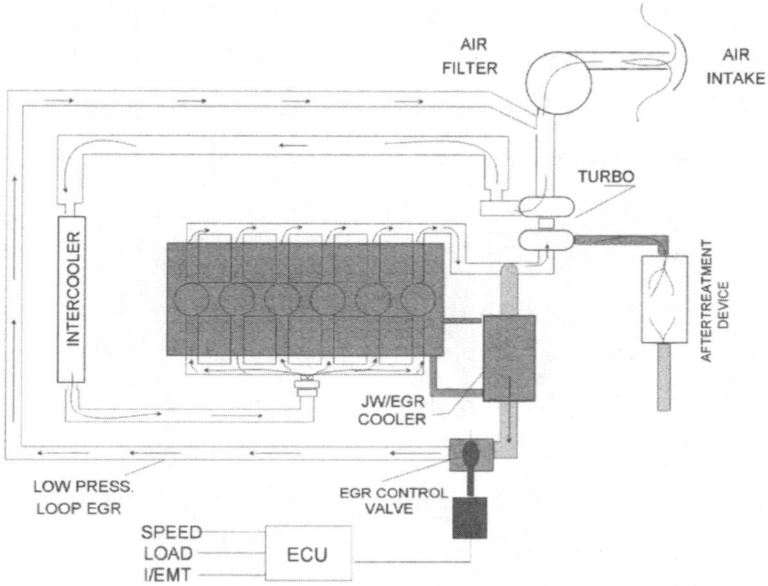

〈그림 2-17〉 HPL 및 LPL의 특징을 결합하는 하이브리드 시스템

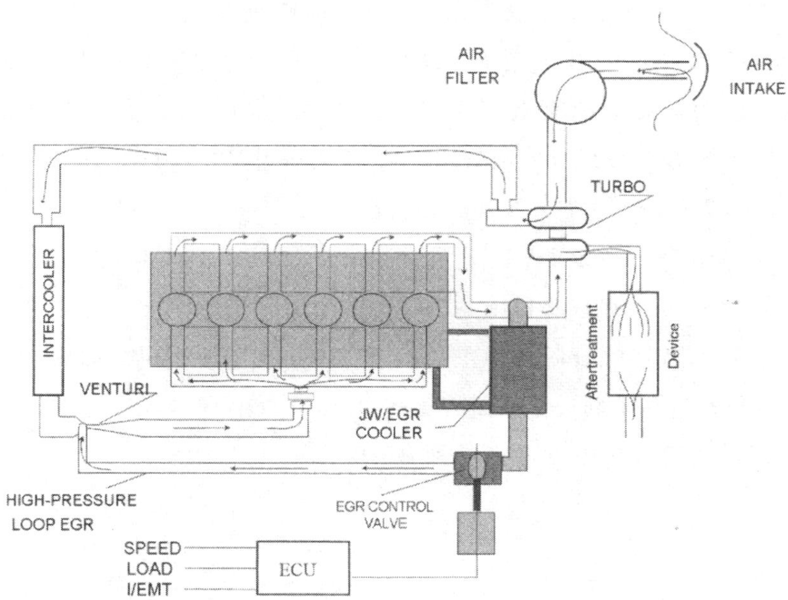

〈그림 2-18〉 적절한 EGR 율을 제공하기 위해 벤투리 사용

먼저 언급되는 것과 같이, 배기와 흡기 매니폴드 사이의 압력차는 EGR 율을 제어하기 위해서 중요한 역할을 한다. 펌프의 필요를 피하기 위해 적절한 EGR 율을 제공하기 위해 벤투리는 <그림 2-18>처럼 EGR입구부분에 사용된다. 벤투리의 존재는 EGR 입구부분에서 EGR의 잠재적 에너지를 운동에너지로 변환함으로써 합력을 줄이고 그래서 EGR의 어시스트는 배기 매니폴드에서 흡기 매니폴드로 흐르게 한다. 압력 확대는 이 장치의 사용의 장점을 추가하여 EGR은 벤튜리를 통해서 흐름으로써 EGR 온도를 감소시킨다.

이제까지는 토론된 모든 EGR형태에서 중요한 단점은 EGR 밸브와 연소 챔버사이 많은 잔류 체적이다. 특히 급속한 가속이 요구될 때, 이 체적의 존재는 매연 제어에 대한 부정적인 영향이 있다. 엔진이 연료에 단계적인 증가에 반응할 때, EGR 밸브와 연소실 사이 배관에 있는 잔여 EGR는 엔진으로 신선한 공기가 보통 인도된다. 이 작용은 매연의 흡입되는 양이 동시적으로 일어나서 느린 가속을 이끌어 낸다. 이 문제는 분사된 연료와 가속하는 사이의 시간으로써 정의된 Turbo-Lag phenomeno 으로써 그 이상 만들어지고, 터보차져가 한번 속도를 올렸을 때 그리고 보다 더 많은 공기를 작동하는 실린더로 전달하기 시작한다. 이 Turbo-lag 동안에, 연소과정은 EGR이 가속 연료율을 증가함으로써 효율적인 연소를 얻을 수 있는 신선한 공기의 전부를 사용할 수 있다. 엔진이 공기 부족 Turbo-lag 때문에 직면하거나 또한 EGR 밸브로부터 실린더로 연결된 파이프에 남은 잔류가스 EGR을 흡입한다. 이런 이유로, 연구원은 EGR 잔류 체적을 극소화하기 위하여 새로운 시스템을 고안했다. 이 시스템은 fast-acting EGR 시스템으로 때때로 불린다.

fast-acting EGR 시스템의 사례로 <그림 2-19>에서 계략화하여 보여진 북미연구소(SwRl)에서 생각해 냈다. EGR 은 흡입 밸브가 닫히는 지점에서 흡입 포트로 전달된다. EGR 밸브는 또한 흡입 포트에서 매우 가까이 있다. 따라서 가속도 동안에 특히 배출의 양을 감소시켜서 엔진은 소비한다. fast-acting EGR 시스템은 매우 EGR 체적을 최소화 했고, 엔진을 일찍 잔류가스 EGR로부터 방해물을 없이 가속화 시킨다. Shell-and-turbo EGR Cooler의 저장소는 또한 Cooled EGR을 저장하기 위해 제공된다. 어떤 EGR 디자인에서는, 작은 고속 승용차와 같이 cooler와 EGR 제어밸브 사이 배관을 실린더 헤드 내의 찬물 통행 사이에서 깃들인 실린더 헤드 안쪽을 보호한다. 비록 EGR 냉각 효과가 약간 없다 하더라도 이 디자인은 각각의 EGR의 요구에 제거한다.

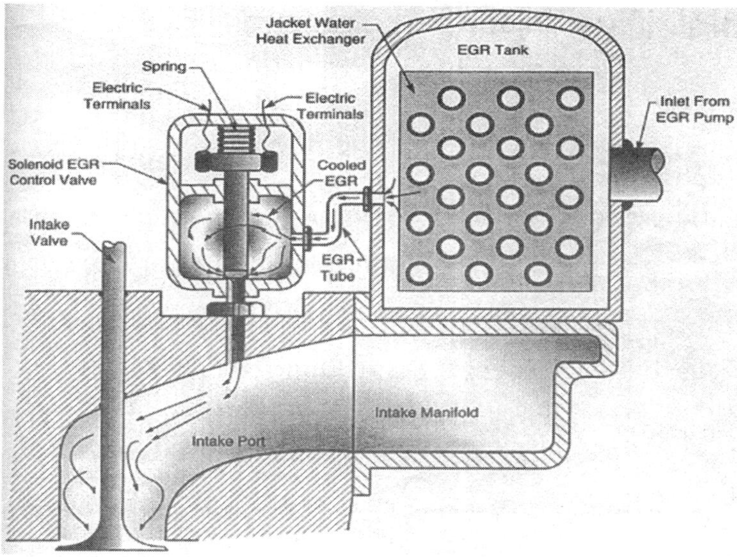

〈그림 2-19〉 fast-acting EGR 시스템의 사례(북미연구소: SwRI)

fast-acting EGR 시스템의 다른 부분은 이런 원천 지점과 관련이 있다. EGR preturbine 지점에서 제공된다면 EGR은 HPL EGR의 설명에 적합하다. 다른 한편으로는, 만약에 EGR이 trap의 하류에서 제공되면 EGR은 LPL EGR시스템으로 되어야 하고 <그림 2-20>에서 보는 것처럼 흡입 매니폴드의 압력을 높이기 위해서 EGR 펌프가 요구된다.

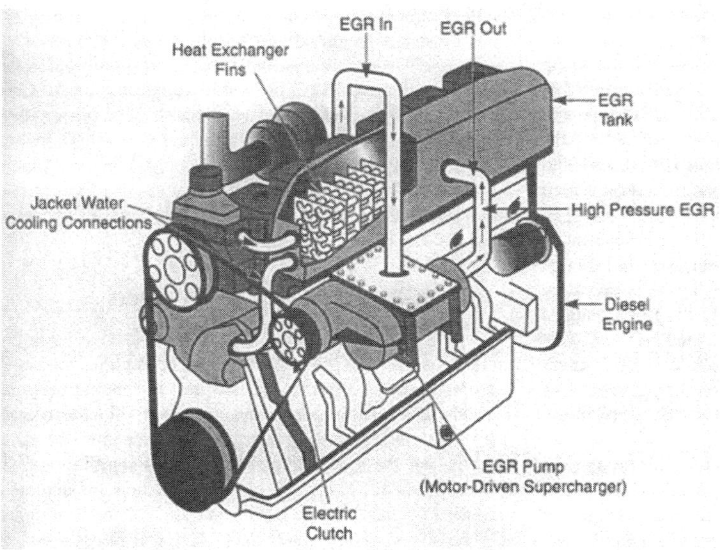

〈그림 2-20〉 흡입 매니폴드의 압력을 높이기 위한 EGR 펌프 사용

4 연료분사장치(Fuel Injection Eqipments)

4-1 서론

환경과 에너지 차원에 관하여 관계된 성장은 에너지 자원의 대안뿐만 아니라 기계와 시스템의 에너지 전환의 학문에 있어서 흥미가 증가해왔다. 몇 가지 경우에 있어서, 이러한 관계는 산업화된 세계와 우리의 서양화된 생활방식에 관해 다양한 논쟁에 이끌려 가고 있었다. 한편, 엔지니어들과 연구원들은 연료 소비와 배기 배출의 더 낮은 목표로 내연기관과 같은 전통적인 에너지 변환 기계들의 급속한 성장을 향하여 한층 더 노력을 해왔다. 무엇보다도, 이러한 조사는 내연 연소기관의 하부조직의 많은 것을 포함한다. 왜냐하면 그것은 디젤 엔진의 많은 응용에 있어서 인기를 얻어왔던 변환 기계 중에 에너지 효율이 크다. 디젤엔진은 미국에서 the-duty truck Market(소형차 시장)의 일찍 증가한 부분으로 the medium-duty Market(중형차 시장)을 획득함으로써 Heavy-duty Market(대형차 시장)으로부터 가솔린 엔진의 영역은 떨어져 왔다. The U.S Department of Energy는 미국에서 너무 인기있는 SUV "디젤 기관을 달고" 목표로 삼았던 여러 가지 프로그램을 지원하고 자금을 조달했다. 소형 디젤 엔진을 위한 수요는 유럽나라에 있어서는 놀랄만할 것이었다. 소비자(유럽나라)들은 미국인들에게 상응하는 것 보다 더욱더 연료에 경제적이었다. 디젤엔진은 내구특성, 신뢰성, 낮은 연료 소비에 대한 우수한 평판을 가지고 있다. 디젤엔진은 또한 낮은 탄화수소와 일산화탄소 배출로 크게 알려져 있다. 아무튼, 디젤엔진은 높은 일산화질소와 입자상 물질 배출에 의해 특징적으로 냄새나고 검댕이 배출로 인해, 특별히 미국에서 자동차 시장에서는 거절 되어왔다. 왜냐하면, 연소과정으로부터 나온 오염물질 배출과 연료소비, 성능들을 만약에 우리가 향상 시키고 싶다면 디젤엔진에서 연소 메커니즘 연구를 하는게 첫 번째로 필요하다. 디젤엔진에서의 연소는 매우 복잡하고 세부 메커니즘은 이해하기 쉽지 않다. 연구원들은 디젤 엔진 복잡성에 감히 도전하는 것 같았다. '투명체' 엔진에서 사용했던 초고속 사진 촬영, 동시 계산이 가능한 계산능력, 그리고 디젤엔진에서 모방 연소 설계를 위한 많은 수학적 모델과 같은 현대적 도구의 다양성에도 불구하고 디젤 엔진의 많은 비밀을 풀려고 노력한다. 이 장은 가장 입증된 연소 모델과 원리, 배기 배출형태와 성능에 영향을 미치는 방법, 디젤 연소를 이해 할 수 있도록 도와준다.

4-2 연소과정의 구성요소

디젤연소의 기본적 작동원리는 연료에 축적된 화학적 에너지를 푸는 유일한 방법이다. 이 과정을 수행할려면, 산소는 반드시 연소 촉진의 특별한 상태에서 연료를 이용할 수 있도록 만들어 준다. 이 과정의 가장 중요한 견해중의 하나는 종종 연료와 공기혼합과 예혼합으로 관계된 과정이다. 디젤엔진에서 TDC전 약간의 크랭크각에서 압축행정말 근처에서 실린더 속에 분사된다. 액체연료는 대게 인젝터 팁에서 노즐 또는 작은 오리피스를 통해 연료가 하나 또는 다량으로 분출함으로써 높은 속도에서 분사된다. 연료의 미립화는 작은 방울로서 연소실에 들어간다. 미립화된 연료는 증발, 압축된 공기로 인해 얻은 주위의 열로부터 흡수한 열로 높은 온도, 압축공기로 혼합된다. 피스톤이 연속으로 TDC에 더 가까이 움직임으로써 혼합기 온도는 연료의 발화점에 도달한다. 일부의 사전 혼합된 연료와 공기의 순간적인 점화 후에 점화 지연시기를 일으킨다. 이러한 순간적인 점화는 연소시작(점화 지연시기의 말무렵)과 공기/연료 혼합의 연소로써 일어난 급격한 실린더 압력에 의해 두드러진다. 증가된 압력은 점화 전 지연 축소와 예혼합된 연소 압축의 미연소된 그것(높은 압력) 또한 잔류 연료의 증발율을 증가시킨다. 미립화, 기화, 연료증발/공기 혼합 그리고 연소는 모든 분사된 연소가 연소 되어질 때까지 지속된다. 가장 낮은 혼합비는 디젤엔진에서 자주 토크 상태가 꼭지점(peak)에서 발견된다. 과도한 연기형성을 피할려면 꼭지점(peak) 토크에서의 혼합비는 대개 25:1 이상으로 유지하고 똑같은 비율 이상으로 하는게 낫다. (화학적 적정 비율) 터보차져가 전 영역에서의 혼합비는 특징적으로 매우 희박하다는 걸 의미한다. 그러므로, 연료분사 후 실린더 내에서 과도한 공기는 팽창과정과 전체에 걸쳐 이미 연소된 가스와 연소가 같이 혼합되는게 계속된다. 배기 밸브의 열림에 연소물 이외의 과도한 공기는 디젤 배기의 자연산화를 설명한다. 비록 연소는 위치상으로 화학적 적정 혼합비(화학량비) 형태에서 공기와 함께 혼합된 연료가 기화 될 때 발생한다. 그리고 적당한 점화온도로 인한 혼합비는 전영역에서 희박한 상태로 도달한다. 바꿔말하면, 공기의 대부분은 디젤엔진의 실린더 속으로 들어감으로써 압축되고 뜨거워진다. 그러나 연소과정에서는 결코 행하여지지는 않는다. 과도한 공기중의 산소는 탄화수소와 일산화탄소 가스의 산화를 도와주고 배기가스에서 대단히 적은 농도로 HC, CO를 줄여준다. 연소과정에서 제 1차 규칙에 작용하는 다음과 같은 요인을 토의함으로써 분명해진다.

• 충전된 공기가 들어오면 여러 개 부피에서의 연소과정 중의 운동에너지와 온도이다.
• 분사된 연료는 연소과정의 화학적 특성, 그리고 온도, 분사관통, 미립화 등이다. 비록 이러한 두가지 요소들이 가장 중요하지만, 다른 요인들도 연소과정에 극단적으로 영향을 미친다. 그러므로 두 번째로 작용한다. 그럼에도 불구하고 연소과정에서 중요한 규칙으로 작용한다.
• 인테이크포트 설계는 충진 공기 운동(특별히 실린더에 들어오는 공기처럼)과 결국은 연소실에서의 혼합비는 큰 영향을 가진다. 인테이크포트 설계는 아마도 충진되는 공기온도에도 영향이 있다. 이것은 인테이크포트의 표면적을 통하여 워터자켓에서부터 충진되는 공기는 열전달에 의해 만족될 것이다.
• 인테이크 밸브 크기는 제한된 상당한 시간에 실린더 속으로 들어오는 공기 충진량을 조절한다.
• 압축비는 연료증발과 결과적으로 혼합비와 연소질에 영향을 미친다.
• 분사압력은 연료 미립화 정도를 조절한다.
• 노즐 구멍의 형상은 (길이/지름) 분사 관통력을 조절한다.
• 분사 형상은 직접적으로 공기 이용을 통해 연소질에 영향을 미친다. 예를 들면, 원뿔각 형태로 크게 분사시 DI 디젤엔진에서는 흡입영역에서 연소실 밖과 피스톤 상사점에 연료를 분사하게 된다. 이러한 조건은 과도한 연기를 발생하게 된다. (불완전연소) 왜냐하면, 그것은 연소실에 공기가 이용하는 연료출입을 빼앗게 된다. 넓은 원뿔각은 또한 완전연소를 요구하는 연소실 안보다는 실린더 벽에 연료를 분사하게 될지도 모른다. 실린더 벽에 분사한 연료는 결국은 오일 생명을 단축하게 될것이고 오일 기름통의 아래쪽을 긁어 낼 것이다.
• 밸브 배열은 분사위치를 조절한다. 2개의 밸브시스템은 기울어진 밸브 위치가 되면서 혼합기가 제대로 발휘하지 못하는 불규칙한 분사 배열을 나타나게 된다. 다른 한편으로는, 4개의 밸브 설계는 각각으로 연료 분사를 함으로써 이용할 수 있는 공기의 접근을 똑같게 하고, 대칭적인 연료 분사 배열은 수직상태의 인젝터를 설치함으로써 가능하게 한다.
• 피스톤 상부링의 위치는 피스톤 상측 지역(피스톤 제일 윗부분과 피스톤 맨 위에 있는 링을 끼운 사이의 지역)과 실린더 라이너 Dead Space를 조절한다. 이 Dead Space/Volume Traps는 연소과정에 관계없이 팽창하고 압축행정동안 압축되는 공기이다.

그러므로 디젤엔진의 연소시스템을 깨닫는 것은 연소실, 인젝터 분사 그리고 직접적으로 주위에 한정되지 않는 것만큼 중요하다. 다소, 그것은 어떤 일부분, 구성요소 또는 연소과정의 최종결과에 영향을 줄 수 있다는 것을 포함한다.

4.3 DI 디젤엔진 연료분사에서의 연료와 공기 분포

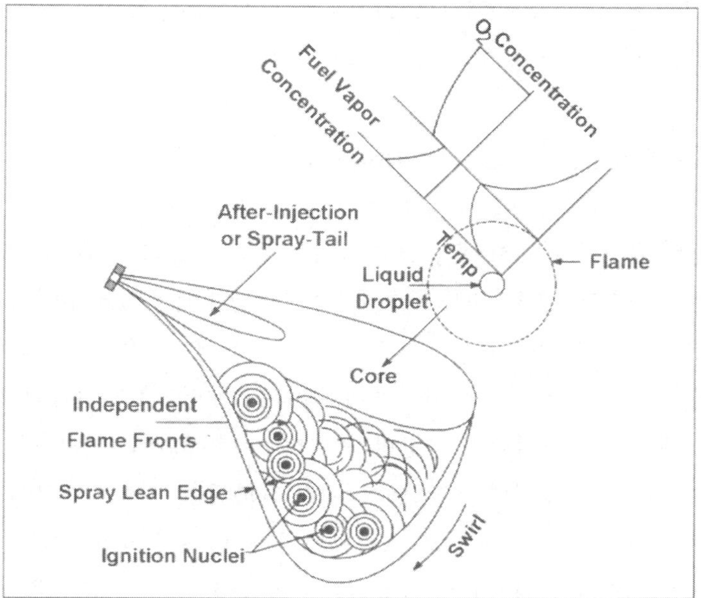

〈그림2-21〉 Schemetic of a fuel spray mixing with air (Redrawn from Ref.2)

DI 디젤엔진에서 연소과정은 3차원과정, 즉 불안정한 불균질의 과정이다. 산업은 디젤엔진 연소의 좋은 개념 이해를 위해 발전시켜왔다. 그러나 연소과정은 수많은 치명적인 과정을 설명하는데 있어서 양적으로 남아있는 어려움이 있다. 아직, 오늘날 존재하는 일부의 모델은 경험에 의해 측정 했었던 것과 닮은 배기 배출 레벨의 결과에 도달하고 연소과정에 가까워 질 수 있다. DI 디젤엔진에서 연소의 높은 속도의 사진과 같은 필름 학문은 <그림 2-21>에서 도표로 보여준 유사한 형태의 분사를 연소시작으로 보여준다. 용적(작은방울)은 분사에서 그들(공기+연료)의 위치를 예상하고, 더 작은 방울로 집중된 분사 중심선으로부터 밀단 가장 모서리 부분 사이의 평균적 간격이다.

따라서, 평균적인 공연비와 연소 메커니즘은 하나의 위치로부터 다른 위치에까지 다양하다.[2] 일제히 기대해본다면, 공연비는 분사원뿔의 바깥쪽 맨 끝에 움직임에 따라 작게 하고 분사 중심선을 따르는 게 가장 높다. 물론, 이 공연비는 분사중심선을 따라 다양하다. 이 구분은 액체와 기체상태 둘 다 모든 연료를 고려하고 노즐 홀으로부터 방사간격에 따라 다양하다. 아무튼, 분사중심으로부터 먼거리, 분사의 아래쪽 맨끝은 공연비가 항상 제로로 다가간다. 그리고 그것은 분사의 중심으로 향할수록 증가한다. 우리는 점화[4] 시작 전에 완전히 증발했거나 또는 그 중심 대부분을 벗어나 이동했던 대부분의 용적(작은방울)을 가정할 수 있다. 그리고 분사의 밀부분의 끝단 근처 혼합은 공기와 예혼합된 연료 증발 기체로 구성된다. 더 나아가 <그림 2-21>에서 주어진 모델의 이해는 다음 장에서 토의함으로써 그것을 여러 가지 영역 속으로 분해해서 얻을수 있다.

1) 희박연소 영역(Lean Flame Region)

중심과 분사의 밀부분 끝단사이의 증발 기체 농도는 균질하지 않다. 그리고 이론 공연비는 제로에서 무한까지 다양할지도 모른다.[2] 디젤엔진에서 [3, 5, 6]에서 분사연소에 관한 실사 연구는. 분사에서의 점화시작이 분사 밀부분 끝단 근처를 덮는 것을 보여준다. 점화 중심은 대개 여러 가지 위치에서 나타낸다.(흡합은 아마도 자기점화가 될 것이다) 이것은 <그림 2-21>에서 실례를 들어서 설명할 수 있다. 일단 점화가 시작되면, 작은 독립적인 화염이 일어나지 않는 화염 정면은 점화중심에서 전파되고 그들의 주위에 가연성 혼합물이 점화된다. 이 혼합은, 평균적으로 봐서 희박하다.[5] 이러한 화염전파에 있어서 그 영역은 희박 연소 영역으로 불린다.(LFR) 이 영역에서는, 산화질소는 그것의 완료에 연소진행으로서 중앙의 농도에 높게 형성된다. 작은 연료는 소모되고 연소온도는 산화질소농도를 일으키기 위한 것인지 아닌지도 모른다.

2) 희박연소의 외부영역(Lean Flame-Out Region)

분사의 외부 가장자리의 근처에, 혼합물은 자주 연소 발화를 지원하거나 점화하기에 너무 희박하다. 이 영역은 희박 연소의 외부 영역으로 불리운다.(LFOR) LFOR안에, 몇몇 연료 분해 그리고 부분적인 산화 제품을 찾아 낼 수 있다.(2) 분해 제품은 주로 더 가벼운 탄화수소 분자이다. 부분적인 산화제품은 알데하이드와 다른 산소를 포함한다. LFOR은 냄새나는 성분뿐만 아니라 불연소된 탄화수소의 주요 성분중의 하나이다는 것을 믿었다. LFOR의 크기는 연료의 종류, 공기 스월, 연소의 과정동안 연소실에서 압력과 온도를 포함하여 많은 요인에 달려있다. 일반적으로 더 높은 온도 및 압력은 더 희박한 혼합(7,8)으로 화염을 넓히고 더구나 LFOR 크기를 줄인다. 연료분사의 잔존을 연소시킴으로써 온도와 압력에서의 증가는 LFOR에 대한 이차 영향이 있을지도 모른다. 우리는 전체적으로 혼합비, 터보차져, 실린더 가스 압력과 온도 영향으로 인한 냉각수 온도 그리고, 차례차례 LFOR의 크기를 좌우한다. LFOR과 LFR이 만나는 지역에서는 OH, O, H 와 같은 다양한 기본적 종류뿐만 아니라 H_2O, H_2, CO로부터 상호작용한 탄화수소가 발생된다. 다른 불연소된 탄화수소는 초기 연료분자보다 더 낮든 탄소 수 원자를 가진 상태로 형성된다. 참고로(9) 희박 연료 화염에 있는 파라핀 분자가 뒤에 오는 관계에 따라 반응을 겪는다는 것을 제안한다.

$$OH + C_nH_{2n+2} \rightarrow H_2O + C_nH_{2n+1} \rightarrow C_{n-1}H_{2n-2} + CH_3 \qquad (4.3)$$

참고로(9) 또한 탄화수소 기본은 에틸보다는 높은 열로 불안정하기 때문에, 처음 기본적인 C_nH_{2n+1}는 CH_3를 보통적으로 쪼갠다. 더구나 Eq에서와 같이 더 낮은 에틸 타입 형성을 구성한다. 형성된 불포화 탄화수소는 산화된 탄화수소의 형태에서 이 영역에 있는 산소원자로 급격히 반작용한다. 만일 반작용이 완료되면, LFR에서와 같이, 재결합 반응에 의해 생기고 CO_2와 H_2O가 생성된다. 그러나 LFOR에서처럼 화염이 냉각된다면 그후에 불연소된 탄화수소, 산화된 탄화수소, 일산화탄소, 그리고 다른 중간 화합물은 완전 연소되는 것 없이 남겨두게 된다.

3) 분사중심(Spray Core)

LFR에서 점화와 연소 후에, 분사의 중심쪽을 향하여 화염이 퍼진다. LFR과 분사중심 사이에 있는 이 영역에서 연료의 작은 방울은 더 크다. 그들은 이미 설치된 화염으로부터 방사에 의한 열을 얻고, 더 높은 비율로 증발한다. 분자의 열확산율 증가 때문에, 온도의 증가는 증기 방산의 증발율을 늘린다. 이러한 작은 방울은 완전히 E는 부분적으로 증발할수도 있다. 그들이 완전하게 증발한다면, 화염은 농후한 점화 한계 내의 모든 혼합물을 연소 할 것이다. 완전하게 증발하지 않은 작은 물방울은, <그림 2-21>에서 설명되는 것과 같이, 방산-타입 화염에 의해 둘러싸이고 있거나, 각각의 작은 물방울 또는 농후한 혼합형태를 형성하기 위하여 증발 할지도 모른다. 이러한 혼합의 연소는 작은 물방울 매개 변수보다 오히려 연료 및 공기의 혼합 비율을 조절하는 공기 역학적인 요인에 달려있다. 분사

중심에 있는 연소는 분사 중심과 공기 스월 사이 상호작용에 의해 주로 영향을 받는 국부적으로 혼합기 비율에 일반적으로 의존한다. 부분부하 작동아래 충분한 산소는 이용할 수 있고 연소는 NOx 형태의 결과로 대개 완료된다. 화염의 온도는 연소가 시작되기 전 국부적으로 혼합 온도 및 분할 이용된 연료에 있는 무거운 화합물의 농도 기능인 연소 열 둘 다에 달려있다. 화염 지역 온도는 NOx 형성에 영향을 미치는 중요 요인이다. 완전 부하 조건의 근처에, 불완전한 연소는 농후한 연료 중심에 있는 많은 위치에서 발생한다. 포화된 탄화수소 화염이 농후한 지역에서 초기 상호작용이 단순히 수소원자를 벗기는 반응을 있다.

$$H \quad + \quad CnH2n+2 \qquad \rightarrow \qquad H2 \quad + \quad CnH2n+1 \qquad (4.4)$$

탄화수소 급진파 사이 재결합은 본래 연료 분자가 형성될지도 모른다기 보다는 더 무겁거나 더 가벼운 탄화수소가 생길지도 모른다. 이것은 단 한 개로 구성된 탄화수소 연료를 가진 디젤 엔진에서 배기 배출이 본래의 연료보다 더 적거나 더 많은 탄소 원자를 포함하는지 설명할 지도 모른다.

불연소된 탄화수소, 일산화탄소, 산화된 혼합물, 그리고 탄소는 전부하 조건 근처에서 형성될지로 모른다. 산화질소는 이러한 상태아래 낮은 농도에서 형성된다.

4) 분사 끝단(Spray Tail)

연소 분사된 마지막 부분은 분사 과정의 끝무렵 근처 연료 반응에 따라 다른 반응하면서 상대적으로 작은 압력 때문에 큰 작은 방울로 이루어져 있다. 이것은 감소되었던 연료 분사 압력 및 증가한 실린더 가스 압력의 조합으로 발생한다. 분사 끝단이라 불리는 연료의 이 부분의 침투는 대개 빈약하다. 높은 부하 상태아래, 분사 끝단에는 충분한 산소 농도를 가진 지역으로 들어가는 기회가 적다. 그러나 주위의 가스 온도는 상당히 높고(최대 주기온도 근처), 그리고 이러한 작은 방울에 열전달 비율은 매우 높다. 그러므로 이 작은 방울은 빨리 증발하고 분해하는 경향이 있다. 분해된 생산물은 불연소된 탄화수소 그리고 탄소분자의 높은 백분율을 포함한다. 부분적인 산화물은 일산화 탄소와 알데하이드를 포함한다.

5)분사 후 또는 2차분사(After-Injection or Secondary Injection)

중간과 높은 부하아래, 많은 분사시스템은 후분사를 생성한다. 인젝터 니들밸브는 그것의 시트의 반응이 발생할 때, 그리고 주분사의 끝무렵 후에 짧은 시간에 대해 열린다. 연료의 양은 일반적으로 후분사 동안 전달된 것은 매우 작다. 그러나, 그것은 상대적으로 작은 압력 차이아래 팽창행정에서 늦게 분사한다. 그리고 매우 적은 분무화 및 침투로 늦게 분사한다. 이 연료는 CO, 탄소입자(smoke) 및 불연소된 탄화수소의 형태

로의 결과로 빨리 증발하고 분해시킨다. Henein과 Bolt는 배기배출 smoke에 관한 후분사의 효과에 관한 광범위한 연구를 실시했다. 2차 분사뿐만 아니라 후분사를 효과적으로 다루는 방법은 전 장에서 논의된다.

6) 벽에 침전된 연료(Fuel Deposited on the Walls)

일부 연료분사는 벽에 영향을 준다. 이것은 짧은 분사 경로와 제한된 분사 수 때문에 작고, 고속의 DI 엔진에서 특히 그러한 경우이다. 액 막의 증발비율은 가스와 벽 온도, 가스 속도, 가스 압력과 연료의 속성을 포함함으로써, 많은 요인에 의존한다. 증발기체 농도는 액체 표면에 최대이고, 표면으로부터 상승된 거리로 감소한다. 가스층이 높은 상대 속도를 가지고 있고, 충분한 산소를 포함한다고 가정할 때, 불꽃은 벽으로부터 작은 거리 내에 전파한다. 벽에 연료 나머지의 연소는 증발 비율과 산소의 혼합에 의존한다. 가스층이 저 산소를 가지고 있거나 혼합이 부족하면, 증발은 완전 연소 없이 발생한다. 이 조건 아래서, 연료증발은 불연소된 탄화수고, 부분 산화 생성물과 탄소 입자를 분해하고 형성한다. 피스톤이 팽창행정을 통과한 것처럼, 가스는 피스톤 머리부와 실린더 헤드 사이의 팽창하는 공간을 충전하기 위한 반대 스퀴시 운동으로 밖으로 방사상으로 흐른다. Shallow-bowl 연소실에서, 대부분의 연소과정은 보울에서 일어난다. Deep-bowl 타입에서, 거꾸로된 스퀴쉬 유동은 shallow-bowl 챔버에서 보다 더 중요하다. 양쪽 경우에서 스월 운동은 계속되지만, 마찰 손실량 때문에, 그것은 압축 행정동안보다 낮은 회전 속도에서 계속된다. 결합된 반대 스퀴시와 스월 성분은 실린더 벽을 향하여 보울로 부터 연료 증발과 부분 산화 생성물을 끌어 당긴다. 고속 사진의 필름은 분사가 벽에 영향을 준 영역에서 보울 밖에 회오리와 농연 구름을 나타냈다. 이러한 회오리는 이질적이고, 연소상에 그들은 탄소입자의 존재 때문에 번쩍거리는 불꽃으로 탄다.

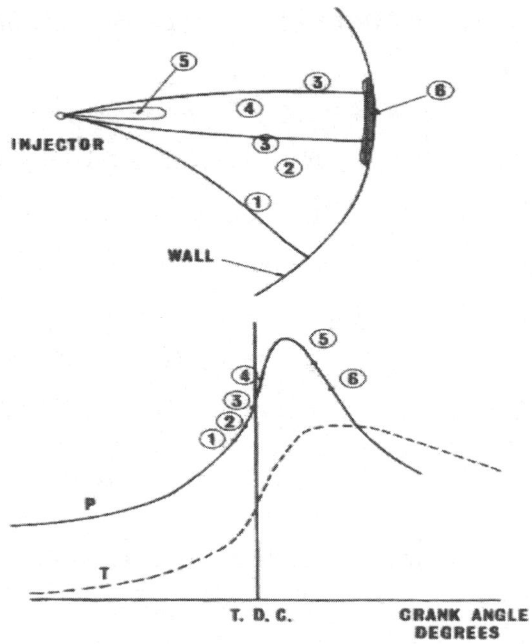

〈그림 2-22〉 Progression of combustion, cylinder pressure and temperature (Reprinted with permission from Ref.2)

이 모델을 기준으로 분사에서 연소와 각각의 영역에서 연소의 초기에 실린더 압력과 질량 평균 온도는 <그림 2-22>에 나타낸 바와 같이 나타낼 수 있다.

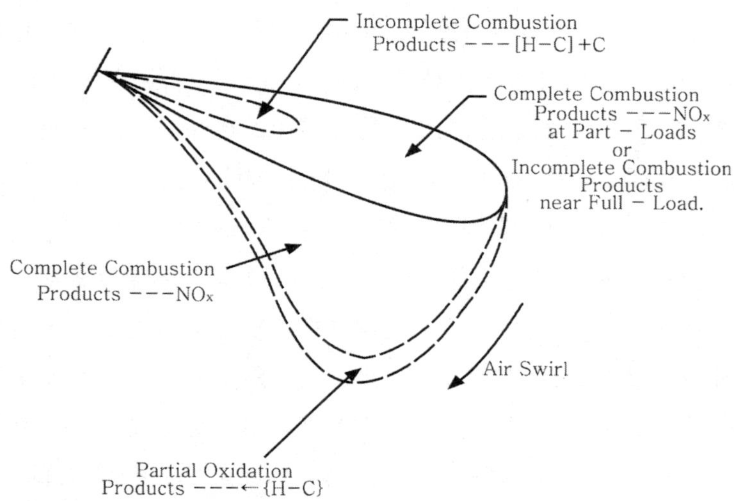

〈그림 2-23〉 Emission species formation in fuel spray in air swirl. (Reprinted with permission from Ref.2)

벽에 연료 충돌없이 분사의 다른영역에서 예상된 오염물질 형성은 <그림 2-23>에 도식적으로 나타낸 바와 같이 요약될 수 있다.

4-4 DI 엔진에서 열발생율(Heat Release Rates in DI Engines)

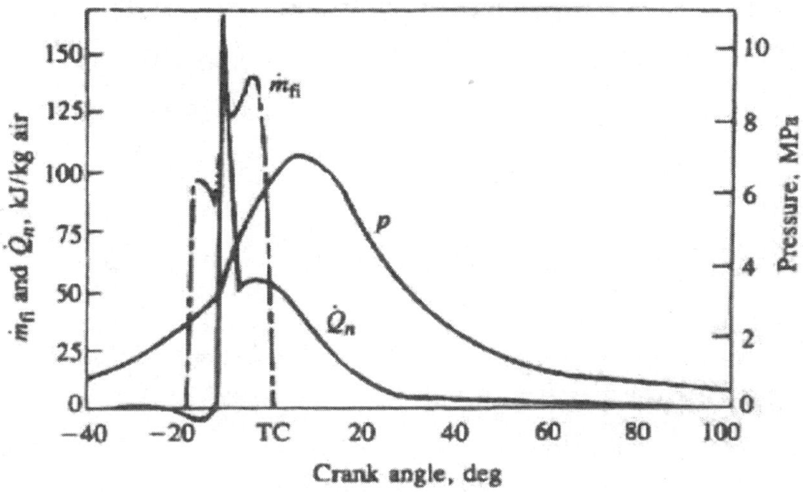

〈그림 2-24〉 Heat release rate, cylinder pressure, and rate of fuel injected. (From Internal Combustion Engine Fundametals by John B. Heywood. 1998. Reproduced with permission)

많은 연구원들은 열발생율을 결정하기 위해 연구한 실린더 압력 결과 [15-20]을 가지고 있다. Open-chamber 디젤엔진에서 획득된 압력결과는 이 목적을 위해 보통 분석된다. <그림 2-24>은 실린더 압력(p)와 연료분사율(mfi)[1]과 함께 순수 열발생 다이어그램(Qn)의 비율의 예를 보여준다. 이러한 결과를 얻기 위해 행해진 일의 세부는 Ref.[15]에서 발견된다. 열발생률에서 초기의 가파른 상승은 연료의 미리 혼합된 일부를 연소된 것으로부터 발생한다. 점화지연(ID) 동안, 분사는 형성되고 분사의 선단에 있는 작은 방울은 불균질, 연료/증발/공기혼합을 형성함으로써, 증발하기 위한 첫 번째인 것이다. 먼저 언급된 바와 같이 이러한 작은 방울의 완전한 증발은 ID보다 더 적은 시간에서 일어난다. 분사 시작 후에 상대적 열발생은 BTDC 20도에 대하여 뜨거운 공기로부터 액체연료까지 주로 열전달에 적절하다. <그림 2-24>로부터 점화가 15도에 대하여 발생한 것으로 보이며 연소비율은 약 BTDC 10도에 그것의 Peak에 도달했다. 이 예는 얼마나 빨리 미리 혼합한 연료 부분이 실린더에서 점화하는지 나타낸다. 제일 높은 열발생율에 도달할려면 약 3도의 크랭크

각으로 잡았다. BTDC 15도에, ID의 끝은 LFR에서 연소의 시작과 일치한다. 연소가 제트의 미리 혼합한 일부에 본질적으로 제한 되었는 것을 나타냄으로써, BTDC 10도에 달하는, 관찰된 불꽃이 매우 낮은 광도를 가지고 있었다는 것을 주목하시오.

최대 열발생률의 점에, 누적 열발생은 전체 계산된 열발생의 약 5%이다. 이 백분율은 특별한 경우에서 총 연료량의 점화후에 곧 연소된 연료의 대략 일부분을 반영한다. 그러나, 이 일부가 연료에 따라 속성이 변할 수 있다는 것이 주의하는 가치가 있다. 보통, 오렌지색, 휘염의 첫 번째 외양은 BTDC 10도에서 관찰된다. 이 불꽃은 BTDC 7도에 대하여까지 제트의 끝을 둘러싸기 위해 퍼지지 않는다. 연소과정의 나머지 동안, 불꽃은 탄소 입자의 존재 때문에 고광도를 가지고 있기 위해 관찰되었다. 고광도는 확산형 불꽃의 특징이다.

4-5 분사형태의 추가 세부사항 (Additional Details of Spray Formation)

연료 분사 시스템과 연소 과정 사이의 경계면은 연료분사의 형태로 있다. 실제로, 연료분사 시스템의 통제 합병증과 복잡화가 실린더 안으로 적절한 분사를 전달시키는 목적을 위해 주로 있다는 것이 이야기 될 수 있다. 연료분사를 전달시키는 것에 원인이 된 성분은 분사노즐이다. 분사는 그것의 분사홀을 가로질러 차압의 도움으로 형성된다. 연료는 분사에서 다양한 사이즈와 농도의 작은 방울으로 분할된다. 심지어 분사가 완전히 개발되기 전에, 연소과정은 분사의 시작으로부터 분사의 개발에 훨씬 더 의존했다. 그 분사의 행동은 연소성 혼합 형성과 점화의 시작에 매우 중요하다. 게다가, 연료차단과 분사의 끝 후에 분사의 행동은 배기 배출 형성에 관하여 매우 결정적이다. 다음과 같은 섹션은 연료차단 뒤에 분사와 그것의 행동동안 추가적 통찰을 분사 형성에 제공한다.

1) 분사동안 분사형성(Spray Formation during Injection)

<그림 2-25>는 정체된 공기에서 단일 홀로부터 연료를 분사함으로써 형성된 분사를 보여준다. 노즐홀을 떠나자마자, 제트는 방전의 점으로부터의 매우 짧은 거리가 완전히 교란하게 된다. 제트 교란 때문에, 신생의 제트는 주위대기와 부분적으로 혼합하게 된다. 공기는 제트에 의해 옮겨지게 되며, x-방향으로 질량 유량을 증가시키는 결과를 초래한다. 동시에 제트는 Y-방향으로 펼치고, 운동량 보존의 원칙에 따라, 제트 속도는 감소한다. 한편, 제트의 속도는 마찰 드래그 때문에 x-방향으로 움직인 것처럼 한층 나아가서 감소 할

것이다. <그림 2-25>는 2개의 단면에 속도분포를 준다. 연료 속도는 센터라인에서 가장 높고, 분해(또는 분사의 원추형 외피)의 지역과 주위 공기 사이의 경계면의 zero에 맞추기 위해 감소한다.

2) 분사미립화(Spray Atomization)

분사 미립화는 그것이 노즐 홀을 종료한 것처럼 일반적으로 연료 제트의 분해로 묘사될 수 있다. 이 분해에 의해 형성된 용적(작은방울)의 크기는 노즐홀보다 작다. 미립화의 정도는 x-축을 따라 더 멀리 움직인 제트로서 큰 용적(작은방울)의 분해 때문에 증가한다. 그러므로 분해와 미립화는 웨버수가 임계값을 초과하는 한 계속된다. 웨버수는 관성의 비율이 표면장력에 억지로 밀고 나간 것처럼 정의되고, 다음 방정식에 의해 설명된다.

$$We = \frac{\rho d^2 V^2}{\sigma d}$$

where :

ρ : *mass density* (질량밀도)
d : *droplet diameter* (용적직경)
ν : *upstream velocity* (상류속도)
σ : *surface tension* (표면장력)

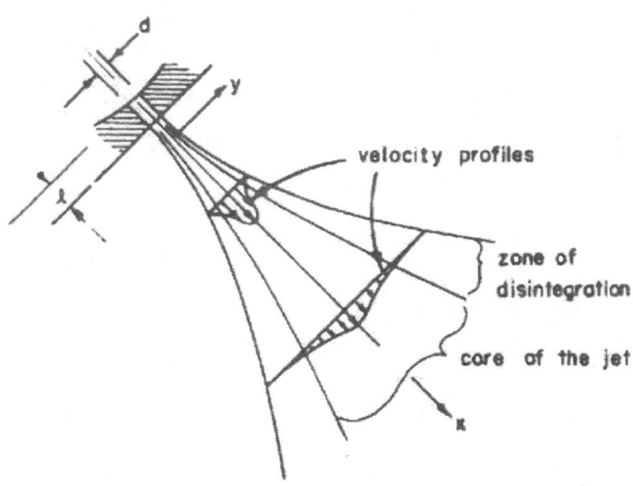

〈그림2-25〉 Schemetic of a spray from a single-hole nozzle.
(Reprinted with permission from Ref.2)

임계값이 10의 임계 베버수에서 이루어 진다는 것이 발견되었다. 제트의 미립화를 네 가지 특징적 형태로 나눈다: 낮음, 중간, 높음, 매우 높은 제트 속도 형태:

- 낮은 제트속도에, 분해는 제트의 직경보다 큰 드롭(방울)에서 표면 장력과 결과에 의해 초래된 표면파의 불안정한 성장 때문이다
- 제트 속도가(중간 제트 속도) 증가한 것처럼, 제트와 주위 대기의 상대운동으로부터 발생하는 힘은 표면 장력 힘을 증가시키고, 제트의 직경 순서의 크기를 떨어뜨리도록 한다. 이것은 첫 번째 wind-induced breakup regime(풍유도 분해 형태)으로 불린다.
- 노즐의 원상태이거나 또는 방해받지 않는 길이별 하단쪽 뒤에 제트 분사의 차이를 특징으로 한 분해에서 제트속도(높은 제트 속도) 결과에서 추가적으로 증가한다. 이 두 번째 wind-induced breakup regime(풍유도 분해형태)에서, 액체와 주위 대기 사이의 상대운동으로 유발된 단파장 파의 불안정한 성장은 그것의 평균 크기가 제트의 직경의 그것들 이하로 있는 용적(작은방울)을 생산한다.
- 노즐 출입면과 그것의 평균 직경이 노즐 직경의 그것들 보다 작은 용적(작은방울)의 결과에서 제트 표면의 분해가 발생한 미립화 형태에서 산화되기 위해 제트 속도(매우 높은 제트 속도) 리드에서 한층 나아가 증가시킨다. 액체/가스 경계면에 있는 공기 역학상의 상호작용은 이 형태에서 미립화 메커니즘의 주요 구성요소처럼 보인다.

미립화는 연소실, 관련있는 물질안에 있는 생성체와 원인이 되기 때문에 이러한 용적(작은방울) 뿐만 아니라 크기도 연관성이 있다. 미립화 과정의 인디케이터는 얼마나 작은 용적이 있을 수 있는지, 그리고 얼마나 작은 용적의 많은 수가 더 큰 것에 관련 된다는 것이다. 미립화에 관하여 사용된 공통적 인디케이터는 사우터 평균 직경이다. 그것은 다음으로서 정의한다.

$$Dsm = (\int D_d{}^3 dn)(\int D_d{}^2 dn) \qquad (4.5)$$

거기서 dn이 직경 Dd를 가지고 있는 Drop(방울)의 수이다. 순서에 따라, 사우트 평균 직경은 전체 분사[1, 2]의 그것으로서 똑같은 표면적 대비 부피비를 가지고 있는 용적(작은 방울)의 직경이다. DI 엔진에서 6~15um의 평균적인 용적(작은 방울) 크기, 높은 분사압력을 제공하는 현대식 연료 분사시스템이 장착되어 있다. 본질적으로 분사의 초기에 연료

는 분사축을 따라 움직이기 시작하는 공기의 끌기에 의해 연소실로 들어가는 것으로부터 유지된다. 분사전방에서 그것들을 따르는 연료용적(작은 방울)은 분사의 둘레를 향하여 그것들을 강제화함으로써, 더 적은 내성과 마주치고, 최고 저항력과 마주치는 용적(작은 방울)을 따라 잡는다. 축에 있는 용적(작은 방울)은 주위 대기에서 끌기를 마주치기 않기 때문에 미립화가 덜 된다. 분사전방에서 용적(작은 방울)은 가장 높은 공기 역학적 저항을 만나지만, 분사 침투 공기 중으로 대체된다. 그러므로 분사의 주위의 용적은 연속적인 분사에서 가장 빠른 것이다. 이러한 증발은 공기와 함께 혼합되게 되고 매우 빠르다. 첫 번째 불꽃은 주로 분사압력[2]에 의존하는 노즐로 부터 나타난다. 원상태의 영역에서 매우 두꺼운 분사 때문에, 불꽃은 연료가 분사되고 있는 동안, 이 영역 안으로 결코 들어가지 않는다.

3) 분사 관통력(Spray Penetration)

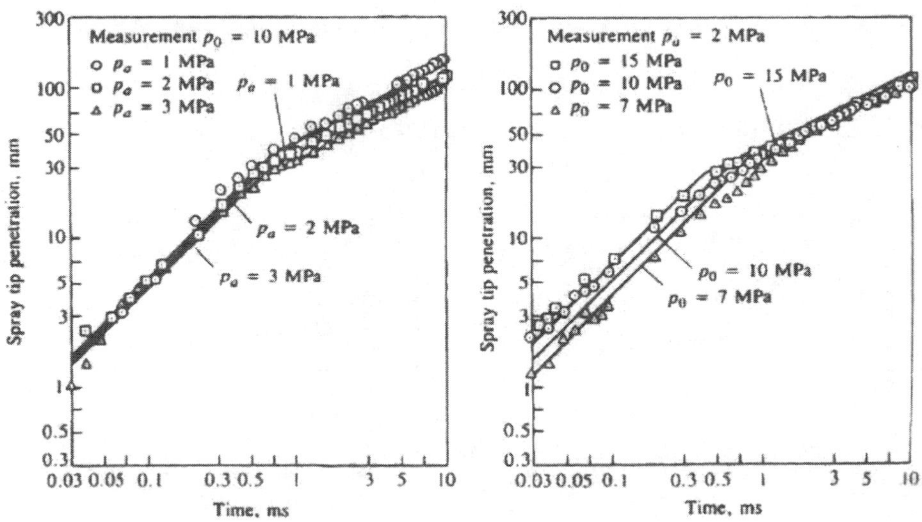

〈그림 2-26〉 Spray tip penetration as a function of time of time -in ambient pressure
(From Internal Combustion Engine Fundametals by John B. Heywood)

좋은 미립화는 연료 용적(작은 방울)이 증발하고 공기와 섞인 것을 돕는 동안 실제적으로 충분히 이용하지 않고 남아있다. 더 많은 공기 활용을 위해, 용적(작은방울)은 연소실을 가로질러 존재하고 있는 공기에 도달하기 위해 연소 체적안으로 더 멀리 움직여야 할 것이다. 더 빠른 분사는, 공기 활용뿐만 아니라 더 큰 혼합비로 연소체적 안으로 관통한다. 다른 한편으로는, 그것은 분사가 관통하는게 바람직하지 않고 그래서 그것은 연소실 벽에 영향을 줄 것이다. 이러한 표면은 종종 혼합비를 낮추는데 기여하고 상대적으로 차갑다. 연소과정에 대한 그것의 중요성 때문에, 분사 관통력은 많은 연구원[22~24]에 의해 연구되었다. 움푹 들어간 곳[25] 여기에서 기술된 것처럼 분사 관통력을 위한 예언적 관계를 개발했다.

$$S = 3.07(\triangle P / \rho_g)^{1/4}(td_n)^{1/2}(294/T_G)^{1/4} \qquad (2.6)$$

ΔP는 파스칼에서 분사홀을 가로질러 압력강화하고, pg는 입방 미터당 킬로그램에서 가스 농도이며, t는 두 번째로 분사 시작 후의 시간이며, dn는 미터에서 노즐홀 직경이며, Tg는 켈빈에서 가스온도이다. Eq(2.6)으로부터 그것은 분사관통력이 시간 t, 노즐홀 dn 및 가스온도 Tg의 직경, 공기 pq의 밀도, 노즐을 가로질러 압력의 기능하다는 것을 나타낸다. 비슷한 관계는 다른 것에 의해 파생되었다.[26] <그림 2-26>은 분사압력(P0)와 주위압력(Pa) [1]의 여러 값을 위한 순사의 시작으로부터 시간에 대한 관통력을 보여준다.

4) 용적 크기 분포(Droplet Size Distribution)

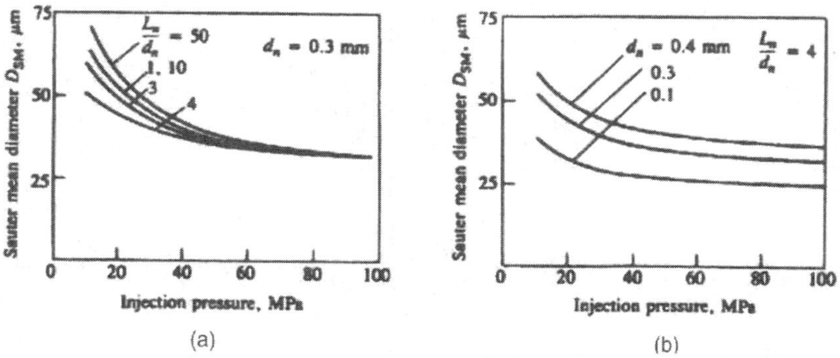

〈그림 2-27〉 Effect of injection pressure on droplet size, as influnenced by (a)nozzle hole Geometry and (b) nozzle hole diameter.(From Internal Combustion Engine Fundamentals by John B. Heywood)

DI 디젤엔진의 적절한 작동을 위한 관통력 및 분사 미립화의 중요성을 재검토하는 것은 열전달 특성에 그들 영향의 중요성을 재검토하기 위해 필요하다. 많은 수의 작은 크기의 용적(작은 방울)은 고온 압축된 공기로부터 그 용적에 포함된 작은 연료체적으로 열전달을 용이하게 하는 더 큰 표면적으로 이어진다. 그것은 분사과정이 압력과 효율적인 분사홀의 기하학적 구조 및 분사율이 고정될 동안 안정화된 과정, 또한 안정화 되지 않는 것을 주목하는 것이 또한 중요하다. 실제로, 그들은 시작부터 분사의 끝까지에 이르기까지 변화한다. 그러므로 하나는 용적 크기 분포가 분사과정 동안 다양하다는 것을 예상할지도 모른다. 더 나아가 연소 과정을 복잡하게 한 것은 연소실 안에 있는 열은 균일하지 않고 이 불균일성은 연소 전체에 걸쳐 다양하다. 그러므로 혼합비는 많은 다른 변수뿐만 아니라 용적 크기 분포, 연소실 안에 있는 열분포, 분사 관통력과 미립화, 연료 품질과 그것의 증발율에 따라 다양하다. 모형을 만들고 디젤 연소를 간단하게 이해하기 위한 우리의 능력은 용적 크기분포를 포함하여 이 과정에 관련된 각각의 요인을 규정하기 위한 우리의 능력에 크게 의존한다. <그림 2-27>은 노즐홀 기하학적 구조 <그림 2-27 (a)>와 노즐홀 직경 <그림 2-27 (b)>에 의해 영향을 받은 것처럼 용적 크기에 효과적인 분사압력의 예이다.

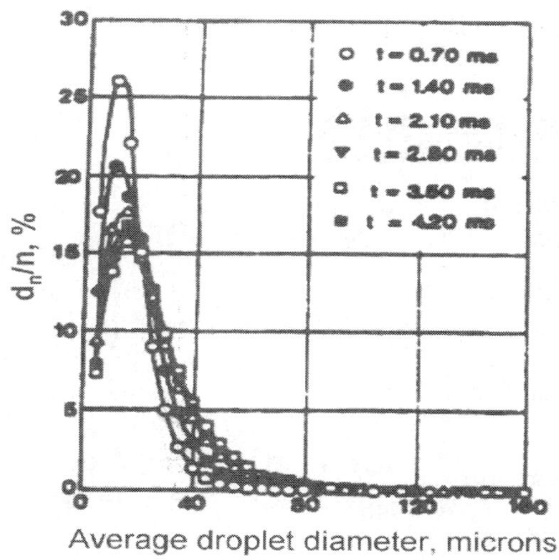

〈그림 2-28〉 Transient change in droplet size distribution.
(Reprinted from Ref 27)

<그림 2-28>에서 주어진 용적 크기 분포는 분사의 시작으로부터 다른 시간에 노즐홀으로 만들어진 연료분사를 위한 것이다. 0.70ms 분사 지속기간에, <그림 2-28>은 작은 용적이 고주파를 가지고 있었던 것을 나타낸다. 시간이 지난 후 더 큰 용적 직경은 작은 용적보다 더 큰 주파수를 가지고 있었다. 다시 말하면, 분사가 계속된 것처럼 더 작은 용적수는 용적의 전체수의 퍼센트로서, 더 큰 용적수가 증가함으로써 감소한다. 대부분의 분사 지

속기간 이상 높은 분사 압력을 견디는 분사시스템은 작은 용적의 많은 수를 지원할 것이다. 이것은 차례로 용적의 전체적 표면적 대비 체적율을 향상시키고, 더군다나 그들의 증발과 혼합비를 증가시킨다.

4-6 디젤 연소의 세가지상(The Three Phases of Diesel Combustion)

디젤 연소는 복합적이고 물리적이고 화학적 단계 둘다 포함하며, [1,2]에 의해 기술되어져 왔다. 연소 과정은 다음과 같이 세 개의 독특은 상으로 구성되는 것으로 설명된다.

1. 점화지연
2. 예혼합 연소
3. 비례 제어 연소

1) 점화지연(Ignition Delay)

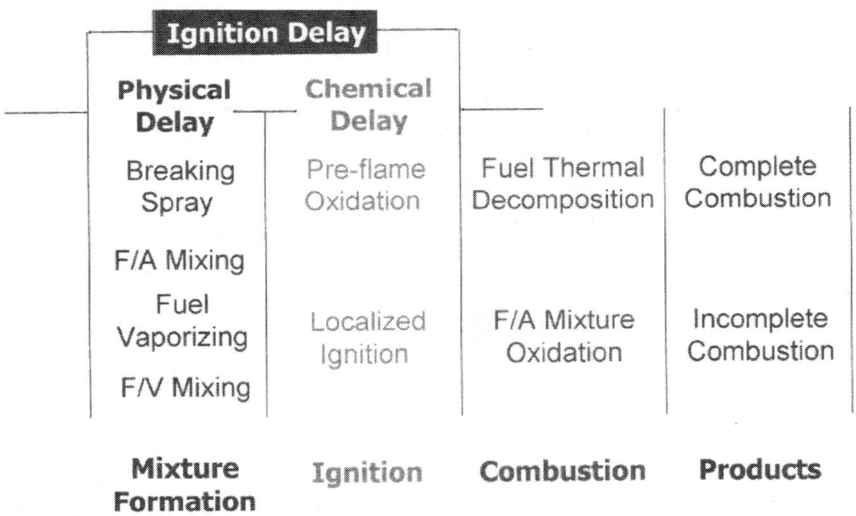

〈그림 2-29〉 Summary of steps before and after autoignition

디젤 엔진 연소에서 점화지연은 점화중심과 탐지가능한 연소를 생산하기 위해 연소의 시작 후에 요구된 조기점화 과정을 위한 시간이다. 점화지연의 지속은 연소과정, 기계적 응력, 엔진음, 그리고 배기 배출물질에 큰 영향을 가지고 있음으로써, 가장 중요한 기준중의 하나이다. 하나의 위치에 전기스파크에 의해 연소되는 가솔린 엔진과 대조적으로, 디젤엔진에서 연소는 연소실에서 수많은 위치에 자기점화 핵(중심)으로 시작된다. <그림 2-29>는 이전에 경험했던 물리적이고 화학적인 단계를 요약하고 그리고 자기점화로 이어진다.

다음과 같은 물리적 과정은 점화 지연 주기에 관련된다. (ID)

- 분사 분해와 용적 형성
- 연료와 공기의 혼합
- 액체연료와 증발의 가열
- 연소성 혼합물을 형성하는 공기속으로의 증발의 확산

이 용어가 여기에서 기재된 단계 이상을 포함할 수 있을지라도, 이러한 단계는 종종 예비혼합으로서 언급된다. 예비혼합에 있어서 연료/공기의 품질에 영향을 미칠 수 있는 어떤 다른 요인과 분사 이전에 즉시 온도와 마찬가지로 공기 온도 히스토리, 인테이크포트를 통해 흐른 공기에 특별한 인테이크포트 설계, 열전달을 통하여 사유된 공기 운동을 포함한다. 다음과 같은 화학적 과정은 점화 지연동안 발생한다.

- 예혼합 되어왔던 탄화수소 연료의 조기화염 산화
- 연소실 내에 여러 영역에서 일어나는 국한된 점화 뒤에, 충분한 열은 다음과 같은 사항을 이어지기 위해 생성된다.
- 연소 기본의 형성과 가벼운 성분 속으로 무거운 탄화수소의 분해
- 분해된 성분과 산소사이의 조기 점화 화학 반응

2) 예혼합 연소(Premixed Combustion)

예혼합 용어는 점화지연 기간 동안 분사된 연료중에 일부의 연소를 언급한다. (<그림 2-30>에서 a에서 b까지 가르킨다.) 연료의 이러한 일부분은 조기점화 화학적 반응과 증발, 미립화를 가지고 있을 것이다. 이 일부는 화학적으로 정확한 비율로 공기와 섞일 것이고, 적당한 온도에 점화가 될 준비가 되어있고(자기점화 온도) 도달한다. 자기점화가 발생할 때, 연료의 예혼합된 일부는 연소실에서 압력뿐 만아니라 고온을 발생함으로써, 매우 높은 비율로서 연소된다,(<그림 2-30>에서 b에서 c) 예혼합된 연소에 참여하지 않은 잔여연료는 분사되지 않았고, 증발되거나 공기와 혼합되었다. 그것은 아마도 연소에서 너무 희박하거나 농후하다[31]. 디젤 엔진의 특징적 노이즈는 또한 이 단계와 관련된다. 예혼합

연소로부터 발생하는 압력상승의 비는 디젤엔진에서 노이즈 강도에 비례하다는 것은 일반적으로 인정된다.

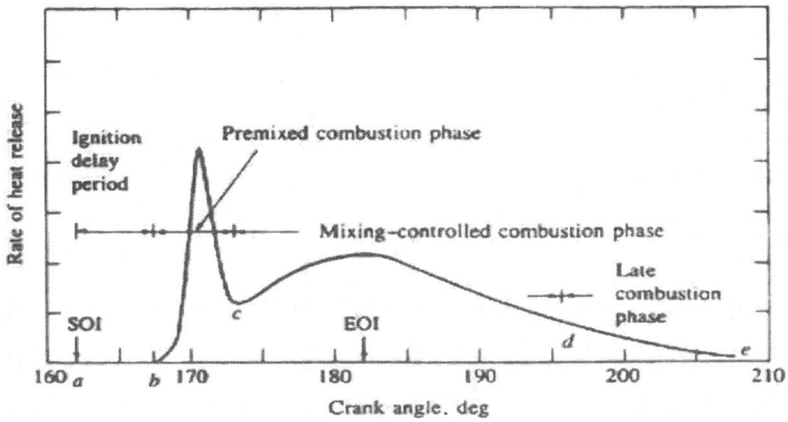

〈그림 2-30〉 Phases of combustion in diesel engines.
(From Internal Combustion Engine Fundamentals by John B.Heywood, 1998. Reproduced with permission of The McGrawHill Companies)

3) 연소를 제어하는 비율(Rated-Controlled Combustion)

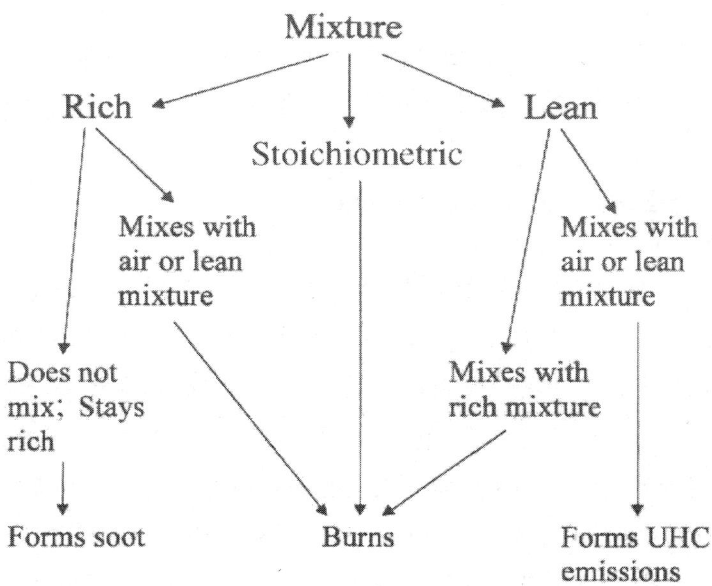

〈그림 2-31〉 Three paths from mixture to combustion.

예혼합 연소에 참여하지 않았던 연료의 균형은 전 준기 동안 소모된 대부분의 연료를 나타낸다. 비례 제어된 연소단계에서, 이러한 연료는 연소율을 제어하며, 그것이 공기와 함께 섞은 비율에 의존하고, 그것은 연소될 준비가 되어있게 하는 조건을 얻는다. 이 단계는 예혼합 연소단계에서 도달한 그것보다 낮은 열발생율에 의한 특징으로 한다. 비례 제어된 연소단계는 <그림 2-30>에서 자주 확산연소로서 언급되고, c와 d사이의 곡선에 의해 표시된다. <그림 2-31>는 Idaho 대학의 J.V. Gerpen 교수에 의해 혼합물은 세가지 타입의 연소경로를 제공한다는 것을 나타낸다: 농후, 화학량적인, 그리고 희박 화학량적인 비는 완전연소이고 그것의 생성물은 물과 이산화탄소이다. 농후한 혼합기를 위해 두 가지 가능성이 있다. 혼합기가 농후하게 남아있다면, 불완전연소가 될 것이고, 그것은 검댕이를 생산함으로써 이러한 사실을 명시할 것이다. 두 번째 옵션은 완전연소를 진행하기 위해 전체 화학량적인 혼합물을 형성하고, 더 희박한 혼합기를 찾을려는 농후한 혼합기를 위해 추가적으로 공기를 혼합하는 것이다. 혼합물의 세 가지 타입은 <그림 2-31>에서 다뤘던 희박에서 시작한다. 이 혼합물은 또한 두 개의 발전 가능한 경로를 가지고 있을 것이다.

만약에 그것이 단지 공기와 더 희박한 혼합물과 섞이면 그것은 효과적으로 연소되지 않을 것이고, 그리고 아마 가스단계에서 불완전 연소된 탄화수소를 생산할 것이다. 그러나, 희박 혼합물이 농후한 혼합물과 또는 더 많은 연료 그리고 화학량적인 조건에 도달하면, 그것은 완전연소 될 것이다. 연소과정이 세가지 독특한 단계로 구성되는 것으로 처리되는 동안, 일부가 배기밸브가 열리기 전에 바로 마지막 단계에서 활동을 기술하는 네 번째 단계를 고려하고 싶다. 이 마지막 단계에서 연소되지 않았던 잔여 연료는 아마 <그림 2-30>에서 보여준 것처럼 더 낮은 비율로 연소가 계속 될 것이다. 게다가 비례 제어된 단계에서 연소될지도 모르는 연료의 일부는 산화되면 풀어줌으로써 아직 일부 에너지를 가지고 있음으로써, 탄소를 형성할 수 있었을 것이다. 이 단계에서 조건은 화학적 구조 관점뿐만 아니라 온도분포로부터 여전히 균일하지 않다. 그러므로 운동이 실린더 안에서 존재하는 한, 혼합은 발생하기를 계속할 것이고, 완전하게 연소로 생성된 생성물을 부분적으로 연소할 뿐만 아니라 연료에 대한 기회를 제공한다. 후 연소 단계에서 <그림 2-30>에서 d에서 e까지 세그먼트에 의해 표시된다.

5 현대 엔진 제어(Controls for Modern Engine)

5-1서론

이전 장에서 말했듯이 현재 디젤 엔진이 그 어느 때 보다 정교하다는 것은 분명하다. 흡기는 더 이상 실린더로 대기압으로 들어가지 않는다. 즉, 과급되어 들어간다. 디젤엔진의 과급은 더 이상 간단한 과급기를 통해서는 이루어지지 않는다. 그것은 배출가스로 구동되는 터보차져와 기계적, 전기적, 또는 유압으로 구동되는 슈퍼차져의 조합에 의해 이루어진다. 연료 분사 시스템 또한 매우 높은 분사압, 다중 분사를 구현하고 특별한 목적에 맞게 최적화 되어 있다. 게다가, 현대의 분사 시스템은 전통적인 기능인 분사 시기와 분사량뿐만 아니라 분사 압력까지 제어한다. 우리는 또한 스월이 연소에서 매우 중요한 흡기의 혼합 준비 과정의 하나라는 것을 배웠다. 현대 디젤 엔진은 일정한 스월비로는 만족되지 않으며 엔진회전수와 부하에 따라 다양하게 가변되는 스월비를 필요로 한다.

공기와 연료 관리외에, 가변 밸브 기술뿐 아니라 더 빠른 엔진 워밍업으로 콜드 에미션을 감소시키는 새로운 엔진 냉각 기술을 가진다. 전기로 구동되는 오일 펌프와 플라이 휠에 장착된 시동전동기/발전기는 현대 디젤엔진에 새로이 적용되었다. 이러한 진보가 획기적이지만 지능적인 제어장치가 없으면 충분히 발휘도지 못할 것이다.

5-2 배경

일반적으로 디젤 엔진 제어 시스템은 배출가스 제한을 위한 최적화를 학습을 통하여 구현 할 수 있다. 예를 들면, 좋은 엔진 성능은 분사시기가 진각되었을 때 나타날지도 모른다. 아직 이 분사 시기는 NOx를 제어하기 적절하지 않을지 모른다. 제어는 그 때 엔진이 질소 산화물 배출 한계에서 타이밍을 지체시키기 위한 것일 것이다.

그것의 기능을 실행하기 위하여는, 통제 시스템은 3개 부분을 필요로 한다. 센서들은 측정과 계산의 조합을 통해 다양한 물리적인 정보를 얻는다. 예를 들면, 전기, 자기 센서들은 그들의 자기장이 중단될 때까지 언제든지 전기 신호를 일으킬 수 있다. 플라이휠의 기어이의 돌출부를 자기장으로 감지하는 센서는 자기장의 주파수에 비례하여 엔진의 회전 속도를 나타낸다. 미세한 센서는 중간 계산을 통해 값을 전달한다. 이 센서는 물리, 화학적 범위를 고속 디젤 엔진에서 요구되는 짧은 시간 안에 측정 할 수 있어야 한다. 게다가, 센서는 그들의 기능을 수행하기 위하여 엔진 내부 환경을 견뎌야 한다. 지금, 그것들은 적당한 비용이어야 하고 자동차와 같은 내구 수명을 제공해야 한다.

센서에 의해 일어난 전기 신호는 통제 시스템, 프로세서의 두 번째 중요한 부분으로 보내진다. 프로세서는 필요 수준의 시스템 성능을 유지할 제어 작용을 계산하므로 통제 시스템의 두뇌로 표현된다. 프로세는 전자장치 일 수도 있다. 그러나 이러한 많은 프로세서들은 엔진회전수와 같은 기본적인 기능을 제어하는 간단한 질량스프링 장치 일 수도 있다. 그러나 순전히 기계 유압 장치에 근거한 프로세는 성가시고 부피가 큰 경향이 있다. 이런 이유로, 현대 제어 시스템의 대다수는 추가된 유연성을 위해 프로그램 가능한 전자 프로세서를 사용한다.

제어 시스템의 3개 부분의 세 번째는 액추에이터이다. 액추에이터는 특정 기능 또는 필수 제어 작용을 실행하기 위하여 프로세서(두뇌)에서 명령을 받는 장치이다. 대부분의 경우에 이 제어 명령은 흐름의 경로를 제어하고 특정거리의 제어 대상을 이동시키는 기능을 한다. 이 기능 때문에, 액추에이터는 각 실린더에 연료공급을 제어하는 연료 분사 시스템이다. 과거에는 연료공급이 펌프의 랙을 조정하여 모든 실린더에 동일하게 연료 공급을 하였다. 현대 시스템은 분사 시기의 자유로운 제어 뿐 만 아니라 각 행정마다 실린더 별로 독립적인 연료량 조절이 가능하다.

5-3 제어시스템의 기본적인 운영 법칙

우리가 고려하는 통제 시스템의 기본적인 운영 법칙은, 2가지의 유형으로 분류될 수 있다: (1) 개방 루프와 (2) 닫힌 루프 시스템. 개방 루프 통제 시스템에서는, 엔진 기능의 기능은 일반적으로 관찰자에 의해 정해진다. 관찰자는 엔진을 모니터링 하여 운전 기능을 체크하고 있다. 인간 논리에 의한 결정은 엔진의 속도나 힘을 올리는 등 엔진 조건을 바꾸기 위함일 것이다. 관찰자는 원하는 대로의 변화에 대한 적절한 제어 기능의 결과에 의해 다음으로 진행한다. 관측에 의하여, 다시한번 우리는 원한 변화가 일어났었다는 것을 판단한다. 폐쇄형 루프 제어에서는, 통제되는 목표 값과 양의 측량은 명백하게 비교 된다. 다른 점은 종종 제어 구동에 기초한 에러를 발생한다는 것이다.

현대의 자동 제어는 개방 루프 시스템이 선택되지 않을 것으로 보인다. 닫힌 루프 제어 계산은 측정된 신호와 에러의 차이를 기준으로 하여 만들어진다. 전 속도 영역 조속기는 피드백 제어 시스템의 일반적인 예를 보여준다. 제어 계산 결정 양식은 정적인 요소와 에러의 곱과 같이 간단한 컨트롤 시스템과 동적 작용에 의해 결정된다.

5-4 폐쇄형 루프 제어 시스템의 다양성

종종 제어 시스템 기능의 기본 원리에 다양성을 보인다. 닫힌 루프 시스템은 다양성이 없고 측정 외란을 보상하기 위하여 설계된 기술이 없다는 특징이 있다. 측정이 페달 움직임과 같은 통제된 시스템과 같이 계산 될 수 있는 경우(배출가스의 증가와 같은) 연료증가는 급속한 응답으로 인한 바람직하지 않는 결과를 피하는 확실한 방법이다. 그것은 심지어 잘 작동하고 있는 체계에서도 존재하는 불가피한 부정확을 보상하는 제어 시스템 내에서 피드백 요소를 유지하는 것이 중요하다.

<그림 2-32>에서 폐쇄형 루프 제어 시스템은 측정값 f를 요구된 값 d와 비교하여 시행된다. 에러 e는 d-f로 계산되고 제어 신호 c를 형성하기 위하여 그 후에 간단한 계산을 포함한다. 간단한 피드백 시스템에서, c는 위치를 스스로 제어하는 액추에이터로 바로 보내진다. 피드 포워드를 위해 측정값 g는 변화의 사전 경고로 주어진다. 이 가변의 효력의 계산은 측정 g,에 의해 함축된 변화를 보상하기 위하여 액추에이터가 이동되어야 하는 총양인 h를 전달한다.

<그림 2-32>의 경우에 피드백은 기본적인 닫힌 루프 제어와 피드포워드 루프의 필요성(1) 그리고 정확성(2) 또한 피드포워드의 적용이 요구된 변화를 달성했는지(3) 평가하여 명확한 장점을 제공한다. 예를 들면 피드포워드 루프의 성공적인 성과는 출력의 장애 효과감소에 있었다. 만약 피드포워드 루프를 통해 급작스러운 부하를 예상하면 계산을 통해 엔진회전수를 유지하기 위해 더 많은 연료를 요구할 것이다. 피드백 신호는 엔진 속도의 어떤 변화든지 추적하고 기본적인 제어 계산 루프에 적용할 것이다. 만약 에러가 없다면 피드포워드 계산과 제어 기능은 성공적일 것이다.

명백하게, 더 복잡하고 정교한 피드백은 외란에 대해 더 안정적일 것이다. 대조적으로, 개방 루프 제어는 속도의 수동 제어 조정인자로 외란을 수정하지 않고 정상적인 측정값으로 통과시켜 보낼 것이다. 몇몇 제어 체계들에서 제어기는 에러가 포함되고 제어 요소로 필수적인 결과로 계산에 포함한다: 그러한 경우에 제어기는 완전한 요소를 포함했다고 말한다. 이 특징은 제어 응답에 있어 정상 상태의 오차의 배제가 가능하다.

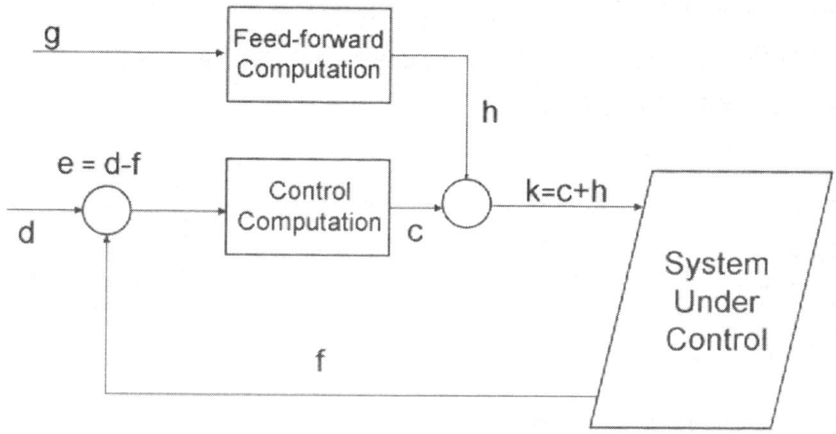

〈그림 2-32〉 폐쇄형 루프 제어 시스템

5-5 개방 루프 제어 시스템의 다양성

엔진 제어 시스템에서, 속도의 측정치 및 토크는 분사시기를 정하는 요소의 제어맵을 작성하기 위하여 이용된다. 어떤 속도와 부하 상태든지 간에, 대응되는 분사 타이밍은 보정 알고리즘과 분사시기를 산출하기 위한 요소 분석을 사용하여 계산된다. 물론, 그것들은 회전수와 부하를 분사시기를 바꿈으로써 변화시킨다. 게다가 분사 시기 또한 부하와 회전수에 따라 변화한다. 제어 시스템은 제어 계획대로 짜여진 일련의 맵에 따른다. 사실은, 그것은 기본적 열린 루프 제어, 하지만 아마 인간 대신에 결정된 관찰자, 맵을 가지고 있다.

현대 엔진 제어 시스템은 매우 많은 수의 맵을 가지고 있고 맵을 채우는 데 많은 노력을 요한다. 닫힌 루프 시스템 제어가 매력적인 대안으로 보일지라도 그것의 범위는 닫힌 루프 제어를 위한 센서가 없을 경우에 매우 한정적이다. 계획된 제어가 제어를 허용하면 센서는 엔진 작동 조건을 밝히는데 사용된다. 예상은 닫힌 루프 상황에 제어를 좀 더 진보적으로 변화시키는 센서들에 의해 가능하다.

5-6 제어 시스템의 새로운 원리는 모델베이스 방식의 접근이다.

맵에 의한 제어에서는 요구되는 제어 작동이 어떤 속도와 부하에 관계없이 대응하는 값을 나타낸다. 예를 들면, EGR 제어 시스템에서, 맵에 엔진의 완전-부하 곡선의 밑에 각 속도와 부하 상태에 대응하는 EGR 밸브 위치가 있을지도 모른다.

다른 제어 방식에 대한 접근을 대신 고려하여야 한다. 새로운 접근은 다음의 EGR 시스템 요소의 모델링을 기초로 할 것이다:

- 배기매니폴드
- EGR 쿨러
- EGR 밸브
- 에어필터
- 터보 과급기
- EGR과 신기의 혼합 챔버
- 인터 쿨러
- 매니폴드 흡기 압력
- 흡/배기 밸즈

그리고 이 제어 요소의 각각을 위한 역동성, 물론, 다른 효과는 느껴질 것이다. 펌프 작용과 같이 엔진은 흡/배기 밸브 역동성 뿐만 아니라 전반적인 동적 작동에 기여한다. 쿡과 포웰은 시스템 부분들의 역동성을 고려한 그들 연구의 제목을 '내연기관의 제어 분석 모델링'으로 했다. EGR 시스템을 위한 모델 개발의 예는 다음 장에서 토론된다.

6. 디젤 촉매(Diesel Catalysts)

6-1 개요

1) 촉매 기술

삼원 촉매 (TWC) 기술은 1980년대에 도입되어 오늘날의 스파크 점화 엔진의 필수 부품이 되었다. 일산화탄소(CO)와 탄화수소(HCs)에 의한 NOx의 비분리 촉매 감소의 원리로 작동되는 TWC는 거의 이론공연비에서 작동되는 엔진이 요구된다. 가솔린 또는 천연가스 엔진의 최근 촉매 시스템은 촉매 전의 산소 센서와 페루프 전자제어 시스템을 포함한다. 전자제어기는 최대 촉매 효율을 확보하기 위해서, 산소 센서로부터 피드백에 기초하여, 공연비는 이론공연비 근처의 좁은 영역을 유지한다. 산소의 존재는 삼원촉매가 NOx 감소에 대해 무력하게 만든다.

이런 이유에서, 삼원촉매는 모든 작동조건의 배기가스가 높은 산소 농도를 포함하는 디젤 응용과 린번 엔진에서 NOx 제어를 위해 사용 할 수 없다. 오늘날의 촉매 기술에 의해 높은 효율로 제어 될 수 있는 디젤 배출물은 CO와 HCs 이며, 디젤 미립자의 유기 물질 또는 다핵방향족탄화수소(PAHs)와 같은 HC 물질도 포함한다. 디젤 엔진의 NOx 감소를 위한 촉매 시스템은 표 14.1에 요약되어 있는 것처럼 아직 개발 중이거나 상용화 초기단계에 있다.

초기 디젤산소촉매(DOC)의 설계목표 공식은 일산화탄소와 탄화수소를 포함하는 가스 형태 디젤 오염물질의 높은 제거 효율이였다. 1970년대 그것들이 도입될 당시에, 디젤 엔진의 일산화탄소와 탄화수소 배출물은 오늘날의 엔진보다 몇 배나 많았다. 최초 디젤 촉매는 지하 탐광과 같이, 공기의 질이 대단히 중요한 제한된 공간 적용에 사용되었다.

황성분이 감소된 연료의 도입은 DOC를 이용한 미립자 물질 배출의 작은 적당한 감소가 이루어지는 것이 가능하도록 만족시켰다. 고속도로 엔진에서, 현대 디젤 촉매의 적용은 PM 감소가 중요 촉매 기능이 되었다 - 일부에서 단지 중요. 디젤 산화촉매의 PM 성능 최적화는 1980년대 말과 1990년대 초, 미국과 유렵 모두에서 촉매 연구의 주요 목적이었다. 이 디젤 촉매는 미국의 대형트럭 디젤엔진과 유렵의 경트럭 디젤엔진에서 상용화 되었다.

장래 예상은 디젤촉매의 NOx 감소 기능에 초점을 맞추고 있다. 디젤과 가솔린 모두, 린번 에진에서 NOx의 감소를 위한 기술은 범세계적인 촉매 제조사와 연구소의 설립을 통해 많은 해 동안 연구되었다. 이 연구는 유망한 촉매 컨셉을 제시하였고, 거의 상용화 되었다.

유로 4 또는 US2007과 같은 몇 가지 미래 배출물 기준은 높은 효율의 NOx 배출물 후처리장치가 요구되는 NOx 배출물 수준을 제정하였다. 예를 들어, US2007 0.2 g/bhp-hr의 NOx 제한은 2004 기준과 비교하여 90% 가깝게 감소한 것을 보여준다. 조정자는 NOx 감소 촉매가 제 때 NOx 제어의 중요성을 제공하기 위해 성숙 될 것이라고 예상했다. 게다가, 디젤엔진의 먼 미래는 희박 조건 아래에서 NOx의 감소 촉매에서 기술적 발전에 의존할지도 모른다.

2) 디젤 산화 촉매

디젤 산화 촉매, 디젤 촉매의 역사적 첫 번째 유형, 아직까지 요구되는 튼튼함과 내구성이 증명되고, 일정 수의 경중트럭 적용이 상업적으로 확립된 촉매 기술이다.

DOC는 모든 엔진 작동조건에서 디젤 배기가스에 풍부하게 공급되어 활용되는 산소의 산화 반응 범위를 촉진시킨다. 이 반응들은 CO, HC 와 HC 파생물이 CO2 와 수증기로 전환되는 것처럼 화학적으로 감소되는 특성의 실질적인 모든 배출물 성분성을 전환할 수 있다. DOC 화학작용은 <그림 2-33>에서 개략적으로 나타내어져 있다.

충분히 높은 배기온도에서, 디젤 산화촉매는 HC와 CO 배출물의 90%를 초과하는 감소효과로 아주 효과적인 억제를 제공할 수 있다. DOC 탄화수소 활성은 디젤 미립자 물질의 PAH 또는 SOF와 같은 합성물로 연장된다. SOF의 촉매 산화에 의해 디젤 PM 배출물은 감소된다. 미립자의 SOF 내용에 따라, PM 전환 효율은 일반적으로 15%에서 30% 범위이다. DOC는 또한 디젤 악취 억제에도 효과적일 것이다.

CO와 HC에 대한 높은 전환효율은 높은 활성도, 고가의 금속(예, 백금)에 기초한 촉매의 사용을 통해 실현된다. 높은 적용을 위해 1990년대에 개발된 많은 DOC는 CO 또는 HC의 증상감소에 대립되는 PM 배출물 감소에 최적화 되었다. 원하지 않는 황 조성물의 산화를 막기 위해서, 이 촉매들은 감소된 촉매 활성의 형식이 일반적으로 활용된다. 우리는 이 PM에서의 CO와 가스형태의 HC 전환을 강조해야 할 것이다 - 최적화된 촉매는 아마도 아주 낮을 것이다. 화학반응과 DOC 성능은 이후에 좀 더 자세하게 거론된다.

디젤 산화 촉매는 1970년대에 지하 탐광의 공기 질의 보호를 위해 도입되었다. 촉매의 목적은 디젤기관 탐광 장비로부터의 일산화탄소 배출물과 악취를 줄이는 것이었다. DOC의 사용은 건설, 터널공사 그리고 물지의 취급을 포함하는 다른 밀폐 공간 적용으로 확장되었다. 대부분의 경우 테일파이프 배출물 규정은 이 적용이 고려되지 않는다. 그 보다는, 촉매의 사용은 작업장 부변 공기 질을 보호하는 직업적 건강과 안전 기주에 따른다.

초기 디젤 촉매는 1970년대에서 1980년대 동안 계속 사용되었고, 간단한 산화 형식, 사실상 가솔린 자동차를 위해 개발된 것이나 마찬가지다. 이 촉매의 황산염 PM 배출물의 증가와 같은 확실한 단점은 디젤 연구로부터 점차 발견되었다. 결과적으로, 밀폐 공간 적용에서 디젤 산화촉매 사용으로부터 전체 공기 질 향상은 의심되었다. 1990년대 고속도로 디젤 엔진을 위한 배출물 기준의 도입은 촉매 연구를 활발하게 하였고, 차세대 디젤 산화촉매의 개발을 이끌었다. 이 새 촉매들은 낮은 황 연료(<500 ppm S)와 함께 사용될 때, 여러 가지 디젤 엔진 적용에서 디젤 미립자 배출물 제어가 가능할 수 있다. 향상된 디젤 촉매 기술의 유효성은 지하 탐광과 또 다른 밀폐 공간 적용에서 DOCs의 사용을 위한 보증을 회복시켰다.

디젤 산화촉매의 최초 자동차 적용은 1989년 폭스바겐 골프 "Umwelt" 였다. 촉매는 CO와 HC 배출을 줄이기 위해 설계되었다. 촉매의 사용은 그 시기의 독일 또는 유럽 배출물 규정을 만족하기 위해 필요하지 않았다. 오히려, 그것은 자동차 제조사 일부의 환경에 대한 책임 있는 태도의 의사로 도입되었다. 1990년대 중반 유로 2 배출물 기준의 도입 때문에, 디젤 산화촉매는 유럽의 디젤 연료 자동차의 표준 부품이 되었다. 촉매의 역할은 미립자 배출물의 감소이다. 그것은 또한 CO 와 HC 배출물의 감소도 제공한다.

미국에서, 고속도로 대형트럭 엔진을 위한 산화촉매의 사용은 1994년에 시작되었으며, 미국 환경보호기관(EPA)은 트럭은 0.1g/bhp-hr 와 버스는 0.05g/bhp-hr 의 PM 배출물 기준을 도입되었다. 디젤 산화촉매는 PM 기준에 만족하기 위해서 몇몇 트럭과 버스에 도입되었다. 그러나 미국 대형트럭 엔진의 촉매 사용은 후처리 장치의 사용 없이 전자제어 되는 엔진으로 0.1g/bhp-hr PM 기준을 좀 더 앞서서 달성 할 수 있었기 때문에 이미 꾸준하게 감소하고 있다. PM 배출물의 감소는 오직 DOC의 목적이었다. 기체 HC 또는 CO의 감소는 1994년 규정 하에서 필요하지 않았다. DOC는 2004 배출물 기준을 만족하기 위해, Caterpillar ACERT 엔진과 같은 확실한 대형트럭 엔진에 다시 적용되고 있다.

산화촉매는 또한 대부분 대형트럭 엔진에 대해, 세계적으로 여러 가지 디젤 개선 프로그램에 사용되었다. 미국 시내버스 개선/개조 프로그램, 대부분 디젤 산화촉매인 배출물 제어 장치를 사용하는 1994년 전에 시작된 개선 시내버스는 1995년에 효력 있게 되었다. DOC는 또한 스웨덴 환경구역 프로그램의 초기단계와 홍콩과 동경을 포함하는 몇 개 도시의 디젤 개선에 사용되었다.

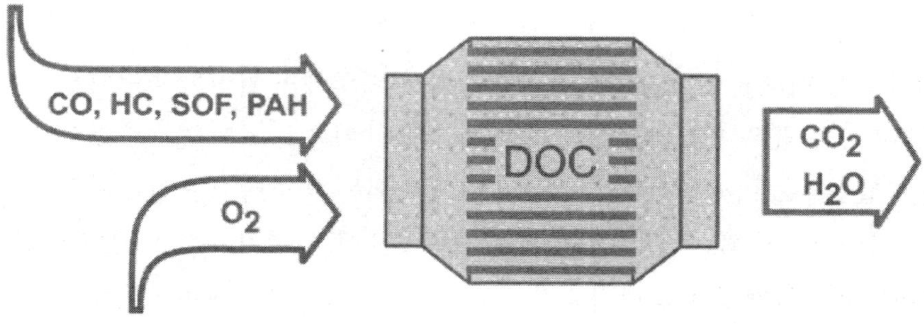

〈그림 2-33〉 DOC 화학작용

3) NOx 감소 촉매

촉매연구는 희박 배기가스로부터 질소산화물의 감소를 위한 촉매로 점점 집중이 증가되고 있다. 대형과 소형 트럭 디젤엔진 모두로부터의 NOx 배출은 현재 달성된 수준이하로 감소되는 것이 필요하다. 이것은 엔진 설계와 보정에 의해 실행될 것이다. 높은 효율 NOx 감소촉매는 또한 최대 연비에 대한 조정을 위해 디젤 엔진은 허용할 것이다.

NOx 감소 촉매는 디젤에 대해서 뿐만 아니라, 린번 SI 엔진을 위해서도 필요하다. 삼원촉매는 오직 상업적으로 유효함을 유지하기 때문에, 자동차에 적용을 위한 높은 효율의 NOx 제어기술, 오늘날의 가솔린엔진은 이론공연비 혼합기에서 작동되도록 설계되었다. 중대한 연비(온실가스 배출물) 법칙은 이론공연비로 작동되는 SI 엔진의 사용을 통해 관련되었다. 연비의 인상적인 향상은 희박 혼합기로 작동되는 가솔린 엔진의 작동을 통해 달성될 수 있다. 유럽과 북미에서 수준규정을 위해 희박연소 가솔린엔진으로부터 질소산화물을 가져올 수 있는 촉매는 각 엔진 기술을 위해 문을 열게 될 것이다.

다음 촉매 접근법은 희박 배기가스에서 NOx의 제어를 위해 연구되고 있는 것이다.

- No decomposition catalyst
- Selective catalystic reduction (SCR) with ammonia
- SCR with hydrocatbons (deNOx or lean NOx catalyst)
- NOx adsorber-catalyst systems

질소산화물의 원소로의 분해가 다음 방정식을 통해 기술되었다.

NO의 분해는 디젤 배기가스에 기초한 압력과 온도 하에서 열역학적 혜택을 받는다. 그러나 자연적 반응률은 거의 제로이다. 촉매는 진행의 가속을 위해 연구되고 있지만, 중대한 진척은 달성된 것이 없다. NO 분해를 위해 제안되는 최고 촉매중 하나는 구리 전환 제올라이트이다, Cu/ZSM5. 구리 전환 제올라이트는 이론 배기가스 조성에서 감소하는 NOx에 대한 삼원촉매 활성을 나타내기 위해 이전에 알고 있다. 1980년대 말에 출간된 일련의 논문 중에서 이와모토와 코워커는 Cu/ZSM5를 보여주었고, 뿐만 아니라 다른 전이금속을 포함한 분자로 된 체로 NO의 촉매 분해는 실현되기 힘든 것이 증명되었다. Cu/ZSM5에서 NO의 분해는 물에 의해 억제되기 쉽고 SO2에 의한 중독에 아주 민감하며 낮은 공간 속력에서 오직 효과적이며 그리고 촉매 활성과 선택감은 만족스럽지 못하다.

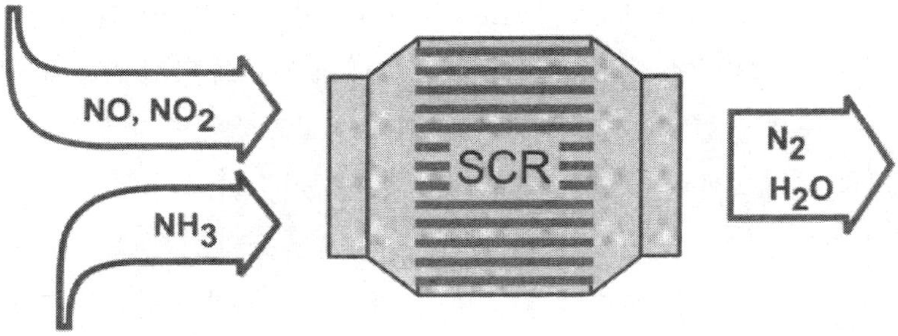

〈그림 2-34〉 암모니아를 환원제로 사용한 SCR

NOx의 선택성 촉매 감소는 만약 감소하는 대행자가 촉매 베드의 가스 상류로 주입된다면 실현 할 수 있다. SCR 과정은 암모니아 또는 변하지 않는 디젤엔진과 산업 원을 위해 상업적으로 유용한 요소와 같은 질소가 내포된 환원제가 활용되고 있다. <그림 2-34>는 암모니아를 환원제로 사용한 SCR 성능을 나타낸다.

이 시스템에서 최초 선별 반응은 방정식으로 표현된다. 이 반응은 시스템의 풍부한 산소와 NH3의 경쟁적 반응에 걸친 촉매를 통해 진전된다.

SCR의 주요 장점은 산업적(엔진 아닌) 적용에서 SCR의 사용이 널리 보급되는데 기여하였다. 전환 효율 - 90% 정도까지 도달할 수 있다. SCR의 단점은 높은 원가와 작동 비용, 공간 확보, 암모니아 배출물(암모니아 슬립)의 유발, 황산화 암모늄에 의한 장비의 오염, 위험한 폐기물을 포함한다.

SCR은 크고, 일반산업용 디젤엔진으로부터의 NOx 배출물을 제어하기 위해 성공적으로 적합화 되었다. 그것은 유럽과 일본에서 디젤 발전기와 폐열 발전 시스템에 최초로 사용되었다. 또한 선반엔진, 트럭과 디젤 자동차를 포함하는 이동수단에 적용을 위한 SCR의 적용에 관심이 증진되고 있다. SCR의 이동수단에의 적용은 정교함, 활성화된 촉매 시스템과 환원제 공급 기간시설의 이용도가 요구될 것이기 때문에, 기술은 디젤 트럭과 자동차에서 가장 매력적인 선택권이 아니다. 그러나 좀 더 정교한 NOx 감소 촉매 시스템의 부재로, SCR은 특히 대형트럭 엔진에 대한 유로 5 기준인 2g/kWh 수준 이하로 감소될 수 있음을 보여준다. SCR 시범 프로그램은 미국에서도 또한 시행되고 있다. 우리는 책의 뒷부분에서 정지된 그리고 이동수단용 디젤 엔진을 위한 SCR 기술을 논의한다.

한가지 탄화수소를 사용한 방정식의 줄어드는 대행자처럼 암모니아를 대체할 수 있다. 대표적인 HC로 임의로 선택한 프로판을 통해, 반응을 다음과 같이 다시 쓸 수 있다.

경쟁상태에서 이전 반응을 진전시키는 촉매, 산소에 의한 탄화수소의 비선택성 산화는 일반적으로 deNOx 또는 희박 NOx 촉매로 지칭한다. 이 선택적 deNOx 화학작용은 엔진에 의한 다른 탄화수소의 방출 사용 또는 그 외에 촉매의 상류에 디젤 연료와 같은 여분 탄화수소의 첨가를 통해 실현 될 수 있다. 활성화 deNOx 시스템은 증가된 시스템의 복잡성의 비용과 연비 패널티에서 보다 높은 NOx 전환효율을 가졌다.

우리는 "SCR"(암모니아/요소 기반) 또는 "희박 NOx/deNOx"(HC 기반) 촉매 시스템에서 각 조건의 사용이 순전히 관습적인 것을 강조해야 한다. 화학 반응의 본성을 고려하면, 양쪽 과정모두 NOx의 선택식 촉매 감소로 표현된다. 시스템의 양쪽 타입은 또한 희박 NOx 촉매, 산화제 아래 질소산화물의 감소를 위한 그것들의 가능성에 의해 결정될 수 있는 것과 같이 표현될 수 있다. 좀더 복잡하게 하는 것은, 어떤 저자는 어느 NOx 감소 촉매 기술을 참조에서 "deNOx"조건을 사용, 탄화수소를 이용한 선택적 감소의 한계는 필요 없다. 이 조건은 혼란을 피하기위해 주의해서 사용되어야 할 것이다.

디젤 산화 촉매와 희박 NOx 촉매의 조합은 때때로 4원 촉매로 불린다. 4원 촉매는 4가지 디젤 배기 요염물질의 동시 감소의 능력을 가진다. CO, HC ,PM 과 NO, deNOx 촉매의 두 가지 다른 종류는 개발되었다; (1) 백금기반 촉매와 (2) 금속기반 촉매(CU/ZSM5). 이 촉매들의 각각은 특수한 결점을 가지며, 좁은 온도 창과 불충분한 열적 내구성 그리고/또는 황 내성이 주로 관계된다. 좀 더 중요한 점은 그러나 알려진 deNOx 촉매의 최고점 NOx 전환은 40%에서 60% 범위 안이다. 비교적 좁은 온도 활성창을 사용한 조합은 이 수를 ECE+EUDC 같은 규정된 시험 싸이클에서 수동적 시스템의 오직 약 10%에서 20%의 NOx 전환으로 환원하였다. 그러므로 deNOx 촉매는 엄중한 장해 배출물 목표를 수용할 기술 능력을 현재 보여주지 못 한다.

진행중인 연구는 결과적으로 이 기술의 상용화를 가지는 향상된 deNOx 촉매를 겨냥하였고, 최초로 한계의 형태, 산화 촉매의 수동적 NOx 제거 기능 몇몇 상업적 디젤 촉매는 소형 트럭 유로 3 기준을 위해 수동적 deNOx 기능과 추가적으로 PM, CO 그리고 HC와 관련된 그것들의 주 산화 활성화가 더해진 5%에서 15% NOx 감소의 수용력이 조합되어 개발되었다.(2000년)

NOx 저장 물질은 그들의 온도창을 확장하기 위한 시도에서 deNOx 촉매로 최초로 편입되었다. 이 조합은 낮은 배기가스 온도의 기간 동안 촉매 활성화가 낮을 때 NOx 흡착을 위해, 그리고 탄화수소를 이용한 선택성 반응에 조력하는 온도에서 그것의 방출을 위해 제안되었다. 이 생각은 삼원촉매를 이용하여 연결되며, 질소 산화물 흡착기-촉매 시스템을 생산, 또한 NOx 트랩으로 알려져 있고 희박 NOx 제어 연구의 최신 컨셉으로 대표한다. 최초 NOx 흡착기는 확실한 희박 연소로 상업화 되었고, 일본과 유럽의 직접 분사 가솔린 엔진이다. 개발일의 많은 양이 디젤엔진에 이 기술을 적용하기 위해 세계적으로 시행되고 있다. 실험실 실험은 비교적 넓은 온도 창에서 NOx 흡착기가 90% NOx감소 효율을 달성할 수 있음을 보여준다.

이 시스템 싸이클은 두 단계로 작동되며, (1) NOx의 저장 (화합흡착), 희박작동 중 촉매 washcoat에서 그리고 (2) 비수착과 농후 작동의 기간 동안 NOx의 비선택성 촉매 감소를 통한 트랩의 재생이다. 작동의 단계는 <그림 2-35>의 위와 밑 부분으로부터 개략적으로 묘사된다. NOx는 금속 질산염의 형대로 저장되며 개략적으로 MeNO3로 보여 진다.

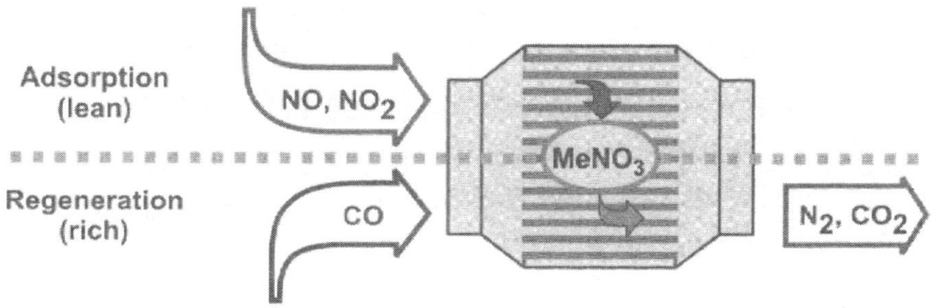

〈그림 2-35〉 NOx 흡착기

NOx 흡착기의 재생은 가솔린 삼원 촉매에서 이것을 찾기 위해 실질적으로 동일한 반응 구조를 수반한다. 환원제, 아마 일산화탄소, 요소적 질소 형성을 위해 산소의 부재에서 NOx와 반응할 것이다. 또한 아주 일반적인 백금/로듐 형식 같은 그 촉매 시스템은 3원 촉매와 아주 유사하다. 재생은 농후 공연비 혼합기의 주기적 짧은 펄스(분당 2초)를 요구하기 때문에, 이 기술은 엔진 컨트롤 시스템의 매우 탄탄한 통합이 요구되며 아마도 커먼레일 같은 전자 연료 분사 시스템 결합으로만 실행될 수 있다. 또한 일정한 연비 패널티를 수반하며 촉매 시스템과 재생 알고리즘의 질에 의존한다. 디젤 NOx 흡착기의 주요 망설이는 블록은 황 중독에 민감함이다. Ultral ow-sulfur diesel fuels, although a necessary condition, are not sufficient for the commercialization of NOx adsorbers.

아주 낮은 황 디젤 연료는 비록 필수 조건일지라도, NOx 흡착기의 상업화를 위해 불충분하다. 만약 아주 낮은 황 연료가 사용된다면, 주기적인 탈황을 포함하는 황 처리 전략이 이 기술에서 요구된다. 디젤 엔진에서 NOx 트랩의 적용은 이후의 내용에서 자세히 다뤄진다.

여러 가지 NOx 흡착기 컨셉은 선별성 NOx 재순환(SNR)이 조건화 되었다. SNR 기술에서 두 개의 NOx 흡착기는 엔진 배기 시스템에 병렬로 설치되었다. 각 흡착기가 흡착과 비흡착 모드 사이를 교호할 수 있도록 제어 밸브는 전환되는 가스흐름을 허용한다.

비수착 모드 동안, 흡착기로부터 운반되는 NOx 기체는 엔진 흡기로 재순환된다. 이 방법에서 흡수된 NOx는 정규 연소동안 실런더내 재반응과 배기가스 재순환(EGR)을 거쳐 NOx 감소의 매커니즘을 사용한 일반적인 것을 나타내는 과정을 통해 NOx는 감소될 수 있다. SNR 기술은 요구하는 보다 간단한 촉매의 촉매적 NOx 감소를 위한 요구를 배제한다. 대부분처럼 또한 엔진 작동 기간에 적은 요구가 있다. 그러나 SNR 흡착기는 재생전략을 증명해야할 필요가 계속 있다. 시험에서 필요로 하는 병으로부터 디젤엔진 흡기포트로 공급하는 NO/NO2 (흡착기 성능을 위해 결산하지 않음), SNR은 60%의 NOx 감소 효율 달성했다. - 흡착 촉매 시스템을 통해 달선된 것 보다 상당히 낮은 한 개의 촉매 장비에 여러 가지 기술이 조합되어 있는 상업적 디젤 촉매는 일반적이다. 예는 탄화수소 흡착기/트랩이 혼합된 산화 그리고 희박 NOx 촉매를 포함한다. 촉매는 또한 그들의 성능 향상을 위해 비촉매식 장비와 조합되며 가장 현저한 예는 플라즈마가 보조된 deNOx 촉매.

4) 촉매와 구성

채광 엔진을 위한 최초 디젤 촉매와 비규정 적용은 알갱이 지원을 활용했지만 나중에 한 덩어리 지원으로 대체되었다. 낡고 더러운 엔진, 일반적으로 200-cpsi 셀 밀도를 가지는 큰 셀로부터의 디젤 미립자에 의한 촉매 막힘을 방지하기 위해 사용되었다. 테일 파이프 배출물과 촉매 내구성 모두 규정되지 않았기 때문에, 작은 촉매 체적은 300,000 l/h 구간 속도까지 사용된다. 높은 직경과 길이의 비를 가지는 일체형은 높은 배기가스 속도에서 압력강하를 최소화 하기위해 사용된다. 각 촉매 구성은 여러 애프터마켓 생산품에서 오늘날 아직 사용되고 있다.

규정된 OEM 적용을 위한 디젤 산화 촉매는 보다 크며 50,000에서 200,000l/h 범위의 구간속도를 가진다. 일반적으로 촉매체적은 엔진의 배기량 체적과 근사하게 같으며 그리고 배기가스 구간 속도는 150,000 l/h 이하이다. 훨씬 낮은 미립자 배출 때문에 보다 작은 셀이 촉매 성능 향상을 위해 사용될 수 있다. 400cpsi 의 셀 밀도는 디젤 적용에서 이제 일반적으로 사용된다. 대부분의 경우 세라믹 근청석 일체형이 사용되지만 어떤 적용에서는 금속성 기질이 적용된다. 촉진된 워시코트 부하는 약 120 g/dm3 (2g/in3)이 적용에서는 금속성 기질이 적용된다. 촉진된 워시코트 부하는 약 120g/dm3 (2g/in3)이고 워시코트 두께는 일반적으로 일체형 셀의 가장 두꺼운 위치에서 약 40에서 80μm 이하이다.

세라믹 촉매는 강철 통 안에 들어가 있으며 기계적 보전과 진동에 대한 저항을 책임지기 위해 그들의 외측 직경 주위에 마운팅 매트가 감겨져 있다. 촉매 머플러는 촉매를 소음기 내부에 장착했으며 또한 사용된다.

디젤 트럭 적용을 위한 촉매 기질은 대부분 약 180에서 250mm (7에서 10in) 직경과 150에서 180 mm(6에서 7in) 길이를 가진다. 보다 작은 기질은 승용차 적용을 위해 사용된다.

초기 디젤 촉매는 일반적이며, 활성화 산화 형식은 디젤 적용을 위해 최적화 되지 않았다. 노블 금속은 백금 또는 높은 금속 중량의 백금/팔라듐 조합이며 대부분 30과 50 g/ft3 사이이다. 대부분의 촉매는 드문 토양 또는 알칼라인 토양 안정제(Ca, Ce, Ba, Sr etc)와 함께 알루미나 기반의 워시코트가 활용된다. 현대 디젤 산화 촉매는 황산염 억제를 위해 여러 가지 전략을 사용한다. 촉매 형식에 대한 정확한 정보는 항상 유용하지 않다. 촉매의 여러 가지 다른 유형은 논문에 보고되어 오고 있다. Engelhard 촉매는 약 50% 촉매적 활성화 산화 세륨과 0.5에서 2g/ft3의 백금과 함께 같은 양의 알루미나가 조합되었다. 촉매는 지올라이트의 첨가를 통해 추후에 수정되었다. 미국과 유럽의 트럭, 버스, 그리고 고급 승용차 적용을 위해 사용되었다. Johnson Mattery는 선택적 적용을 위해 Pt와 바나디아의 변종을 사용한 결과 [40]를 발표했다. ICT(데구싸와 니폰 쇼쿠바이의 합작 벤처)는 트럭 적용을 위해 드문 토류 조촉매와 함께 지르코니아 워시코트 위에 Pd의 사용을 시작하였다. 데구사 촉매는 유럽 승용차 적용에 사용을 위한 최초이며, 3%에서 10%의 V2O5와 함께 TiO2 워시코트 위에 20에서 60g/ft3 Pt가 포함되었다. 지올라이트는 특히 유럽차 적용에서 여러 가지 촉매 제작자로부터 사용이 점차적으로 증가하고 있다. 예를 들면, ASEC는 지올라이트 알루미나 워시코트에 Pt촉매를 사용하고 있다.[10]

6-2 NOx 흡착기

1) 디젤 엔진 시스템

(1) 혼합기 농후화 전략

토크 불안정을 최소화하기 위해 연료 분사와 점화 진각 조정이 린번 가솔린 엔진의 혼합기 농후화가 요구될 것이지만 그렇지 않으면 똑바로 될 것이다. 보통 λ 1.3에서 희박하게 작동하는 디젤 엔진에서 농후 혼합기의 생성은 확실히 더 힘들다. 이론적으로 디젤 혼합기 농후화의 방법은 두 부문으로 나뉠 수 있다: (1) 배기가스 농후화 그리고 (2) 실린더

내 농후화. 배기 시스템 농후화는 HC로서 선택적으로 NOx를 감소시키는 능동적 deNOx 촉매에서 제안된 방법과 비슷하게 촉매 상류에 디젤 연료 분사를 통해서 실현될 것이다. 하지만 효과적인 NOx 흡착기 재생은 환원제뿐만 아니라 산소부재까지 요구한다. 배기 농후화의 경우에 산소는 NOx 변환이 진행할 수 있도록 C02와 H2O로 연소될 필요가 있다. 이것은 NOx 흡착기 자체에서 구현되거나, 상류 산소촉매에 의해 구현된다. 이 과정의 단점은 촉매에 손상을 주고 추가적인 연비저감을 일으킬 수 있는 발열을 수반한다. 이론적으로 디젤연료로부터 나온 HC보다 감소하는 가스는 NOx 흡착기 재생을 위해 사용될 수 있다. 배기 시스템 내에서 합성가스(CO + H2)의 분사를 이용한 NOx 흡착기의 재생은 저용량 차량에서 증명되었다.[122] 일반적인 적용에서, 환원제는 디젤연료를 개질함으로써 생성되어야 할 것이다. 수소 농후 가스(CO + H2)가 전기방전(Plasma)에 의해 디젤연료로부터 생성되어 계속적으로 연료/공기 혼합기를 흐르도륵 하며 디젤 Plasmatron 개량기로 불린다.[123] 실린더 내의 농후화는 연료분사타이밍 및 분사율 변화, throttling, 그리고 EGR을 사용하는 등의 방법으로 수행한다.[124] 커먼레일과 같은 진보된 전자제어 디젤 연료분사 시스템은 지금도 실용적인 실린더 내 농후화 전략을 더 유연하게 제공할 수 있다. 커먼레일은 분사율과 분사타이밍을 엔진속도와 부하조건에 독립적으로 제어할 수 있는 최초의 디젤 분사시스템이다.

특히. 배기가스온도의 증가가 요구될 때. 연료 후분사가 가능하다. 커먼레일 분사는 이미 미립자필터의 재생을 돕는 방법으로써. 디젤배기가스 온도를 상승시키는데 사용되었다.[125] 그 업무는 세 번의 분사와 토크를 유지하기 위한 터보차저 변경에 의해 완료되었다. 하지만 필터에서는, 배기가스에 남아있는 산소의 양 때문에 NOx 흡착기와는 다르다.

특히 NOx 흡착기의 재생을 위해 개발된 시스템은 여러 방법의 결합을 요구하는데 예를 들면 다중분사에 흡기 조절을 실행하는 것이다.[126] 저온 연소로 불리는 새로운 디젤 연소과정은 저용량 엔진의 저부하와 저속조건에서 NOx 흡착기의 재생을 위해 Toyota에서 개발되었다.[127] 그 과정은 농후한 공연비에도 불구하고 매연이 없는 연소를 위해 설계된 다량의 EGR, 흡기 조절, 그리고 분사 타이밍을 수행한다.

(2) 엔진 촉매 시스템의 통합

NOx 흡착기 기술 이용의 가장 중요한 양상 중 하나는 더 나은 흡착기 재생과 탈황산화, 연비저감 최소화를 통해 만족스러운 수준의 NOx 변환을 이용할 수 있는 엔진 작동조건을 수립하는 것이다. 이 최적화는 배기온도와 같이 NOx, CO 그리고 HC 농도에 적합한 희박/농후 변경 전략을 정의함으로써 달성된다. 연료 농후 조절은 통상적으로 흡착기의 더 빠르고 더 완벽한 재생을 초래하고, 그러므로, 더 높은 평균 NOx 변환 효율을 이룬다.

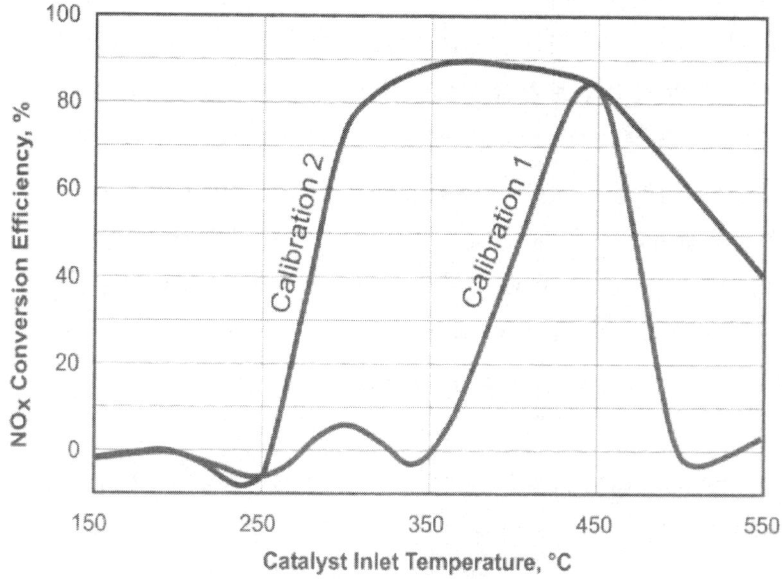

〈그림 2-36〉 엔진 촉매 시스템의 최적화

80% 이상의 NOx 변환효율의 DECSE 프로그램은 4% 이하의 연료저감을 달성할 수 있다. 4%의 수는 이 기술의 연료비용을 예상하는 수이지만, 엔진 촉매 시스템의 최적화 문제가 남아있다. 이는 <그림 2-36>에 잘 나타나있고, 같은 DECSE 연구에서 취득되었다. 그래프에서 두개의 NOx 변환곡선은 두개의 다른 엔진 측정을 사용하여 생성되었다. 모든 경우에서. 연료저감은 4% 이하로 유지되었고 동일한 농후/희박 타이밍이 사용되었지만, 다른 NOx 변환이 나타났다. 재생사이클 조절은 촉매 요구를 낮추기 위해 매우 조심스럽게 이루어져야 한다. 반면, 연료량은 무효한 혼합기 농후화에 의해 낭비될 것이다. 그러나 초기의 연구소 연구의 대부분은 정상상태 조건에서 수행되었고, 실제로 NOx 흡착기 시스템은 반드시 엔진 변화를 포함한 모든 작동조건에서 효율적인 NOx 저감을 제공해야 한다. 고효율 시스템의 재생과 탈황산화 사이클은 NOx와 산소의 농축, 온도, 그리고 다른 변수에 기초한 closed-loop 제어를 요구한다. 피드백 신호는 NOx 센서와 공연비 센서를 포함한 센서에 의해 반드시 제공되어야 한다. 엔진 제어모듈과 통합된 제어 시스템은, 재생과 탈황산화 변수(타이밍, 지속기간, 공연비, 기타 등)와 프로세스 변화에 따른 농후화 전략 그리고 엔진 작동 조건을 결정해야 한다. 재생/탈황산화 제어과 엔진 촉매 시스템 통합의

최적화는 아마도 통상적인 NOx 흡착기 도입에 가장 어려운 업무일 것이다.

(3) 디젤 엔진 시스템 컨셉

1990년대 후반부터. 디젤연료 차량의 NOx 흡착기 통합, 특히 유럽과 일본시장의 저용량 응용에서 주목할 만한 진보가 달성되었다. 연구가 진행됨에 따라, US2007 규정을 목표로 한 대용량 응용을 포함한 디젤엔진에서의 더 많은 시도가 NOx 흡착기 시스템을 증명하였다. NOx 흡착기는 단지 NOx, CO. HC, 그리고 SOF 배출물을 제어하는데 효과적이기 때문에, 배기 규제(Euro5, US2007, Tier 2)를 만족시키기 위해 PM 저감을 위한 미립자 필터가 요구된다. 이러한 이유로, NOx 흡착기와 디젤 미립자 필터(DPFs)를 통합하기 위한 프로그램이 필요하다. 두 가지 통합된 배출물 제어 시스템이 있는데, 하나는 고용량, 하나는 저용량 엔진을 위한 것이며, 더 상세히 논의할 가치가 있다:

- EPA 2007 "Proof-of-Concept" 시스템이 US2007 배출물 기준의 기술적 실행성의 증명을 위해 개발되었다. 최적화되지 않았지만. 시스템은 U.S. 고용량 엔진 제조사에 의해 개발된 배출물 제어 시스템을 기초로 한 NOx 흡착기의 기준과 시작점이 되었다.
- Toyota DPNR 시스템은 아마도 디젤 자동차에서 가장 상업화에 가까운, 진보된 NOx 흡착기이다. DPNR의 특징은 DPF와 NOx 흡착기의 매우 훌륭한, 경제적인 통합이며, 흡착기는 필터 기질에 간단하게 코팅되어 있다.

7. 배기가스후처리장치(Diesel Particulate Filter)

7-1 서론

디젤 미립자 트랩은 대기에 그들의 방출을 방지하기 위해 디젤 미립자를 물리적으로 잡는 장치이다. 개발되었던 일부 디젤 필터 물질은 허용 가능한 기계적이고 열 내구성과 마찬가지로 빈번히 90%를 초과한 상당히 인상적 여과 효능을 보여준다. 실제로. 디젤 트랩은 고효율을 가진 미립자 방출의 감소를 위한 가장 효과적인 제어 기술이다. 더 정확히 이러한 장치에서 이용된 입자 침전 메커니즘 때문에 트랩은 기본적인 탄소(수트)와 제한된 유효성을 포함함으로써 디젤 입자의 고체의 일부를 제어함에 있어 효과적이거나 녹는 유기물 (SOF) 또는 황산염 미립자와 같은 입자상 물질 (PM)의 고체가 아닌 분수를 제어함에 있어서는 완전히 효과가 없다. 이러한 이유로 전체 PM (TPM) 배출을 제어하기 위해 설계된 트랩 시스템은 SOF배출 (예를 들면 산화촉매)과 황산염 미립자 (예를 들면 울트라 화학연료)를 목표로 하는 추가적 기능적 성분을 합체시킬 가능성이 있다. 실제 중요성의 모든 디젤 미립자 트랩은 디젤 미립자 필터 (DPFs) 이다. 여과와는 다른 여러 입자 증착 메커니즘은 산업화의 먼지 분리 장치에 일반적으로 사용된다. 이러한 메커니즘은 중력고정, 원심 분리와 정전 트래핑을 포함한다. 중력 고정과 원심 분리 (사이클론)은 그들의 작은 초미세 크기와 저밀도 때문에 디젤 입자들을 잡는데 있어서는 효과가 없다. 디젤 연무질은 가스/고체 혼합물 보다 오히려 가스와 같은 사이클론에서 작용하는 경향이 있다. 사이클론 (하류쪽의)을 가진 좋은 디젤 입자 (상류쪽의)의 정전기 응고의 조합은 회수 효율을 이론상으로 증가시킬 수 있다. 정전기 트랩이 그나마 디젤 엔진 응용을 위해 비실용적인 것처럼 보인다. 용어 트랩이 폭넓은 범위의 장치를 커버할지라도 그것은 "디젤 필터"를 위한 동의어로서 자주 이용된다. 필터 장치에 관한 용어 디젤 트랩의 사용은 더 오래된 문헌에 일반적이었다. 최근 몇 년 동안. 경향은 그것을 더 정확한 용어 디젤 입자상 필터로 대체한 것으로 향해왔다. 0.1g/cm3 아래에 일반적으로 있는 디젤 미립자의 낮은 부피 밀도 때문에(밀도는 조밀도의 정도에 의존한다. 예로서 수많은 0.056g/cm3은 웨이드에 의해 보고되었다[1]), 디젤 미립자 필터는 수트의 상당한 부피를 빨리 축적할 수 있다. 하루당 수터의 여러 리터는 대형 트럭 또는 버스 엔진에서 모을 수 있다. 수집된 미립자는 필터에서 과도하게 높은 배기가스 압력은 드롭의 원인이 되며 그것이 엔진작동에 소극적으로 영향을 미쳤을 것이다. 그러므로 디젤 필터 시스템은 그것의 수트 수집 용량을 복원하기 위한 필터로부터의 제거하는 미립자의 방법을 제공하여야 한다. 필터 재생으로 알려진 미립자의 이러한 제거가 정기적으로, 작은 양이 축적된 후 필터의 규칙적인 작동 동안, 계속적으로 수행될 수 있다. 각각의 경우에 필터 시스템의 재생은 자동차 운전자/작동자 에게 "보이지 않게" 하여야 하고,

개입 없이 수행되어야 한다. 대부분의 경우에 디젤필터의 열적인 재생은 주로 이산화탄소의 그것에서 수집된 미립자가 기체 생성물의 산화에 의해 트랩으로부터 제거되어 사용된다. 열 재생은 디젤 필터를 확실히 작동시키는 가장 깨끗하고 매력적인 방법이다. 미립자가 충분한 비율에 산화된다는 것을 확실하게 하기 위해, 필터는 (또는 그것의 선구자) 산소 또는 이산화질소와 같은 충분한 온도와 산화제 가스에 작동할 것이고 필터에 공급되어야 한다. 몇몇 필터시스템에서 열의 근원은(뿐만 아니라 산화제 가스의) 배기가스 흐

름 그 자체이다. 이러한 경우는 수동적인 필터로서 언급된다. 필터는 엔진의 규칙적인 작동동안 지속적으로 재생한다. 수동 필터는 보통 촉매의 일부 형태를 결합시키며, 그것이 자동차의 작동동안 배기가스류에 의해 도달될 수 있는 레벨로 산화 수트 온도를 낮춘다.

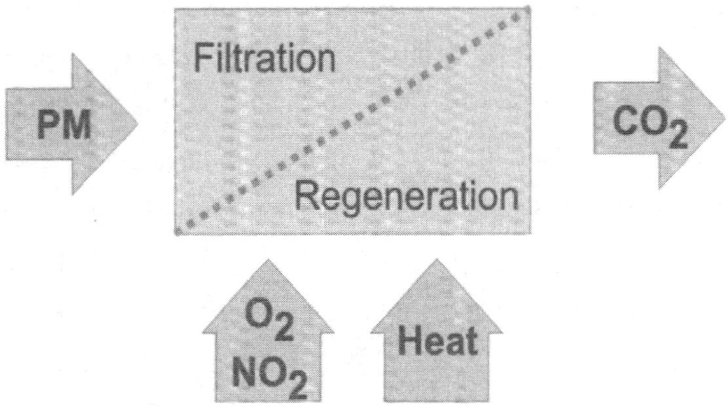

〈그림 2-37〉 개략적으로 나타난 열 재생

신뢰할 수 있는 재생을 용이하게 할 필요가 있을 수 있는 또 다른 접근은 필터 온도(기관관리, 전기히터, 기타 등등)를 증가시키기 위한 수많은 활동적 전략을 포함한다. 이러한 시스템에 의한 재생이 능동적인 필터로 알려져 있고 자동차의 제어 시스템에 의해 결정된 것처럼 정기적으로 보통 수행된다. 입자형 필터시스템의 분류는 다른 책에 제시된다. 대안적인 전략은 일회용 필터 카트리지의 사용을 포함하며 그것이 한때 수트로 채워진 새로운 유닛으로 대체된다. 이러한 종류의 미립자 트랩은 몇몇 직업상의 위생 환경에 사용된다. 그러한 유지 집중 필터 시스템은 모바일, 고속도로 차량 응용에서 분명히 수용될 수는 없다.

7-2 작동 원리(Principle of Operation)

1) 필터 배열(Filter Configuration)

디젤 입자상 필터를 위한 가장 공통된 설계는 wall-flow mono1ith(건축. 조각용의 큰 돌덩어리)이다. 이것은 축방향에서 이어지는 많은 작고 같은 방향의 채널을 가진 가공성형. 보통 원통형 세라믹 구조이다. 촉매 기술에 친숙한 그것들은 이 기술들이 지금까지 촉매

컨버터 기판의 그것과 일치하다는 것을 깨닫는다. 사실상, 디젤 필터 모노리스의 설계는 자동차, "flow-through" 촉매 기판에서 파생되었다. 그러나 이러한 구조 사이의 중요한 차이이다: (1) wall-flow monolith는 더 높고 더 정확히 제어된 간극률의 세라믹으로 만들어진다. 그리고: (2) wall-flow필터에서 인접한 채널은 가스가 다공의 벽을 통해 흐르도록 유도함으로써, 각각의 끝에 선택적으로 막으며, 그것이 필터 액체로 작용한다. Flow-through와 wall-flow 기판사이의 유동 패턴 차이는 <그림 2-38>에 설명된다. <그림 2-39>에서 설명한 것처럼, wall-flow 필터 기판은 그들의 유입구 (출구 뿐만 아니라) 정면에서 열리고 플러그 셀에 의해 만들어진 특징적 체커보드 패턴에 의해 촉매 기판과 쉽게 구분된다. 수많은 다른 선택적 필터설계와 물질은 개발되었다. 예로 소결 금속 구조의 세라믹 섬유, 여러가지 유형의 포말로 만들어진 카트리지를 포함한다. 이러한 기술의 개요는 다른 책에서 제시된다. 설계 또는 물질 타입에 관계없이 필터 미디아는 궁극적으로 자동차의 배기시스템 때문에 꼼짝 못하는 것으로 안에 있는 스틸 용기에 포장된다. DPF는 촉매 컨버터를 닮은 독립형 유닛으로 패키지 될 수 있다. 그러나 보통 더 큰 사이즈가 그러한 경우다. 선택적인 설계에서 DPF는 머플러 안에 장착된다. 많은 필터 미디어의 소음 감쇠 특성 때문에, 필터 유닛은 소음 감쇠를 위한 어떤 추가적 준비 없이 머플러를 주기적으로 대체할 수 있다. 디젤 입자상 필터의 예적인 설계는 <그림 2-40>에서 보여준다.

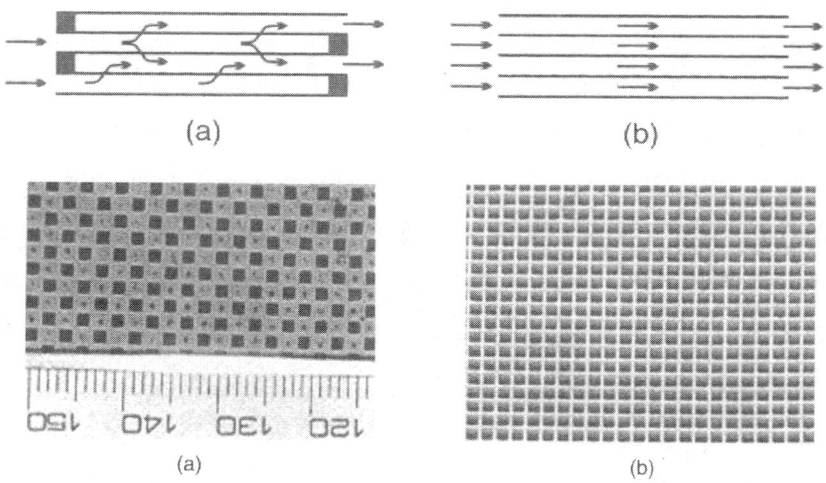

〈그림 2-38,39〉 Flow-through와 wall-flow 기판사이의 유동 패턴 차이

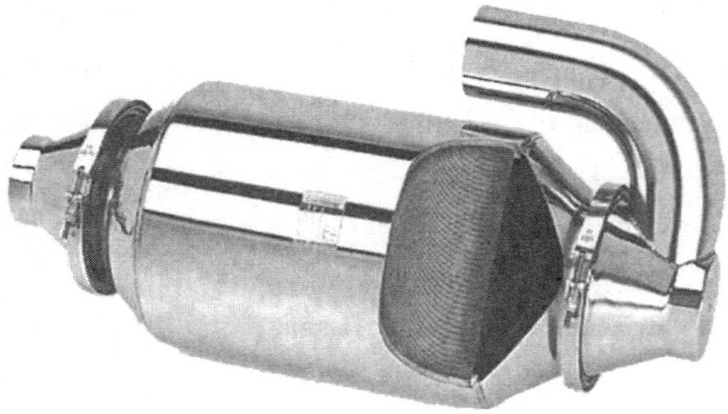

〈그림 2-40〉 디젤 입자상 필터의 예적인 설계

2) 여과의 메커니즘(Filtration Mechanisms)

디젤 필터의 어떤 타입에 의해 미립자로 된 집합은 모인 표면 위의 침적에 의해가스 흐름으로부터 가스 매개 입자의 분리를 기준으로 한다. 이러한 분리는 미립자를 유지하는 다공성 격판을 통하여 가스의 도입을 포함한다. 격판 타입에 의존하는 필터는 (1) deep-bed filter (2) surface-type으로 나눌 수 있다. deep-bed 필터에서, 필터 미디어의 중간 공극 크기는 모은 입자의 평균 직경보다 더 크다. 입자는 다양한 힘의 영역에 의해 움직인 깊은 여과 메커니즘의 조합을 통하여 매체 위에 침적된다. 예로서 힘 영역의 가스에서 속도 또는 농도 기울기와 관련 될 수 있다. surface-type 필터의 기공 직경은 입자 직경보다 작다. 입자는 설과기를 통해 매체 위에 침적된다. 여과의 이러한 두 가지 타입은 <그림 2-41>에 나타난다. 깊은 여과는 대다수 디젤 필터 뿐만 아니라 대부분의 먼지 포집 장치에서 가장 중요한 여과 메커니즘이다. 예를 들면 엔진 인테이크 에어크리너는 깊은 여과를 통하여 용이하게 작동된다. 수집된 먼지 또는 디젤 입자상의 층은 자체 표면 형태의 필터에서 주요한 여과 매체이다. 그 층은 여과 구간 케이크로서 일반적으로 언급되고 과정은 케이크 여과로 불린다. 케이크 여과는 액체 여과에서는 매우 일반적이다. 순수한 케이크 여과는 디젤 필터 또는 일반적으로 집진용 필터에서는 관찰되지 않는다. 그러나 세라믹 wall-flow 모노리스와 같은 몇몇 디젤 필터는 깊이와 표면 여과의 조합을 통해 일할 수 있다. Depth filtration 용량이 포화되고 미립자로 된 층이 여과 표면을 커버하기 시작할 때, 여과 케이크는 더 높은 수트 부하에서 발달한다. 가시 여과 케이크는 엔진 흡입 에어크리너(그러나, 그러한 경우에 그것이 에어크리너 서비스가 오랫동안 기한이 지나는 것을 지적했을 것이다.)의 주름형 표면에서 또한 발달 했을 것이다.

Depth filtration의 과정은 연무질 침적의 세가지 메커니즘에 의존한다.

- 확산 침적
- 관성 침적
- 유동 라인 차단

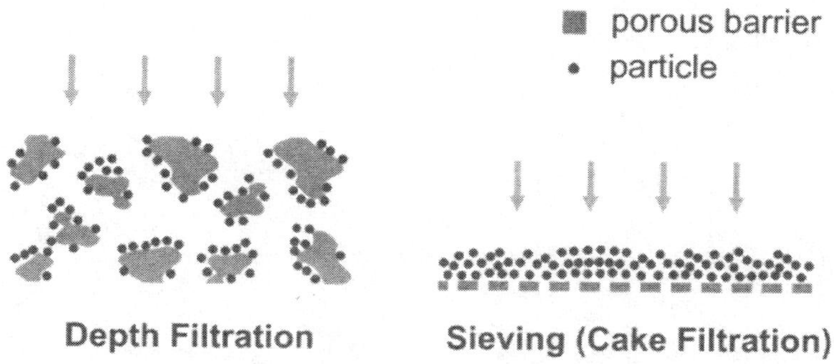

〈그림 2-41〉 여과의 두 가지 타입

이러한 메커니즘은 각각 <그림 2-42, 2-43, 2-44>에 설명된다. 중앙에 있는 큰 원형은 여과 매체로서 세라믹 섬유 필터에서의 섬유를 말하고 수집되는 바디를 나타낸다. 유선형에 의해 보여진 것처럼 디젤 배기가스는 여과 매체 주위로 흐른다. 작은 구는 가스 스트림과 순회하는 디젤 배출 입자를 나타낸다. 확산 침적 (<그림 2-42>)는 특히 직경 0.3um 아래에 있는 더 작은 미립자에 의해 나타난 브라운 운동에 달려있다. 이러한 미립자는 가스 유선형을 따라 균일하게 움직이지는 않는다. 오히려 그들은 포집된 바디의 표면에서의 가스로부터 확산되고 포집된다. 관성 침적 (<그림 2-43, 2-44>)은. 입자 크기 증가(질량)로 더 중요하게 되고, 또한 관성 차단이라고도 부른다. 포집된 바디에 근접하는 것에 입자는 가스 스트림에 따라 도달하고 그들의 관성 때문에 스트림(유선형)을 따르는 경향이 있지만 방해를 가할 수도 있다.

유동 라인 차단은 유동적 유선형이 포집체의 한 입자 반경 내에 통과할 때 발생할 수 있다. 그리고 나서 유선형을 따라 이동하는 입자는 브라운 확산 또는 관성의 영향 없이 몸체를 접촉할 것이고, 포집 될 수 있다. 디젤 입자상 필터의 성능은 여과 효율(E)과 침투(1-E)로 표현될 수 있다. 여과 효율은 필터를 입력하는 입자물질에 필터에 포집된 질량비율이다. 침투는 필터를 입력하는 입자에 필터를 벗어나는 입자의 질량 비율이다. 떨과 효율과 침투 모두는 퍼센트로 표출된다. Depthfiltration 는 Cake 여과보다 다소 낮은 여과 효능과 더 낮은 압력 드랍을 특징으로 한다. Deep-bed filter에 이미 침적되었던 미립자는 관찰된 여과 효능에서 감소의 원인이 됨으로써 가스에 의해 또한 재 작동 될 수도 있다. 이 현상은 포집된 입자상 물질의blow-off라고 부른다. Blow-off는 빠른 유동 가속도의 높은 배기가스 유동비율에서 발생한다. Cake 여과는 더 높은 여과 효율과 상대적으로 고압 드랍을 특징으로 한다. 압력 강하는 여과 cake 두께의 증가로 꾸준히 증가한다.

*Diffusional deposition.

*Inertial deposition.

*Flow-line interception.

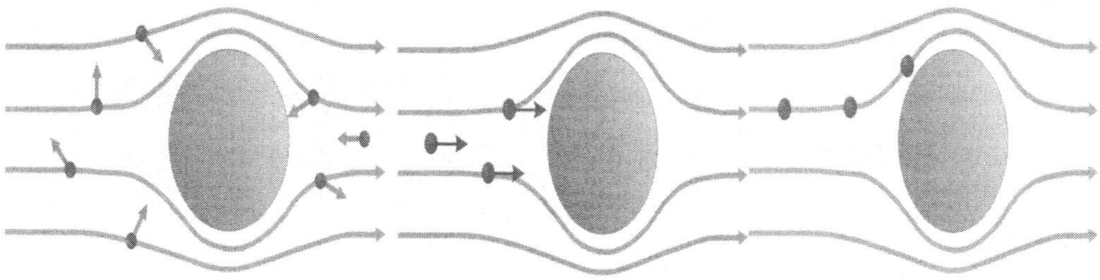

〈그림 2-42, 43, 44〉 확산 침적과 관성 침적

7-3 DPF 성능(DPF Performance)

1) 입자 질량(Particle Mass)

물리적인 수집 기계장치 때문에 더 초에 토의했던 것처럼, 필터는 무기 탄소와 재를 포함하여 디젤 입자상 물질(DPM)의 고체 분획을 수집함에 있어서 효과적이다. DPM(SOF)의 유기분획을 제어하는 것에 대한 디젤 필터 유효성은 필터 그리고 그것의 작동조건에 관한 타입에 의존한다. 게다가 디젤 미립자 필터는 효과 없는 안에서 제어하는 황산염 미립자는 아니지만 촉매 필터의 경우에 현저하게 아황산촉매산화를 통해 이 배출을 증가시킬 수 있다. PM 구성의 입자형 필터의 영향은 <그림 2-45>에서 설명된다. 필터는 월-플로우 DPF와 산화촉매를 합체시키는 두 단계 시스템은 높은 평균 배출 가스 온도의 결과가 되면서, 1유로 엔진에 설치되고 전속도/전부하 모드에 의해 지배된 R-49 스케줄에 의해 테스트 되었다. DPF는 기본적 탄소 미립자 (각각 바의 검은, 하단부)을 제거함에 있어 매우 효과적이라는 것은 그래프로부터 알 수 있다. 연료와 오일로부터 SOF 일부는 다소

필터시스템의 촉매 부분 만큼에 의해 감소된다. 극히 낮은 연료의 사용에도 불구하고, 황산염 미립자는 (특히 그렇게 보여진 다른 연료보다 더 높은 유황 성분을 가지고 있는 UKULSD 연료를 가진 테스트에서) 증가된다. 디젤 필터의 동작 성능을 이해하기위해, 우리는 디젤 미립자의 정의와 구성에 친숙하여야 한다. 디젤 입자상 물질은 3개의 주요 부분으로 구성된다. (1) 기본적인 탄소와 재 (고체), (2) 유기분획 (S0F, 액체), (3) 황산염 미립자 (액체)이다. 설명된 입자 증착 메커니즘은 고체, 액상 입자를 수집함에 있어 효과적이다. 그러나 SOF, 황산염 둘 다 액체 미립자의 중요한부분로서 필터에 의해 경험된 고온 조건 아래에 가스의 상이 있다. 액상 입자의 형성은 (핵생성과 응축을 통하여) 단지 배기가스류가 <그림 2-46>에 설명된 것과 같이 일반적으로 입자형 필터의 미립자로 된 샘플링 장비 다운스트림에서 냉각된 후 발생한다. 분명히 트랩의 입자 형성 다운스트림은 목격된 여과 효율을 감소시킬 것이다. 필터온도가 더 높을수록 증기로 통과한 SOF 미립자가 더 많다. 그러므로 촉매작용을 미치지 않는 디젤 트랩의 SOF 효율은 온도의 증가에 따라 감소할 것이다. 대부분의 수동적 디젤 필터는 재생을 용이하게 하기 위해 산화 그을음 온도를 낮추는 촉매를 결합시킨다. 이러한 촉매가 또한 탄화수소를 산화시키기 때문에 촉매 필터는 SOF 미립자의 제거에서 더 효과적이다. 그러나 다른 책에서 논의된 것처럼 촉매는 또한 특히 상승온도에 그리고 고유황 디젤 연료와 관련하여 황산염 미립자를 생성할 수 있다. 황산염 미립자는 주로 물 수증기와 촉매로 발생된 SO3 분자의 이성 분자의 핵 생성에 의해 형성된 황산으로 구성된다. 핵생성은 단지 낮은 배기 온도에서 발생한다. 그러므로 고온 디젤 필터는 황산염 미립자를 사로잡음에 있어서 효과가 없다. 이러한 이유로 촉매 디젤 필터는 황산염 미립자의 생성 때문에 감소하는 여과 효율을 고온에서 보일 수 있다. 높은 반응의 산화촉매를 이용하는 필터는 황산염 미립자 배출을 제어하기 위해 극히 낮은 연료에 작동되어야 한다. (50ppm S 아래에 말하시오). 더 높은 황 레벨의 연료가 이용되면 발생된 촉매는 황산염으로 처리하고 TPM 배출을 위한 부정적 여과 효율의 결과가 되면서 고체 미립자를 사로잡음에 있어 실현된 유용성을 옵셋 시킨 것 이상이 될지도 모른다. 몇몇 유형의 디젤 필터의 성능은 다음 부분에서 논의된다. 일반적 경향은 표 2.1에 요약된다. 특히, 황산염과 관계된 성능은 연료 황 내용과 배출 시험주기(온도)에 매우 강하게 의존한다. 이 표에 수록된 효율은 황산화한 가정을 기반으로 하고 공중위생 규칙인 경우인 것처럼 PM의 정의에 포함된다. 그러나 황산염은 여러 직업 위생 규칙 (독일 [4], 미국 석탄 없는 광산 [5])에서 디젤 미립자라고 생각하지 않는다. 이러한 규칙의 편지에 따르면 필터의 황산 생성은 (또한 적소에 있을 수 있는 S03/6가 황산을 위한 분리된 노출 한계가 DPF를 작동시킬 때 초과되지 않는다면) 고황(high-sulfur) 연료로 촉매 필터를 조작하는 것을 가능하게하면서 역효과적인 과정이라고 생각하지 않는다.

만약 황산염을 무시한다면 대부분의 필터시스템의 토탈 효율은 85%에서 95% 범위에 있을 것이다.

If the filter becomes overloaded, the particulates create an obstruction to the gas flow, which Manifests itself in increased pressure drop and may lead to clogging of the filter.

The exhaust gas and/or filter temperature is the most important parameter influencing filter regeneration.

A deactivated catalyst in the converter results in excessive emissions, but in most cases does not create adverse effects to the engine or vehicle. On the other hand, a diesel particulate filter that fails to regenerate is likely to become clogged, effectively stalling the engine and immobilizing the vehicle.

〈표 2-1〉 디젤 필터의 성능의 일반적 경향

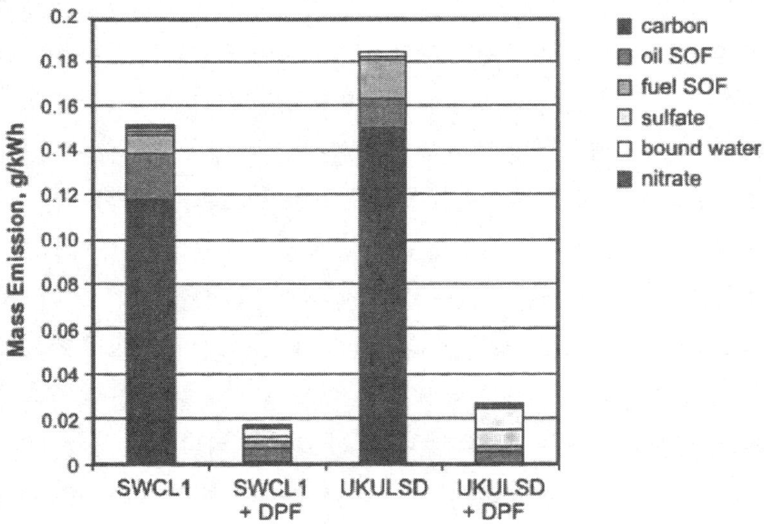

〈그림 2-45〉 PM 구성의 입자형 필터의 영향
(For Euro 1 Engine on the R-49 cycle; SWCL1(Swedish Class 1) fuel, 〈10ppm S; UKULSD(U.K. ultra-low-sulfur diesel) fuel, 50ppm S.

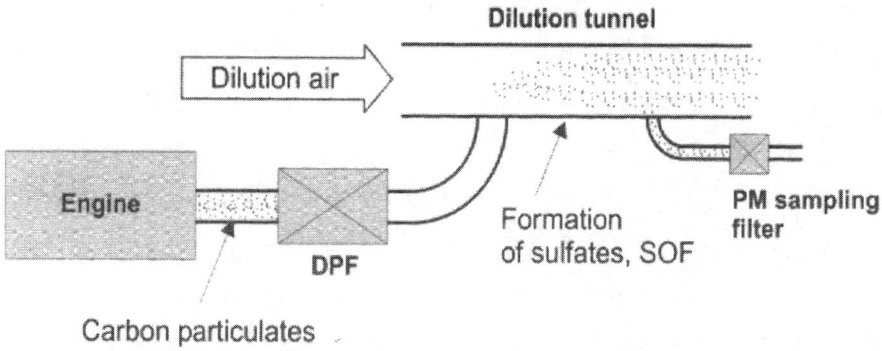

〈그림 2-46〉 입자형 필터의 미립자 발생

2) 입자수(Particle Numbers)

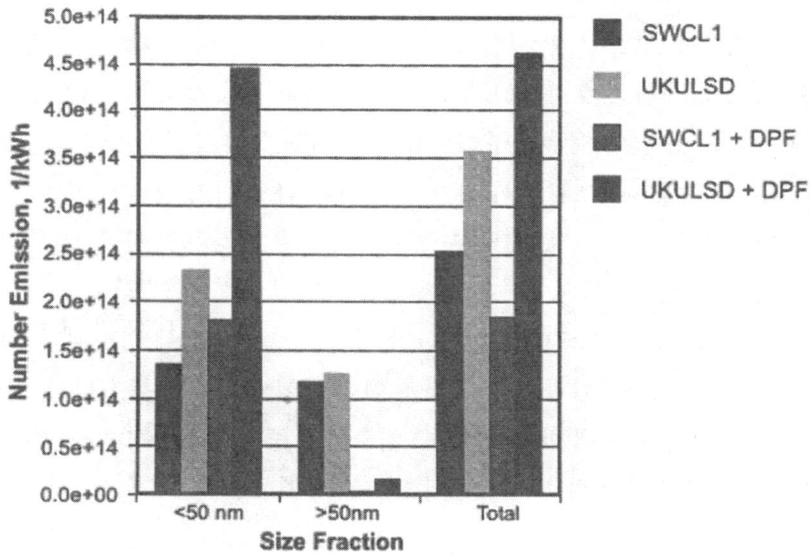

〈그림 2-47〉 Effect of particulate filter on particle number emissions for a Euro 1 engine on the R-49 cycle; SWCL1 fuel. 〈10ppm S; UKULSD fuel, 50 ppm S.〉

대부분의 PM 질량 배출이 고형물질 (또는 흡착된 증기를 가진 고체 입자로) 구성되는 동안, 액체 소재는 미립자 수 배출로 만들기 위한 주요 기여 요인인 디젤엔진 나노 입자의 매우 중요한 부분물 구성한다. 황산염과 SOF을 포함한 액체 재료라면 PM 샘플링 시스템으로 형성된다. 즉, 필터의 다운스트림은 DPF가 나노입자와 입자수 배출를 감소시킴에 있어 효과가 없을 것이다. 심지어 더 나쁘게, 탄소 미립자를 유지함으로써, DPF는 반면에 샘플링 시스템으로 형성된 응축물을 위한 "스폰지"의 역할은 한 물질을 제건 한다. 그러므로 입자형 필터는 핵생성을 통해 나노 입자의 형성을 증가시키는 경향이 있다. 사실상, DPF는 그들 대부분 액체 핵 모드 나노 입자로 대체하면서 대부분 고체 응집 모드 입자수를 감소시킨다. 그 결과, 여러 연구는 <그림 2-47>에 설명된 것과 같이 입자형 필터의 상승은 입자 개수를 측정한다. 그림에 대한 데이터는 촉매 필터 시스템을 가진 뜨거운 ECE R-49 시험 주기에서 생성되었다. 높은 입자 수 배출은 분명히 황산염과 관련되어있고, 그것이 연료의 더 높은 유황 성분을 가진 테스트의 더 높은 입자 수에 의해 보여진 것처럼 촉매에서 높은 배기 온도에 생성된다. 그러나 일반적 경우에서 입자 수 배출에 관한 DPF의 영향은 설득적이지 못한 것으로 묘사되어야한다. 입자수는 증가되거나 감소될 수 있다. DPF 성능 또는 성능평가에 영향을 미치는 주요 인자는 다음과 같이 목록화 될 수 있다.

- 나노 입자 프리커서의 존재: 이것은 촉매반응을 한 연료에서 유황 프리커서에서 발생될 수 있는 S03/황산을 포함한다. 그러므로 더 낮은 연료 황 내용은 더 적은 나노 입자 배출의 결과가 될 것이다. 탄화수소는 또 다른 나노 입자 프리커스이다. 예를 들어, HC가 촉매를 이용하여 시스템에서 제거되면, 낮은 나노 입자 배출은 기대될 수도 있다. 배기계의 누적된 수트 위의 HC의 흡착/이탈과 같은 현상은 또한 전체적 입자 수 배출에 기여할 수 있다.
- 배기 가스 온도: 전부하 조건처럼 황산면 입자는 고온 조건에 형성된다. 그러므로 촉매시스템에서 더 높은 입자 수는 뜨거운 엔진 시험 주기에서 측정될 것 이다.
- 미립자로 된 샘플링 매개 변수: 입자 수 배출의 표준 측정 방법이 없을 경우에 실험실은 어떤 측정 준비와 파라미터를 선택하는 것을 자유롭게 한다.

제3장

하이브리드 자동차

1. 하이브리드 자동차의 도입 배경

19세기말에 탄생한 이래 자동차는 끊임없는 기술혁신을 이루면서 이동과 물류의 주요한 수단으로 우리들의 생활을 풍부하게 하면서 기간산업으로서 크게 성장하였다. 도시의 대기오염이나 석유의 대량소비, 더 나아가서는 이산화탄소(CO2)에 의한 지구온난화 등의 심각한 환경·에너지 문제를 초대형 선진국은 그 대책으로 2010년까지의 배출가스와 연비의 규제강화 범위를 정하고 있다. 자동차 제작사는 배기 정화와 연비향상(CO2 삭감)의 양립이라는 어려운 과제를 해결하기 위해 생존을 걸고 세계적인 기술 개발에 몰두하고 있다. 자동차용 동력시스템에 부과된 최대의 사회적 요구는 CO2와 배출가스의 저감이다. 특히 지구 온난화는 세계규모의 과제이며 일본은 교토의정서(COP3)를 국회에서 비준하여(2002년 6월) 국제연합에 상정하였다. 다른 나라도 이어서 국제연합에 상정하여 러시아의 참가로 2005년 2월에 COP3의정서가 발효되어 국제적인 약속이 되었다. 2010년까지 각 분야별 (각 기업, 민생, 운수 등) 모두 삭감 목표를 달성해야 한다. 온난화에 의한 이상기상이 이미 세계적으로 발생하고 있으므로 조속한 대응이 필요한 시점이고 자동차 분야에서도 연비향상을 위해 많은 노력을 하고 있다. <그림 3-1>은 각종 동력시스템의 CO2 배출 잠재성을 비교한 것이다.

차종 (승용차)	연료효율 well-to-tank (%)	차량효율 tank-to-wheel (%)	종합효율 well-to-wheel (%)
가솔린차	88	16	
전기자동차	26	80	
가솔린 HV	88	36	
FCV(현재)	58	50	
FCV(목표)	70	60	

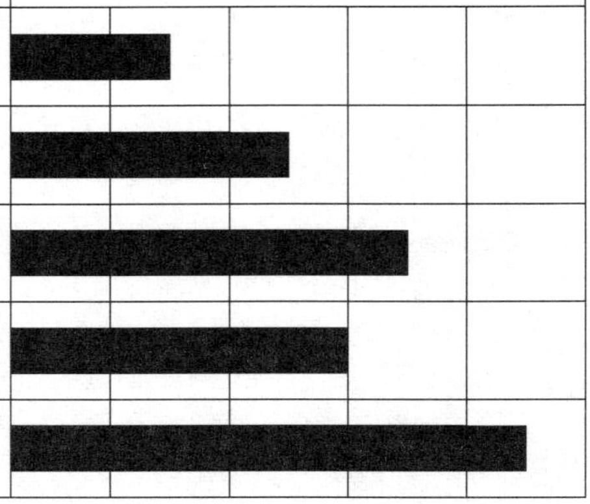

〈그림3-1〉 각 호율과 종합효율의 비교(출처:도요타)

그림에서 승용차의 효율은 연료 효율[well–to–tank]과 차량효율 [Tank–to–wheel]로 나누어 총합효율[Well–to–wheel]을 평가하고 있다. FCV(연료전지자동차)에서는 천연가스에서 수소를 만들때의 손실이 큰 것이 현실이다. 현재 도요타에서는 THS(Toyota Hybrid System)에서 THS - Ⅱ로 모델체인지 하여 수%의 총합효율이 향상되어 개발 중인 FCV 수준을 능가하고 있으며, 도요타가 설계하고 있는 FCV의 총합효율 목표치에 한걸음 다가갔다. 향후 디젤하이브리드차(D-HEV)로의 발전도 기대되는 부분이다. 하이브리드 자동자의 특징을 아래와 같이 정리하였다.

1-1 동력시스템의 열효율

<그림 3-2>는 근래 엔진과 연료전지의 열효율에 대해 부하를 인자로 나타낸다.

자동차용 엔진의 전 부하 열효율은 가솔린엔진의 경우 25-35%, 디젤엔진의 경우 35~45%정도이지만, 승용차의 실 도로 주행에서는 엔진의 운전 상태는 광범위하게 시시각각 변화하고, 열효율이 낮은 부분 부하에서 사용되는 빈도는 많다. 특히 대도시 영역에서는 정체주행이 많고, 저 부분 부하 비율이 크다.

또한 감속 시에는 엔진의 열에너지가 브레이크 열로 발산하여 냉각손실을 발생한다. 이 때문에 엔진 탑재차의 실도로 주행의 열효율은 기껏해야 수 %정도로 크게 저하한다. 따라서 엔진을 항상 최고열효율에 가까운 변위에서 운전하여 감속 시에 소비되는 에너지를 회생할 수 있다면, 실 도로 주행 시의 연비를 크게 개선할 수 있는 가능성이 있다. 그러나 하나의 동력 시스템에서는 이것을 실현하기 어렵다. 저부하시에는 모터와 배터리를 주로 이용하고 고부하시에는 기존 엔진을 이용하는 하이브리드 방식을 채택하여 열효율의 대폭적인 향상이 가능해진다. 하이브리드가 일종의 가변화 시스템이라고도 하는 이유가 이것이다. 이와 같은 요인에서 주목을 받고 있는 것이 하이브리드 시스템이다.

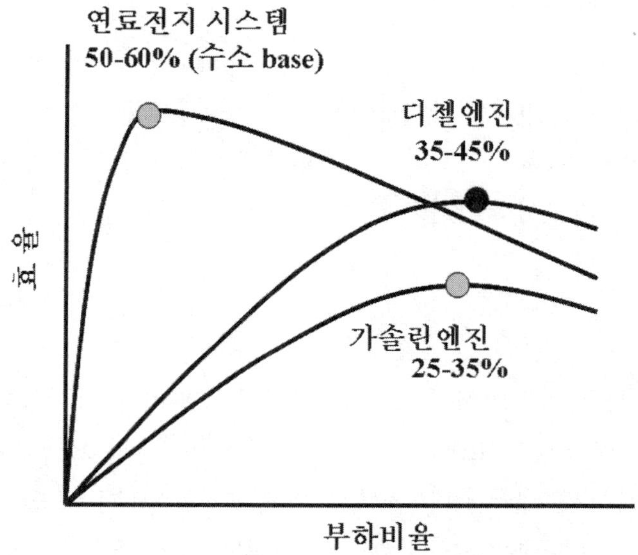

〈그림 3-2〉 엔진과 연료전지의 효율비교
(출처: 와세다대학 모빌리터연구회)

1-2 자동차의 편리성과 사회요구

금세기 자동차용 동력시스템에 요구되는 최대의 사회적 과제는 CO2와 배출가스의 저감이다. 한편 자동차의 보급을 이용자 요구의 시점에서 고려한 경우에는 현행 가솔린차나 디젤차는 이미 숙성도가 높은 수준이다. 이 때문에 HEV의 보급에 있어서는 그것을 상회하는 품질특성과 아래의 3조건 등을 엄격하게 평가할 필요가 있다. 일반적으로 자동차의 보급원칙은 기존의 인프라를 활용할 수 있어, 특별한 인프라의 설치가 불필요하다. 게다가 환경대책으로 CO2의 대폭적인 저감을 적은 비용 상승으로 실현할 수 있는 것이 필요하다. 그리고 양산대수 규모가 증가함에 따라 비용 상승을 적게 하여 기존 차에 근저하게 하는 것이 불가결하다.

1) 혁신기술

하이브리드시스템은 디젤이나 연료전지와도 조합하여 사용할 수 있는 응용범위가 넓은 기술이다. 디젤과 조합하면 가속 시에 모터로 파워 어시스트하여 입자상물질(PM)을 크게 줄일 수 있다. FCEV의 경우도 액셀에 대한 반응 지연을 배터리의 전력으로 완충할 수 있고, 회생브레이크를 사용하면 에너지를 축적하여 항속거리를 연장할 수 있다. 즉 현재 하이브리드에 사용되고 있는 구동용 배터리나 모터 및 제어장치는 FCEV의 시대가 도래 하여도 활용할 수 있다.

최근 가솔린 및 디젤엔진의 연구개발에 현저하게 성과를 올리고 있다. 앞으로도 더 발전이 기대되며 이런 기술을 하이브리드 시스템에 적용할 수 있기 때문에 HEV 기술 혁신의 고도화가 도모될 가능성을 가지고 있다.

2) 편리성

HEV는 일본은 물론 유럽 등 해외시장을 포함하여 이미 100만대 이상이 판매되어, 품질도 높은 수준이다. 따라서 현 HEV는 이미 이용자에게 인내심을 요구하는 품질수준이 아니며. 또한 기술서비스상의 큰 문제도 없는 것이 실증되고 있다고 할 수 있다. 신형 프리우스의 카탈로그 연비가 35.5km/L (등가관성중량 1250kg, 10 · 15 시험모드)이고, 보통 운전에 의한 실용연비는 주행조전에 따라 다르지만 대략 21km/L(10*15모드 연비의 60% 정도로)로 탱크용량 45L (카탈로그 값)을 고려하면 최대 항속거리는 약 945km 수준으로 종래차와 비교하여 이동범위가 크게 확대되어 편리성이 증대한다.

또한 연간주행거리를 약 1만 km로 하면 830 km/월 정도의 주행거리이다. 따라서 한 달에 한번 주유소에 가는 것만으로 충분하여 급유의 빈번함이 크게 감소된다.

※ 이전의 연비측정에서는 일정한 속도로 시험 주행한 결과(정지연비)를 연비로 표시하였다. 하지만 가속횟수가 많은 시가지 주행은 연료의 소비량이 크고 또 60km/h의 정지연비를 의식한 나머지 극단의 기어비와 출력을 특성을 가진 엔진을 조합한 자동차의 등장 등 표시상의 연비와 실제 연비의 괴리하는 실태와 맞지않는 상황이 되어버렸다. 그래서 새롭게 채용된 것이 시가지를 상정한 10가지 항목의 주행 패턴을 상정한 10모드 연비, 그리고 교외지의 15가지 항목의 주행패턴을 추가한 10-15 모드 연비인 것이다.

3) 청정성과 연비의 우수성

HEV는 청정에너지차로서는 비용 상승이 적다. 종래차와 비교하여 CO_2는 약 1/2(연료소비량 1/2), 배기가스 약 1/10 수준으로 동시에 저감되므로 비용 상승대비 부가가치가 크다.

특히 대도시권내 주행모드의 지구온난화 억제(CO_2)와 대기오염 저감에 크게 공헌한다. 또한 이용자에게 있어 연료비가 줄어드는 것도 환영받는 일일 것이다. 연간 주행거리에 따라서는 비싼 초기비용을 보충하는데 있어서 충분히 가치가 있다고 할 수 있겠다.

2. 하이브리드 자동차의 분류

내연기관을 이용한 상용차는 높은 에너지 밀도의 화석연료를 이용하므로서, 좋은 주행성능과 장시간 이용이 가능하다. 그러나 내연기관을 이용한 상용차는 연비가 낮고, 환경오염의 문제점이 있다. 연비가 낮은 원인은 (1) 엔진 이 고효율을 낼 수 있는 조건과 실차운전조건이 맞지 않고, (2) 차량의 운동에너지가 브레이크를 밟는 동안, 특히 도심주행 구간에서 많이 손실되고, (3) stop and go 주행에서 자동변속기 유체클러치의 낮은 효율 등이 있다.

한편, 배터리를 동력으로 하는 전기자동차는 고효율 에너지와 환경오염이 없다는 점 등 기존 내연기관 자동차보다 좋은 이점을 가진다. 그러나 주행에서 특히 구동 거리에서는 배터리의 에너지 밀도가 낮기 때문에 내연기관 자동차에 비해 경쟁력이 떨어진다.

두 종류의 동력원(주 동력원과 보조 동력원)을 이용하는 HEV는 내연기관 자동차와 같은 특징을 가지면서 이 자동차의 단점도 보완 한다.

이장에서는 HEV 파워트레인의 개념과 구동원리에 대해 공부할 것이다.

2-1 하이브리드 전기장치의 개념

기본적으로 자동차는 연비향상을 위해 끊임없는 발전을 요구하며, 에너지 효율이 낮고, 환경에 유해한 배기를 배출한다.

대략적으로 차량은 하나의 동력원을 가지는데 비해, 하이브리드 구동계는 기존 엔진차량의 엔진과 에너지 컨버터, 가솔린(또는 디젤) 내연기관 - 수소 - 연료전지- 전기모터 시스템, 화학적 배터리 - 전기모터 시스템 과 같은 Power source로 구성된다.

이렇게 두 가지 이상의 구동계를 가지는 자동차를 하이브리드 자동차라 부르며 특히 전기 구동계로 되어 있는 하리브리드 자동차를 HEV라 부른다.

자동차의 구동 계는 동력계의 형태에 따라 구분되는데, 하이브리드자동차의 구동계는 보통 두 가지로 구성된다. 두 가지 이상의 구동계는 구동 계를 복잡하게 만든다.

기존의 내연기관 차량의 구동계는 제동을 위해 거의 모든 에너지를 열로 소모하는 반면, 하이브리드 차량의 구동계는 제동에 소모되는 에너지를 구동에너지로 다시 순환시킬 수 있다. 이런 시스템을 bi-directional 또는 unidirectional 이라 한다. <그림 3-3> 은 하이브리드 구동계와 구동에너지의 흐름을 보여주고 있다.

하이브리드 자동차 구동계는 환경에 따라 동력을 전달하는데 여러 가지 방법이 있다. 아래에 차의 부하에 따라 적절한 몇 가지의 패턴을 서술하였다.

1 엔진만으로 구동하는 경우
2 모터만으로 구동하는 경우
3 모터, 엔진 둘다 구동하는 경우
4 회생제동에서 충전된 전력을 이용하여 모터를 구동하는 경우
5 엔진으로부터 배터리를 충전하는 경우
6 엔진과 회생제동을 이용하여 배터리를 충전시키는 경우
7 엔진으로 구동을 하며, 배터리를 충전하는 경우
8 엔진으로 배터리를 충전하여 충전된 전력으로 모터를 구동하는 경우
9 엔진으로 구동하며 회생제동을 이용하여 배터리를 충전하는 겨우

※각 상황들이 비슷해보이나, 동력이 이동하는 경로는 모두 다르다.

가솔린(또는 디젤)과 전기모터의 혼용하는 시스템에서 (1)패턴은 엔진 만 구동시키는 경우이다. 이 경우는 배터리가 방전됐거나, 충전됐지만 엔진이 충분한 동력을 공급할 수 있을 경우에 사용된다.

(2)의 경우는 순수 전기만 이용한 경우로 저속으로 운행할 때나, 배기가스 제한구역에서 운행할 때 사용된다.

(3)의 경우는 두 가지 동력원을 모두 이용하는 경우로, 급가속 등판 시 등 큰 동력이 필요한 경우에 사용된다.

(4)는 운동에너지와 위치에너지를 차량의 전기에너지로 변환하는 회생제동의 경우로, 모터를 발전기로 이용하여 에너지를 회생한다.

(5)는 경사가 낮은 언덕을 내려오거나, 등속으로 주행할 경우에서 엔진이 배터리를 충전하는 경우로 동력이 구동계로 가지 않는다.

(6)은 회생제동을 하면서, 동시에 엔진이 배터리를 충전한다.

(7)은 엔진이 바퀴구동과, 베터리 충전을 동시에 한다.

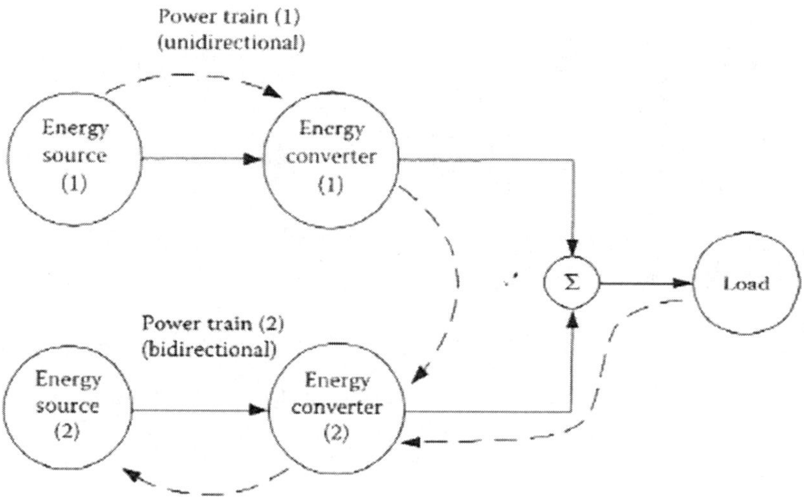

〈그림 3-3〉

(8)은 엔진이 배터리를 충전하며, 배터리가 동력을 공급한다.

(9)는 차량의 하중을 이용하여 엔진을 통해 배터리를 충전시킨다.

이 전형적이 양상은 두 동력계가 자동차의 앞축과 뒤축에 따로 장착되어있다.

차량 구동 환경에 적절한 모드를 이용하여 구동능력, 효율 배출가스 저감을 최대로 활용할 수 있다. 그러나 부분적인 설계에 있어서 모드선택은 구동계 특징, 도로의 특징 등 많은 요소들에 의해 결정된다.

최적의 효율을 위해 각각의 동력계를 환경에 따라 구동하는 것은 차량의 효율 증대를 위해 꼭 필요한 사항이다.

그래서 HEV방식의 정확한 측정을 위해서는 기계적인 동력만을 이용한 측정 전기적인 동력만을 이용한 측정, 기계-전기 두가지 동력을 모두 이용한 측정으로 구분해야 한다.

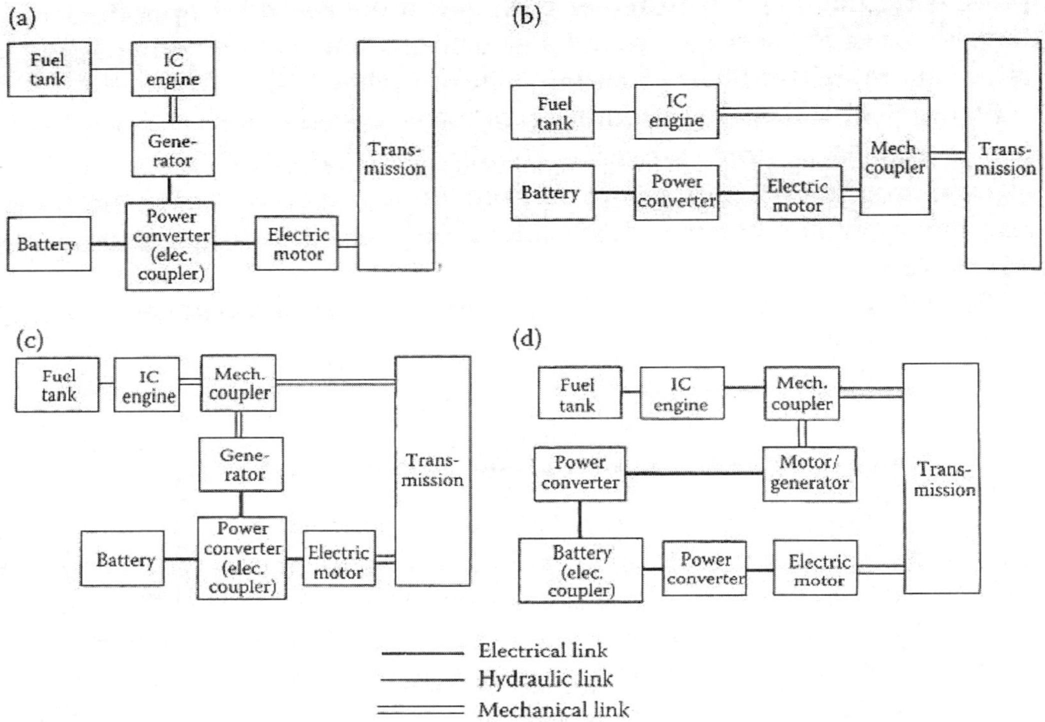

〈그림3-4〉

<그림 3-4a> 는 기능에 따라 분류한 것으로 직렬형 하이브리드라 부른다.

이 그림의 중요한 점은 두 가지 전기 동력이 파워 컨버터에서 더해진다. 이 파워컨버터의 기능은 모터나 배터리, 발전기로부터의 전력량을 제어하여, 전력을 구동축으로 전달시킨다.

여기서 연료 탱크, IC 엔진, 발전기는 주된 에너지 공급원으로 분류하고, 배터리는 에너지 범퍼의 기능을 한다.

<그림 3-4b>는 동력 배열의 한 가지 형태이며, 병렬형 하이브리드라 부른다.

이 배열의 중요한 점은 두 가지 동력이 더해져 하나의 기계적 구동이 된다. 엔진이 주된 동력 공급원이 되고, 배터리와 전기모터는 에너지 범퍼로 구성되며, 엔진과 전기모터만이 동력을 제어한다.

<그림 3-4c>은 직 - 병렬 하이브리드 구성이다. 이 구분된 구성은 두 가지 동력 연결을 모두 사용하는 것이다.

실제로 직렬과 병렬의 조합인데, 직렬 또는 병렬 하나의 하이브리드 구성보다 뛰어난 성능을 낼 수 있다.

<그림 3-4d>는 복합 하이브리드 구성을 나타낸다. 이것은 직 - 병렬 하이브리드와 유사하다.

차이점은 electric coupling이 파워 컨버터에서 배터리로 옮겨갔고, 파워컨버터가 모터와 발전기 배터리 사이에 추가 되었다.

우리는 앞의 세 가지 하이브리드에 대해서만 공부 할 것이다.

2-2 직렬형 하이브리드

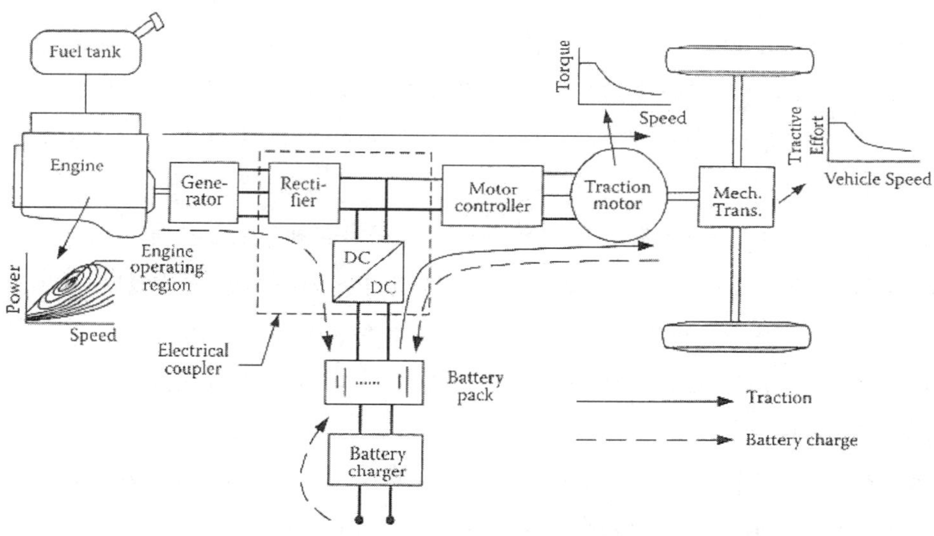

〈그림 3-5〉 직렬 하이브리드 구성도

일련의 하이브리드 구동계는 두 전력원을 하나의 발전기(전기모터)로 공급하는 구동계이며, 차량을 구동할 수 있는 추진력을 제공한다.

구동계는 가운데 가장 많이 사용되는 구성이 <그림 3-5>에 보여지는 것이다. 단방향 에너지원은 연료탱크이며, 단방향 에너지변환기(발전장치)는 발전기에 인접한 엔진이다.

전류변환기의 출력(정류기) 양방성 에너지원은 DC전원에 연결된 배터리 팩으로 제어 가능하고 양방성의 전원 컨버터(DC/DC converter)를 이용한다.

또한, DC 전원 버스는 전기모터를 제어할 수 있는 기기와 연결되어있다. 견인 전동기는 모터나 발전기로 제어할 수 있으며, 역동작으로 구동된다.

배터리팩은 제어가능하고 양방성의 전력의 수단으로 DC 전원에 연결되어있다.

이 구동트레인은 전력설비에서 연결된 콘센트로부터 배터리들을 충전하는 것이 필요할 것이다.

위와 같은 일련의 하이브리드 구동트레인은 원래 추가적인 엔진발전기가 추가된 전기자동차로부터 시작되었으며 엔진발전기는 전력량, 즉 배터리의 낮은 에너지밀도에 의해 제한된 구동 시간을 연장하기 위해서 추가된 것이다.

구동트레인은 각 구성품들로 부터 가속기, 브레이크 페달, 다른 피드백 정보를 통한운전자의 운전 command를 기초로 하여 구동과 전력의 흐름을 제어할 수 있는 차량제어기가 필요하다.

차량제어기는 필요로 하는 추진력(토크) 또는 재생되어진 브레이킹 토크는 아래의 구동 모드들 중 하나와 함께 생산할 수 있는 throttle, electric coupler(제어가능 한 정류기와 DC/DC 변환기), 견인 모터를 통하여 IC 엔진은 컨트롤 되어진다.

① 순수 전기력 견인 모드 : 엔진이 꺼져있고, 차량은 배터리에 의해서만 추진력을 얻어 구동된다.

② 순수 엔진 견인 모드 : 차량 견인력은 배터리가 구동트레인으로부터 어떠한 동력의 공급이나 수용을 하지 않는 동안에 엔진-발전기에 의해서만 구동된다. 전기적인 기기들은 엔진에서 구동 바퀴까지 전력을 전송하는 역할을 한다.

③ 하이브리드 견인 모드 : 견인력은 엔진-발전기와 배터리가 electric coupler로 합쳐져 구동된다.

④ 배터리충전이 가능한 엔진 견인 모드 : 엔진-발전기는 배터리를 충전하고 차량의 추진력을 동시에 얻기 위해서 동력을 공급한다. 엔진-발전기 동력은 electric coupler으로 나누어져있다.

⑤ 재생 브레이킹 모드 : 엔진-발전기는 정지되어 있고, 견인 모터만 운동에너지 또는 위치에너지에 의해 전력을 공급하는 발전기로서 작동된다.

⑥ 배터리 충전 모드 : 견인 모터는 어떠한 동력도 받지 않고 엔진-발전기만 배터리 충전을 위해 작동된다.

⑦ 하이브리드 배터리 충전 모드 : 엔진-발전기와 견인 모터 모두 발전기로서 브레이크 작동 시 배터리를 충전하기 위해 작동된다.

1) 직렬형 하이브리드의 장점

엔진과 구동축 사이에 기계적인 결합이 없다. 결과적으로 엔진은 잠재적으로 speed-torque map의 어떤 조건에서도 구동이 가능하다.

<그림 3-5>에 나와 있듯 이 정교한 동력의 제어로 엔진을 최고효율에서만 구동할 수 있도록 만들 수 있으며, 저속구간의 효율과 배기가스는 몇 가지 특별한 디자인과 제어기술에 의해 더 향상될 수 있다. 게다가, 가스 터빈과 발전소의 엔진은 기계적 연결에 의해 저속으로 회전하는데 비해, 기계적으로 구동축과 분리되어 고속 회전이 가능하다.

<그림 3-5> 에 보이듯이 모터는 이상적인 구동과 근접한 구동을 가지기 때문에 구동계에 변속기가 필요 없다. 즉 구동계는 단순화 되며, 그에 따라 비용이 줄어든다. 이러한 동력계의 배열은 바퀴의 미끄러짐 , 기계적 손실, 등에 탁월하다. 게다가, In-wheel 모터는 바퀴하나에 모터하나씩 배열된다. 이 구성은 각각 바퀴의 Speed 와 Torque를 제어 할 수 있다. 이 방법은 OFF-ROAD 차량(눈길, 빙판 험로주행 등)에서 탁월한 효과를 나타낸다. 이 방법은 엔진이 구동축과 연결되지 않기 때문에 비교적 간단하게 제어 할 수 있는 구조를 가진다. 그러나 아래와 같은 단점도 존재한다.

에너지의 형태가 엔진에서 구동축까지 두 번에 걸쳐 변환된다. (발전기에서 기계적 에너지가 전기적 에너지로, 다시 모터에서 전기적 에너지가 기계적 에너지로) 이 불 필요한 변환은 에너지 소모의 원인이 된다.

발전기 등의 추가 구성품이 존재하고 이에 따라 차량의 하중이 증가하며, 비용도 증가한다.

모든 동력이 모터하나에서 나오기 때문에 차량구동에 필요한 동력을 얻어내기 힘들다.

2-3 병렬하이브리드

병렬형 하이브리드 동력장치는 엔진이 기계적 동력을 바퀴로 직접 공급하는 기존의 엔진 자동차와 유사한 구조를 가진다. 엔진은 기계적으로 연결된 모터에 의해 동력의 보조를 받는다.(엔진과 기계적으로 연결된 모터가 보조동력원이 된다) 병렬형 하이브리드의 특징은 엔진과 모터의 동력이 mechanical coupler에 의해서 하나로 합쳐진다는 것이다. 그래서 직렬형 하이브리드에서 가능한 동작모드는 병렬형 하이브리드에서도 가능하다.

아래에 직렬형 하이브리드와 비교되는 병렬형 하이브리드의 특징이 있다.

① 엔진과 모터가 구동바퀴에 직접적으로 토크를 전달한다. 즉 에너지의 변환이 발생하지 않고 에너지의 손실이 거의 없다.

② 추가적인 발전기와 구동모터가 필요 없기 때문에 더 작고 최적의 설계를 할 수 있다.

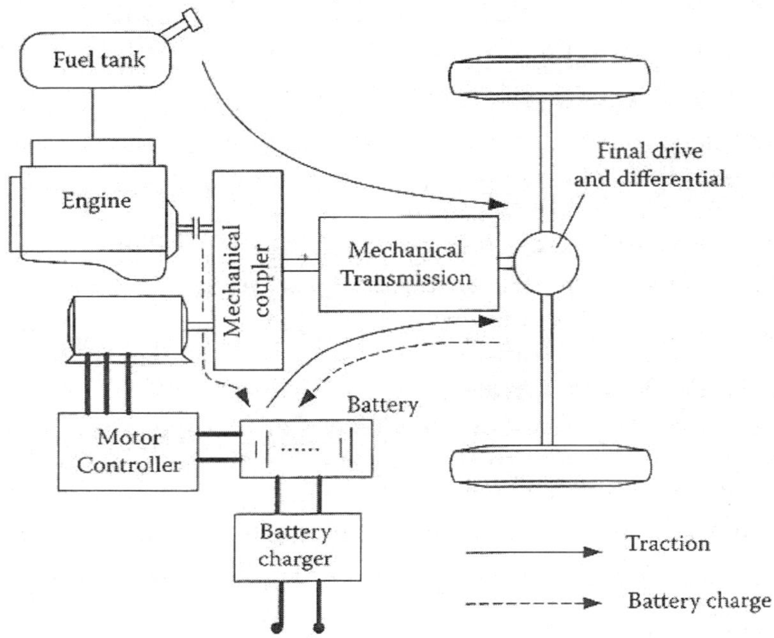

〈그림 3-6〉 Configuration of a parallel hybrid electric drive train

병렬형 하이브리드의 가장 중요한 단점은 엔진과 구동바퀴의 기계적인 연결에 있다. <그림 3-6>에서 보듯이 엔진과 모터의 동력이 mechanical coupler에 의해서 하나로 합쳐진다. 다시 말해 엔진구동은 저속 저 토크로 고정할 수 없다.

2-4 복합형 하이브리드

직렬형과 병렬형의 중간방식으로 고효율, 동력성능이 뛰어나고 배기가스 저감이 용이하나, 복잡한 제어기술이 필요하다. 도요타 프리우스의 구동시스템이 이러한 방식을 이용하고 있다.

2-5 모터 용량 및 기능에 따른 분류

현재 양산중인 하이브리드 자동차는 대부분 병렬형 하이브리드 자동차로 모터의 용량에 따라 구현할 수 있는 기능에 차이가 있다. 전기에너지 용량 증대 기능을 통해 차량의 전자장비 탑재가 증가하는 추세이며 엔진 최적 영역 구동에 따른 모터 보조로 파워 어시스트 기능을 구현하고 차량 제동 시 에너지 회수로 연비 향상을 추가로 도모하는 회생제동 기능, 엔진 정지 기능을 통하여 연비 향상, 순수 전기자동차 모드 주행으로 배출가스를 저감하는 ZEV 주행 기능 등이 있다.

이러한 모터의 출력별 하이브리드 자동차의 기능을 <그림 3-7>에 나타내었다. 여기에서 회생에서 모터어시스트 기능을 갖는 것을 마일드 하이브리드(Mild HV)라고 부른다.

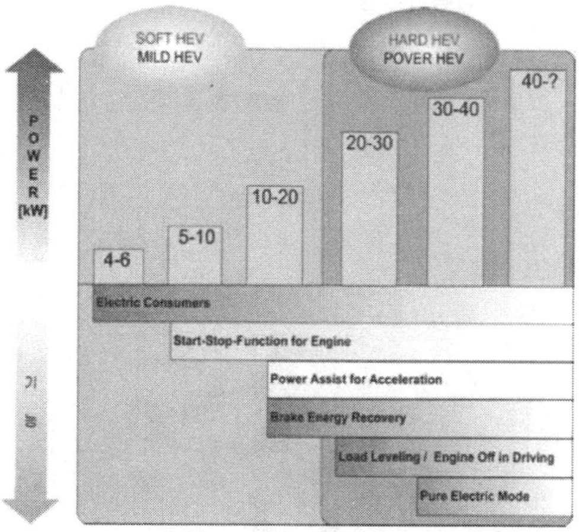

〈그림 3-7〉 모터 출력별 하이브리드 자동차

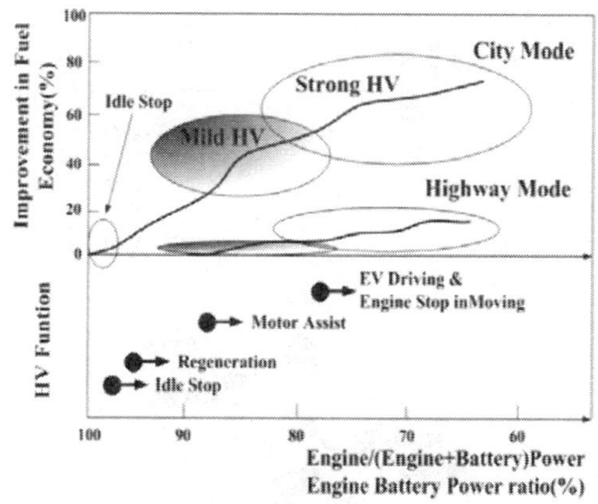

〈그림 3-8〉 엔진·베터리의 출력비화 연비개선율(출처:JSAE 심포지엄, 2002)

주행 중에도 엔진정지와 EV 주행을 할 수 있는 시스템을 스트롱 하이브리드 (Strong HV)로 분류하고 있으며 정차 중에 자동적으로 엔진의 아이들링을 정지하는 기능을 아이들 스톱 (Idle stop)이라고 부른다. <그림 3-8>은 시스템별 연비 개선율을 나타낸 것이다.

1) 하이브리드 자동차의 시스템 구성과 제어

동력원으로서 가솔린 엔진과 전기모터를 갖추고 있지만, 기본이 되는 것은 엔진동력이다. 엔진 동력은 유성기어를 사용한 동력 분할 기구에 의해 <그림 3-9>과 같이 차륜의 구동력과 발전구동력으로 분할된다. 발전한 전력은 모터구동에 직접 사용하거나 인버터로 직류로 변환되어, 고전압 배터리로 축적된다. 동력분할기구 및 모터, 발전기, 감속기로 이루어지는 트랜스미션은 승용차용으로 콤팩트하게 구성되어 있다. 엔진과 모터의 동력 분할기구를 사이에 두고 제어하는 것으로, 엔진의 최대효율을 이끌어냄과 함께 무단변속기능과 모터의 파워어시스트에 의해 응답성이 부드럽고 좋은 가·감속 특성을 실현한다.

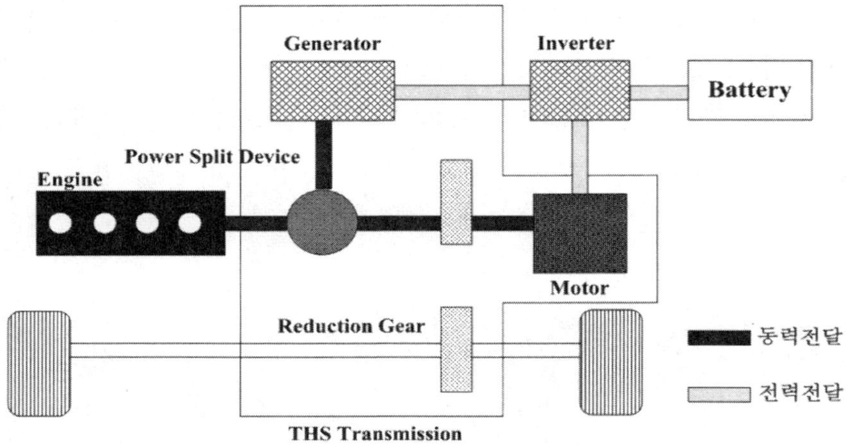

〈그림 3-9〉 THS개락도

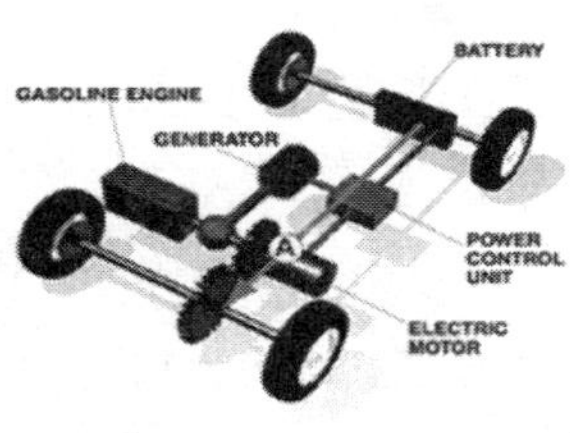

Start and low to mid-range speeds

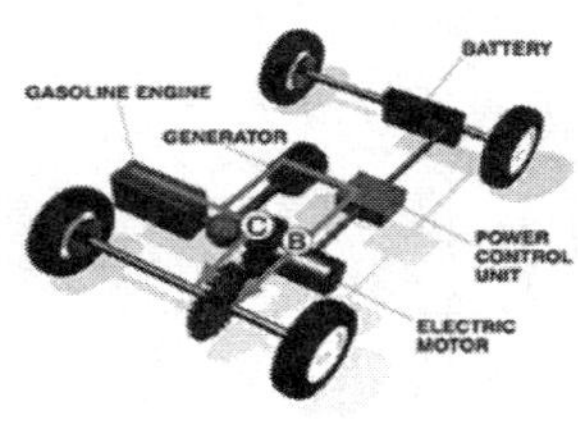

Driving under normal conditions

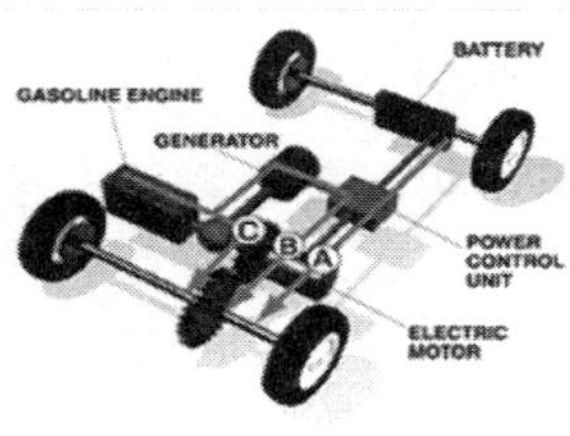

Sudden acceleration

〈그림3-10〉THS의 동작상태(1)

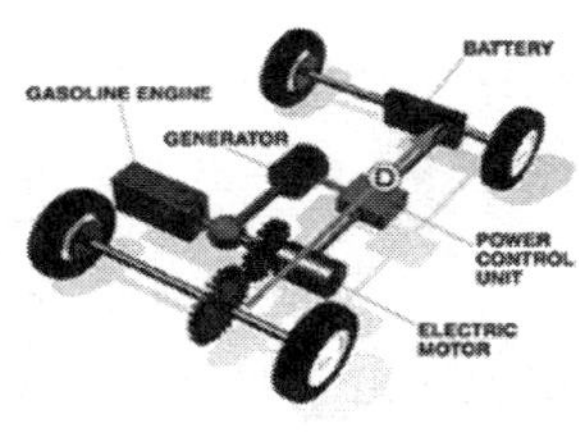

Deceleration, braking

〈그림3-11〉THS의 동작상태(2)

특히 발진시는 저속토크가 높은 모터의 특성을 활용하여 매끄러운 가속을 실현하고 액셀 전개의 가속 시는 엔진 출력에 배터리의 전압에 의한 모터의 구동력을 더해 높은 가속 성능을 얻고 있다. 아래에 주행상태에 따른 하이브리드 시스템의 동작상태, <그림 3-10>과 <그림 3-11>에 THS의 주행 특징을 나타내었다.

- **발진 시와 경부하 시**

발진 시나 아주 저속에서 주행 혹은 완만한 언덕을 내려갈 때 등의 엔진 효율이 낮은 영역은 연료를 컷하여 모터로 주행한다.

- **보통 주행시**

액셀개도 등의 요구에서 신속하게 엔진을 기동하여 엔진 동력을 동력분할기구로 2경로로 분할한다. 한쪽은 차륜으 긱접 구동하고, 다른 한쪽은 발전기를 구동하여 발전하여 이 전력으로 모터를 구동하여 구동력을 어시스트 한다.

- **전개가속 시**

전개가속 시에는 배터리에서도 파워가 공급되어 모터에 의해 구동력을 더욱 추가한다.

- **감속 시 · 제동 시**

감속 시 · 제동 시에는 차륜이 모터를 구동하여 발전기로 작용하고, 회생발전을 한다. 회수한 에너지는 배터리에 축적된다.

- **배터리 충전**

배터리는 일정한 충전생태를 유지하도록 제어하고 있으며, 충전량이 적어면 발전기를 구동하여 충전을 개시한다.

- **차량 정지 시**

차량정지 시는 자동적으로 엔진을 정지한다.

하이브리드 시스템은 엔진, 모터, 발전기, 배터리 등 각각의 컴포넌트의 요구치나 현상치를 확인하여 연산하면서, 리얼타임의 정밀한 제어를 고속으로 하고 있다. 그리고 하이브리드 시스템에는 제어의 자유도가 넓고, 아래의 특징을 갖고 있다.

· 엔진은 차량주행 중에 언제라도 시동정지가 가능하다.

· CVT 기능으로 엔진의 동작점으 연비최적의 동작점으로 제어 가능하다.

· 브레이크 제어는 회생제동과 유압제동을 협조시켜 제동력을 확보하고 있다.

3. 하이브리드 자동차 연비 비교

3-1 일본

일본은 전 세계의 하이브리드 자동차 중 40% 이상을 보유하고 있으며 <그림 3-12>와 같이 하이브리드 자동차의 기능특성이 일본 10-15모드의 운전 패턴에 맞게 되어있어 다른 모드에 비해 연료절약에 탁월함을 보이고 있다.

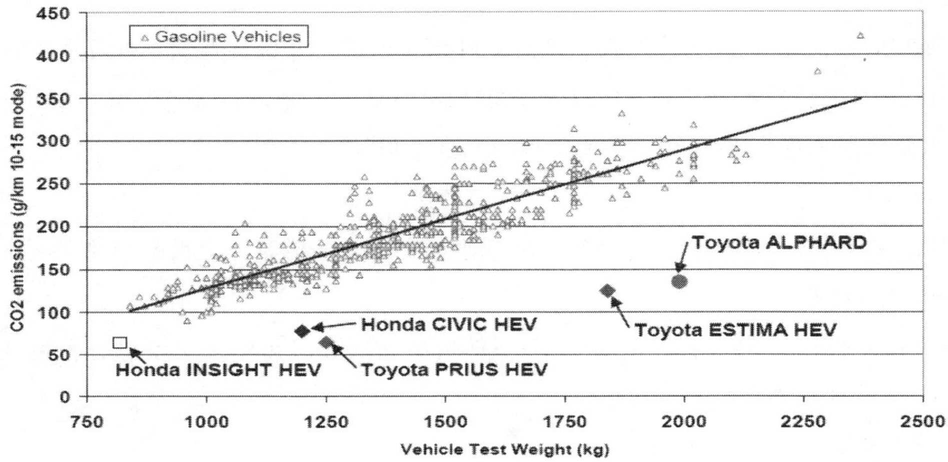

〈그림 3-12〉 Japan 10-15 Mode Vehicle Data
(출처: Aachen Colloguium, 2005)

3-2 유럽

유럽은 전 세계의 하이브리드 자동차중 5% 정도를 보유하고 있는 실정이다. <그림 3-13>에 의하면 하이브리드 자동차가 가솔린 엔진 차량ㅇ peogk서는 경쟁력이 있으나 유럽에서 개발된 최고연비의 디젤자동차와 비교하면 동등한 수준을 보이고 있는 것을 알 수 있다. 프로토타입 디젤 하이브리드 자동차는 탁월한 연비효과를 보이고 있으나 현재 자동차 가격이 고가이다.

유럽시장은 고가의 연료비 및 환경 친화적인 인식이 어느 지역보다 강하며 중대형 디젤 자동차에 수동변속기를 장착하는 경향이 있다. 미국 보다는 엔진의 배기량이 작은 특징이 있으며 Stop/Start 시스템을 장착하는 Micro 하이브리드 자동차가 유망할 전망이고 특정분야의 시장으로 Mild/full 디젤 하이브리드 자동차 기술의 적용이 예측된다.

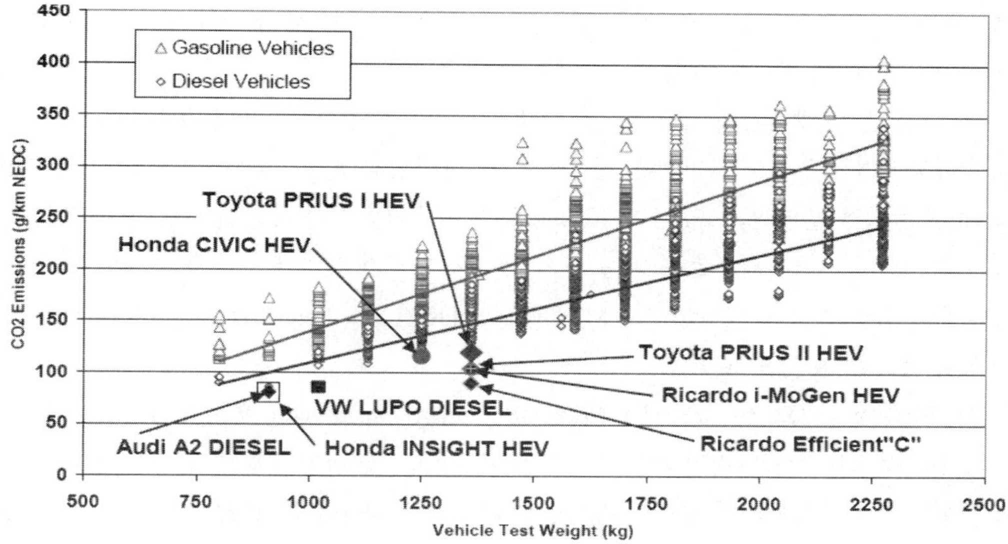

〈그림 3-13〉 European NEDC(New European Driving Cycle) Mode Vehicle Data
(출처: Aachen Colloguium, 2005)

3-3 미국

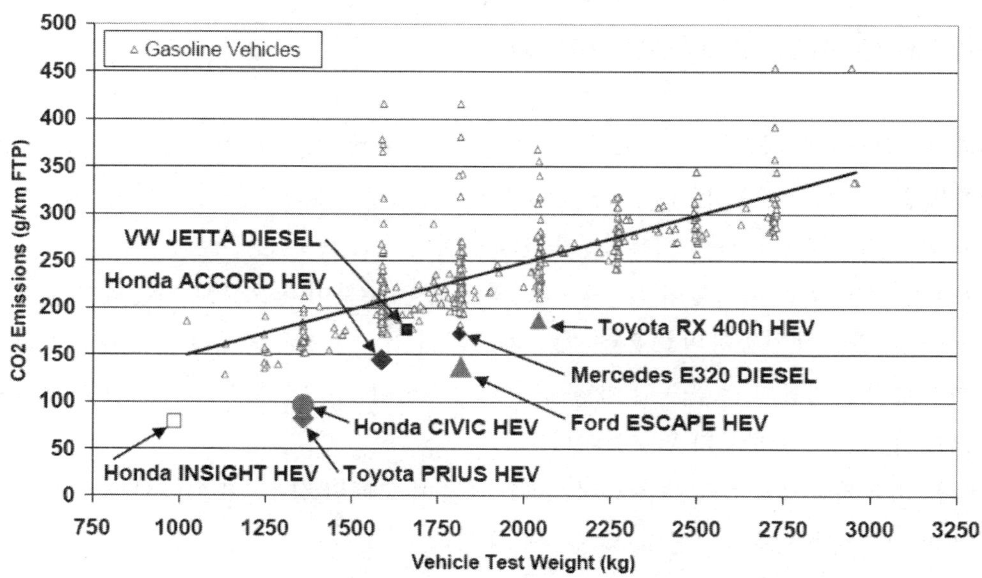

〈그림 3-14〉EPA Combined City/Highway Mode Vehicle Data
(출처: Aachen Colloguium, 2005)

미국이 전 세계의 하이브리드 자동차중 40% 이상을 보유하고 있으나 <그림 3-14>과 같이 작은 하이브리드 차에 비해 동력성능이 우수한 큰 하이브리드 자동차는 현비 효과가 크지 않다. 극소수의 디젤 자동차가 미국에서 배출가스 허용기준을 만족하여 판매되었으나 연비효과가 최고인 자동차는 아닌 것을 알 수 있다.

미국시장은 큰 배기량의 가솔린 자동차에 자동변속기를 장착하여 사용해 왔고 하이브리드 자동차의 경우에도 연비 개선 뿐 만 아니라 동력성능에 치중할 수밖에 없으므로 Full hybrid에 동력을 분배할 수 있는 Power split형의 자동변속기가 사용될 전방이다. 또한 하이브리드화 및 터보과급화로 크기를 작게 하고 터보지연을 없앨 수 있는 시너지 효과를 나타낼 수 있을 것으로 예상되므로 Mild hybrid plus 기술로 Full 하이브리드의 효과를 낼 수 있을 것으로 예견된다.

그리고 하이브리드 자동차는 DCT (Double Clutch Transmission)를 사용하여 효과를 극대화시킬 것으로 전망되지만 가격 상승 없이 연비효과를 내기 위한 방법이 마련되지 않고는 하이브리드 자동차의 장래가 밝지만은 않으므로 양산을 하더라도 하이브리드 자동차의 가격이 소비자에게 실제로 이익이 될 수 있는 방안을 강구해야 할 것이다.

4 하이브리드 자동차 전략 부품 기술 개발 동향

4-1 하이브리드 모터/ 모터제어기

하이브리드 자동차의 모터와 모터제어기 산업의 특성은 모든 하이브리드 자동차에 필수적으로 탑재되고 향후 전기자동차, 연료전지자동차로 기술 확장 가능하다는 것과 차량성능 및 주행특성을 결정짓는 핵심부품이라는 것이다.

이들은 개발시 관련 기술이 산업용 모터와 공통된 부분이 많으므로 기존의 기술적인 Know–how 활용이 가능하며 대용량 모터/ 제어기의 겨우 산업용 군사용으로 확장 가능하고 하이브리드 자동차 부품중 각 차량에 대한 종속성이 커 개발효과가 매우 큰 부품이므로 국내의 자체 기술확보가 필수적이다.

핵심 요소 기술의 발전 방향은 하이브리드 자동차 모터의 경우 <표 3-1>의 내용과 같으며 제어 기술의 방향은 <그림 3-15>에 나타내었다.

〈표 3-1〉 하이브리드 모터의 발전 방향

	일 본	미 국 / 유 럽
HEV (40kW 이하)	· 동기 모터에 기술 집중 · 고출력 밀도 (kW/kg)목표 : 1.0 → 2.0	· 동기모터와 병행하여 SPM 선행개발 · 신뢰성 및 경제성 목표

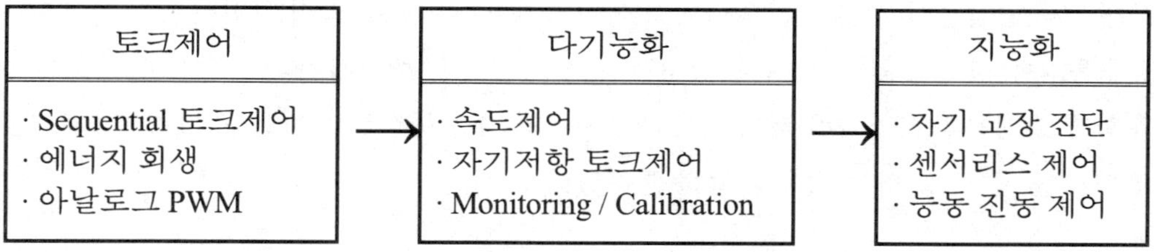

〈그림 3-15〉 하이브리드 모터 제어기술의 발전 방향

그 외 기타부품들로써 엔진의 ECU에 적용되는 CPU는 현재의 16bit Micro Controller에서 32bit Micro Controller로 상향 되고 있으며 각도 센서는 진동특성/고온특성을 향상시킬 수 있도록, 전해콘덴서는 용량/출력밀도/수명을 향상할 수 있도록 연구가 진행 중이다.

4-1 하이브리드 축전지

축전지는 하이브리드 자동차 및 전기자동차의 핵심 부품이며, 차량의 종류와 전압에 거의 무관하게 사용가능하다. 가격적인 측면에서 현재 차량가격의 거의 1/4이상을 차지하며 10년마다 교체 예상되므로 그 시장이 매우 크고 고성능 축전지 개발시 내수 시장 및 수출에 대한 가능성도 매우 큰 품목이다. 그리고 하이브리드 자동차 부품이므로 국내의 자체기술 확보가 필수적이라 하겠다.

5 연비향상

5-1 도요타 Toyota Hibrid System 용 엔진의 최적화 예

1) 시스템 특성

THS는 엔진출력과 모터 출력을 유성기어 기구로 연결하여 동력배분을 제어하는 것이며, 구동력은 엔진과 모터의 합력이 되기 때문에 엔진 출력을 상대적으로 낮게 설정할 수 있는 특색을 갖는다. THS는 저출력역의 엔진정지와 엔진 사용역의 최적화로 엔진의 평균효율을 향상시키고 있다. 이 엔진에서는 시스템 효율을 중시하여 배기량을 선정하는 것과 함께 고팽창비 사이클을 채택하여 마찰손실의 저감을 실현하고 있다. 그결과 10 · 15모드 연비를 약 1/2로 하는 것을 가능하게 하였다.

2) 배기량의 최적화

출력이 높은 영역에서는 엔진 배기량이 클수록 열효율은 높고, 반대로 출력이 낮은 영역에서는 배기량이 클수록 유리하지만, 저출력역에서는 부분부하로 이동하기 때문에 펌프손실의 영향으로 배기량이 작을수록 열효율이 유리해진다. 이런 이유에서 1500cc 전후가 THS 탑재차의 차량중량에서의 최적치가 된다고 한다. 또한 동력성능이나 연비향상에는 모터의 출력상승에 의해 엔진배기량을 증대할 필요가 없는 것을 도요타 THSⅡ 에서 나타내고 있다. 따라서 차량중량이 다른 차량에도 모터 사양의 최적화를 도모하면 동일 배기량 엔진을- 채택할 수 있다.

3) 고 팽창비에 의한 효율향상

팽창비를 높여 흡기벨브 닫힘시기를 늦추면 정미열효율은 향상하지만 고팽창비에 한도가 존재하여 전출력역에서 팽창비 15정도가 최량치를 나타낸다고 한다.

최종적으로는 연소실용적의 분산이나 연소실로의 Deposit 부착, Preignition 여유도 등을 고려하여 팽창비로 13.5를 선정하고 있다. 그것은 팽창비를 높이면 노킹에 의해 점화진화가 늦어져 정미열효율은 저하하지만 동시에 흡기벨브 닫힘시기를 늦추면 노킹이 서서히 완화되어 열효율이 향상한다. 정미평균 유효압력의 저하를 허용하면 고팽창비와 흡기밸브 닫힘 시기의 지각에 의해 높은 열효율이 실현된다.

또한 VVT-i를 이용하여 세밀한 조정으로 전부하 토크의 토크향상이 가능하다. THS에서는 부하요구가 높은 경우에 흡기밸브 닫힘 시기를 늦게 하도록 제어하고 있다.

4) 차량연비

총합적으로 고팽창비 엔진과 THS를 조합하여 10·15모드를 주행할 때에는 저출력역에서 엔진을 정지하여, 고효율영역에만 사용하고 있다. 즉 엔진의 저부하시에서의 낮은 열효율의 결함을 부충하고 있게된다.

HEV 에서는 배터리의 충방전 상태에 따라 연비가 변화하기 때문에, 적산전류의 수치 0의 수치를 연비치로 하고 있다. 게다가 회생 브레이크를 포함한 차량총합제어의 최적화로 동일클래스의 차량고 비교하여 거의 2배의 10·15모드 연비를 달성하고 있다.

5) 엔진과 하이브리드 시스템 협조제어

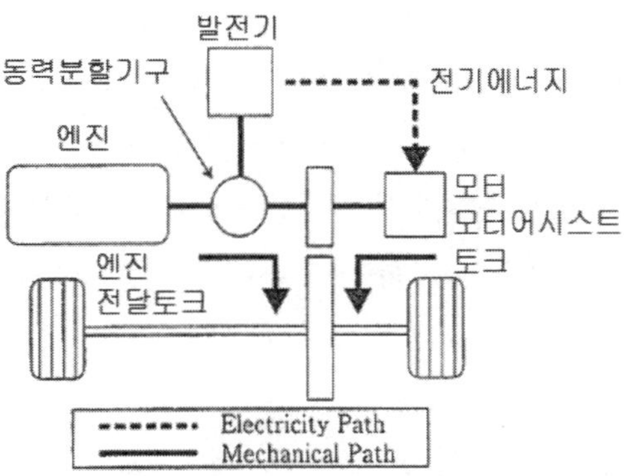

〈그림 3-16〉 HEV 에너지의 흐름
(출처: 도요타)

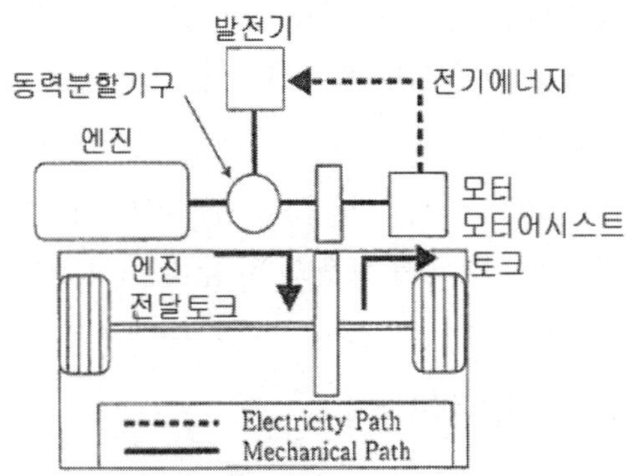

〈그림 3-17〉 에너지 재순환
(출처: 도요타)

THS에서는 엔진 최고열효율에서의 사용을 주요 목적으로, 엔진으 최적조건(3/4부하)에서 주행한다. 그러나 어느 영역에서는 에너지의 재순환이 일어나, 시스템효율이 저하하는 경우가 있다. <그림 3-16>는 THS의 통상 에너지 흐름을 나타낸다. 엔진출력은 동력분할기구로 분할되어 한쪽은 차축의 구동, 다른 한쪽은 제너레이터의 발전에 사용되며. 또한 모터로 토크 어시스트되는 것이 정규 에너지의 흐름이다. 그러나 <그림 3-17>에 나타나듯이 어느 조건에서는 엔진직접전달토크가 너무 크기 때문에 모터로 발전하여 그 에너지로 엔진 직접전달토크를 다시 전달하는 에너지 재순환이 발생하여 전달효율이 악화하는 영역이 있다.

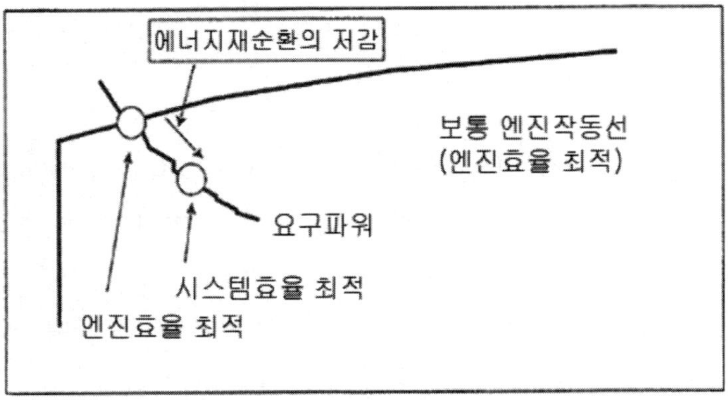

〈그림 3-18〉 엔진 사용영역의 최적화
(출처: 고성능 하이브리드 자동차의 연구)

<그림 3-18>에 나타나듯이 엔진의 사용영역을 고회전, 경부하로 제어하면 이 에너지 재순환은 회피라 수 있지만, 엔진 효율은 악화한다. 이와 같인 엔진 효율을 내려도 시스템 효율을 최적으로 제어하느 것이 바람직하다. 따라서 최량의 엔진동작역이 반드시 최고의 차량연비가 되지 않는 경우가 있어 엔진과 하이브리드의 협조제어가 필요하다. 이와 같은 제어의 튜닝으로 THS 탑재차에서는 중·고속 정상주행에서 연비를 3-5%정도 향상시키고 있다. 이 개선율의 향상에는 하이브리드 시스템의 최적화가 중요한 의미를 갖는다.

5-2 동력성능

HEV 의 동력성능 및 엔진으로의 요구성능이 엔진·배터리 파워 분담비율에 따라 크게 다른 것은 앞에서 기술한 것과 같다. 엔진파워 분담비율이 높은 에코-런이나 회생시스템에서는 일반 차와 동등한 엔진 성능이 요구되지만 엔진파워 분담비율이 낮은 시스템에서는 엔진파워의 저감분을 엔진다운사이징이나 엔진의 효율향상에 배분할 수 있다. <그림 3-19>에 THS와 THS-C(중량차)의 파워 분담비를 나타낸다. THS-C는 충량차이기 때문에 THS탑재차에 비해 엔진 파워 분담비를 높게 설정하여 시스템 비용과의 양립을 도모하고 있다. 이와 같이 시스템이나 차량제원으로 최적한 파워분담을 설장하여 연비, 동력성능,

시스템 비용의 양립을 도모하는 것은 HEV의 시스템설계에 있어서 중요한 과제이다.

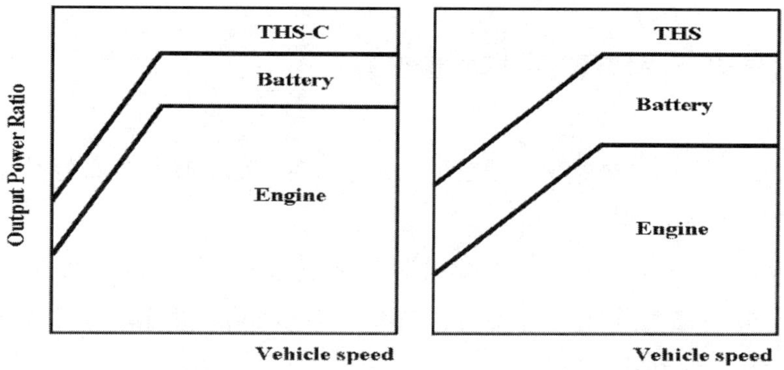

〈그림 3-19〉 엔진·배터리 출력비의 비교 (출처: 도요타)

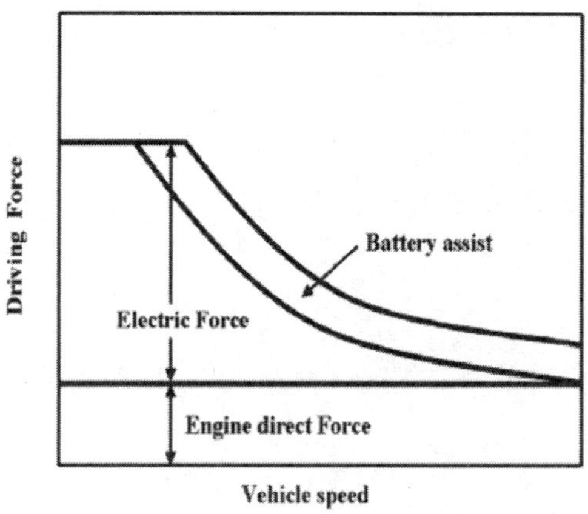

〈그림 3-20〉 THS의 구동력
(출처: 도요타)

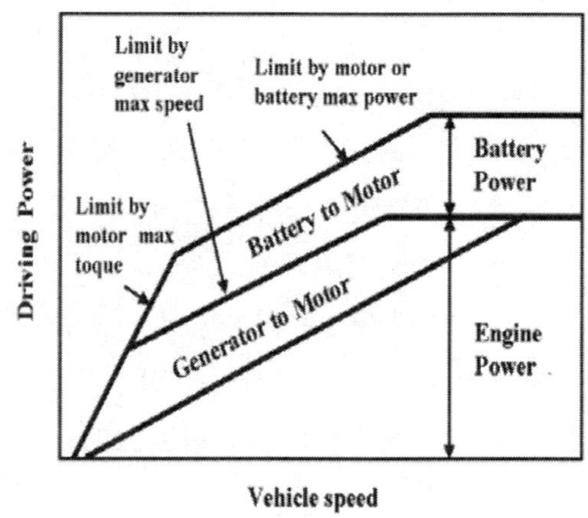

〈그림 3-21〉 THS의 구동축출력
(출처: 도요타)

이어서 THS 탑재차의 시스템 설계 예에 대해서 기술한다. THS에서의 동력성능을 결정하는 인자를 정리 분석하면, 엔진, 모터, 배터리등의 컴포넌트에서는 정격이 있어, 이런 컴포넌트의 성능을 조합하여 동력성능 등이 <그림 3-20>과 같이 결정된다. 동력성능에는 ①발진성능, ②추월성능, ③저속등판성능, ④연속 고속순항성능 ⑤리버스 성능 등이 있다. <그림 3-21>는 THS의 차속과 구동력의 관계를 나타낸다. 엔진의 직달분과 모터분의 합력이 구동력이 되며 차속과 구동축출력의 관계에서 저속역은 모터의 출력제한, 충속역은 제너레이터의 발전제한 고석역은 엔진 배터리의 출력제한에 의해 차축출력이 결정된다. 각종 동력성능을 만족시키면서 연비, 에미션 성능이 최적한 상태가 되도록 엔진, 제너레이터, 모터 등 각각의 파워, 토크, 회전속도를 결정하는 것이 필요한 것을 알 수 있다.

5-3 하이브리드 시스템 채택기술현황

HEV에서는 시스템 성능향상에 대한각 컴포넌트의 기술진보가 크게 영향을 미치는 것은 이미 설명한 바와 같다.

여기서 피리우스는 1997년 판매시작 이후, 2000년 마이너 체인지 시점 및 2003년 풀 모델 체인지 시의 개량 시점을, 혼다 시빅은 인사이트에서의 변경시점 및 2005년 11월 모델 체인지를 중심으로 설명한다.

1) 도요타 프리우스

(1) 차량동력성능

엔진 · 모터 등의 성능향상으로 발진가속, 추월가속성능을 크게 향상시켜 마이너체인지에서는 1.8L 클래스차와 거의 동등한 동력성능으로, 풀모델 체인지에서는 2.0L클래스 이상의 성능을 실현하고 있다.

초기 1.5L엔진을 유지하면서 풀모델 체인지에서는 모터의 출력을 50% 향상하여 2.0L 차와 동등 이상의 동력성능을 실현하고, 더욱이 연비도 35.5 km/L로 구 모델을 상회하는 성능을 실현하고 있다.(<그림 3-22>)

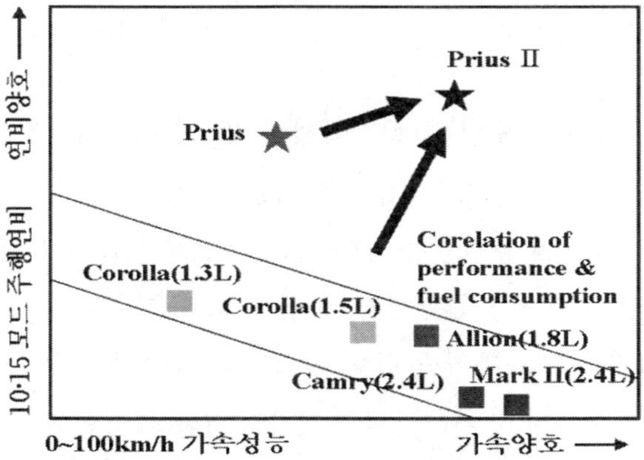

〈그림 3-22〉 연비와 주행성능의 양립(출처: 도요타)

〈표 3-2〉 각 컴포넌트시스템성능과 연비 (출처: 도요타)

		THS Ⅱ (A)	마이너체인지		
			후 (B)	전 (C)	A/B
엔진	최고출력 [kg/rpm] 최대토크[Nm/rpm]	57/5000 115/4200	53/4500 115/4200	43/4000	1.08
모터	최고출력 [kg/rpm]	50/1200~ 1540	33/1040~ 5600	30	1.52
	최대토크[Nm/rpm]	400/1200	350/400		1.14
시스템	최고출력[kW]/차속[km/h] 85km/h/출력kW	82/85/82	74/120/65		1.11/ 1.26
	최대토크 [Nm]/차속[km/h] 22km/h/ 토크 Nm	478/22/478	421/11/378		1.14/ 1.26
베터리	kW		21	21	
연비	10·15모드 [km/L]	35.5	29.0	28.0	1.22

<표 3-2>에 엔진, 모터 등의 출력·토크와 시스템성능 및 연비를 나타내었다. 마이너체인지(1999년)후부터 THS Ⅱ(풀체인지, 2003년 9월)에 이르는 과정에서 엔진, 모터출력 및 시스템 출력·토크의 개선에 하이브리드 시스템 제어 개량을 더해, 연비도 20%(29.0 → 35.5km/L) 이상 향상시켜 상승효과를 실현하고 있다.

(2) **엔진 성능**

마이너 체인지에서는 엔진의 출력상승의 요구에 대해,

- 최대회전수의 변경(4000→4500 rpm)
- VVT(가변밸브타이밍)의 진각화
- 압축비의 최적화(13.5 → 13)을수행하여 대응하였다.

우선 VVT-i의 동작각도를 확대하여 흡기밸브가 닫히는 타이밍을 적정화하는것으로 흡입공기량을 증가시키고 있다.

흡입공기량을 증대시키면 Preignition이 발생하기 쉬워지므로 동시에 압축비를 13.5에서 13으로 변경하였다. 풀모델 체인지에서는 운동부품의 경량화, 피스톤 량의 저장력화, 밸브 스프링력을 약하게 하는 방법 등으로 마찰 손실을 저감한 후, 최고회전수 4500 →

5000 rpm으로 상승시켜 발전기의 고회전화와 동기 시켜 가속 시 구동력 상승과 저연비화를 도모하고 있다.

(3) 모터 · 제너레이터의 성능향상

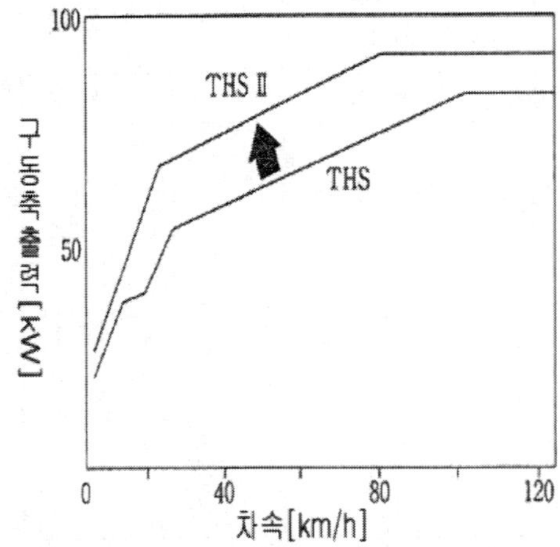

〈그림 3-23〉 프리우스 (출처: 도요타)

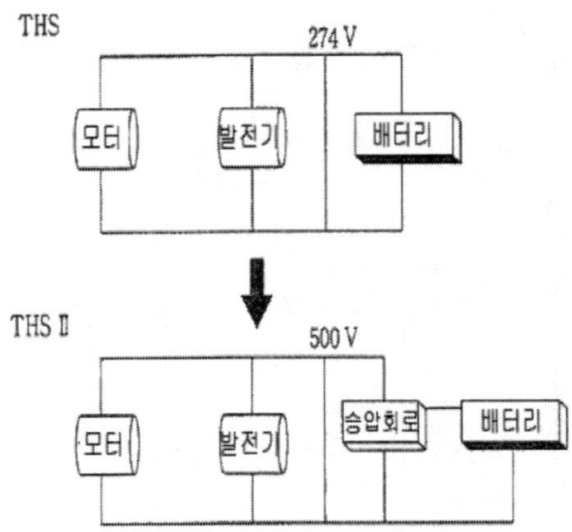

〈그림 3-24〉 승압시스템 (출처: 도요타)

마이너체인지에서는 기본적인 모터구성은 변경하지 않고 기계설계, 자기설계의 재검토를 수행하였다.

성능에 대해서는 모터제어로 새롭게 1펄스 스위칭 방식을 채택하여 고속역의 출력을 크게 향상시켰다. 마이너 체인지 전(이하 구형)에는 PWM(Pulse Width Modulation) 스위칭 방식만으로 모터를 구동하고 있었지만, 마이너 체인지 후(이하 신형)에는 저속역에서 PWM스위칭 방식을 이용하고, 고속역에서는 1펄스스위칭 방식으로 변환하고 있다.

고속역에서는 1펄스 스위칭 방식을 채택하넌 것으로 PWM 스위칭방식과 비교하여 27% 높은 기본과전압을 모터에 더할 수 있어 그결과 출력을 향상시키고 있다. 풀모델 체인지 (THS Ⅱ)에서는 영구자석을 V자배치로 최적화하여 구동토크를 향상시켜 <그림 3-23>와 같이 출력상승을 도모하고 있다.

또한 파워컨트롤 유닛 안에 승합회로를 <그림 3-24>와 같이 설치하여 모터와 발전기의 원전압을 THS Ⅱ 전의 274V에서 THS Ⅱ 에서는 최대 500V로 고전압화한 결과 모터의 최고출력은 33kW에서 50kW로 약 1.5배 증대시키고 있다. 또한 저전류화가 가능해지기 때문에 고효율화에도 공헌하고 있다.

발전기는 로터의 강도향상 등으로 최고출력이 가능한 회전수영역으 THS의 6500rpm에서 10000 rpm까지 확대시킨 것으로 저속에서 중속역의 모터로의 공급전력을 증가하여 모터 출력을 향상시키고 엔진직접 구동출력과 맞춘 시스템 출력이 크게 증가하고 있다. 모터제어는 THS의 저속역과 고속역의 제어방식에 더해 중속역에 과변조제어를 추가하였다.

펄스폭 변조방식을 개량하여 중속역의 토크를 최대 약30%향상시키고 있다. 장래적인 진화로 보기 시스템을 42V계로 변경하여 Wire harness를 삭감하고, 모터 등의 전기기기에서의 손실이 저감되어 연비향상과 경량화를 도모하고 있다.

(4) 연비성능

엔진, 전기계 효율 개선 및 하이브리드 제어의 재검토로 각 모드 주행서서 베이스 사양과 비교하여 <표 3-2>과 같이 연비가 향상되었다.

도요타 프리우스가 1997년 12월에 발매되고 나서 풀모델 체인지 THS Ⅱ (2003년 9월)까지 약 6년간 연비향상은 약 27%에 달하게 되고, 그 동안 엔진 베기량 1.5L은 계속되었다. 이미 언급했듯이 엔진개량, 전기계 요소부품의 진화와 제어의 진보는 현저하여 2004년 5월의 일본승용차 판매다수 베스트 10에 랭크되고 시장에서 높은 평가를 얻고 있다.

① 엔진효율의 개선

마찰저감으로 피스톤링 장력저감, 흡기밸브 리프트 저감, 오일펌프릴리프압 저하등을 포함시켰다. 또한 VVT-i에 대하서는 종래는 연비와 동력성능을 우선한 2종류 흡기밸브타이밍만을 이용하고 있었지만 신형에서는 엔진회전수 및 부하에 따라 흡기밸브 타이밍을 최적화하는 것으로 고출력과 고효율의 양립을 도모하였다. 그 결과 최대토크, 최고출력을 향상시킨 데다가 연비율의 향상을 실현하여 최소연비율은 225kWh를 달성하고 있다.

② 구동계의 효율향상

모터를 내장하는 트랜스액슬의 기본구조는 종래형과 같지만 신형에서는 구동계손실의 대폭저감과 모터, 발전기 효율향상을 도모하였다. 효율향상을 위한 주요변경내용은 다음과 같다. 기계계통에서는

- 오일펌프 손실의 저감
- 오일교반손실의 저감

• 모터부의 오일씰 패지에 의한 드래그 손실 저감

전기계통에서는

• 모터권수, 자석변경등에 의한 출력·토크의 변경

• 모터제어의 변경

기존의 프리우스용 모터는 기어실과 모터실(발전기실)을 격리하여 트랜스미션오일이 모터실로 침입하지 않는 구조였다. 그러나 이것은 씰구조가 필요하기 때문에 드래그 토크가 크고, 연비측면에서는 바람직하지 않다.

신형모터에서는 새롭게 수지재료를 채택하여 모터 본체의 내오일성을 향상시켜 오일씰의 폐지, 베어링의 저 마찰화를 이루어 기계손실을 저감하였다. 또한 오일펌프의 손실저감과 함께 오일교반저감도 수행한 결과, 동력 분할기구를 포함한 트랜스미션 전체에서 약 40% 기계손실을 저감할 수 있었다.

전기계에서는1펄스스위칭 방식채택에 맞춰 자기 회로의 설계를 재검토하고, 시스템 효율의 향상을 더욱 수행하였다. 구체적으로 회전수를 증가시켜 전류를 저하시킬 수 있게 되어, 인버터 손실을 저감하고 있다. 모터에서는 일반적으로 회전수를 증가시키면 같은 전류라도 도크는 증가하지만, 고속역에서 인덕턴스가 증가하고 출력이 저하하는 경향이 있다.

본 모터는 1펄스스위칭 방식의 제어로 보충하고 있다. 회전수 전역에서 효율이 향상하고 있지만, 특히 저회전역에서의 향상이 커 실용연비의 개선이 공헌하고 있다. 이상의 개량으로 기계계, 전기계를 포함한 구동계 시스템의 효율은 60km/L주행시 약 19%수준을 120 km/L주행 시 약 9% 향상되었다. THS Ⅱ 에서는 트랜스미션으로 볼베어링의 채택이나 저 마찰오일의 채택 등으로 마찰손실을 약30%저감하고 있다.

③ 시스템 제어의 개량

엔진본체, 구동계의 개량에 더해 하이브리드 시스템의 통합제어를 수행한다. 엔진의 동작개시출력을 고출력측으로 재검토하고, 발전기의 허용최고회전수를 끌어올려 종래 45km/h 이하였던 간헐운전의 실행허용차속을 65km/h까지 끌어올렸다.

(5)시스템의 소형화, 경량화

종래의 파워트랜스 시스템어서도 비교적 콤팩트하게 설계되어 엔진컴퍼넌트에 탑재되고 있었다. 그러나 전지팩은 후부좌석 뒤에 합리적으로 탑재되어 있지만 트렁크룸 용적을 제한하고 있었다. THS 마이너 체인지에서는 각형전지 및 팩을 신설계하여 개량하였다.

(6) 배터리 구조

기존의 프리우스 용 배터리는 단 1사이즈 (1.2V)의 원통형 니켈수도배터리 6개를직렬로 연결하여 7.2V의 "원통형 모듈"을 구성하고 있다. 이것에 비해 신형프리우스의 배터리는 기본이 되는 1.2V의 배터리 셀을 직방형으로 하여 6셀일체형의 각형 모듈로 하였다. 모듈형상은 방열성 측면에서 박형으로 표면적이 넓은 형태를 하고 있다. 모듈재질은 수지이다.

이것은 알칼리전해액으로의 내성, 셀 간의 전기절연, 모듈형상의 성형성, 중량등으로 결정하였다. 각형 모듈이기 때문에 배터리팩을 구성했을 때 쓸모없는 공간이 없으므로 냉각을 위한 공간도 최소한으로 해결되어 대폭적인소형화를 실현하고 있다.

① 배터리 시스템

기존의 프리우스와 마찬가지로 전기안정성 관점에서 고전압계 부품도 배터리팩에 수납되어있다. 전류센서 일체형 시스템메인릴레이 (SMR), 휴즈일체형 서비스플러그, 배터리 ECU가 그것이다. 또한 베터리 냉각블로어는 차량의 쓸모없는 공간을 효과적으로 이용하여 팩 외부에 배치하였다.

이런 부품도 소형 경량화 되어, 배터리팩 전체로 구 프리우스에 비해 체적 약 60%, 중량 약 30%의 저감을 달성하고, 탑재성과 비용저감에 효과를 올리고 있다.

② 배터리 성능

내부저항을 저감하고 원통형 배터리에 비해 출력 향상을 도모하였다. 배터리팩의 모듈수는 40 모듈에 비해 38 모듈로 삭감되었지만 이전과 동등 이상의 팩 출력성능을 갖고 있다.

또한 이변경은 모듈수를 삭감해도 출력 시 전압저하라 거의 없기 때문에 전기계 컴포넌트의 사양을 변경할 필요는 없었다.

2) 혼다 · 시빅

(1) 시빅 개발 개념과 IMA 시스템(Intergrated Motor Assist System)

혼다의 초기 "인사이트"에서 발달시킨 하이브리드 기술을 기초로 「저연비와 환경대응」을 실현하는 개발 개념을 아래에 나타내었다.

- 연비 No.1 과 에미션 목표치: J-ULEV (초 – 저배출가스: 일본), ULEV (Ultra Low Emission: 미국)
- 시믹에 탑재 가능한 IMA의 콤팩트 설계(트렁크룸 용적 확보)
- 상용영역에서의 높은 응답성의 실현

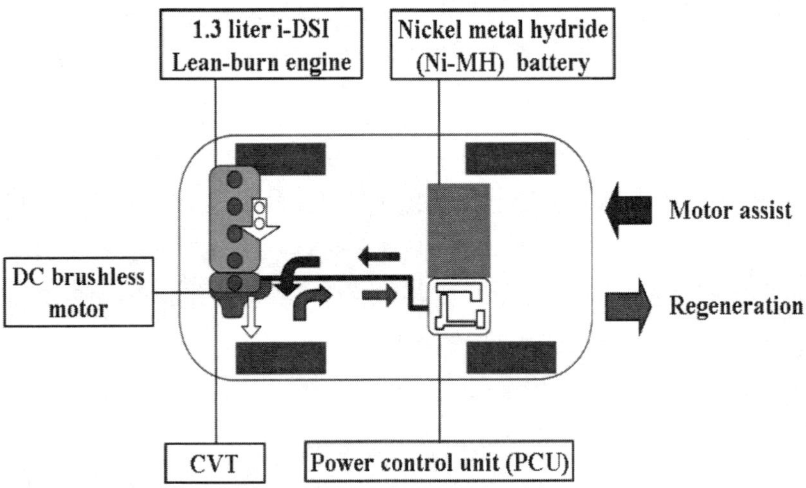

〈그림 3-25〉 IMA system construction (출처: 혼다)

<그림 3-25>와 같이 IMA 시스템은 엔진과 트랜스미션 사이에 DC 브러쉬리스 모터를, 또한 차량후부에 니켈수소배터리와 파워컨트롤 유닛 (PCU)을 각각 배치한 구성이다. 엔진을 주동력으로 하고, 모터는 가속시의 보조동력원과 감속시의 회생제동에만 사용하는 패러럴형 하이브리드파워트레인의 총칭이다.

엔진은 모터와 함께 시빅으로 주행성능을 만족하는 출력특성을 갖는 i-DSI (L13A형 엔진) 혼다 「피트」에 탑재된 4기통 1.3L SOHC 2플러그 린번엔진을 배이스로 하였다. 또한 감속시에 회상하는 전력에너지 증가기구로 기통휴지시스템 CIS (Cylinder Idling System)을 채택하였다. 상세한 내용은 후술한다.

이와 같이 시빅 HEV의 파워트레인은 간단한 구조와 시스템을 채택하여 경량화와 저비용을 목표로 하고 있는 것이 특징이다.

① 엔진

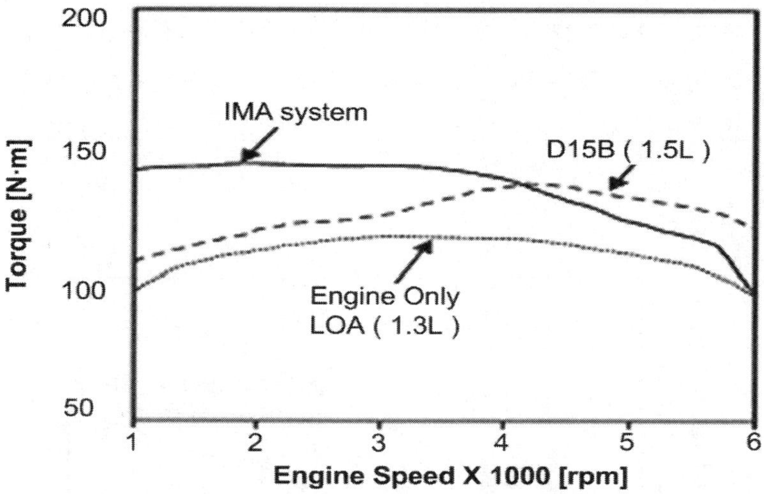

〈그림 3-26〉 IMA 시스템의 토크시스템 (출처: Civic Hybrid)

엔진의 소 배기량화는 저연비화에 효과적이지만 차량동력성능과 양립이 과제이다. 베이스 차량이 되는 시빅iE 탑재용 1.5L엔진(최대출력 77kW, 최대토크 139Nm)에 대해 1.3L 엔진과 모터출력을 합해서 거의 동등한 출력을 확보하고 있다. <그림 3-26> 특히 저속역에서 높은 토크를 발생하는 모터의 특성이 현저하며, iE 1.5L 엔진과 비교하여 2000 rpm 에서 20%의 토크상승을 실현하고 있다.

본 시빅 하이브리드 시스템용 엔진은「피트」에 탑재된 4기통 1.3L SOHC 2플러그 엔진「i-DSL」를 배이스로 희박연소방식을 취하고 있다. 또한 DSI(Dual & Sequential Ignition = 2점위상차 점화제어) 엔진에 의한 급속연소와 린번화로 연소성능을 향상시키고, 마찰을 더욱 저감하여 연비향상을 한층 도모하고 있다. 또한 감속 시에 회생하는 전력에너지를 증가시키는 시스템으로 기통휴지 VTEC(Variable Valve Timing Lift Electric Control) 기구를 채택하고 있다. 감속시에 4기통 중 3기통의 밸브동작을 휴지시키는 것으로 엔진의 마찰손실을 종래에서 50%저감하여 그만큼 에너지 회생량을 증가시키고 있다.

② **IMA를 구성하는 요소 기술**

- **CIS(Cylinder Idling System)**

엔진마찰은mechanical loss와 pumping loss로 구분한다. 감속연료컨 시에 3기통의 흡배기 밸브를 휴지하여 펌핑로스를 저감하고, 그 마찰분을 모터에 의해 회생에너지로 받아들이는 기구이다. 회생에너지의 증가에 따라 가속시의 모터 어시스트량을 증가시켜 저연비화도 도모된다. <그림 3-27>에 감속시의 엔진마찰특성을 나타낸다. 기통휴지에 의한 펌핑로스는 약 50% 저감할 수 있고, 감속 패턴이 많은 주행조건에서는 연비개선 효과가 크다. 또한 CIS제어는 엔진회전수나 차속, 배터리 잔량등의 정보로 CIS변환실시를 판단한다.

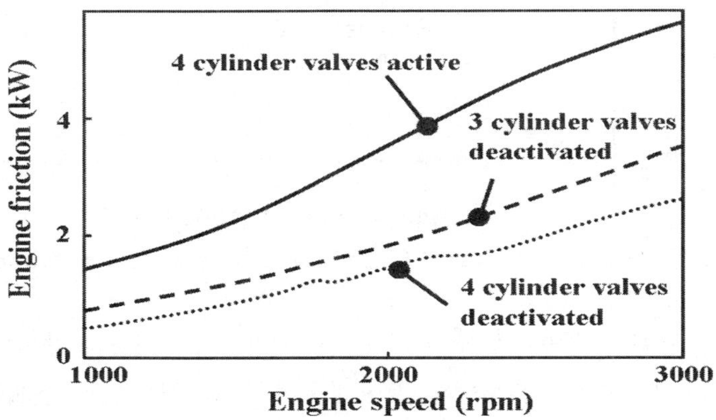

〈그림 3-27〉 CIS에 의한 엔진마찰의 저감
(출처: Civic Hybrid 파워트레인)

- **모터 · 트랜스미션(CVT)**

차체중량의 증가나 에너지 증가에 대응하는 모터로는 최대회생토크의 향상과 효율의 개선이 필요하다.

모터는 레이아웃 상, 외형수치는 인사이트와 동등하게 하고 자기회로의 개량으로 성능향상을 도모하여 이런 개량에 의해 최대 회생토크가 약30%, 상용역의 효율이 약 3% 향상하였다. 트랜스미션은 혼다 오리지널인 멀티매틱 S(CVT)를 채택하고 있다. 피트에서 채택한 CVT의 기본골격을 유지하여 콤팩트화를 도모하고 시빅 iE에 비해 전체길이를 5%저감하여, 시빅 바디에 모터의 탑재를 가능하게 하였다.

또한 중량을 5% 저감하여 경량 콤팩트화를 도모하였다. CVT 시스템의 유압제어 분산

저감 등에 의해 시빅 iE용과 비교하여 마찰의 약20% 저감을 달성하고 CVT제어를 더욱 개량하여 5%의 저연비화를 실현하고 있다.

• **PCU (power control Unit)** • **배터리(Ni-MH)**

모터 구동을 제어하는 PCU, Ni-MH배터리와 고압주변기기의 레이아웃을 개량하여, 콤팩트한 전장유닛 IPU(intelligent Power Unit)화 하였고, 또한 IPU의냉각경로에도 개량을 더하였다.

즉 인사이트에서 채택한 PCU계와 배터리계 2경로 냉각방식에 비해 IPU내의 레이아웃 방안으로 1경로 방식을 채택하였다. 이런 개량으 통해 콤팩트화를 도모하여 인사이트에 탑재한 IPU에 비해 PCU용적이 42% 삭감을 달성하고 있다.

또한 인사이트 이후 원통형 니켈수소전지르 채택하여 모듈의 고효율화로 에너지 손실을 저감하고 게다가 주변기기의 소형화 세단타입 승용차로의 IMA 시스템의 탑재를 가능하게 하여 대체적으로 가솔린 배이스차로 손색없는 트렁크용적을 확보하였다.

신 혼다·시빅 하이브리드 차는 5년 만에 전면 개량하여, 2005년 11월 하순에 발매를 개시하였다 2004년 시빅 전체의 판매실적은 전 세계 합계 57만대이며 북미 38만대(66%), 유럽 11만대(19%) 및 일본 1.2만대(2%), 기타 등이며 세계전략차로 자리매김을 하고 있다.

<표 3-3>에 주동력과 보조동력으로 나누어진 신 하이브리드 시스템을 나타낸다. 주동력 엔진은 지능화 제어의 3스테이지 i-VTEC(가변밸브타이밍·리프트기구)엔진에 의해 저회전·고회전·기통휴지 3단계로 밸브제어를 하는 신개발 1.3L엔진이다.

보조동력 모터는 대폭적인 소형 고효율화를 달성한 독창적인 IMA을탑재하고 있다.

〈표 3-3〉 하이브리드 시스템

Hybrid Main Function Hybrid System Type	1 Engine Stop/Start	2 Regen, Breaking	3 Motor Assist	4 Electric Drive
Conventional	Possible	Minimal	NO	NO
Micro-HEV: 14(...42)V	YES	Minimal	Minimal	NO
Mild-HEV: ~42V ISG	YES	Modest	Modest	NO
Medium-HEV: ~144V	YES	YES	YES	Modest
FULL HEV: ~200V	YES	YES	YES	YES

제4장

전기자동차

1. 오늘날 사용되는 전기자동차의 종류

이제 영향력을 발휘하기 시작한 장거리 주행용 전기자동차를 생산하는데 19~20세기에 걸쳐 제안된 아이디어가 적용되고 있다.

전기자동차에는 기본적으로 6가지 종류가 있으며 다음과 같이 분류된다. 먼저 전통적인 배터리 전기자동차가 있으며 이는 사람들이 전기자동차라 하면 즉시 떠올릴 수 있는 것이다. 그러나 두 번째 형태는 배터리와 내연기관이 결합된 하이브리드 전기자동차로서 가까운 장래에 가장 보편화될 수 있다. 세 번째로는 에너지원으로 연료전지나 금속공기 배터리와 같이 재공급이 가능한 연료를 사용하는 자동차이다. 네 번째로 전력선으로부터 전력을 공급받는 자동차이다. 다섯 번째로 태양광으로부터 얻은 에너지를 직접 사용하는 자동차이다. 여섯 번째는 플라이휠이나 수퍼커패서터와 같은 저장장치에 에너지를 저장하는 자동차로서, 주 동력은 다른 방법으로 얻기 때문에 항상 하이브리드로 동작한다.

그 밖의 차량으로는 전철이나 배 또는 심지어 전기항공기가 있으나, 이 책에서는 바퀴로써 독립적으로 움직이는 차량만을 다룬다.

1-1 배터리 전기자동차

배터리 전기자동차의 개념은 매우 간단하며 <그림 4-1>에 나타나 있다. 자동차는 에너지저장을 위한 전기배터링, 전동기 및 제어기로 구성되어 있다. 전력계통으로부터 배터리를 충전하기 위해서는 보통 차량에 탑재되어 있거나 충전소에 설치된 충전장치를 사용한다. 제어기는 전동기로 공급되는 전력을 제어하므로 전후방향으로 자동차의 속도를 제어할 수 있다. 이것을 보통 전후 방향용 2상한 제어기라 부른다. 마찰이 없는 제동을 구현하고 에너지를 회수하기 위해서는 회생제동 방식을 채택하는 것이 바람직하다. 전후 방향으로 회생제동을 할 수 있으면 이를 4상한 제어기라 부른다.

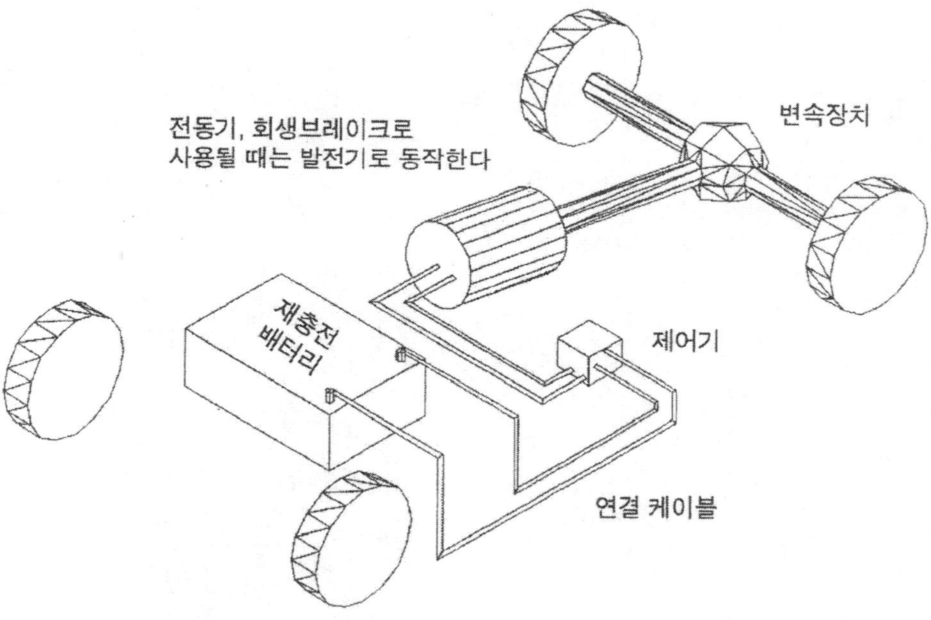

〈그림 4-1〉 재충전 배터리 전기자동차의 개념

현재 이러한 형태의 전기차량을 시중에서 구입할 수 있다. 가장 간단한 것으로는 소형 전기자전거와 3륜 자전거 및 근거리용 소형자동차가 있다. 레저용 시장에서는 소형 골프 전기차가 있으며. 이동용 보조차량도 있다. 또한 전기자동차와 배달트럭 및 버스를 포함한 본격적인 수송용 전기자동차가 있다. 이 자동차들은 모두 주행거리와 성능이 제한되어 있지만 사용목적에는 충분하다.

1-2 내연기관/전기 하이브리드 자동차

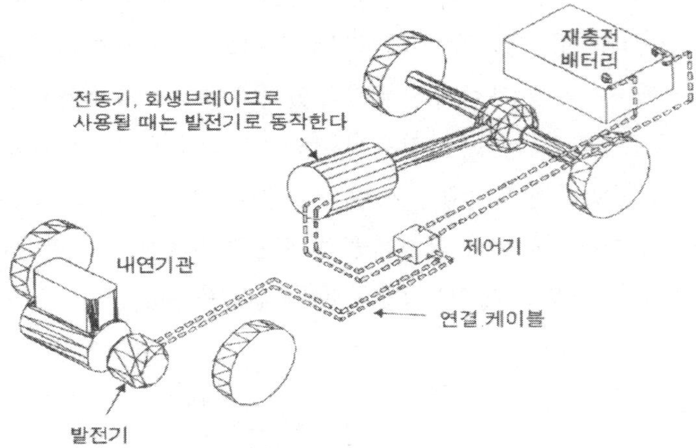

〈그림 4-2〉 직렬 하이브리드 자동차의 개략도

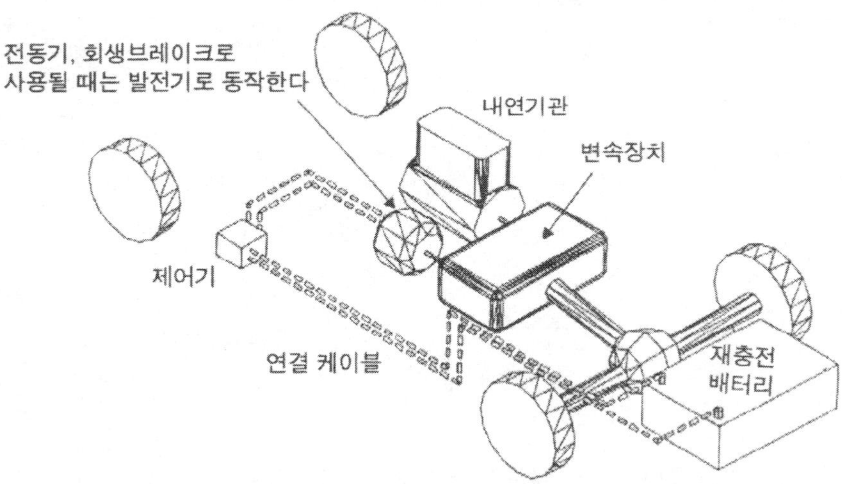

〈그림 4-3〉 병렬 하이브리드 자동차의 개략도

하이브리드 자동차는 2개 이상의 동력원을 가지고 있으므로 다양한 구성이 가능하다. 가장 일반적인 하이브리드 자동차는 내연기관과 배터리, 전동기 및 발전기가 결합된 것이다.

하이브리드 자동차는 직렬 하이브리드와 병렬 하이브리드의 2가지 기본 방식이 있으며, 각각 <그림 4-2>와 <그림 4-3>에 나타나 있다. 직렬 하이브리드 방식에서는 자동차가

한 개 이상의 전동기로써 구동되며, 이 전동기들은 배터리나 내연기관에 연결된 발전기 또는 이 둘 모두에 의해 전력이 공급된다. 그러나 어떤 경우에도 구동력은 전동기에서 발생된다.

병렬 하이브리드 방식에서는 내연기관에서 발생된 구동력이 변속기를 통해 바퀴에 직접 전달될 수도 있고, 한 개 이상의 전동기로써 구동될 수도 있으며, 동시에 이 둘 모두에 의해 자동차가 구동될 수도 있다.

직렬 및 병렬 하이브리드 방식 모두 배터리는 엔진이나 발전기에 의해 주행 중에 충전되므로, 하이브리드 자동차의 배터리는 순수한 배터리구동 차량만큼 클 필요가 없다. 또한 두 방식 모두 회생제동이 가능하므로 구동전동기는 발전기로서 작용하여 자동차를 감속시키면서 배터리를 충전시킬 수 있다.

직렬 하이브리드 방식은 특수한 분야에만 사용되는 경향이 있다. 예를 들면 기차의 디젤엔진은 거의 항상 직렬 하이브리드 방식이며, 선박의 경우에서도 가끔 그런 구조를 볼 수 있다. 특수한 전지형차(全地形車, all-terrain vehicle)도 일부는 직렬 하이브리드 방식이며, 각 바퀴에는 독립적으로 제어되는 전동기가 장착되어 있다. 직렬 하이브리드 방식의 가장 큰 단점은 구동에 필요한 모든 전기에너지가 발전기와 전동기를 거쳐야 한다는 것이다. 이 때문에 전동기와 발전기가 커져서 가격이 비싸진다.

반면에 병렬 하이브리드 방식은 응용분야가 매우 넓다. 전기기기는 모든 에너지를 변환시키기지 않으므로 훨씬 더 작고 값싸게 될 수 있다. 병렬 하이브리드 방식은 다양한 형태로 구성할 수 있다. 가장 간단하게는 배기가스 규제를 받는 도심에서는 배터리로 구동하고 도시를 벗어나서는 내연기관만으로 구동하는 것이다. 좀 더 구동하고 도시를 벗어나서는 내연기관만으로 구동하는 것이다. 좀 더 효과적인 방식으로는 병렬 하이브리드 자동차가 주행될 때 배터리와 내연기관을 조합하여 사용함으로써 연속적으로 내연기관의 효율을 최적화시키는 것이다. 가장 널리 사용되는 방식은 자동차를 구동시키기 위한 기저동력(basic power, 최대 동력의 약 50%)을 내연기관으로부터 얻고 나머지 동력은 전동기와 배터리로부터 얻으며, 배터리가 필요하지 않을 때에는 엔진으로 구동되는 발전기로부터 배터리를 충전시키는 것이다. 현대의 제어기술을 사용하면 배기가스의 배출을 최소화하고 연료효율이 최대화되도록 엔진의 속도와 토크를 제어할 수 있다. 기본원리는 적절한 속도에서 내연기관을 상당히 강하게 가동시키고, 그렇지 않은 경우에는 엔진을 완전히 정지시키는 것이다.

병렬 하이브리드 시스템에서는 다음과 같이 '하이브리드화 정도(degree of hybrid, 이하

DOH)' 라 부르는 변수를 사용한다.

$$DOH = \frac{\text{전동기 동력}}{\text{전동기 동력} + \text{내연기관 동력}}$$

'하이브리드화 정도'가 크면 클수록 내연기관을 더욱 소형화할 수 있으며, 주행시간의 대부부능르 최적효율 부근에서 동작시킬 수 있다. 이 책을 집필할 즈음에 캘리포니아 공기자원 위원회(California Air Resources Board)는 <표 4-1>과 같이 3가지의 하이브리드화 수준을 제시했다. 표의 마지막 행에는 각 자동차의 '환경값(environmental value)'주어져 있다.

하이브리드 자동차는 비록 짧은 시간이지만 엔진을 완전히 정지시킨 채 전적으로 배터리의 전력만으로 주행할 가능성이 있기 때문에 '부문 무배출차량(partial zero emission vehicle)'이라 부른다.

하이브리드 자동차는 기존의 자동차에 비해 매우 비싸다. 그러나 몇 가지 없어지는 것도 있다. 직렬방식에서는 기어박스가 필요 없고, 변속기를 단순화 할 수 있으며, 마주보는 바퀴에 한 쌍의 전동기를 장착함으로써 차동장치를 없앨 수 있다. 직렬 및 병렬방식 모두 기존의 시동장치가 필요하지 않다.

〈표 4-1〉 CARB의 하이브리드 전기자동차 분류(2003년 4월)

	수준1 저전압 HEV	수준 2 고전압 HEV	수준 3 고전압 고출력 HEV
전동기 구동 전압	< 60 V	≧ 60 V	≧ 60 V
전동기 구동 최대 출력	< 4 kW	≧ 10 kW	≧ 50 kW
회생제동	가능	가능	가능
공회전 정지/출발	가능	가능	가능
10년/150 kmile 배터리 보증	있음	있음	있음
ZEV 프로그램 점수	0.2	0.4	0.5

〈그림 4-4〉 Toyota 의 Prius

현재 시중에는 몇 가지의 하이브리드 자동차가 나와 있으며, 앞으로 수년 내에 급속히 성장할 분야이다. <그림 4-4>의 Toyota Prius는 실제로 대중의 관심을 끈 하이브리드 자동차로서, 1998년에 시판된 이래 2년이 지나지 않아 일본의 도로를 주행하는 전기자동차의 수를 2배 이상 증가시켰다. Prius는 1.5 리터의 가솔린엔진과 33 kW의 전동기를 함께 사용하거나 또는 독립적으로 사용함으로써 연료효율을 최대로 하고 있다. 사용된 배터리는 니켈금속수소화물 배터리이다. Prius는 내연기관에 의한 오염이 가장 심하고 효율 또한 가장 낮은 때인 출발 또는 저속에서 내연기관을 사용하지 않고 전동기만을 사용한다. 또 회생제동을 채택하고 있기 때문에 1 갤런(미국 단위) 당 56.5 마일(영국 단위로는 1 갤런 당 68마일)을 주행할 수 있어 전체 연료효율이 매우 높다. Prius는 최고속력이 160km/h(100 mph)이며 정지에서 100 km/h(62 mph)까지 13.4초 만에 가속할 수 있다. Prius의 배터리는 엔진에 의해서만 충전되며 외부전원을 이용하지 않는다. 따라서 종래와 같이 오직 가솔린 만이 재급유 된다. 또 사람을 충분히 수용할 수 있으며, 캐터리는 일반자동차보다 다소 더 크지만 짐 실을 공간에는 거의 영향을 미치지 않았다. 완전 자동 변속장치는 이 자동차의 또 다른 매력으로써 일반인이 이 전기자동차로 다양한 여행을 할 수 있다.

Toyota Prius는 <그림 4-4>처럼 직접 내연기관으로 자동차를 구동하는 병렬 하이브리드 방식의 특성을 주로 가지고 있다. 그러나 전동기와 발전기가 분리되어 있어 직렬모드로 운전할 수 있으므로 '순수한' 병렬 하이브리드 방식은 아니다. Prius는 주전원(epicycle, 그 중심이 다른 큰 원의 둘레 위를 회전하는 작은 원) 방식의 상당히 복잡한 '동력분리장치 (power splitter)' 기어박스를 가지고 있기 때문에, 전동기 또는 내연기관의 구동력을 원하는 비율로 바퀴나 기어박스에 전달할 수 있다. 또 회생제동에 의해 바퀴로부터의 동력을 발전기로 전달할 수 있다.

대부분의 자동차 메이커들은 이제 진정한 병렬 하이브리드 방식의 자동차를 출시하고 있다. 또 인기차동인 Honda Civic을 개조한 병렬 하이브리드 방식 전기자동차도 구입할 수 있다.

병렬 하이브리드 구성에는 내연기관과 전기기기가 나란히 배치된 <그림 4-3>와 같은 배열을 포함해 거의 무한대의 배열방식이 있을 수 있다. 앞서 언급한 Honda 자동차는 기존 내연기관의 플라이휠 자리에 크랭크축과 일렬로 전기기기를 배치하였다. 시중에 출시된 또 다른 주목할 만한 하이브리드 자동차로는 미국의 인기 있는 스포츠용 자동차(sports utility vehicle, 이하 SUV)를 개조한 것을 들 수 있다. 이 자동차는 <그림 4-5>처럼 내연기관과 전기기기가 다른 차축(axle)에 연결되어 있으며, 전기시스템은 뒷바퀴를 구동하고 내연기관은 앞바퀴를 구동한다. 이것이 진정한 병렬 하이브리드 자동차이며, 도로는 전기시스템과 엔진시스템을 연결하는 매개체로서 간주할 수 있다. 이 배열방식은 조립이 간단하다는 면에서 많은 매력이 있으며, 자동차가 4륜 구동능력을 가지도록 하는 가장 적절한 방법이다. 배터리는 주로 회생제동에 의해 충전되지만, 그것만으로 충분치 않다면, 저속 주행 시에 뒷바퀴는 전기적인 제동에 의해 배터리를 충전시키면서 앞바퀴를 더욱 가속시켜 속도를 유지한다. 따라서 도로를 이용해 에너지가 내연기관에서 배터리로 전달된다.

이 아이디어를 변형시킨 것이 <그림 4-6>에 나타나 있다. 대부분의 SUV는 내연기관에 의해 뒷바퀴가 구동되므로 전력을 앞바퀴 축으로 전달하면 병렬 하이브리드 자동차가 된다. 이 방식은 <그림 4-5>의 방식에 비해 약간의 장점을 가진다. 그것은 제동 시 무게가 앞바퀴로 전달되기 때문에 앞바퀴 축에서 회생제동 전력을 더 많이 얻을 수 있다는 것이다.

모든 형태의 하이브리드 자동차의 경우, 자동차가 주행하지 않을 때 배터리가 전력계통선에 의해 충전될 수 있다고 한다면 하이브리드 자동차의 구성방식은 훨씬 더 다양해질 수 있다. 이는 매우 큰 배터리가 사용되는 경우에만 고려할 가치가 있으며, 이로 인해 자동차가 배터리만으로 상당한 거리를 주행할 수 있다. 조만간 이러한 자동차를 출시할 계획을 갖고 있는 자동차 제작사는 없지만 수 년 내에 개발될 것이다.

내연기관/배터리 하이브리드 자동차의 구성방식은 매우 다양하지만 주된 기술적 구성요소는 전동기, 배터리, 제어기로서 본질적으로 동일하다. 따라서 이장에서 기본적인 기술들이 소개되었기 때문에 따로 하이브리드 자동차의 중요성을 설명하지 않는다.

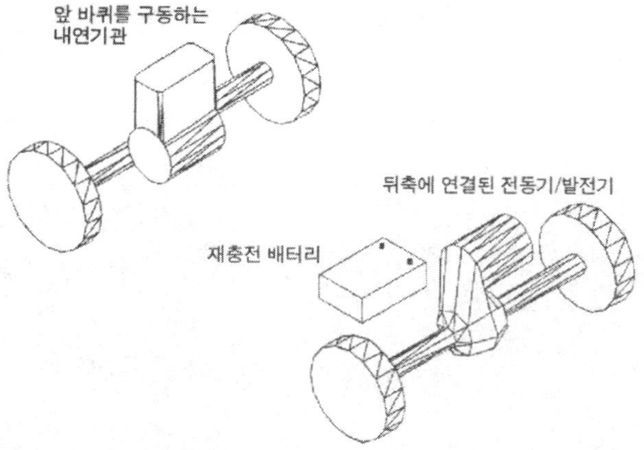

〈그림 4-5〉 병렬 하이브리드 시스템.
내연기관은 앞바퀴 축을 구동하고 전력은 뒷바퀴로 전달한다.

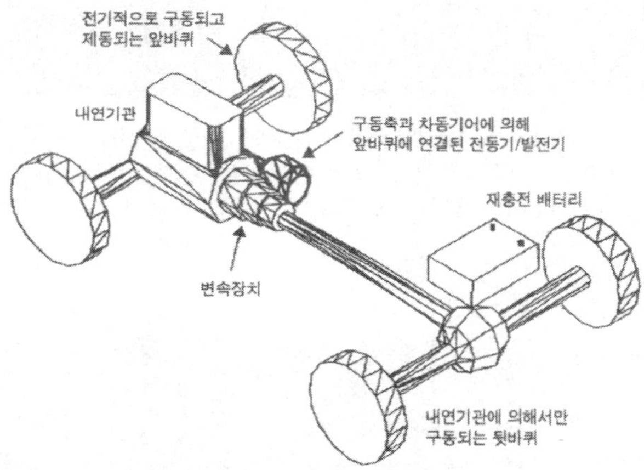

〈그림 4-6〉 또 다른 가능한 병렬 하이브리드 구성.
전력은 앞바퀴로, 내연기관의 동력은 뒷바퀴로 전달된다.

1-3 연료공급 전기자동차

연료를 사용하는 전기자동차의 기본원리는 배터리 전기자동차와 동일하지만 충전가능 배터리 대신에 연료전지나 금속공기 배터리를 사용한다. 대부분의 대형 자동차 제작사들은 매우 앞선 기술로 연료전지 자동차를 개발했다. 예를 들어 Daimler-Chrysler는 Mercedes A 시리즈를 기반으로 Ballard의 연료전지를 사용한 연료전지 자동차를 개발했으며, 그 중의 하나가 <그림 4-7>에 나타나 있다. 이 연료전지는 액체 형태로 저장된 수소가 연료이다.

연료전지는 약 1840년 경에 발명되었지만 대부분의 사람들에게는 친숙하지 않은 기술이다.

〈그림 4-7〉 1999년의 Necar 4 연료전지 자동차,
이것은 내연기관 자동차와 유사한 성능과 주행거리를 가지는 최초의 연료전지 자동차였다.
최고속력은 144 kph, 주행거리는 450 km였다. 수소연료는 액체로 저장된다.

〈그림 4-8〉 Honda FCX
2002년 미국에서 공공용으로 인증을 받은 최초의 연료전지 자동차였으며, 따라서 원칙적으로는 일반인도 구입할 수 있다. 이 4인용 도시용 자동차는 최고속도가 150 kph, 주행거리는 270 km였다.
수소연료는 고압탱크에 저장된다.

〈그림 4-9〉 Citaro 연료전지 구동 버스.
2003년에 서비스를 시작하는 차량 중의 하나이다

연료전지의 주된 문제는 수소연료가 필요하다는 것이다. 수소연료는 차량에 탑재되어 저장되지만, 이는 쉬운 문제가 아니다. 다른 방법은 메탄올과 같은 연료로부터 수소를 만드는 것이다. Necar 4를 더욱 개량한 Necar 5에서는 이 방식을 채택하여, 일반자동차가 가솔린을 주유하는 것과 같이 간단히 메탄올을 재급유할 수 있다. 이 자동차가 <그림 4-8>에 나타나 있으며, 최고속도는 150kph이고 전체적인 메탄올 소비율은 51 리터/100km였다. 주목할 만한 또 다른 연료전지차는 <그림 4-8>의 혼다 FCX로서, 미국의 환경보호국(Environmental Protection Agency, EPA)에 의해 무배출차량(zero emission vehicle)으로서 공식적으로 등록된 최초의 연료전지차이다.

버스와 같은 공공서비스용 차량은 한 곳에서 연료를 충전시키기 때문에 수소와 같은 연료를 좀 더 편리하게 사용할 수 있다. 버스는 일찍부터 연료전지를 적용할 수 있는 매우 기대되는 응용분야로서 그 예가 <그림 4-9>에 주어져 있다.

Electric Fuel Transportation사(EFTC)에 의해 생산된 아연공기 배터리는 미국과 유럽에서 자동차용으로 시험되었다. 이 회사가 밝힌 목표는 10년 내에 아연공기 배터리가 장착된 전기버스를 사용화수준으로 보급하는 것이었다. 2001년 여름 기간 동안 아연공기 배터리로 구동되는 무배출버스가 New York주의 여러 곳에서 시험을 완료했으며, 그 후 같은 해에 Nevada 주에서도 시범운행되었다. 독일에서는 정부가 자금을 지원한 기업 컨소시움이 EFTC의 아연공기 배터리를 사용한 무배출 배달차량을 개발하고 있다.

금속공기 배터리는 연료전지가 변형된 것으로, 재사용할 수 있는 금속전극을 교체함으로써 연료가 재공급된다. 아연공기 배터리는 금속공기 배터리 중에서 특히 주목받는 배터리이다.

1-4 전력선을 이용한 전기차량

트롤리버스와 전차는 모두 잘 알려져 있으며, 한때는 도시의 운송수단으로서 널리 사용되었다. 이 차량들은 도시의 운송수단으로서 비용 대비 효과가 큰 무배출차량 이므로 어떤 도시에서는 아직도 사용되고 있다. 보통 공중의 전력선에 의해 전력이 공급되며, 전력선이 없는 경우 트롤리버스가 제한된 거리를 주행할 수 있도록 소형 배터리가 설치되어 있다.

이제 왜 이러한 차량들의 대부분이 사라졌는가를 밝히는 것은 어렵다. 전차나 트롤리버스를 없애는 것이 유행이었던 시절에는 환경적인 고려나 온실가스에 대한 염려보다는 가격이 가장 중요한 기준이었음을 기억해야 한다. 화석연료는 싼 반면 공중의 전력선은 보기 흉하고 가설(架設)하는데 유연성이 없으며 값이 비싸고 유지보수가 필요하다. 특히 반드시 필요한 개인 승용차를 운행하는데 전차가 방해가 된다고 생각하였다. 내연기관 자동차가 도로를 차지하여 마을과 도시를 오염시키고 있는 오늘날에는 그 기준이 다시 바뀌었다. 비록 이 책의 대부분은 자동차에 할애하고 있지만, 전력선에 의해 전력을 공급받는 전기차량은 현대의 운송수단에 매우 큰 영향을 미쳤기 때문에 설계자는 그 개념을 간과하지 않아야 한다

1-5 태양광발전 구동 자동차

1996년에 세계 태양광자동차 경주대해에서 우승한 Honda의 Dream과 같은 태양광 자동차는 비싸기도 하지만 햇빛이 강한 지역에서만 효율적으로 주행할 수 있다. Honda의 Dream 태양광차는 Darwin에서 Adelaide까지 오스트레일리아를 횡단하는 동안 85kph(50 mph)의 평균속도를 기록하였다. 이러한 특성을 가진 자동차가 매일 운행하는 자동차로써 실제로 사용될 것 같지는 않지만, 태양광 셀의 효율은 꾸준히 증가하며 가격은 감소하고 있다. 자동차의 표면을 태양광 셀로 덮어 씌워 근거리 차량의 배터리를 계속 충전시킨다는 개념은 매우 현실적인 아이디어로서, 가격은 떨어지고 효율은 증가하기 때문에 언젠가는 실현될 수 있을 것이다.

1-6 플라이휠 또는 수퍼커패시터를 사용하는 전기자동차

〈그림 4-10〉 Parry People Mover,
이 전기차량은 에너지를 저장하기 위해 플라이휠을 사용한다.

에너지 저장장치는 플라이휠과 수퍼커패시터를 포함하여 여러 가지 종류가 있다. 일반적으로 이 두 장치는 비동력(수퍼커패서터의 경우는 비전력, specific power)이 크며, 이는 곧 에너지를 매우 빠르게 받아들이고 내보낼 수 있다는 것을 의미한다. 그러나 현재로는 저장할 수 있는 에너지의 양이 상대적으로 작다. 다시 말하면 동력밀도(또는 전력밀도, power density)는 높지만 에너지밀도는 낮다.

영국의 John Parry는 에너지 저장장치로서 플라이휠을 사용한 새로운 전기자동차를 설계하였다. 이 자동차는 전동기에 의해 플라이휠이 가속된다는 점에서 근본적으로는 전차와 같다. 역에서 승객을 태우느라 전차가 정지하고 있을 때 필요한 전력이 공급된다. 전차는 기어박스에 연결된 팔라이휠에 의해 구동된다. 또한 전차를 감속시킬 때는 기어박스를 통해 플라이휠에 의해 구동된다. 또한 전차를 감속시킬 때는 기어박스를 통해 플라이휠이 가속되기 때문에, 자동차의 운동에너지가 플라이휠의 운동에너지로 전달되어 효과적으로 회생제동이 이루어진다. 이 차량이 <그림 4-10>에 나타나 있다. 발명자는 애초에 플라이휠가 기어박스가 기존의 배터리 구동자동차에 설치되도록 고안하였다. 이 자동차의 장점은 먼저 배터리의 경우 에너지를 빠르게 받아들이고 내보내기가 쉽지 않지만, 플라이휠은 가능하다는 것이다. 두 번째로 그러한 구성으로 인해 상당히 높은 효율로 에너지를 회수할 수 있기 때문에 배터리의 무게를 줄일 수 있다.

〈그림 4-11 하이브리드 디젤/전기 버스〉

전기에너지는 커패시터에 저장된다.

또 전력을 저장하기 위해 울트라커패시터(ultra capacitor)를 사용한 실험 차량이 시험된 바도 있다. <그림 4-11>의 버스처럼 주 동력원은 내연기관이거나 또는 연료전지가 될 수 있다. <그림 4-11>의 MAN 버스는 디젤엔진을 사용한다. 두 경우 모두 커패시터의 목적은 차량의 속도가 줄어들 때 운동 에너지를 회수하여 급가속 동안에 사용할 수 있는 최대전력을 증가시킴으로써, 차량을 구동시키기 위한 엔진이나 연료전지를 소형화시키는 것이다.

커패시터나 플라이휠과 같은 에너지 저장장치는 다양한 하이브리드 차량에 사용될 수 있다. 하이브리드 차량에 사용될 수 있는 에너지 공급원은 충전가능 배터리, 연료공급 배터리, 연료전지, 태양력, 내연기관, 전력선, 플라이휠과 커패시터 등이다. 이들 가운데 2가지 이상이 하이브리드 전기자동차에 함께 사용될 수 있으므로, 에너지원이 2개인 경우 모두 21개의 에너지원 조합이 가능하게 된다. 만약 3개 이상의 에너지원을 함께 사용하면 가능한 조합의 수는 35개 이상이 된다. 하이브리드 조합을 고려하는 경우 확실히 다양한 선택의 여지가 있다.

1-7 미래의 전기자동차

전기자동차의 미래가 어떠할 지는 물론 아직 알 수 없다. 그러나 환경에 대한 영향을 최소화하는 자동차의 필요성은 시급하다. 그러한 자동차를 생산하기 위한 대부분의 기술은 이미 개발되었으며, 현재는 가격이 비싸지만 수요가 증가함에 따라 가격이 낮아질 것이므로 대량생산이 가능할 것이다.

다음에는 현재 및 미래의 전기자동차의 기초가 되는 핵심기술을 설명한다. 즉 배터리, 커패시터나 플라이휠과 같은 에너지 저장장치, 연료전지, 수소공급, 전동기 등이 그것이다. 일단 이들의 기본개념을 이해하면 이들을 자동차로 통합시키는 방법을 설명한다. 이 방법의 가장 중요한 점은 자동차의 성능을 모델링하는 것이다.

마을과 도시에서는 무배출차량을 사용하고 연료소모를 줄이기 위해 전기기술을 이용할 것이라고 실제로 전망된다. 이것을 실현하는 것은 공학도와 과학자 및 설계자에게 달려있다.

2. 배터리

2-1 소개

앞 장에서 우리는 여러 가지 다른 형태와 크기를 가진 전기자동차가 있음을 알았다. 그러나 거의 모든 경우에 배터리가 핵심요소이다. 전통적인 전기자동차에서 배터리는 유일한 에너지 저장장치이며, 값과 무게 및 체적이 가장 큰 요소이다. 하이브리드 자동차에서도 역시 배터리는 지속적으로 에너지를 받아들이고 내보내는 가장 중요한 핵심 요소이다. 어떤 연료전지 자동차는 보통의 내연기관 자동차에 사용되는 것과 비슷한 크기를 갖는 배터리를 장착하여 만들어 졌지만, 대부분의 초기 연료전지 자동차는 꽤 큰 배터리를 가지고 있었으며, 하이브리드 형태인 연료전지/배터리 모드로 동작된다. 간단히 말해 전기자동차와 관련된 모든 사람은 배터리 기술과 성능을 잘 이해하는 것이 필수적이다.

전기배터리란 무엇인가? 배터리는 2개 이상의 전기적인 셀이 결합되어 있다. 이 셀은 화학에너지를 전기에너지로 변환시키는 것으로써, 2개의 전극과 이들을 연결하는 전해질로 이루어져 있다. 전극과 전해질 사이에서는 화학반응에 의해 직류전력을 발생시킨다. 2차 배터리 또는 충전배터리의 경우, 전류를 역으로 흘리면 화학반응이 역으로 발생하여 배터리를 충전상태로 바꿀 수 있다.

'납' 배터리는 가장 잘 알려진 충전배터리이지만 다른 종류도 많이 있다. 충전배터리를 최초로 사용한 전기자동차는 충전가능 납 배터리의 발명보다 4반세기 정도 앞서 만들어졌다. 배터리를 만들 수 있는 재료와 전해질은 매우 많다. 그러나 전기자동차용으로 적합하면서 상용화될 수 있는 충전배터리의 재료와 전해질은 그다지 많지 않다. 지금까지 개발된 것으로는 납, 니켈 철, 니켈 카드뮴, 니켈금속수소화물, 리튬폴리머, 리튬철, 나트륨황, 나트륨금속염화물 등이 있다. 또한 연료를 재공급할 수 있는 배터리들이 최근 개발되었는데, 중요한 것으로는 알루미늄공기 배터리와 아연공기 배터리가 있다. 약 150년 동안 많은 연구가 이루어졌지만 전기자동차에 사용하기 적합한 배터리는 아직 개발되지 않고 있다. 그러나 최근 배터리에 대한 몇 가지 중요한 기술적인 진전이 있어 미래에 큰 희망을 가지게 되었다. 또한 그들의 성능을 이해하고 적절히 모델링할 수 있다면, 현재의 배터리를 유일하면서도 가장 중요한 에너지 저장장치로 사용하여 성능이 매우 우수한 자동차를 설계할 수 있을 것이다.

전기자동차 설계자의 관점에서 생각해 볼 때 배터리는 어떤 성능에 대한 기준이 있는 '블랙박스(blackbox)'로 취급될 수 있다. 그 기준들이란 비에너지, 에너지밀도, 비전력, 대표적인 전압, Amp-hour 효율, 에너지효율 상용화 가능성, 가격, 운전온도, 자기방전율(self-discharge rate), 수명(life cycle), 재충전율(recharge rate), 다음 장에서 설명할 용어들 등이다. 또 대기온도, 충전율 및 방전율, 배터리 형상, 최적온도, 충전방법, 냉각의 필요성 및 미래가능 기술 등에 따라 에너지 이용도가 어떻게 변화하는가를 설계자는 이해할 필요가 있다. 그러나 최소한 배터리의 기본적인 화학반응을 이해하는 것이 매우 중요하며, 그렇지 않으면 배터리의 성능이 달라지거나 유지보수 필요성, 배터리의 실망스러운 성능(예를 들면 제한된 수명, 자기방전, 전류가 클 경우의 효율 감소 등)을 이해할 수 없다. 또한 사고 시에 발생할 수 있는 위험이나 배터리의 화학반응이 환경에 미치는 전체적인 영향 등에 대해 기본적인 지식을 가질 필요가 있다. 배터리를 재사용하는 문제 또한 점점 더 중요해지고 있다.

배터리의 거동과 성능을 나타내는 주된 파라메터가 다음 절에 주어져 있다. 다음 절에서는 가장 중요한 몇 가지 종류의 배터리에 대한 화학반응과 성능을 개략적으로 살펴보고, 마지막으로 배터리 성능을 모델링하는데 가장 중요한 주제를 다룰 것이다.

2-2 배터리 파라메터

1) 셀 및 배터리 전압

모든 전기적 셀은 전력을 공급할 때의 근사전압(approximate voltage)인 공칭전압

(nominal voltage)이 있다. 셀은 필요한 전압을 얻기 위해 직렬로 연결된다. 견인용 전기자동차의 배터리 전압은 보통 6V 또는 12V이며, 필요한 전압을 얻기 위해 직렬로 연결된다. 실제로 이 전압은 변화한다. 즉 전류가 흐르면 전압은 감소하며, 배터리가 충전되면 전압이 상승한다.

이는 '내부저항'으로 설명할 수 있으며, 배터리의 등가회로가 <그림 4-12>에 주어져 있다. 배터리는 일정한 전압 E로 나타낼 수 있지만, 내부저항 R에 걸리는 전압 때문에 단자전압 V가 변한다. <그림 4-12>처럼 전류 I가 배터리에서 흘러나간다고 가정하면 기본 회로이론에 의해 다음 식이 성립한다.

$$V = E - IR$$

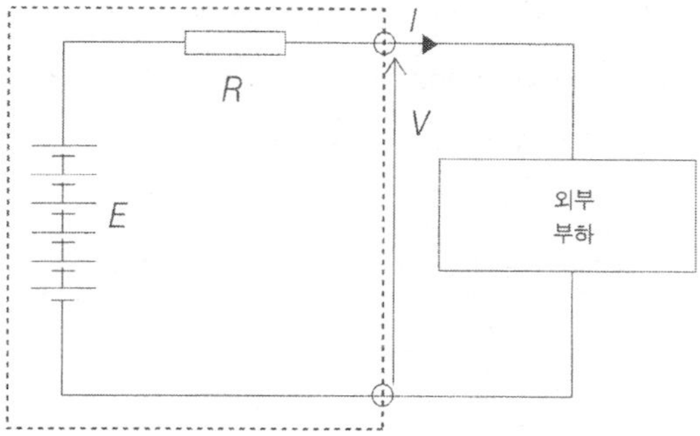

〈그림 4-12〉 배터리의 간단한 등가회로 모델.
이 배터리는 6개의 셀로 구성되어 있다.

전류가 영(zero)이라면 단자전압은 E와 같게 되므로 E를 보통 개회로전압이라 부른다는 것을 명심하라. 배터리가 충전 중이라면 전압은 IR만큼 증가할 것이 확실하다. 전기자동차 배터리의 내부저항은 가능한 한 작아야 한다는 것이 명백하다.

일반적으로 <그림 4-12>의 식은 사용 중인 배터리의 전압을 상당히 정확하게 예측할 수 있다. 그러나 개회로전압 E는 실제로 일정하지 않다. 또한 전압은 '충전 상태(State of charge)' 및 온도 등과 같은 다른 요인들에 의해 영향을 받는다. 이에 대해서는 11)에서 자세히 다룰 것이며, 또한 배터리의 성능을 모델링하는 문제도 살펴본다.

2) 충전(Amp-hour) 용량

배터리가 공급할 수 있는 전하량은 가장 결정적인 파라메터이다. 전하량에 대한 SI 단위는 쿨롱(Coulomb)으로써, 1Coulomb은 1초 동안에 1A의 전류를 흘릴 수 있다. 그러나 이 단위는 작아서 불편하므로 대신에 Amp-hour의 단위가 사용되며, 이것은 1A의 전류가 1시간 동안 흐를 때의 단위이다. 배터리의 용량은 예를 들어 10 Amp-hour로 나타낼 수 있다. 이는 배터리가 10 시간 동안에 1A, 5 시간 동안에 2A 또는 이론적으로는 1 시간 동안에 10A를 흘릴 수 있다는 것을 의미한다. 그러나 실제로는 대부분의 배터리는 이와 같이 동작하지 않는다.

배터리가 10 시간 동안 1A의 전류를 공급할 수 있을 때, 10A의 전류를 흘리게 한다면 흐르는 시간은 1시간이 되지 않는다. 이것을 이해하는 것이 가장 중요하다. 전기자동차(견인전동기와 배터리)에 사용되는 대형 배터리의 용량은 보통 5시간 방전량으로써 정해진다. <그림 4-13>는 충전된 배터리가 매우 빠르게 또는 매우 느리게 방전될 때 용량에 어떤 영향을 미치는가를 보여주고 있다. 이 그림은 42 Amp-hour에 대한 특성이다. 만약 1시간 이내에 방전되면 용량은 약 34Amp-hour로 매우 크게 떨어진다. 반면에 전류가 20시간 동안 천천히 흐르면 용량은 약 46Amp-hour로 증가한다.

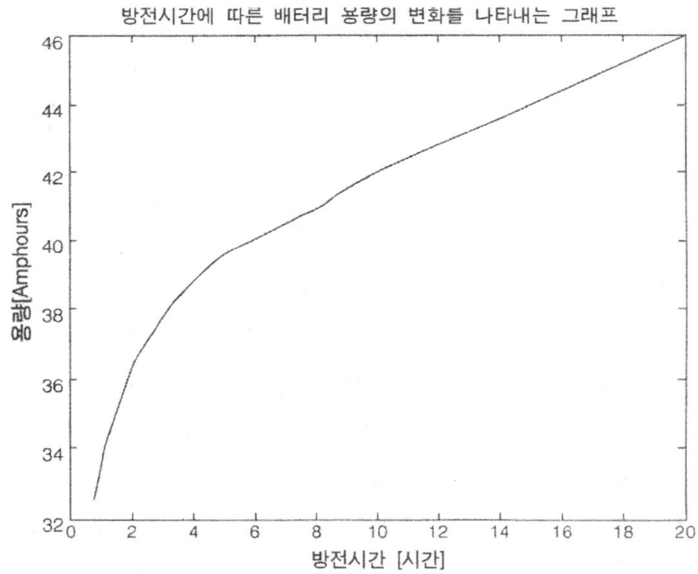

〈그림 4-13〉 보통의 42 Amp-hour 배터리의 Amp-hour 충전용량 변화를 나타내는 그래프. 이 그래프는 Hawker Energy Products사의 견인전동기용 납 배터리의 용량을 측정한 것이다.

이러한 용량변화는 셀 내부의 바람직하지 않는 부작용 때문이다. 이 영향은 납 배터리에서 가장 두드러지게 나타나는 현상이지만, 다른 배터리에서도 존재한다. 배터리를 모델링할 때 이와 같은 영향을 정확하게 예측할 수 있는 것이 매우 중요하므로 11)에서 다룬다.

이제 설명해야 할 가장 중요한 점은 충전용량이다. Amp-hour의 단위를 가지는 배터리의 용량은 문자 C로써 나타낸다. 그러나 이 기호는 커패시턴스를 나타내는 데로 사용하므로 다소 혼란스러울 수 있지만, 익숙해지면 문맥상에서 구분할 수 있다.

배터리가 42Amp-hour의 용량을 가지고 있으면 $C = 42$Amp-hour이다. 배터리 사용자들은 '2C의 방전전류' 또는 '0.4C로 배터리 충전'이라 말하는 경우가 많은데, 이는 방전전류가 84Amp 또는 충전전류가 16.8Amp임을 의미한다.

이러한 성능을 좀 더 자세히 표현하기 위해 C 기호에 아래 첨자를 사용한다. 앞서 언급한 것처럼 배터리의 Amp-hour 용량은 방전시간에 따라 변화한다. 따라서 우리의 경우 42 Amp-hour의 배터리를 10시간 동안 방전시켜 평가하였다. 이것을 좀 더 자세히 나타내기 위해 84Amp의 방전전류는 $2\,C_{10}$으로 나타낸다.

예) 42Amp-hour 배터리에서 21Amp의 전류가 흐를 때 이를 기호 C를 사용하여 나타내어라.

21은 42에 대한 비가 0.5이므로, 전류 21 Amp = $0.5\,C_{10}$

이 방법은 전류와 배터리의 크기가 서로 연관되어 있기 때문에 이와 같이 배터리전류를 나타내는 것이 매우 편리하다. 때로는 정격방전시간을 나타내는 아래 첨자가 생략되는 경우가 있지만 배터리 관련 책이나 사양에서 이러한 표시방식이 가장 널리 사용된다.

3) 저장 에너지

배터리의 목적은 에너지를 저장하는 것이다. 배터리에 저장된 에너지는 '전압'과 저장된 '전하량'에 따라 다르다. SI 단위는 Joule이지만 매우 작아서 사용하기 불편하므로 대신에 Watthour를 사용한다. 이 단위는 1시간 동안에 1Watt의 전력을 사용하는 경우의 에너지양이다. 1Watthour는 3600 Joule이다. Watthour는 충전단위인 Amp-hour와 다음과 같은 관계가 있기 때문에 함께 자주 사용된다.

$$\text{에너지}\,[Watthour] = \text{전압} \times Amp-hour \text{ 또는 } \text{에너지} = V \times C$$

그러나 이 식은 매우 조심해서 사용해야 한다. 배터리전압 V는 물론이고 Amp-hour 용량 C는 배터리가 어떻게 사용되는가에 따라 크게 변한다는 것을 명심해야 한다. 전류가 증가하여 배터리의 전하가 빠르게 방전되면 V와 C모두 감소한다. 따라서 배터리에 저장된 에너지는 변화하는 양으로써 에너지가 빠르게 방출되면 감소하게 된다. 에너지는 보통 Amp-hour 정격과 동일하게 사용된다. 즉, 충전용량이 5시간 방전량(5hour discharge)으로 주어진다면 논리 상 에너지를 이 방전율(discharge rate)로써 나타내어야 한다.

4) 비에너지(specific energy)

비에너지는 배터리 1 kg에 저장된 에너지의 양을 나타낸다. 단위는 Wh/kg이다. 일단 자동차에 필요한 배터리의 에너지용량(Wh)을 알고 있다면, 대략적인 배터리의 무게를 구하기 위해서는 비에너지(Wh/kg)로 나누어야 한다. 비에너지는 온도나 방전율과 같은 요인들에 따라 크게 변하기 때문에 더 이상 기준이 될 수 없다.

다음 6)과 <그림 4-14>의 Ragone 그래프로부터 배터리의 비에너지가 얼마나 크게 변화하는가를 알 수 있다.

5) 에너지 밀도

에너지밀도는 배터리 체적 $1m^3$ 당 저장된 전기에너지의 양을 나타낸다. 보통 단위는 Wh/m^3을 사용한다. 필요한 배터리의 체적은 매우 중요한 파라메터로써, 이를 구하려면 배터리의 에너지용량(Wh)을 에너지밀도(Wh/m^3)로 나누어야 한다. 반대로 배터리의 체적을 알고 있을 때, 필요한 전기에너지의 양을 대략적으로 구하려면 체적(m^3)에 배터리의 에너지밀도를 곱해야 한다. 배터리의 체적은 자동차의 설계에 매우 큰 영향을 미친다. 비에너지와 마찬가지로 에너지밀도는 공칭값이다.

6) 비전력(specific power)

비전력은 배터리 1kg 당 얻을 수 있는 전력의 양이다. 배터리에 의해 공급된 전력은 배터리 자체보다는 배터리에 연결된 부하에 따라 크게 달라지기 때문에, 비전력은 매우 변화가 심한 양이다. 배터리의 상태가 최대전력을 공급할 수 있다 하더라도 이 최대전력 부근의 동작점을 수 초 이상 동안 감지할 수 없다. 왜냐하면 그러한 상태가 그리 오래 지속되지 않을 것이고 배터리는 매우 비효율적으로 동작할 것이기 때문이다.

보통 비전력의 단위는 W/kg이다. 어떤 배터리는 비에너지가 매우 높지만 비전력은 낮다. 이는 이 배터리들이 많은 에너지를 저장할 수 있지만 에너지 방출 시간이 느리다는 것을 의미한다. 전기자동차에 이 배터리를 사용하면 긴 거리를 느리게 주행하게 된다. 특정한 배터리의 경우 보통 비전력이 크면 비에너지는 작아진다. 2)에서 살펴보았듯이, 이는 배터리로부터 에너지를 빠르게(즉 많은 전력을) 방출시키면 사용할 수 있는 에너지가 줄어들기 때문이다.

배터리의 종류에 따라 비에너지에 대한 비전력 변화가 차이가 난다는 사실은 매우 중요하며, 그들을 비교할 수 있다면 많은 도움이 된다. 이를 위해 Ragone 그래프를 사용하며, 이 그래프는 비에너지에 대한 비전력의 특성을 나타낸 곡선이다. 적용 분야에 따라 배터리에서 공급되는 전력이 크게 변화하기 때문에 이 특성곡선의 축은 로그 값을 사용한다. 우수한 특성을 가진 견인용 납 배터리 및 그와 유사한 NiCad 배터리에 대한 Ragone 그래프가 <그림 4-14>에 주어져 있다.

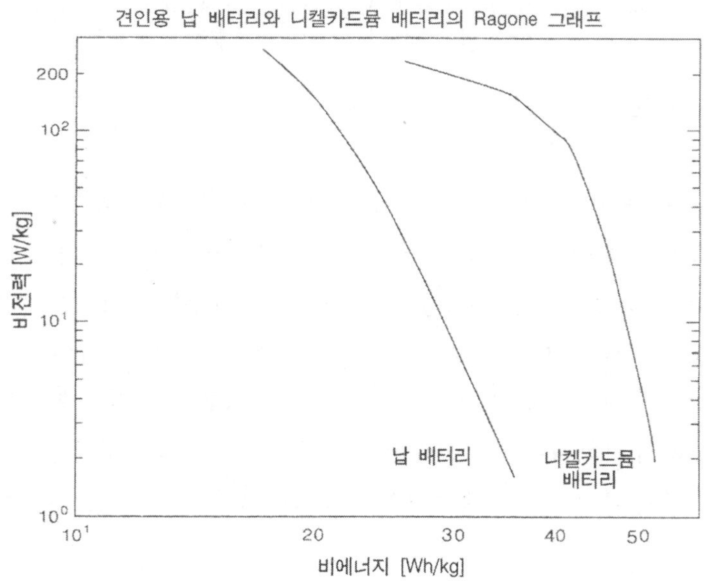

〈그림 4-14〉 대표적인 납배터리와 니켈카드뮴 견인용 배터리에 대한 Ragone 그래프.

두 배터리 모두 비전력이 증가함에 따라 비에너지가 감소함을 알 수 있다. 1~100 W/kg의 전력범위에서는 NiCad 배터리의 변화가 약간 더 작음을 알 수 있다. 그러나 약 100

W/kg 이상에서는 NiCad 배터리가 납 배터리보다 훨씬 더 빠르게 감소한다.

<그림 4-14>과 같은 Ragone 그래프는 모든 형태의 에너지원을 비교하는데 사용된다. 이 경우 가격과 같은 다른 요소들을 무시할 때 100 W/kg 이하의 전력미돌가 필요하다면, NiCad 배터리의 특성이 더욱 우수하다고 결론지을 수 있다. 그러나 250 W/kg 이상의 높은 값에서는 납 배터리의 성능이 더 우수하다. Ragone 그래프는 '이 배터리의 비전력은 얼마인가?'라는 질문에 대해 답이 간단히 하나로 주어지지 않는다는 점을 강조하고 있다.

7) Amp-hour(또는 충전) 효율

이상적으로 배터리는 저장된 모든 전하를 방출하므로, 그 경우 Amp-hour 효율은 100 % 이다. 그러나 어떠한 배터리도 그와 같은 경우는 없으며, 충전효율은 100%보다 작다. 정확한 효율값은 배터리의 종류, 온도 및 충전율에 따라 변화하며, 또한 충전상태(state of charge)에 따라서도 변화한다. 예를 들면 충전상태가 약 20%에서 80%로 충전되면 효율은 거의 100%로 가까이 되겠지만 마지막 20%가 충전될 때는 효율이 크게 감소한다. 이에 대한 원인은 다음 장에서 각 배터리 종류를 살펴보면 확실하게 알 수 있다.

8) 에너지 효율

이것은 또 다른 매우 중요한 파라메터로서, 방전하기 전의 상태까지 충전하는데 필요한 전기에너지의 양에 대한 배터리가 공급한 전기에너지의 비로 정의 할 수 있다. 전기자동차에 대해 논란이 많은 것은 에너지를 효율적으로 사용하여 배기가스의 배출을 줄일 수 있는가에 있다. 따라서 높은 에너지효율이 바람직하다. 앞서 언급한대로 배터리를 어떻게 사용하느냐에 따라 높은 에너지효율이 크게 변화한다는 것은 확실하다. 예를 들어 배터리를 급속히 충전하거나 방전시키면 에너지효율은 크게 감소한다. 그러나 자동차에 대한 에너지소모와 마찬가지로 에너지효율도 배터리를 비교하기 위한 기준이 된다.

9) 자기방전율

대부분의 배터리는 사용되지 않을 때에도 방전하므로 이를 자기방전(self-dis-charge)이라 한다. 이는 어떠한 배터리라도 재충전되지 않으면 오랫동안 충전된 상태를 유지할 수 없음을 의미하기 때문에, 자기방전은 매우 중요한 현상이다. 이러한 자기방전의 원인은 다음 절에서 설명한다. 자기방전율은 배터리의 종류 또는 온도와 같은 요인들에 따라 변화한다. 온다가 높으면 자기방전이 크게 증가한다.

10) 배터리 구조

배터리를 구성하는 셀은 구형, 사각형, 사각기둥형(prismatic), 육각형 등 여러 가지 형태가 있다. 이 셀들은 보통 직각형의 용기 안에 수납된다. 배터리는 일정한 형상만을 가지는 것도 있지만, 높이, 폭, 길이 등이 다른 것도 있다. 따라서 배터리를 처음 도면에 설계하거나 오늘날처럼 CAD로 설계하는 경우 상당히 다양한 형태로 설계할 수 있다. 예를 들어 배터리를 차량의 바닥면 전체에 골고루 분산시켜 배치하면 무게중심이 낮아져 조종특성이 좋아진다.

11) 배터리의 온도, 가열 및 냉각의 필요성

대부분의 배터리는 대기온도에서 동작하지만 어떤 배터리는 고온에서 동작하므로, 시동 시에는 가열하고 사용 중에는 냉각시킬 필요가 있다. 다시 말하면 낮은 온도에서는 배터리 성능이 떨어지므로 가열해야 한다. 설계자는 배터리를 선택할 때 배터리의 온도, 가열 및 냉각의 필요성 등을 인식하여 자동차의 설계과정에서 이를 고려해야 한다.

12) 배터리의 수명과 딥사이클(deep cycle)의 횟수

대부분의 충전가능 배터리의 경우 20%의 충전상태까지 방전할 수 있는 딥사이클(deep cycle) 횟수는 단지 수 백 회에 지나지 않는다. 그러나 정확한 횟수는 배터리 종류와 상세 설계 및 사용방법에 따라 다르다. 이는 배터리의 수명과 관련이 있으며, 전기자동차의 운행비용을 결정하기 때문에 배터리의 사양에서 매우 중요한 파라메터이다. 배터리의 딥사이클 횟수뿐만 아니라 앞서 언급한 다른 파라메터에 대한 자세한 정보는 배터리의 종류를 설명한 다음 절에서 주어져 있다.

2-3 납 배터리

1) 납 배터리의 기초

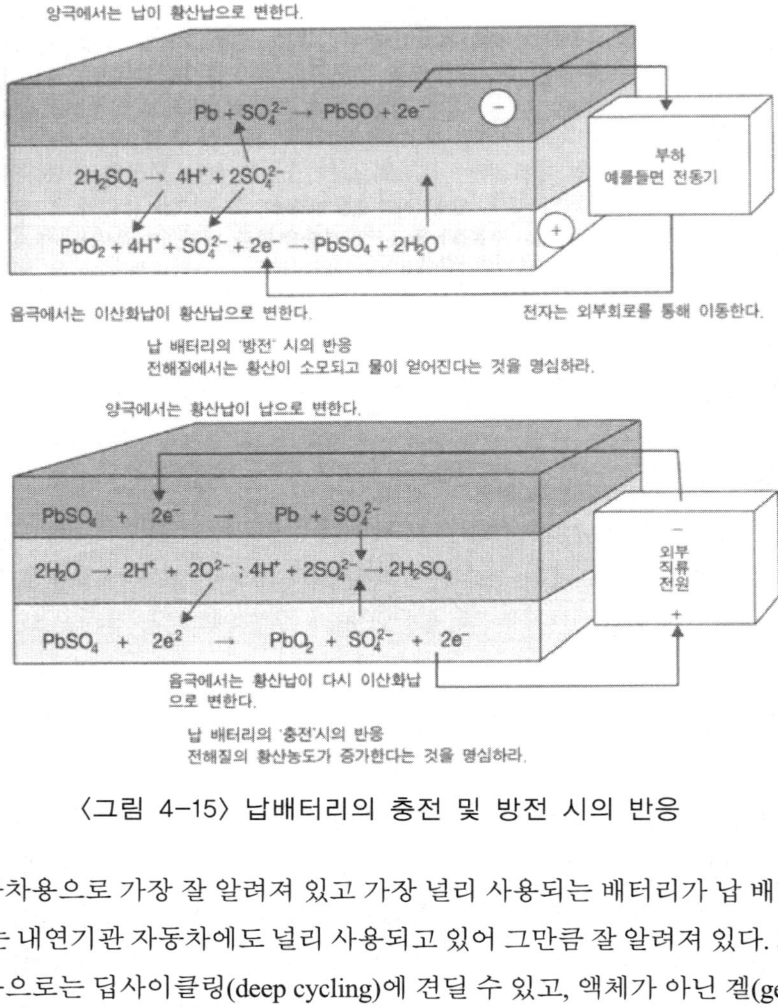

〈그림 4-15〉 납배터리의 충전 및 방전 시의 반응

전기자동차용으로 가장 잘 알려져 있고 가장 널리 사용되는 배터리가 납 배터리이다. 납 배터리는 내연기관 자동차에도 널리 사용되고 있어 그만큼 잘 알려져 있다. 그러나 전기자동차용으로는 딥사이클링(deep cycling)에 견딜 수 있고, 액체가 아닌 겔(gel) 형태의 전해질을 가진 납 배터리가 사용된다. 이와 같은 배터리는 생산단가가 매우 비싸다.

납 배터리 각 셀의 음극판에는 스펀지 형태의 납을, 양극판에는 이산화납(lead dioxide)을 활성물질(active material)로 사용하고 있다. 각 판들은 희석된 황산용액 전해질 속에 잠겨져 있다. 황산용액은 납 및 이산화납을 결합시켜 황산납과 물을 생성시키며, 그 과정에서 전기에너지가 방출된다. 전체 반응은 다음과 같다.

$$Pb + PbO_2 + 2H_2SO_4 \leftrightarrow 2PbSO_4 + 2H_2O$$

배터리 각 전극에서의 반응이 <그림 4-15>에 나타나 있다. 위쪽 그림은 배터리가 방전하고 있는 경우이다. 두 전극에서의 반응으로 인해 황산납이 생성된다. 전해질에서 황산은 점점 줄어들기 때문에 더욱 묽어지게 된다.

그림의 아래 부분처럼 배터리가 충전되고 있을 때는 전극이 납과 이산화납으로 다시 바뀐다. 전해질 또한 황산이 다시 생성되므로 농도가 증가한다.

납 배터리는 아주 소형의 시스템을 제외하고는 가장 널리 사용되는 충전배터리이다. 그 이유는 주된 구성요소(납, 황산 및 플라스틱 용기)가 비싸지 않고 안정적으로 동작하며 셀 당 약 2V 정도의 비교적 높은 전압을 얻을 수 있기 때문이다. 이 배터리의 전체 특성이 <표 4-2>에 주어져 있다.

납 배터리의 가장 주목할 만한 특징 중의 하나는 내부저항이 극히 작다는 것이다. 이는 전류가 증가해도 전압강하가 매우 작다는 것을 뜻하며, 자동차용으로 사용될 수 있는 모든 종류의 배터리 중에서 가장 작다. <표 4-2>에 주어진 값은 단일 셀에 대한 것으로써, 공칭 Amp-hour 용량은 1.0이다. 셀의 Amp-hour 용량은 대략적으로 극판의 면적에 비례하며 내부저항 역시 거의 극판의 면적에 반비례한다. 그 결과 내부저항은 근사적으로 Amp-hour 용량에 반비례한다.

〈표 4-2〉 납배터리의 공칭 파라메터

비에너지	20~35 Wh/kg, 사용방법에 따라 다름
에너지밀도	54~95 Wh/L
비전력	~250 W/kg(효율이 크게 감소하기 전)
공칭 셀 전압	2 V
Amp-hour 효율	~80%(방전율과 온도에 따라 변화함)
내부저항	극히 낮음, 1 Amp-hour의 셀에 대해 셀 당 ~0.022Ω
상용제품 구입 가능성	구입 가능
운전온도	대기온도, 극히 추울 때는 성능이 나빠짐
자기방전율	하루에 ~2%이지만 아래 본문을 참조하시오
수명사이클 회수	80% 용량까지 800회
재충전 시간	8시간(90%까지 재충전할 때는 1시간 이내 가능)

<표 4-2>에 주어진 셀 당 0.022 Ω의 값은 우수한 성능의 견인용 배터리들로부터 얻은 대략적인 값이다. 따라서 납배터리의 내부저항값은 다음 식으로 계산된다.

$$R = \text{셀의 수} \times \frac{0.022}{C_{10}} \ Ohms \qquad (2.3)$$

셀의 수는 공칭 배터리전압을 공칭 셀 전압인 2V로 나눈 것이므로, 12V 배터리의 경우는 6개이다. C_{10}은 10 시간의 Amp-hour 용량이다.

2) 납배터리의 특징

불행하게도 <그림 4-15>의 반응은 납배터리의 유일한 반응이 아니다. 납과 이산화납은 황산용액에서 안정하지 않기 때문에 비록 느리지만 다음 반응에 의해 분해된다.

$$\text{양극반응} \qquad 2PbO_2 + 2H_2SO_4 \rightarrow 2PbSO_4 + 2H_2O + O_2 \qquad (2.4)$$

$$\text{음극반응} \qquad Pb + H_2SO_4 \rightarrow PbSO_4 + H_2 \qquad (2.5)$$

이로 인해 배터리가 자기방전하게 된다. 이 반응이 일어나는 비율은 셀의 온도에 따라 다르다. 온도가 높으면 반응도 빨라진다. 또한 구성요소의 순도(purity, 따라서 품질)와 전극 지지체에 사용된 합금의 조성비의 정확도 등에 의해서도 영향을 받는다.

산소와 수소 또한 발생되는 이러한 원하지 않는 반응은 배터리가 방전될 때도 발생한다. 실제로 낮은 전압, 고온, 전극의 높은 활성도 때문에 배터리가 빠르게 방전되면 이 반응들도 빠르게 일어난다. 이 때문에 배터리가 더욱 빠르게 방전되면 2)에서 언급한 대로 '전하상실(lost charge)' 효과가 발생한다. 더욱 나쁜 점은 이러한 방전반응이 모든 셀에서 정확히 같은 비율로 일어나지 않기 때문에 어떤 셀들은 다른 셀보다 더욱 많이 방전하게 된다는 사실이다. 다음에서 설명하는 대로 이는 배터리를 충전시키는 방법에 대해 매우 중요한 영향을 미친다. 간단히 말하면 도든 셀들이 완전히 충전되기 위해서는 어떤 셀들이 과충전(over-charge)되어야 한다는 것을 의미한다. 과충전되고 있는 납 배터리에서 일어나는 반응이 <그림 4-16>에 주어져 있다. 이러한 가스발생 반응은 전하를 방출하거나 받아들이는 전극에서 황산납이 더 이상 존재하지 않을 때 발생한다. 따라서 이 반응들은 배터리가 완전히 또는 거의 완전히 충전되었을 배 발생한다.

충전과 방전반응(<그림 4-15>)은 셀 전해질의 농도를 변화시킨다고 이미 지적하였다. 이는 셀이 방전함에 따라 반응물의 농도가 변화하면, 셀에 의해 발생되는 전압이 약간 변화한다는 것을 의미한다. 이와 같이 개회로전압이 감소하는 특성을 <그림4-17>에서 나타내고 있다. 오늘날 밀봉 배터리(sealed battery)의 경우 그 감소특성은 거의 직선에 가깝다. 이 개회로전압은 배터리의 충전상태를 나타내는데 이용될 수 없다는 점을 명심해야 한다. 배터리가 사용되고 있을 때는 이러한 개회로전압을 측정할 수 없으며, 또한 항상 배터리전압이 온도에 의해 크게 영향을 받으므로 이러한 전압변화를 측정하는 것은 여러 요인들에 따라 크게 달라진다.

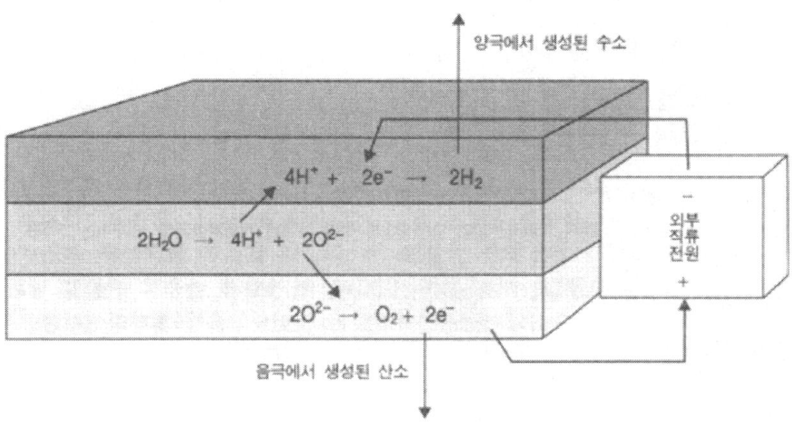

〈그림 4-16〉 납 배터리가 완전히 충전되었을 때 일어나는 가스발생 반응

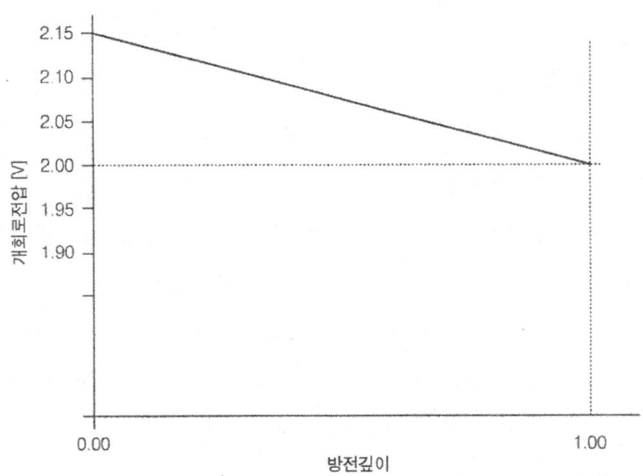

〈그림 4-17〉 밀봉된 납 배터리의 개회로전압이 충전상태에 따라 어떻게 변화하는가를 보여주는 그래프

<그림 4-16>의 과충전반응과 식(2.4)와 (2.5)의 자기방전 반응의 주목할 만한 특징은 물이 분해되어 수소와 산소로 바뀐다는 것이다. 구형 배터리에서는 이 가스를 배출시켜 제거하며 전해질에는 때때로 물을 보충시켜줘야 한다. 현대의 밀봉된 배터리에서는 이와 같은 작업이 필요 없거나 심지어는 가능하지도 않다. 왜냐하면 발생된 가스들은 배터리 내부에서 재결합(이 반응은 상당히 높은 비율로 자연적으로 발생한다)하여 물이 된다. 이 재결합반응이 일어나는 속도는 한계가 있기 때문에 가스가 너무 빨리 발생되지 않도록 보장하기 위한 수단이 필요하다.

납 배터리의 제조사들은 높이, 폭, 길이가 다양한 배터리를 제작할 수 있기 때문에, 배터리의 체적이 주어지면 쉽게 공간에 설치될 수 있다. 그러나 납 배터리가 널리 사용됨으로 해서 발생하는 문제는 적용분야마다 설계가 다르기 때문에 용도에 따라 정확하게 사용하는 것이 필수적이라는 것이다. 소위 시동용(starting), 조명용(lighting), 점화용(ignition) (이하 SLI) 배터리와 같이 기존의 자동차에 사용되는 배터리는 전기자동차 구동용으로는 적합하지 않다. 비상용 조명이나 경고등에 가끔 사용하기 위해서는 납 배터리를 다르게 설계해야 한다. 이것들 또한 역시 자동차구동용으로는 적합하지 않다. 제작할 때의 차이점은 Vincent & Scrosati(1998)와 같은 연구자들이 다룬 바 있다. 전기자동차 구동용으로 적합한 것은 '견인(traction)' 또는 '딥사이클링(deep cycling)'형태의 배터리가 유일하다.

3) 배터리의 수명과 유지보수

배터리 내부에서 가스발생 반응이 일어나면 전해질이 감소한다는 것을 이미 살펴보았다. 전통적인 산(acid) 배터리는 때때로 증류수를 보충시킬 필요가 있지만, 현대의 자동차용 배터리는 전극에서의 손실을 방지하기 위해 밀봉되어 있다. 또 전해질은 액체가 아니라 겔(gel) 형태이다. 이는 전해질을 더 이상 유지보수할 필요가 없다는 것을 의미한다. 그러나 배터리의 밀봉이 완전하지 않기 때문에 어떤 압력 이상이 되면 가스를 배출시키도록 밸브가 설치되어있으며, 가스가 방출되면 결국에는 물이 감소하고 다시 공급할 수 없다. 이러한 특징은 안전을 위한 요구조건이며, 이와 같은 현대적인 배터리를 밸브조정밀봉 납 배터리 (valve regulated sealed lead acid battery, 이하 VRLA)라 부른다. 과충전 상태에서 일어나는 <그림 4-16>의 반응이 너무 빠르게 진행되면 가스가 생성되어 축적될 것이다. 이 현상은 충전전압이 너무 높을 때 발생한다. 확실히 이러한 현상은 발생되지 않아야 하며, 그렇지 않으면 배터리가 손상된다. 긍정적인 측면으로서는 그와 같은 배터리는 유지보수할 필요가 전혀 없다는 것이다.

그러나 이 사실이 배터리를 영원히 사용할 수 있다는 것을 의미하지 않는다. 물이 줄어들지 않는다 해도 납 배터리의 수명을 단축시키는 많은 요인이 존재한다. 그 중에서 가장 잘 알려진 것이 황산화(sulphation)라 부르는 과정이다. 배터리를 오랫동안(2주 이상) 방전상태로 두면 이러한 현상이 발생한다. 전극 상의 황산납(<그림 4-15> 참조)은 더욱 큰 결정으로 커져서 납이나 이산화납으로 다시 변환되기가 어려워지므로 전극의 표면에 절연층을 형성한다. 배터리를 천천히 충전시키면 가끔 황산납은 부분적으로 역변환될 수 있지만 매번 그렇게 되지는 않는다. 배터리의 충전상테를 항상 양호하게 유지하면 황산화 문제를 방지할 수 있으며, 이것이 2-8절에 설명되어 있다. 또 2-8절에서는 충전균일화(charge equalization)라는 매우 중요한 문제도 다루고 있다. 충전이 균일하지 않으면 배터리 고장의 주된 원인이 된다. 그러나 아무리 많은 주의를 기울인다 하더라도 다음과 같은 다른 문제들은 방지할 수 없다. 배터리의 전극 내에서 부식반응이 일어나서 전극에 의해 지지되는 활성물질 사이의 전기적 접촉저항을 증가시킨다. 활성물질은 점점 더 결정이 커지게 되어 표면적을 감소시킴으로써 배터리의 성능을 떨어뜨리고 반응속도를 느리게 한다. 충방전 사이클(<그림 4-15>) 동안에 진동의 영향과 활성물질의 지속적인 크기 변화에 의해 조금씩 활성물질이 분리된다. 그 결과 활성물질은 지지체와 접촉을 양호하게 유지할 수 없으며, 어떤 부분은 떨어져 나가 완전히 분리될 수도 있다.

이러한 모든 문제 때문에 납배터리의 수명은 충방전 사이클의 깊이(depth of the cycle)에 따라 다르지만, 약 700회 정도로 제한된다. 산업용 트럭(지게차나 철도역에서의 수하물 운반차 등)에 대한 실제 운행 경험에 비춰보면 배터리의 수명은 7~8년 동안 1200~1500 사이클 정도 가능하다. 전기자동차의 수많은 은행 경험에 의하면 구동용 배터리는 약 5년 또는 700사이클의 수명을 가진다. 배터리의 부하가 증가하면 차량의 수명이 짧아지고, 대표적으로 배터리는 약 2시간 이내에 방전되므로 산업용 트럭의 7~8시간과는 대조적인 결과이다(Bosch 2000)

4) 배터리 충전

납 배터리의 충전과정은 다른 배터리와 마찬가지로 매우 복잡하며, 정확한 방법으로 충전되지 않으면 배터리를 빠르게 손상시켜 수명을 감소시킨다. 앞서 살펴본 대로 너무 높은 전압으로 배터리를 충전시키지 않아야 하며, 그렇지 않으면 물이 소모되어 없어진다.

납 배터리를 충전하는 가장 좋은 방법에 대해서는 여러 가지 견해가 있으며, 일단 배터리가 선택되면 제조사의 조언을 구하는 것이 필수적이다.

납 배터리를 충전하는데 가장 널리 사용되는 방법은 다단계충전이다. 이 방법은 먼저 셀 전압이 설정된 값에 도달할 때까지 배터리를 충전하는 것이다. 그런 다음 스위치를 오프시켜 셀 전압을 또 다른 값까지 감소시킨 뒤 다시 전류를 흘린다. 문제는 배터리의 종류와 온도에 따라 설정된 전압의 크기가 달라진다는 것이다. 그러나 납 배터리는 다양한 분야에 사용되므로, 그와 같이 성능이 뛰어난 충전기는 쉽게 구할 수 있다.

모든 종류의 배터리에 적용되어야 할 중요한 점은, 배터리를 심각하게 손상시키지 않으려면 일정한 시간간격으로 모든 배터리를 균일하게 충전시켜야 한다는 것이다. 납 배터리의 경우에는 특히 이것이 중요하다.

5) 납 배터리 요약

납 배터리는 산업용으로 널리 사용되므로 상업적으로 확고한 위치를 차지하고 있으며, 충전 시 kWh 당 가장 값이 싼 충전가능 배터리로써 가까운 장래에도 계속 사용될 것이다. 그러나 비에너지가 작기 때문에 납 배터리를 사용하여 어떻게 장거리주행이 가능한 자동차를 설계할 수 있을 것인지는 알 수 없다. 납 배터리는 상당한 기간 동안 단거리 자동차용으로 널리 사용될 것이 틀림없다. 납 배터리는 그 어떤 배터리보다 높은 효율을 가지는 비전력의 범위가 크므로, 단지 제한된 에너지만을 저장하면서 에너지를 빠르게 저장시키고 방출시켜야 하는 하이브리드 전기자동차에 사용하는 데는 논쟁의 여지가 많다.

2-4 니켈 기반(nickel-based) 배터리

1) 소개

19 세기 후반 Edison의 연구 이래로 양극에 니켈을 사용한 상용 배터리가 많이 개발되어 왔다. 이러한 배터리에는 니켈철, 니켈아연, 니켈카드뮴, 니켈금속수소화물 배터리 등이 있다. 이들 가운데 두 가지 배터리는 차후에 설명하겠지만, 4가지 중에서 가장 기대되는 것은 니켈금속수소화물 배터리이다. 니켈아연 배터리는 상당히 성능이 우수하지만 수명이 300회의 딥사이클로 매우 제한되어 있으므로 더 이상 언급하지 않는다. 니켈철 배터리

또한 거의 사용되지 않는다.

2) 니켈카드뮴 배터리

전기자동차용으로는 니켈카드뮴 배터리가 납 배터리의 강력한 경쟁자 중의 하나로 간주되고 있으며, 이 배터리의 비에너지는 납 배터리의 거의 2배에 달한다.

니켈카드뮴 배터리는 양극에 니켈산소수산화물(nickel oxyhydroxide)을, 음극에 금속 카드뮴을 사용하고 있다. 전기에너지는 다음 반응에 의해 얻을 수 있다.

$$Cd + 2NiOOH + 2H_2O \leftrightarrow Cd(OH)_2 + 2Ni(OH)_2$$

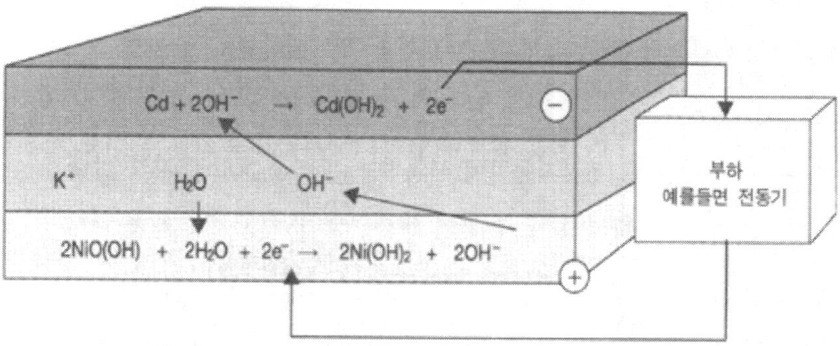

〈그림 4-18〉 니켈카드뮴 셀의 방전반응. 충전 시에는 역반응이 일어난다.

각 전극의 반응이 <그림 4-18>에 나타나 있으며, 이로부터 '전자는 어디에서 오는가'와 '배터리가 어떻게 동작하는가'를 알 수 있다. 이 배터리는 납 배터리와 반대로 셀이 방전할 때 전해질의 농도가 높아진다는 점에서 상당히 주목할 만하다.

니켈카드뮴 배터리는 전기자동차를 포함하여 다양한 분야에서 널리 사용되어왔다. 니켈카드뮴 배터리는 비전력이 크고, 수명이 길며(2500사이클 정도), -40℃에서 +80℃까지 운전온도 범위가 넓으며, 자기방전이 작고, 장기간 저장성능이 우수한 장점이 있다. 이는 이 배터리가 납배터리의 자기방전(식 (2.4)와 (2.5))과 등가인 반응이 매우 느리게 발생하는 아주 안정한 시스템이기 때문이다. 니켈카드뮴 배터리는 전기자동차에서 요구되는 대용량의 것은 쉽게 구입할 수 없지만, 다양한 크기와 형태를 구입할 수 있으며, 주 시장은 휴대용 기기와 전자장비이다. 또 전기적으로나 기계적으로 대단히 튼튼하고 1 시간 이내에 재충전될 수 있으며 전체 용량의 60 %까지는 20분 내에 충전될 수 있다.

각 셀의 동작전압은 약 1.2V에 불과하므로 공칭전압이 12V인 배터리의 경우 10개의 셀이 필요한 반면 납배터리는 6개가 필요하다. 이것이 이 배터리의 가격이 비싸지는 하나의 요인이다. 또 다른 문제는 카드뮴의 가격이 납의 수 배에 이르며 이러한 경향은 앞으로도 변하지 않을 것 같다는 것이다. 또한 카드뮴은 환경적으로 유해하며 발암물질이다.

〈표 4-3〉 니켈카드뮴 배터리의 공칭 파라메터

비에너지	40~55 Wh/kg (전류의 크기에 따라 다름)
에너지밀도	70~90 Wh/L (전류의 크기에 따라 다름)
비전력	~125 W/kg (효율이 크게 감소하기 전)
공칭 셀 전압	1.2 V
Amp-hour 효율	우수함
내부저항	매우 낮음, 1Amp-hour의 셀에 대해 셀 당 ~0.06Ω
상용제품 구입 가능성	소용량은 구입하기 쉬움, 대용량은 구입하기 어려움
운전온도	-40℃ ~ +80 ℃
자기방전율	하루에 0.5 %로 매우 낮음
수명사이클 회수	80 % 용량까지 1200회
재충전 시간	1시간, 60% 용량까지 급속 충전할 때는 20분

니켈카드뮴 배터리의 가격은 납배터리보다 3배 정도 비싸지만, 긴 수명 때문에 어느 정도 상쇄될 수 있다. 35'C 이상에서는 충전효율이 급격히 감소하지만, 이 때문에 전기자동차에 사용되는데 영향을 미칠 것 같지는 않다. 이 배터리는 Peugeot 106, Citroen AX, Renault Clio 및 Ford Th!nk 프레임을 개조한 전기자동차에 성공적으로 사용되었다. 배터리의 전체적인 특성이 <표 4-3>에 주어져 있다.

납 배터리처럼 니켈카드뮴 배터리는 적절하게 충전될 필요가 있다. 2-8절에서 다루는 문제점이 이 배터리에도 적용될 수 있다. 그러나 니켈카드뮴 셀은 자기방전이 훨씬 더 작기 때문에 2-8절에서 다루는 문제는 납 배터리에 비해 그리 크지 않다. 충전 시 이 배터리는 일정한 전류로 충전되며, 셀 전압이 미리 설정된 값까지 도달하면 전류를 차단시킨다. 그 후 이 전압값보다 낮게 설정된 값까지 셀 전압이 감소하면 전류를 다시 흘리게 된다. 배터리가 재충전될 때까지 이 과정은 계속된다. 적절한 충전상태까지 걸리는 시간은 1 시간 이내이지만, 2-8절에서 설명한 것처럼 대부분의 셀이 과충전된 상태에서 오랫동안 상당히 낮은 전류를 공급하도록 셀을 동작시켜야 한다. 다른 충전방법은 일정하면서 작은 전류로 배터리를 충전하는 것이다. 이는 훨씬 간단한 시스템이지만 시간이 오래 걸린다.

니켈카드뮴 배터리의 뛰어난 특징은 과충전에 대응할 수 있는 방법이 있다는 것이다. 셀의 음극은 수산화카드뮴이 필요한 양 이상으로 존재하게끔 제작된다. 이는 양극이 항상 먼저 완전히 충전된다는 것을 의미한다. 충전전류를 계속 흘리면 다음의 반응에 의해 양극에서 산소가 발생한다.

$$4OH^- \rightarrow 2H_2O + 0_2 + 4e^- \qquad (2.6)$$

발생된 자유산소는 음극으로 확산해 가서 카드뮴과 반응하여 식 (2.6)의 반응에 의해 생성된 물을 이용하여 수산화카드뮴을 발생시킨다.

$$O_2 + 2Cd + 2H_2O \rightarrow 2Cd(OH)_2 \qquad (2.7)$$

위 반응과 함께, 반응식 (2.6)에 의해 생성된 전자를 이용하여 충전반응이 이 전극에서 발생한다.

$$2Cd(OH)_2 + 4e^- \rightarrow 2Cd + 4OH^- \qquad (2.8)$$

식 (2.7)과 (2.8)을 비교하면 수산화카드뮴의 생성율은 카드뮴으로 다시 변환되는 비율과 정확히 일치한다. 따라서 이 배터리는 어떠한 물질도 소모하지 않고서 완전히 자기유지가 가능한 시스템이다. 반응식 (2.6), (2.7) 및 (2.8)의 전체적인 결과는 어떠한 영향도 미치지 않는다. 따라서 이러한 과충전상태는 무한히 계속될 수 있다. 대부분의 NiCad 배터리를 적절한 크기와 구조로 설계하면 C/10의 비율, 즉 100 Amp-hour 배터리의 경우 10A로 이 과정이 영원히 계속될 수 있다. 물론 과충전전류로 인해 에너지가 소비되지만 배터리는 전혀 손상되지 않으며, 배터리의 모든 셀을 균일하게 완전충전시키기 위한 최종 단계에서는 이러한 과충전이 필수적이다.

니켈카드뮴 배터리의 내부저항은 매우 작지만 납 배터리만큼 작지는 않다. 이로 인해 실제적인 최대 비전력이 다소 낮아진다. 니켈카드뮴 배터리의 내부저항에 대한 실험식이면서 훌륭한 '첫번째 근사식'은 다음과 같다.

$$R = \text{셀의 수} \times \frac{0.06}{C_3} \quad [Ohms] \tag{2.9}$$

이 식을 납 셀에 대한 식 (2.3)과 비교하면 계수가 더 큰 것을 알 수 있다(0.022 대신에 0.06). 따라서 이미 설명한 것처럼 셀의 수도 더 많아야 한다.

3) 니켈금속수소화물 배터리

니켈금속수소화물(NiMH) 배터리는 1990년대에 상용화되었다. NiMH 배터리의 특성은 NiCad 배터리와 유사하며, 금속수소화물에 흡수되는 수소를 음극에 사용하기 때문에 카드뮴이 필요 없다는 것이 큰 차이점이자 상당한 장점이다.

이 배터리의 독특한 특징은 음극이 연료전지처럼 동작한다는 것이다. 또 다른 에너지원인 연료전지에 대해서는 다음 장에서 설명한다.

양극의 반응은 니켈카드뮴 셀과 동일하며, 방전 시에는 니켈산소수산화물(oxy-hydroxide)이 수산화니켈로 된다. 음극에서는 일시적으로 붙어 있던 수소가 금속으로부터 떨어져 나와 반응하여 물과 전자를 발생시킨다. 각 전극에서의 반응이 <그림 4-19>에 나타나 있다.

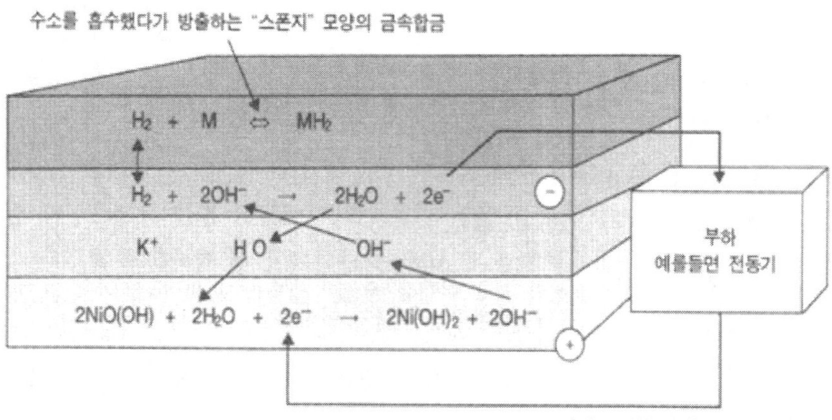

〈그림 4-19〉 니켈금속수소화물 셀의 방전반응.
충전 시의 반응은 그 반대이다. 충전 및 방전 시 모두사용된 것과 정확히 같은 비율로 물이 생성되므로 충전상태에 따라 전해질의 양이 변화하지 않는다는 것을 명심하라.

수소를 구속하는데 사용되는 금속은 합금으로써 제조방법은 지적 소유권으로 되어 있다. 이 반응의 원리는 연료전지와 함께 사용되는 금속수소화물 수소저장(metal hydride hydrogen 지ore) 원리와 정확히 동일하다. 기본원리는 수소가 금속과 결합하여 저장되고, 필요할 때는 자유롭게 떨어져 나오는 가역반응이다. 흡수/방출 과정의 주된 원동력은 거의 일정한 값으로 유지되는 수소가스의 압력이므로, 이 셀이 제대로 동작하기 위해서는 셀을 밀봉시켜야 한다. 밀봉 시의 더욱 중요한 문제는 공기가 셀로 유입되면 수소흡장합금이 손상된다는 점이다. 이는 이 합금이 공기와 반응함으로써 수소가 저장될 공간을 다른 분자들이 점유하기 때문이다. NiMH 배터리의 전체 화학반응은 다음과 같다.

$$MH + NiOOH \rightarrow M + Ni(OH)_2$$

에너지밀도와 전력밀도 면에서 금속수소화물은 NiCad 배터리보다 다소 뛰어나다. NiMH 배터리는 공칭 비에너지가 약 65Wh/kg, 공칭 에너지밀도가 150Wh/L이며, 최대 비전력은 약 200W/kg이다. <표 4-4>은 이러한 배터리의 파라메터들을 제시하고 있다. NiMH 배터리의 성능은 거의 모든 면에서 니켈카드뮴 셀의 성능과 같거나 또는 약간 더 우수하다. 공칭 셀전압은 1.2V이다.

〈표 4-4〉 니켈금속수소화물 배터리의 공칭 파라메터

비에너지	~65 Wh/kg (전력에 따라 다름)
에너지밀도	~150 Wh/L
비전력	200 W/kg
공칭 셀 전압	1.2 V
Amp-hour 효율	매우 우수함
내부저항	매우 낮음, 1 Amp-hour의 경우 셀 당 ~0.06 Ω
상용제품 구입 가능성	소형의 경우 다양한 제품이 있음 견인용 배터리는 구하기 어려움
운전온도	대기온도
자기방전율	상당히 나쁘며, 하루 당 약 5%까지 달함
수명사이클 회수	80% 방전까지 ~1000회
재충전 시간	1 시간, 60% 용량까지의 급속충전은 20분

NiMH가 NiCad보다 뛰어난 점은 다소 빠르게 배터리를 충전시킬 수 있다는 점이다. 실제로 이 배터리는 매우 빠르게 충전되므로 냉각이 필요하다. 배터리의 공칭 내부저항에 의해 발생되는 열에너지뿐만 아니라 음극 부근의 금속에 수소가 결합되는 반응은 열이 매우 많이 발생된다. 자전거나 스쿠터 같은 차량에 장착된 NiMH 배터리는 외부공기로 냉각될 수 있지만, 그와 같은 경우가 아니라면 소형 NiMH 배터리에는 냉각시스템이 필요하다는 중요한 특징이 있다. 소형 NiMH 배터리는 상용으로 구입할 수 있지만 전기자동차에 필요한 대용량 배터리는 이제 출시되기 시작하고 있다. 상용 NiMH 배터리의 예가 <그림 4-20>에 나타나 있다. 앞서 설명한대로 그림에서 냉각팬이 배터리의 외함에 맞도록 설계되어 장착되어 있다.

〈그림 4-20〉 냉각팬이 내장된 상용 NiMH 배터리

NiMH 배터리는 NiCad 배터리보다 에너지 저장능력이 다소 더 크며, 또한 약간 더 비싸다. 한편 NiCad 배터리보다 성능이 떨어지는 부분이 있는데 이것이 자기방전 특성이다. 수소분자는 매우 작고 전해질을 통해 양극쪽으로 매우 쉽게 확산되어 다음 반응을 일으킨다.

$$\frac{1}{2}H_2 + NiOOH \leftrightarrow Ni(OH)_2$$

이 반응에 의해 셀이 쉽게 방전된다. 수소는 음극에서 소모되며 양극에서는 수산화물이 형성된다. 그 결과 이 배터리는 매우 빠르게 자기방전하게 된다.

<그림 4-19>로부터 알 수 있듯이 이 셀의 흥미로운 특징은 전해질의 구성성분이 방전 또는 충전 동안에 변하지 않는다는 것이다. 즉, 물과 OH^- 이온이 생성되어 정확히 같은 비율로 사용된다는 것이다. 그 결과 방전 동안에 이 배터리의 내부저항과 개회로전압은 납배터리나 NiCad 배터리보다 훨씬 더 일정하다. 또한 금속층으로 지지되어 있기 때문에 내부저항은 다소 더 작지만 큰 차이는 없다.

충전방식은 NiCad 배터리와 유사하고, 셀 전압을 상한값 및 하한값 사이로 유지하기 위해 스위치를 온 · 오프시켜 전류를 조절한다. NiCad 배터리와 마찬가지로 NiMH 배터리는 1시간 이내에 충전될 수 있다. 대부분의 셀은 NiCad 셀과 마찬가지로 약 0.1C의 과충전전류에 대응할 수 있다. 모든 셀이 완전히 충전되기 위해서는 배터리를 반드시 과충전 시켜야 한다.

모든 새로운 배터리시스템 중에서 NiMH는 기술적으로 가장 앞서 있는 것 중의 하나로써, Toyota의 Prius(오늘에 이르기까지 가장 성공적인 전기 하이브리드 자동차임)를 포함한 수많은 자동차에 사용되어져 왔다. NiMH 배터리의 시장규모는 아직 작지만 대량생산되면 가격이 떨어질 것이다. 이 배터리는 미래에 가장 기대되는 배터리 중의 하나이다.

2-5 나트륨 기반(sodium-based) 배터리

1) 소개

1980년대에 액체나트륨을 음극으로 사용하는 수많은 배터리가 개발되었다. 이 배터리들은 고온에서 동작한다는 점에서 다른 배터리와 크게 다르다. 또한 용융나트륨 형태로 1개 이상의 액체전극을 사용하고 고체세라믹 전해질을 사용한다는 독특한 특징이 있다. 이 배터리들은 고온에서 동작하기 때문에 전기자동차와 같은 대용량시스템에만 사용될 수 있을 뿐이며, 스쿠터나 자전거에는 적합하지 않다. 이 배터리들은 휴대전화기나 랩탑컴퓨터에는 결코 사용되지 않을 것이므로 다른 배터리에 비해 더욱 색다르다고 할 수 있다. 이와 같이 적용분야가 제한되어 있기 때문에 상용제품의 개발을 가로막는 요인이 되어 왔다.

2) 나트륨황 배터리

〈표 4-5〉 나트륨황 배터리의 공칭 파라메터.
항상 그러하듯이 성능지표는 사용방법에 따라 다르다.

비에너지	100 Wh/kg (200 Wh/kg까지도 가능)
에너지밀도	150 Wh/L (전류의 크기에 따라 다름)
비전력	200 W/kg (효율이 크게 감소하기 전)
공칭 셀 전압	2 V
Amp-hour 효율	매우 우수함
내부저항	대체로 NiCad와 비슷함
상용제품 구입 가능성	상용제품을 구입할 수 없음
운전온도	300℃ ~ 350℃
자기방전율	상당히 낮지만, 사용되지 않을 때 배터리를 따뜻하게 유지하기 위해 에너지가 공급되어야 함
수명사이클 회수	80% 용량까지 ~1000회
재충전 시간	8 시간

이 배터리는 1970년대에 개발이 시작되었으며, 300~350℃ 사이에서 동작한다. 배터리의 온도를 유지하기 위해 셀을 진공케이스로 밀봉시킨다. 기본적인 나트륨황 배터리는 납 배터리의 6배나 큰 비에너지를 가지고 있지만, 실험실용 배터리의 경우 밀봉케이스의 무게 때문에 이러한 장점이 반감된다. 셀의 음극은 용융나트륨으로 이루어져 있으며, 양극은 용융 황-다중황화물(molten sulphur polysulphide)로 이루어져 있다. 전해질은 나트륨 이온을 도전시키고 두 전극을 분리시키는 고체의 베타 산화알루미늄 세라믹(beta aluminaceramic)이다. 실제의 셀들은 상당히 작게 만들어져서 함께 조립된 뒤 열손실을 차단하기 위해 진공격실(evacuated chamber) 내에 설치된다. 용기로 인해 배터리의 무게가 두 배로 증가될 수 있기 때문에 설계 시에 신중한 고려가 필요하다. 배터리를 사용하기 전에 동작온도까지 서서히 배터리를 가열시켜야 한다. 배터리가 사용될 때는 배터리의 내부저항을 통과하는 전류로 인해 셀이 스스로 가열된다. 하루 이상 사용하지 않을 때는 전기히터를 사용하여 배터리 내부를 고온으로 유지시켜야 한다. 전기에너지는 나트륨이 황과 결합되어 황화나트륨이 형성되면서 얻어진다.

이 반응의 기본 화학식은 다음과 같다.

$$2Na + xS \leftrightarrow Na_2S_x$$

이 배터리의 전체적인 특성이 <표 4-5>에 주어져 있다. 열차단 성능이 우수해야 하기 때문에 소형 배터리로는 실용적이지 않다. 배터리의 냉각 및 가열 때문에 신중한 설계와 조심스러운 관리가 필요하다. 나트륨황 배터리는 상당한 기대를 받고 있지만, 부서지기 쉬운 세라믹 관(tube)에 의해 분리된 두 반응 물질의 안전성에 대한 염려 때문에 상용시장에서 모습을 나타내지 못하고 있다. 시운전 중인 차량이 발화되는 등 자연발화되는 경우가 있었기 때문에 이와 같은 두려움은 더욱 증폭되었다.

3) 나트륨금속염화물(Sodium metal chloride or Zebra) 배터리

나트륨금속염화물 배터리 또는 Zebra(Zero Emision Research Association의 약자) 배터리는 많은 점에서 나트륨황 배터리와 유사하며, 또한 이 배터리의 장점을 많이 가지고 있다. Zebra 배터리 시스템은 나트륨황 배터리가 갖는 대부분의('모두'라고 말하는 사람도 있다) 안전성 문제가 해결되었다. Zebra 셀이 높은 안전성을 가지는 주된 요인은 고체 및 액체 전해질에 의해 용융나트륨금속과 고체 양극이 분리되기 때문이다. Zebra 배터리의 초기모델은 유럽에서 50kph의 속도로 셀을 강철기둥에 충돌시키는 것과 같은 가혹한 시험(Vincent & Scrosati 1997, p.272)을 포함한 품질시험을 통과했다. 이 배터리는 매우 유망하며 상용으로 구입할 수 있다. Zebra 셀은 양극에 고체 염화니켈을 사용하고 음극은 용융나트륨을 사용한다. 전해질은 두 가지가 사용되는데, 하나는 나트륨(음극)을 둘러싸고 있는 베타세라믹 전해질이고, 2 번째 전해질은 나트륨-알루미늄 염화물로써 양극격실(positive electrode chamber)에 사용된다. 염소이온은 전해질 속을 이동할 수 있다. 방전 시에는 나트륨이 염화니켈과 결합되어 니켈과 염화나트륨이 생성되면서 전기에너지가 얻어진다. Zebra 배터리에서 발생하는 전체 반응은 다음과 같다.

$$2Na + NiCl_2 \leftrightarrow Ni + 2NaCl$$

<그림 4-21>은 셀 방전의 초기 및 중반 시기 동안의 각 전극의 반응을 나타내고 있다. 이 반응에 의해 셀 당 약 2.5V의 개회로전압이 발생된다. 방전 후반 단계에서는 반응이 더욱 복잡해져서, 전해질로부터 나온 알루미늄 이온이 반응에 포함되므로 전압이 더욱 낮아진다. 실제로 이러한 바람직하지 않은 특징으로 인해 방전 동안에 셀전압이 약 2.5V에서 약 1.6V로 감소하게 된다. 셀의 내부저항 또한 증가하여 출력전압을 더욱 감소시킨다. 하지만 이러한 단점에도 불구하고 <표 4-6>의 데이터에서 볼 수 있듯이 비에너지는 매우 높다.

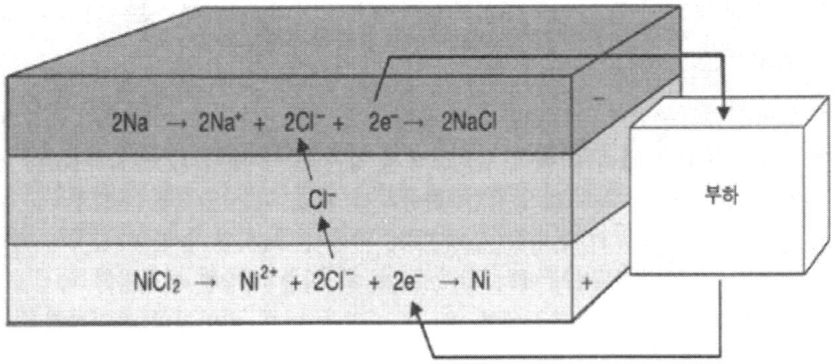

〈그림 4-21〉 방전 시 나트륨금속수소화물 배터리의 각 전극 반응

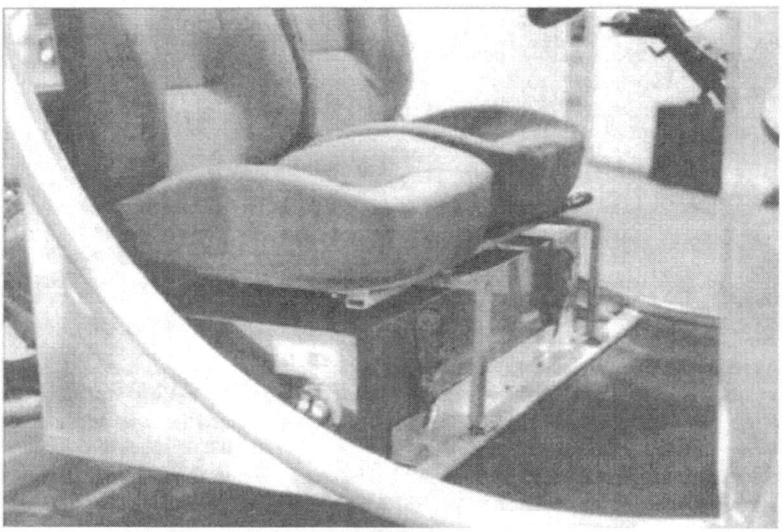

〈그림 4-22〉 MES-DEA사에 의해 제작된 실험용 배터리 구동 전기자동차의 좌석 아래에 컴팩트하게 설치된 상용 Zebra 배터리.
이 배터리는 약 18 kWh의 전기에너지를 저장할 수 있다.

Zebra 배터리의 주된 문제는 나트륨황 배터리와 마찬가지로 약 320 ℃의 온도에서 동작한다는 것이다. 이중 박판으로 이루어진 스테인레스강 용기를 사용하여 열을 차단시키며, 두 박판 사이의 절연층의 두께는 2~3cm이다. 절연층에서는 모든 공기가 제거되어 진공상태가 수 년 간 유지된다. 그러나 수 시간 정도의 매우 짧은 기간 동안이라면 상관없지만, 오랫동안 사용하지 않을 때는 이 배터리를 주 전원에 계속 연결시킬 필요가 있다. 이는 배터리를 계속 가열하기 위해서이며, 이 때문에 응용범위가 제한된다. 예를 들어 <그림

4-22>의 전기자동차의 좌석 아래에 컴팩트하게 장착된 이 배터리는 17.8 kWh라는 인상적인 에너지를 가지고 있지만, 사용하지 않을 때는 필요한 온도를 유지하기 위해 약 100 W의 전력을 소비한다. 따라서 24시간 동안 가열하는 데는 0.1 x 24 = 2.4 kWh의 에너지가 필요하며, 이는 저장된 에너지의 약 13 %에 해당한다. 에너지의 관점에서 볼 때 이것은 다른 배터리의 자기방전에 해당되며, 그 값은 상당히 높다.

Zebra 배터리는 냉각될 수 있지만, 이와 같은 경우가 발생하면 서서히 그리고 지속적으로 재가열되어야 하며, 이 과정에 걸리는 시간은 통상 약 24시간정도이다. 비록 크기는 매우 제한되어 있지만 시험을 마쳤거나 시험 중이면서 안정된 성능을 갖는 Zebra 배터리를 구할 수 있다. 그 예가 <그림 4-22>의 배터리이다.

이 배터리의 전체 특성이 <표 4-6>에 주어져 있다. 이 배터리는 출력이 17.8kWh(~280 V, 64Ah, 180kg, 최대전력 32 kW)로써 스위스의 MES-DEA가 제작하였다.

〈표 4-6〉 나트륨금속염화물 배터리의 공칭 파라메터

비에너지	100 Wh/kg
에너지밀도	150 Wh/L
비전력	150 W/kg
공칭 셀 전압	~2 V, 평균값(완전히 충전되면 2.5V)
Amp-hour 효율	매우 높음
내부저항	매우 낮음, 그러나 충전수준이 낮으면 높음
상용제품 구입 가능성	상용제품을 구입할 수 있지만 공급사가 매우 작음
운전온도	300~350℃
자기방전율	사용하지 않을 때 배터리를 원하는 온도로 유지하기 위해 에너지가 공급되어야 하며, 매일 약 10%의 자기 방전율에 해당함
수명사이클 회수	> 1000회
재충전 시간	8 시간

2-6 리튬 배터리

1) 소개

최근 1980년대 이래로 충전가능 리튬셀이 시장에 출시되어 왔다. 비록 가격은 매우 비싸지만 다른 충전배터리에 비해 에너지밀도가 대단히 크다. 값비싼 랩탑컴퓨터나 휴대폰의 경우 이전에는 저가의 NiCad나 NiHM 셀이 고려되었지만 현재는 안정된 특징을 갖는 리튬 충전가능 배터리가 사용되고 있다.

2) 리튬폴리머 배터리

리튬폴리머 배터리는 음극에 리튬금속을, 양극에는 천이금속(transition metal)의 중간산화물(intercalation oxide)을 사용한다. 전체 화학반응에서 리튬이 산화금속과 결합하여 리튬산화금속이 생성되면서 에너지가 방출된다. 배터리가 재충전되면 반응은 역으로 발생한다. 따라서 리튬은 반응물이면서 전해질을 통과하는 이동이온(mobile ion)이기도 하다. 전체 화학반응은 다음과 같다.

$$xLi + M_yO_z \leftrightarrow Li_xM_yO_z$$

고체리튬의 음극은 리튬폴리머 셀이 가지는 문제의 주된 원인이 되어 왔다. 즉 안전성 보장에 대한 어려움과 때로는 코팅으로 인한 성능저하 등이 그것이다. 따라서 리튬폴리머 배터리는 대부분 리튬이온 배터리로 대체되었다.

3) 리튬이온 배터리

리튬이온 배터리는 1990년대 초반에 소개되었으며 양극에 리튬화(lithiated) 천이금속의 중간산화물을, 음극에는 리튬화탄소를 사용한다. 전해질은 액체유기용액이나 고체폴리머를 사용한다.

리튬화탄소와 산화금속이 결합되어 탄소와 산화리튬금속이 생성되면서 전기에너지가 얻어진다. 이 배터리의 전체 화학반응은 다음과 같다.

$$C_6Li_x + M_yO_z \leftrightarrow 6C + Li_xM_yO_z$$

이 배터리의 주요 수치가 <표 4-7>에 주어져 있다. 리튬이온 배터리의 중요한 문제점은 리튬셀을 충전시킬 때 전압을 정확히 제어할 필요가 있다는 것이다. 만약 조금이라도 전압이 더 높으면 배터리가 손상될 수 있고, 너무 낮으면 충전이 충분하지 않게 된다. 따라서 이 배터리용으로 적절한 상용 충전기가 개발되고 있다.

〈표 4-7〉 리튬이온 배터리의 공칭 파라메터.

비에너지	90 Wh/kg
에너지밀도	153 Wh/L
비전력	300 W/kg
공칭 셀 전압	~3.5 V, 평균값(완전히 충전되면 2.5V)
Amp-hour 효율	매우 우수함
내부저항	매우 낮음
상용제품 구입 가능성	전기자동차용으로는 적합하지 않은 매우 작은 셀만 구입할 수 있음
운전온도	대기온도
자기방전율	매우 낮음, 한달 동안 ~10%
수명사이클 회수	> 1000회
재충전 시간	2~3 시간

이 수치들은 1998년도에 생산된 Sony의 리튬이온 배터리에 근거를 두고 있다. 에너지와 전력값이 더욱 높게 인용될 수 있지만 그 값들은 단일 셀이나 매우 작은 배터리에 대한 데이터일 것이다. 왜냐하면 셀의 수납이 매우 간단하고 냉각에 필요한 장치도 없기 때문이다.

리튬이온 배터리는 다른 배터리 시스템에 비해 무게 면에서 상당한 장점을 가지고 있기 때문에 미래의 자동차용으로 매우 매력적인 후보가 된다. 예를 들면 비에너지는 납 배터리의 약 3배이므로 자동차의 주행거리를 매우 크게 늘일 수 있다. 그러나 대형 배터리는 엄청나게 값이 비싸기 때문에 상용기업이 보다 저가의 리튬이온 배터리를 생산할 수 있는 설비를 가진 경우에만 이 배터리의 잠재력이 완전히 나타나게 될 것이다. 리튬기반 배터리를 사용한 전기자동차가 다소 생산되었지만, 그것들은 가능성을 보여주기 위한 개념 수순의 데모용 자동차였다. 그 중에서 주목할 만한 것은 2001년에 생산된 Ford사의 Ka를 전기자동차용로 개조한 것이었다(Schmitz & Busch, 2001).

2-7 금속공기 배터리

1) 소개

금속공기 배터리는 단지 전류를 역으로 흘린다 해서 배터리가 충전되지 않는다는 점에서 완전히 방식이 다른 배터리이다. 대신에 소모된 금속전극을 새것으로 교체해야 한다. 따라서 금속전극은 일종의 연료로 간주할 수 있다. 소모된 '연료'는 재처리설비로 보내진 뒤 새 '연료'로 바뀌게 된다. 배터리의 전해질 또한 보통 교체할 필요가 있다.

이 배터리는 기존의 내연기관 자동차와 개념적으로 다르지 않다. 왜냐하면 내연기관 자동차는 재급유를 위해 주기적으로 정지하며, 미래에는 정숙함과 유해가스 무배출이라는 전기자동차의 주요한 특성을 가질 것이라는 부가적인 장점을 가진다는 점에서 금속공기 배터리와 유사하기 때문이다. 이 특징만으로도 자주 자동차를 재급유하고 변화에 적응하는 속도가 느린 자동차운전자의관심을 끌 수 있을 것이다.

2) 알루미늄공기 배터리

알루미늄공기 배터리의 기본 화학반응은 매우 간단하다. 알루미늄이 공기 중의 산소 및 물과 결합하여 수산화알루미늄이 형성되면서 전기에너지가 방출된다. 반응은 비가역적이다. 전체 화학반응은 다음과 같다.

$$4Al + 3O_2 + 6H_2O \rightarrow 4Al(OH)_3$$

셀의 음극에는 알루미늄을 사용하고 그 두께는 보통 약 1 cm에서 시작한다. 반응이 진행됨에 따라 전극은 점점 더 얇아진다. 양극은 보통 다공질 구조로써 촉매가 첨가된 탄소층이 금속망 위에 압착되어 있다. 전극의 PTFE 층은 얇기 때문에 기공도는 산소가 통과할 정도로 충분하지만 액체전해질은 빠져나가지 못한다. 전해질은 알칼리용액으로써 보통 수산화칼륨을 사용한다.

이 배터리는 사용된 음극을 교체함으로써 재충전된다. 전해질 또한 수산화알루미늄에 의해 오염되므로 보통 교체시켜줘야 한다.

〈표 4-8〉 알루미늄공기 배터리의 공칭 파라메터

비에너지	225 Wh/kg
에너지밀도	195 Wh/L
비전력	10 W/kg
공칭 셀 전압	1.4 V
Amp-hour 효율	알려져 있지 않음
내부저항	오히려 높음, 따라서 전력이 낮음
상용제품 구입 가능성	정지형(stationary) 시스템만 구입할 수 있음
운전온도	대기온도
자기방전율	보통 매우 높음(하루에 >10%), 그러나 전해질을 펌프로 배출시킬 수 있으므로 매우 낮게 할 수 있다.
수명사이클 회수	1000회 이상
재충전 시간	연료교체 시간 10분

알루미늄공기 배터리의 큰 단점은 비전력이 매우 낮다는 것이다. 예를 들어 100kg의 배터리는 출력이 단지 1kW 정도로서 자동차에 전력을 공급하기에는 불충분하다. 20kW의 출력을 얻기 위해서는 2톤의 배터리가 필요하다. 따라서 이 배터리 자체는 대부분의 차량에 적합하지 않다.

3) 아연공기 배터리

아연공기 배터리는 많은 점에서 알루미늄공기 배터리와 유사하지만 전체 성능이 훨씬 더 우수하며, 특히 비전력 면에서 알루미늄공기 배터리의 거의 10배에 달하므로 자동차에 적합할 것으로 판단된다. 구조는 알루미늄공기 배터리와 유사하며, 양극은 다공질 구조로써 여기에서 산소가 전해질과 반응한다. 전해질은 액체 알칼리용액이고, 음극은 고체 아연이다. 배터리의 에너지는 공기 중에서 아연을 산소와 반응시켜 산화아연을 형성시킴으로써 얻어진다. 다른 방법으로는 전극과 전해질의 상태에 따라 알루미늄공기 배터리에서와 마찬가지로 수산화아연이 생성될 수도 있다. 이 과정은 보통 비가역적이다.

배터리의 일반적인 특성이 <표 4-9>에 주어져 있다. 몇몇 제조사들은 전기적으로 충전가능한 아연공기 배터리를 생산하였다고 주장하였지만 보통 재충전 회수는 매우 작았다.

일반적인 충전방법은 알루미늄공기 배터리와 마찬가지로 음극을 새 것으로 교체하는 것이다. 산화아연이 포함되어 있는 전해질 또한 교체된다. 원칙적으로는 전해질을 중앙처리시설로 보내어 아연을 회수하지만, 이에 필요한 인프라 때문에 오히려 복잡해진다.

소형 공기아연 배터리는 쉽게 구입할 수 있으며, 매우 높은 에너지밀도 때문에 보청기와 같은 응용분야에 널리 사용되어 왔다. 보청기는 보통 항상 '켜진(on)' 상태로 있으므로 자기방전이 그다지 큰 문제가 되지 않는다. 음극을 교체할 수 있는 대형 배터리는 간신히 구입할 수 있을 정도이지만, 이러한 경향이 변하고 있기 때문에 미래에는 상당한 가능성을 가지리라 판단된다. 충전 가능한 연료를 사용한다는 것은 충전소를 이용할 필요가 없기 때문에 상당한 장점을 가지고 있으며, 연료를 배달하는 탱크로리는 최초로 연료를 배급받은 장소에 있는 재처리설비로 사용된 연료를 되가져 가기만 하면 된다. 또한 높은 비에너지 때문에 주행거리를 크게 증가시킬 수 있을 것이다.

〈표 4-9〉 아연공기 배터리의 공칭 파라메터

비에너지	90 Wh/kg
에너지밀도	153 Wh/L
비전력	300 W/kg
공칭 셀 전압	~3.5 V, 평균값(완전히 충전되면 2.5V)
Amp-hour 효율	매우 우수함
내부저항	매우 낮음
상용제품 구입 가능성	전기자동차용으로는 적합하지 않은 매우 작은 셀만 구입할 수 있음
운전온도	대기온도
자기방전율	매우 낮음, 한달 동안 ~10%
수명사이클 회수	> 1000회
재충전 시간	2~3 시간

2-8 배터리 충전

1) 배터리 충전기

배터리를 고장 없이 유지시키고 때 이른 손상을 방지하기 위해서는 배터리 충전이 가장 중요한 문제이다. 예를 들어 납 배터리를 낮은 충전상태로 두면 황산화과정을 통해 배터리가 어떻게 영구적으로 손상되는가를 이미 알고 있다. 그러나 배터리를 적절하지 않게 충전시키는 것 또한 아주 쉽게 배터리를 손상시킨다.

현대의 자동차용 배터리를 충전시키는 것은 배터리에 일정한 전압과 전류를 공급하는 간단한 문제가 아니라, 전류와 전압을 매우 조심스럽게 제어해야 하는 복잡한 문제이나. 설계자에게 가장 좋은 방법은 배터리 제작사나 유명한 배터리충전기 제작사로부터 상용 충전장비를 구입하는 것이다. 적절한 충전장비를 이용할 수 없는 장소에서 전기자동차를 충전시키려면, 현대적이면서도 가벼운 차량탑재용 충전기를 선택사항으로 고려해야 한다.

광전패널(photoelectric panel)을 제외하면, 배터리를 충전하기 위한 에너지는 거의 항상 전력계통과 같은 교류전원으로부터 얻는다. 따라서 배터리를 충전하기 위해서는 이 전압을 직류전압으로 정류시킬 필요가 있다. 정류된 직류전압은 맥동(ripple)이 거의 없는 평활한(smoothed) 전압이 되어야 한다. 그 이유는 직류전압의 크기가 변화하여 배터리전압보다 작아지면 충전이 되지 않으며, 맥동전압이 최대로 되면 이 값이 너무 커서 배터리가 손상될 수 있기 때문이다. 직류전류가 크면 클수록 정류기의 직류출력전압은 평활화되기 어려워지고, 이는 특히 대전류 충전기인 경우 배터리충전기의 정류회로와 평활화회로(필터회로)가 상당히 비싸진다는 것을 의미한다. 예를 들면 전기자동차개발의 중요한 부분을 점하고 있는 1996년 General Motors사의 EV1 전기자동차용 배터리충전기는 가격이 약 2000$였다(Shnayerson, 1996).

배터리충전기와 관련된 하나의 중요한 문제는 자동차주차장과 같은 공공장소에서 자동차를 충전시키기 위한 설비를 제공하는 것이다. 유럽의 도시들, 특히 예를 들면 프랑스의 La Rochelle과 미국 California의 몇 개 도시들에서는 그러한 설비가 제공되고 있다. 주된 문제는 표준화로써 모든 전기자동차가 안전하게 그러한 설비에 연결될 수 있음을 보장하는 것이다. 최근 그러한 문제를조정하는 기구인 California Air Resources Board(캘리포니아 공기자원 위원회)는 이에 대한 지침을 만들었으며, 그 내용은 문헌(Sweigert 등, 2001)에서 찾아볼 수 있다. 또한 이 문헌에서는 자동차와 충전기를 연결하는 다양한 방법들에 대해 개략적으로 설명하고 있다.

그러나 자전거, 장애인용 휠체어, 배달차량 등과 같은 대부분의 전기차량은 항상 하나의 충전기를 사용하므로, 특히 해당 차량의 배터리용으로 설계되어야 한다. 하이브리드 전기자동차 역시 충전기는 엔진에 의해 구동되는 교류발전기이므로 충전은 자동차의 에너지관리 시스템에 의해 제어되어야 한다. 그러나 어떤 충전 방법을 어떤 배터리에 사용하는가에 관계없이 배터리 '충전균일화(charge equalization)'의 중요성을 이해해야 한다. 이것이 다음 절에서 설명되어 있다.

2) 충전균일화

〈표 4-10〉 배터리 내의 두 개의 서로 다른 셀의 충전상태 표시

셀 A의 충전상태	셀 B의 충전상태	결 과
100 %	100 %	완전 충전
48 %	40 %	50 % 방전
98 %	90 %	50 % 재충전
35 %	19 %	60 % 방전
85 %	69 %	50 % 재충전
33 %	9 %	50 % 방전
83 %	59 %	50 % 재충전
18 %	전력공급 불가, 배터리 완전방전	60 % 방전

셀 A는 자기방전이 낮은 우수한 성능을 가진 셀이다. 셀 B는 자기방전율이 큰데, 이는 아마도 제작상의 실수나 높은 온도 때문일 것이다. 이 셀들은 여러 번 충방전이 되풀이되었다.

모든 종류의 배터리에 적용되는 중요한 점은, 배터리가 심각하게 손상되지 않기 위해 일정한 시간 간격으로 행해져야 하는 충전균일화 과정이다.

모든 배터리의 문제점은, 전류가 흘러나올 때 배터리의 모든 셀에서 같은 양의 전하가 방출되지 않는다는 것이다. 배터리는 직렬로 연결된 셀의 집합체이므로 언뜻 보면 이는 잘못된 것처럼 보인다. 즉 정확히 같은 크기의 전류가 모든 셀을 통해 흐른다는 것이다. 그러나 각 셀에 흐르는 전류의 크기가 다르기 때문에 방출되는 전하량이 다른 것이 아니라 (전류의 크기는 실제로 같다), 이미 언급한 대로 자기방전(즉 납 배터리의 경우 식 (2.4)와

(2.5))이 셀마다 다른 비율로 발생하기 때문에 그러한 일이 발생한다. 이는 제작상의 차이 때문에 나타나는 현상이며 또한 온도의 변화 때문이기도 하다. 즉 배터리 내부의 모든 셀은 온도가 정확히 같지 않다.

그 결과 배터리의 명목상 방전율이 50%라면, 어떤 셀은 이보다 약간 더 많은 전자를 잃고서 방전율이 52%가 되고, 또 다른 셀은 그 보다 더욱 많은 전자를 잃게 되어 60 %가 된다. 성능이 우수한 셀의 경우 배터리가 충분히 재충전될 때 자기방전하기 쉬운 셀은 완전히 재충전되지 않을 것이다. 반복적으로 이를 행한 결과가 <표 4-10>에 주어져 있다.

셀 A의 충방전사이클은 약 20 %와 80 % 사이를 되풀이하였으며 완전히 만족스러웠다. 그러나 셀 B의 충전상태는 점점 낮아져서 결국 사이클을 몇 번 되풀이하지 않고도 완전히 방전(flat)되었다. 배터리 내의 한 셀이 이와 같이 완전히 방전되면 그 셀은 단지 저항으로 작용하기 때문에 배터리전압은 급격히 감소된다. 만약 여전히 배터리로부터 전류가 흘러나오고 있다 하면 그 셀은 심각하게 손상을 입은 것이 거의 확실하다. 왜냐하면 전류가 완전히 방전된 셀을 통해 흐르는 동안 영향이 미쳐 그 셀을 '잘못된 방법(wrong way)'으로 충전시키기 때문이다. 배터리의 셀은 직렬로 연결되어 있기 때문에 하나의 셀이 손상되면 전체 배터리가 손상된다. 이 영향이 아마도 때 이른 배터리 고장의 주된 원인일 것이다.

이를 방지하는 방법은 일정한 시간 간격으로 모든 셀이 완전히 충전될 때까지 배터리를 충전시키는 것이다(이 과정을 충전균일화라 한다). 이는 어떤 셀들이 수 시간 동안 과충전된 채로 동작할 수밖에 없다는 것을 의미한다. 일단 대부분의 셀이 완전히 충전되었다 하더라도 자기방전하기 쉬운 셀들이 완전히 충전될 수 있도록 계속해서 전류를 배터리 내부로 흘려주어야 한다.

이것이 셀의 과충전에 대응할 수 있는 것이 왜 중요한가 하는 이유이다. 그러나 2-4와 2-5절에서 보았듯이 과충전 시에는 보통 약 C/10 정도의 제한된 전류만을 흘려야 한다. 이러한 이유 때문에 모든 셀들을 완전히 충전시키는 최종 과정은 빠르게 진행될 수 없다. 또한 완전충전 부근까지 충전되는 것보다 거기서 완전충전까지 걸리는 시간이 훨씬 더 길어지는 이유이다. 마지막 남은 부분은 서서히 충전되어야 한다. 따라서 성능이 우수한 배터리충전기가 왜 다소 복잡해지며 배터리 충전과정에서 충전효율이 왜 100%보다 훨씬 더 낮은가를 이해할 수 있다. <그림 4-23>는 <표 4-10>의 데이터와 같이 그리 극단적이지 않은 예를 적용하여 충전하는 과정을 보여주고 있다. <표 4-10>와 달리 <그림 4-23>의 배터리에서는 어떤 셀들이 완전히 방천하기 전에 충전균일화 메카니즘이 동작하도록 범위를 설정함으로써 안전을 보장하고 있다.

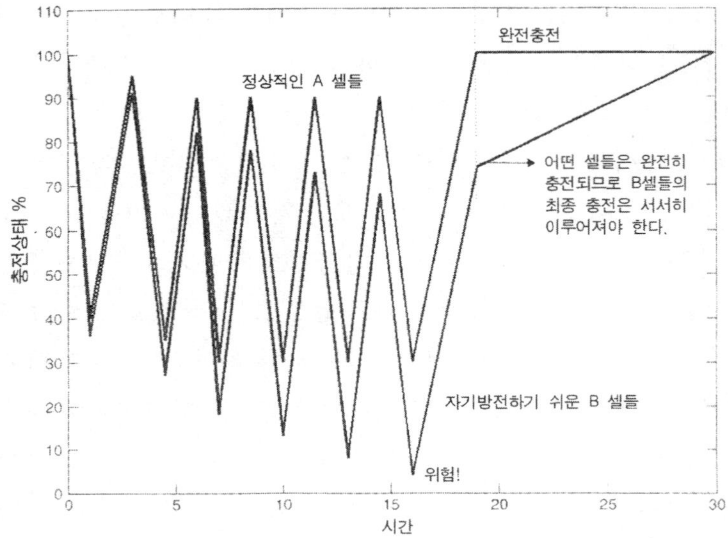

〈그림 4-23〉 배터리에서 주기적인 충전균일화가 필요한 것을 보여주는 그림.
위쪽 선(셀 A)은 만족스럽게 동작하는 보통 셀의 충전상태를 나타낸다. 아래쪽 선(셀 B)은 자기방전하기 쉬운 셀에 대한 것이다. 충전균일화 메카니즘 때문에 어떤 셀들이 과충전되어 있는 동안, 다른 셀들이 완전히 충전된다.
이는 전체 충방전 구간 중에서 마지막 12 시간단위에서 일어난다.

지금까지 우리는 모든 셀들을 균일하게 충전시키는 충전균일화 과정만을 다루었다. 그러나 이론적으로 하나의 셀에서 다른 셀로(즉, 충분히 충전된 셀로부터 충전이 미흡한 셀로) 전하를 이동시킴으로써 어떠한 충전시점에서도 배터리의 모든 셀들의 전하를 균일하게 할 수 있다. 다음 장에서 다루는 '수퍼커패시터 (super-capacitor)'의 경우는 이것이 실제로 가능하지만, 보통 배터리의 경우는 그렇지 않다. 주된 이유는 셀의 충전상태를 검출하기가 어렵기 때문이다. 반면에 커패시터의 경우는 전압이 충전상태에 직접 비례하기 때문에 훨씬 더 쉽다. 그러나 리튬기반 배터리의 경우 배터리시스템에 회로를 부가시키면 실제로 균일하게 충전시킬 수 있다. Chou 등(2001)은 그러한 배터리관리시스템을 잘 설명하고 있다.

어떤 셀들이 다른 셀보다 느리지만 더욱 과도하게 방전하는 문제는 배터리 보호 면에서 매우 중요하다. 그 중에서 특히 중요한 것으로는 두 가지 경우가 있다.

■ **시의적절한 충전** : 경우에 따라서는 충전량이 작을 수 있다. 예를 들면 어떤 지역에서 주차 중일 때 충전기로 단시간 동안 충전시키는 경우이다. 이는 어느 정도 충전에 도움이 되지만, 모든 셀을 100 %로 충전하기 위해서는 배터리를 충분히 오랜 시간 동안 충전시키는

작업을 상당히 자주해야 한다.

■ **하이브리드 전기자동차** : 이 경우 보통 배터리를 완전히 충전시키지 않는 것이 바람직하다. 따라서 배터리는 한상 회생제동에 의해 에너지를 흡수할 수 있다. 그러나 이는 주의깊게 행해져야 되며, 배터리 관리시스템은모든 셀이 100% 완전히 균일하게 충전될 수 있도록 주기적으로 배터리를 관리해야 한다.

여기서 언급하는 배터리 충전 문제는 모든 배터리에 적용되지만, 납 배터리와 같이 자기방전율이 높은 셀의 경우 이것은 더욱 중요하다. 이것이 크게 문제가 되지 않는 유일한 배터리는 전자제품에 사용되는 소형의 단일셀인 경우이지만 이 책의 내용과는 관계가 없다.

3. 전기기기 및 제어기

전동기는 전기자동차의 핵심 구성요소로서, 이 장에서는 주로 사용되는 전동기의 종류에 대해 다룬다. 현대적인 전기기기는 상당히 복잡한 제어기가 필요하므로 역시 이 장에서 다룬다.

3-1절에서는 가장 간단한 형태이면서 어떠한 전자제어장치도 거의 필요로 하지 않는 직류전동기를 먼저 설명한다. 3-2절에서는 현재 가장 널리 사용되는 현대적 전동기를 구동시키는데 필요한 전력전자장치의 기초를 다룬다. 3-3절에서는 '스위치드 릴럭턴스 전동기(switched reluctance motor, SRM)', '브러시리스 전동기(brushless motor)', 검증이 완료된 '유도전동기(induction motor)'등과 같은 고도로 정교한 전동기에 대해 설명한다. 전동기를 선택하여 사용할 때 모든 전동기에서 공통으로 고려해야 할 문제가 있다. 이는 냉각, 효율, 크기 및 무게이며, 3-4절에서 다룬다. 마지막으로 하이브리드 전기자동차에서 전기기계에 적용되는 특별한 요소들에 대해 3-5절에서 다룬다.

3-1 브러시형 직류전동기

1) 직류전동기의 기본 원리

전기자동차에는 놀랄만큼 많은 종류의 전동기가 사용되고 있다. 그러나 가장 간단한 형태의 전동기는 '브러시(brushed)형' 직류전동기이다. 이 전동기는 휴대용 공구, 장난감,

자동차의 전동창문, 헤어드라이기와 같은 소형 가정용 기구 등과 같은 분야에 널리 사용된다 - 전원이 교류인 경우에도 동작한다. 그러나 견인용 전동기(traction motor)로는 다른 종류의 전동기를 사용하는 것이 점점 일반화되고 있지만, 여전히 직류전동피도 사용되고 있다. 브러시형 직류전동기는 널리 사용될 뿐만 아니라 전동기 제어를 위한 대부분의 중요한 문제가 이 전동기를 기준으로 하여 쉽게 설명될 수 있기 때문에 가장 먼저 다루는 것이 타당하다.

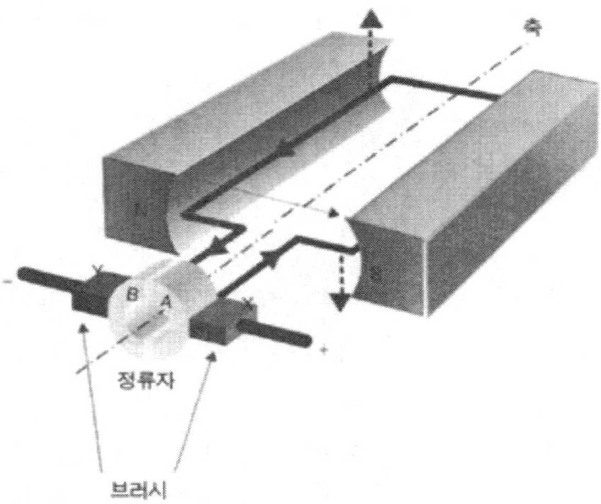

〈그림 4-24〉 간단한 영구자석 직류전동기의 동작원리를 설명하기 위한 개념도

대표적인 직류전동기가 <그림 4-24>에 나타나 있다. 이 직류전동기에는 영구자석과 브러시가 장착되어 있다. 가장 간단한 직류전동기는 하나의 코일을 가지고 있으며, 자석 부근의 권선에 흐르는 전류 때문에 코일에 힘이 발생한다. 전류는 브러시 X, 반쪽 링 모양의 정류자(commutator) A, 코일, 다른 쪽 반쪽 링의 정류자 B, 브러시 Y(XABY)를 통해 흐른다. 코일변(coil side)에서는 전류가 흐르는 방향이 바뀌기 때문에 그림에서처럼 힘은 한쪽 코일변에서는 위의 방향으로, 다른 쪽에서는 아래 방향으로 발생한다. 이 두 힘 때문에 코일이 회전한다. 코일은 정류자와 함께 같이 회전하고, 일단 코일변이 자석으로부터 벗어나면 반쪽 링 정류자가 다시 브러시와 접촉할 때까지 모멘트에 의해 코일이 계속 회전한다. 코일변이 반 바퀴 회전한 경우에도 정류자 때문에 자석에 대해 전류는 항상 같은 방향으로 흐르고 있으므로 발생되는 힘의 방향도 같아 전동기는 이전처럼 계속 회전한다. 그러나 전류는 이제 브러시 X, 반쪽 링 정류자 B, 코일, 반쪽 링 정류자 A, 브러시 Y를 통해 흐

르므로, 코일에 흐르는 전류는 방향이 반대가 된다(XBAY).

정류자는 코일에 흐르는 전류의 방향을 계속 바꾸어 줌으로써 코일이 회전하고 있는 경우에도 힘이 같은 방향으로 발생하게 하는 역할을 한다.

실제의 직류전동기는 <그림 4-24>보다 훨씬 더 정교한 구조로 되어 있다. 중요한 것으로는 다음과 같은 것이 있다.

■ 전기자(armature)라 부르는 회전하는 코일이 원통형 철심에 감겨있기 때문에 자석의 자기장은 공극이 큰 쪽으로 형성되지 않는다 - 공극이 크면 자기장이 약화된다.

■ 하나 이상의 코일이 사용되므로 전류가 흐르는 권선은 회전하는 동안 대부분 자석 부근에 존재한다. 이는 (<그림 4-24>처럼) 정류자가 2 개의 반쪽링이 아니라 여러 개의 정류자편(commutator segment)으로 이루어져있다는 것을 의미하며, 1 개의 코일에는 2 개의 정류자편이 필요하다.

■ 각 코일은 여러 개의 권선으로 이루어져 있으므로 토크가 증가한다(권선이 많으면 힘이 커진다).

■ 회전력을 증가시키기 위해 한 쌍 이상의 자석이 사용된다.

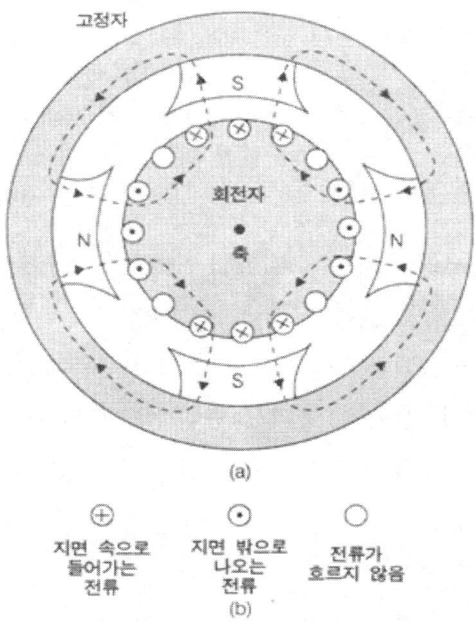

〈그림 4-25〉 (a) 4 극 직류전동기의 단면도.
점선은 자속(magnetic flux)을 나타낸다. 전동기의 토크는 시계방향이다. (b) 단면도에서 권선에 흐르는 전류의 방향을 나타내기 위한 규칙

<그림 4-25>(a)는, <그림 4-24>보다 더욱 실제에 가까운 직류전동기의 단면도를 나타낸 것이다. 그림은 단면도이므로 권선전류는 지면에서 나오는 방향 또는 지면 안으로 들어가는 방향으로 흐른다. <그림 4-25>(b)에는 이러한 단면도에서 전류가 흐르는 방향을 나타내는 기호가 주어져 있다. <그림 4-25>(a)로부터 대부분의 권선은 자기장 내에서 전류가 흐르고 있는 것을 알 수 있다. 또한 모든 권선에 흐르는 전류는 전동기를 동일한 방향으로 회전시키고 있다.

2) 토크-속도 특성

전동기 권선의 길이가 lm, 흐르는 전류가 IA, 자기장의 세기 BWb/m^2이라면 권선에 발생하는 힘은 다음과 같다.

$$F = BIl \qquad (3.1)$$

코일의 직경이 r, 전기자의 턴수(no. of turns, 권선이 감겨진 회수)가 n이라면 전동기의 토크 T는 다음과 같이 주어진다.

$$T = 2nrBIl \qquad (3.2)$$

여기서 $2Blr = B\times$면적 항은 코일을 통과하는 총자속 Φ로 대체할 수 있다.

$$T = n\Phi I \qquad (3.3)$$

그러나 이 값은 모든 코일이 자속 내에 있고 전기자 주위로 자속이 균일한 경우의 최대토크이다. 실제로 그런 경우는 없다. 또한 <그림 4-25>처럼 한 쌍 이상의 자극이 존재할 수 있다는 사실을 고려하지 않았다. 따라서 평균토크와 전류 및 자속의 관계를 나타내기 위해 전동기 상수 K_m을 도입한다. K_m은 각 코일의 턴수 뿐만 아니라 극쌍(pole pair)의 수 및 전동기의 설계에 따라 다르다. 따라서 다음과 같이 쓸 수 있다.

$$T = K_m\Phi I \qquad (3.4)$$

따라서 전동기의 토크는 회전자(전기자이기도 함) 전류 I에 비례한다. 그러나 어떻게 전류를 제어할 것인가? 전동기에 인가되는 전원전압의 크기에 따라 전류가 달라지는 것은 확실하다. 또한 전기자 코일저항 R_a에 따라서도 달라진다. 전동기가 회전함에 따라 전기자는 자기장 내에서 이동하게 된다. 이는 전동기가발전기 또는 다이나모(dynamo)로 작용하고 있다는 것을 의미한다. <그림 4-24>과 같은 가장 단순한 전동기에서 한 쪽 코일변만을 고려하면 발생된 전압은 다음과 같은 기본식으로 나타낼 수 있다.

$$E_b = Blv \qquad (3.5)$$

이 식은 식 (3.1)의 발전기 식 형태이다. 발생된 전압을 보통 역기전력(back EMF)이라 부르고 E_b로 나타낸다. 역기전력은 자기장 내에서 권선의 이동속도 v에 따라 달라진다. 이를 더욱 자세히 설명하면, 자기장 내에서 이동하는 권선의 속도는 각속도 w와 반경 r에 따라 달라지며, $v = rw$의 관계가 있다. 또한 코일변은 2 개이므로 식 (3.5)는 다음과 같이 된다.

$$E_b = 2Blrw$$

그러나 턴수를 고려해야 하므로 다음과 같이 된다.

$$E_b = 2nrBlw$$

위 식을 식 (3.2)와 비교해 보자. 비슷한 이유 때문에 위 식을 식 (3.4)처럼 간략화시킨다. 전동기는 동일하므로 동일한 값의 K_m을 사용할 수 있다. 위 식은 전동기가 회전하면서 다이나모 효과 때문에 발생하는 전압 또는 역기전력을 나타낸다.

$$E_b = K_m \Phi w \qquad (3.6)$$

이 전압은 전원전압 E_s의 방향과 반대이고 전동기의 전류를 감소시키는 역할을 한다. 전기자에 걸리는 순(net) 전압은 전원전압 E_s와 역기전력 E_b의 차이이다. 따라서 전기자 전류는 다음과 같다.

$$I = \frac{V}{R_a} = \frac{E_s - E_b}{R_a} = \frac{E_s}{R_a} - \frac{K_m \Phi}{R_a} w$$

이 식은 각속도가 증가함에 따라 전류가 감소한다는 것을 보여준다. 이 식을 식 (3.4)에 대입하면 토크와 회전속도의 관계를 얻는다.

$$T = \frac{K_m \Phi E_s}{R_a} - \frac{(K_m \Phi)^2}{R_a} w \tag{3.7}$$

이 중요한 식으로부터 직류전동기가 정지하고 있을 때 토크가 최대가 되며, 속도가 증가함에 따라 일정한 비율로 감소한다는 것을 알 수 있다. 이 분석에서 베어링과 정류자의 마찰을 극복하기 위해 필요한 토크와 풍손(windage loss)은 무시하였다. 이 손실토크는 보통 일정하다고 가정되므로 식 (3.7)은 여전히 성립하며 토크-속도 특성은 <그림 4-26>과 같다.

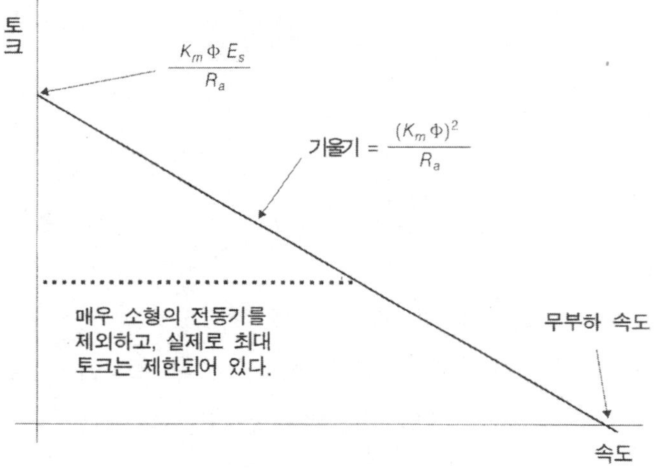

〈그림 4-26〉 브러시형 직류전동기의 토크-속도 특성

식 (3.7)로부터 알 수 있듯이 실제로 이와 같이 자속이 일정한 모든 직류전동기는 속도와 토크 사이의 관계가 선형적이다. 그러나 매우 소형인 전동기의 경우를 제외하면, 실제로 전동기가 저속이 되면 전자제어기나 전동기에 전력을 공급하는 배터리의 내부저항으로 인해 전동기의 토크가 감소한다. 그렇지 않으면 전류가 대단히 커져서 전동기를 손상시킬 것이다. 예를 들어 보자. 소형 전기자동차에 사용된 전동기는 'Lynch'형 기기로서 그 예가 <그림4-27>에 나타나있다. 이와 같은 종류의 대표적인 전동기는 다음과 같은 사양을 가지고 있다.

■ 전동기의 속도 =70rpm/V

■ 전기자 저항 = 0.016Ω

〈그림 4-27〉 소형(10 kW) 'Lynch'형 직류전동기(그림의 M).
어린이용 놀이차(go-kart)는 연료전지에 의해 전력을 공급받는다. 전동기 앞쪽의 장치는 공기 펌프로써, 자체 전동기에 의해 구동되며 견인전동기를 소형으로 만든 것이다.

위의 전동기 속도값은 무부하속도(no load speed)에 대한 것이므로, (3.7)에서 T = 0으로 두고 정리하면 다음과 같다.

$$w = \frac{E}{K_m \Phi} \, rad/s = \frac{60}{2\pi K_m \Phi} E \, rpm$$

따라서 $K_m \Phi$의 값은 다음과 같이 구해진다.

$$\frac{60}{2\pi K_m \Phi} = 70 \Rightarrow K_m \Phi = \frac{60}{2\pi \times 70} = 0.136$$

이 전동기에 24 V의 일정한 전원전압이 인가된다면 R_a가 0.016 Ω이므로 식 (3.7)은 다음과 같이 된다.

$$T = 205 - 1.16w \qquad (3.8)$$

위 식은 전동기가 최초에 정지하고 있을 때의 토크가 205Nm임을 나타낸다. 이는 매우 큰 값이지만 전류를 계산하기 전까지는 그다지 큰 값인 것처럼 보이지는 않는다. 정지 시에는 역기전력이 영(zero)이므로 24V 전원이 인가된 전동기회로에는 오직 이 전기자저항 R_a만이 존재하므로 전류는 다음과 같다.

$$\frac{V}{R} = \frac{E_s}{R_a} = \frac{24}{0.016} = 1500\ A$$

이 전류는 너무 큰 값이다. 전류의 공인 한계값은 5초 동안 250A 또는 350A이다. 최대 토크는 250A와 식 (3.4)를 사용하면 다음과 같다.

$$T = K_m \Phi I = 0.136 \times 250 = 34\ Nm \tag{3.9}$$

최대 토크를 구하기 위해 식 (3.4)를 변환시킨 식 (3.8)은 직류전동기의 특성방정식 중에서 대표적인 것이다. 최대 출력은 약 5kW 정도이다.

3) 브러시형 직류전동기의 제어

<그림 4.26>과 식 (3.7)로부터 브러시형 직류전동기를 매우 쉽게 제어할 수 있음을 알 수 있다. 전원전압 E_s가 감소하면 최대 토크는 비례하여 감소하지만 토크-속도 특성의 기울기는 변화하지 않는다. 다시 말하면 전원전압이 감소하면 어떤 속도에서 토크값은 최대값 이하가 된다. 전원전압은 간단하고 효율적으로 제어할 수 있으므로 이는 직류전동기를 제어할 수 있는 훌륭한 방법이 된다.

그러나 전원전압을 변화시키는 것이 직류전동기를 제어하는 유일한 방법은 아니다. 어떤 경우에는 자속 Φ를 변화시켜 전동기를 제어할 수 있다. 이는 영구자석이 아니라 코일을 감은 전자석에 의해 자속이 형성되는 경우에 가능한 방법이다. 자속이 감소하면 최대 토크가 감소하지만 토크-속도 특성의 기울기는 완만해진다. <그림 4-28>는 이것을 나타내고 있다. 따라서 전동기는 광범위한 토크와 속도범위에서 운전될 수 있다. 최대 속도 부근에서 운행되는 전기자동차가 고속/저토크를 운전될 때는 전압을 제어하는 것보다 이 방법이 더욱 좋다. 그 이유는 고속/고자기장과 관련된 철손(iron loss)을 크게 줄일 수 있기

때문이며, 이는 5)에서 다룬다.

따라서 브러시형 직류전동기의 제어방법은 유연성이 있으며, 특히 자속을 변화시킬 수 있다면 더욱 그러하다. 다음 절에서는 자속을 형성하는 방법에 대해 설명한다.

4)직류전동기의 자계 형성

<그림 4-24>과 <그림 4-25>로부터 전동기를 회전시키기 위한 자기장은 영구자석에 의해 만들어진다. 그러나 이것이 자기장을 만들기 위한 유일한 방법은 아니다. 전류가 흐르는 코일을 이용하여 자기장을 만드는 이 '계자권선(field winding)'은 전동기의 고정자에 감겨 있다.

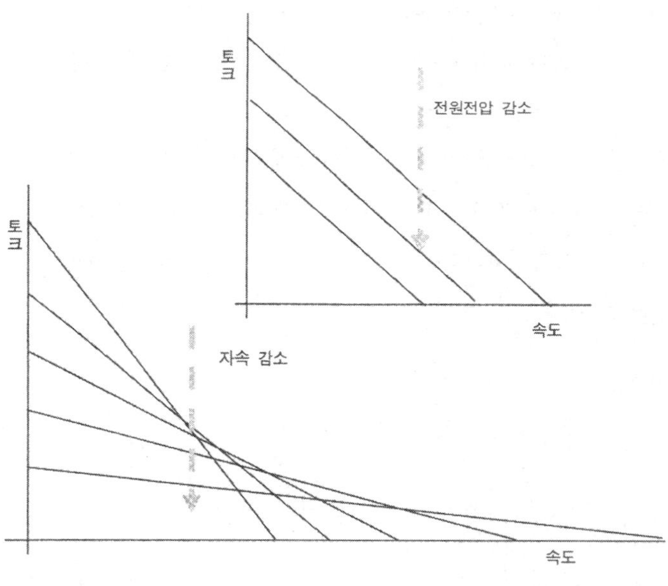

〈그림 4–28〉 전원전압의 변화와 자기장의 세기의 변화가 직류전동기의 토크–속도 특성에 미치는 영향.

자기장을 형성시키기 위해 전자석을 사용하면 전류의 크기를 변화시켜 자기장의 세기 Φ를 변화시킬 수 있는 장점이 있다. 또 다른 장점은 작은 비용으로 강한 자기장을 형성시킬 수 있다는 것이다. 그러나 영구자석의 성능이 점점 개선되고 있기 때문에 이 방법은 중요도가 낮아지고 있다. 가장 큰 단점은 전류가 흐르는 계자권선에서 저항손실 때문에 열이 발생한다는 것이다. 따라서 효율이 낮아질 수밖에 없는 것처럼 보인다. 그러나 실제로 자기장을 제어하는 것은 다음 절에서 다루는 철손을 감소시킬 수 있기 때문에 전동기를 더욱 효율 좋게 운전할 수 있다. 따라서 계자권선을 가진 브러시형 직류전동기가 전기자동차에 여전히 사용되고 있다.

<그림 4-29>에서 볼 수 있듯이, 계자권선을 갖는 브러시형 직류전동기에는 3 가지 종류가 있다. 그 중에서 '직권(series)' 및 '분권(shunt)' 전동기는 기초적인 전기공학 책에 나와 있다. 그러나 이 전동기들은 자동차에서 요구되는 토크 및 속도제어 특성이 좋지 않다. 유일하고도 강력한 후보는 <그림 4-29>(c)의 '타여자' 직류전동기이다.

<그림 4-29>(a)의 분권(또는 병렬권선) 전동기는 전원전압을 감소시키면 자기장도 약화되어 역기전력을 감소시키고 속도를 증가시키는 경향이 있기 때문에 특히 제어하기 어렵다. 어떤 경우에는 전원전압이 감소되어도 속도가 거의 변화하지 않는다. <그림 4-29>(b)의 직권전동기의 독특한 장점은 토크가 저속에서 매우 크고 속도가 증가함에 따라 급격하게 감소한다는 것이다. 이와 같은 특성은 내연기관의 시동용 전동기(starter motor)와 같은 특정한 분야에 유용하지만, 보통 견인용 구동분야에서 요구되는 특성은 아니다.

<그림 4-29>(c)의 타여자 직류전동기는 자속 Φ(계자권선 전압 E_f를 제어)와 전원전압 E_s를 독립적으로 제어할 수 있다. 따라서 원하는 속도에서 필요한 토크를 매우 유연성 있게 제어할 수 있다. 즉 <그림 4-29>에서 전기자전압 E_s와 자속 Φ를 변화시키는 2가지 제어방법을 사용할 수 있다.

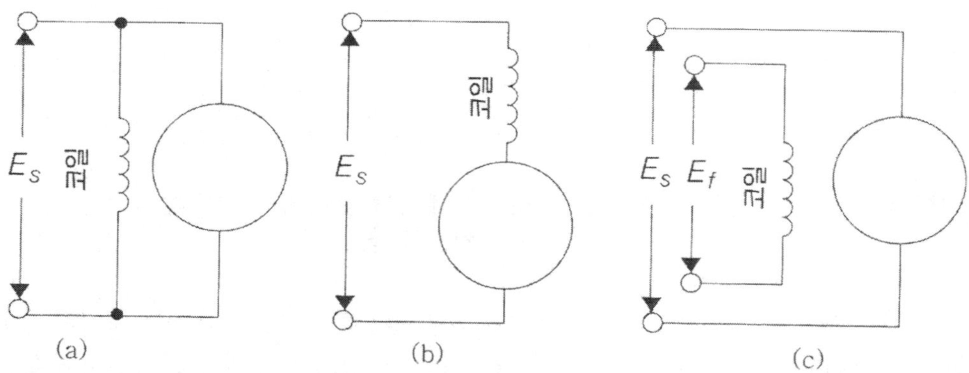

〈그림 4-29〉 브러시형 직류전동기에 자기장을 형성시키기 위해 코일에 전류를 공급하는 3 가지 방법(a) 분권 (b) 직권 (c) 타여자

이러한 이유 때문에 브러시형 타여자 직류전동기는 전기자동차에서 견인전동기로서 매우 널리 사용된다. 차량에 사용되는 대부분의 소형전동기의 경우 자기장은 거의 항상 영구자석에 의해 만들어진다. 이는 구조가 간단하고 값이 싼 전동기를 만들 수 있기 때문이다. 그와 같은 영구자석 전동기가 때로는 견인전동기로 사용되기도 한다.

5) 직류전동기의 효율

브러시형 직류전동기 손실의 주된 원인은 모든 전동기와 마찬가지로 다음과 같이 4 가지로 나눌 수 있다.

먼저 동손(copper loss)이 있다. 동손은 구리로 만든 전동기권선의 저항(브러시 포함) 때문에 발생한다. 이로 인해 열이 발생하고, 공급된 전기에러지의일부는 전기적인 일이 아니라 열에너지로 변환된다. 이 열에너지에 의한 가열정도는 전류의 제곱에 비례한다.

$$P = I^2 R$$

그러나 전류는 전동기에서 발생하는 토크에 비례한다는 것을 식 (3.3)과 (3.4)로부터 알고 있으므로 다음과 같이 쓸 수 있다.

$$\text{동손} = k_c T^2 \qquad (3.10)$$

여기서 k_c는 브러시와 코일의 저항뿐만 아니라 자속 Φ와 관련된 상수이다. 이러한 동손은 특히 소형 전동기의 경우 효율이 낮아지는 가장 큰 원인이다.

두 번째로 중요한 손실은 '철손(iron loss)'으로써 자계에 의해 전동기, 그 중에서 특히 회전자의 철 부분에서 발생한다. 이러한 철손의 원인은 2가지가 있으며, 이를 이해하기 위해서는 회전자의 자계가 계속 변화하고 있다는 것을 반드시 이해해야 한다. <그림 4-25>에서 회전자의 끝부분에 개미가 매달려 있다고 상상하자. 회전자가 한번 회전하면 개미는 N극과 S극을 번갈아 통과하게 된다. 회전자가 회전함에 따라 자석에 의해 형성된 자계는 변화하지 않지만 회전하는 회전자(또는 회전자에 매달려 있는 개미)에서 바라 본 자계는 항상 변화한다. 따라서 회전자의 철 부분은 계속 변화하는 자계 속에 있게 된다. 이로 인해 2가지 형태의 철손이 발생한다. 첫 번째는 '히스테리시스 손실(hysteresis loss)'로서,

철의 자기쌍극자를 한 방향으로 정렬시켰다가 다른 방향으로 재정렬시키는 과정을 통해 계속 철을 자화(magnetize)시켰다가 탈자(demagnetize)시키는데 필요한 에너지이다. 자기적 특성이 우수한 철의 경우 이 손실은 매우 작지만 영(zero)은 아니다. 두 번째 철손은 전자기유도현상에 의해 변화하는 자계가 철에서 전류를 발생시키는 것이 그 원인이다. 이 전류로 인해 철에서 열이 발생한다. 이 전류는 철 내부에서 맴돌아 흐르므로 '와전류(eddy current)'라 부른다. 따라서 철덩어리를 그대로 가공하여 회전자를 만드는 것이 아니라 얇은 철판을 볼트로 죄거나 접착제로 적층시켜 만들면 이러한 와전류를 최소화시킬 수 있다. 각 박판은 절연페인트층에 의해 인접한 박판파 전기적으로 절연되어있다. 이로 인해 철의 저항이 크게 증가하므로 와전류가 감소하게 된다.

이러한 철손은 자계의 주파수에 비례한다. 주파수가 커지면 자화와 탈자도 커지므로 히스테리시스손실도 증가한다. 또한 고주파가 되면 자속의 변화율이 커지므로 유도되는 와전류의 크기도 증가한다. 그러나 자속의 변화율은 회전자속도, 즉 회전자가 얼마나 빨리 회전하는가에 직접적으로 비례한다. 따라서 다음 식이 성립한다.

$$\text{철손} = k_i w \tag{3.11}$$

여기서 k_i는 상수이다. 실제로 k_i는 상수가 아닌 여러 가지 요인들 중에서 자계의 세기에 의해 영향을 받기 때문에 상수가 아니다. 그러나 철손을 구하기 위한 좋은 방법으로써 일정한 크기의 상수값이 보통 사용된다. 보통 k_i를 상수라고 할 수 있는가의 여부는 자계가 만들어지는 방법에 따라 다르다. 타여자보다는 영구자석전동기의 경우가 좀 더 상수데 가깝다.

세 번째 종류의 손실은 마찰손(friction loss)과 풍손(windage loss)이다. 전동기에는 베어링과 브러시 때문에 마찰토크가 당연히 존재한다. 또한 회전자는 바람의 저항을 받으며, 회전자의 냉각을 위해 팬(fan)을 사용하는 경우 풍손은 상당히 커진다. 마찰력은 보통 거의 상수이다. 그러나 바람의 저항력은 속도의 제곱으로 증가한다. 이 두 힘과 관련된 손실의 크기를 구하기 위해서는 다음과 같이 속도를 곱해야 한다.

$$\text{손실 전력} = \text{토크} \times \text{각속도}$$

이 힘들에 포함된 손실은 다음과 같다.

$$\text{마찰손} = T_f w \text{ 및 풍손} = k_w w^3 \tag{3.12}$$

여기서 T_f는 마찰토크, k_w는 주로 회전자의 크기와 형상에 따라 달라지는 상수로서, 냉각팬의 장착 여부와는 관계없다.

마지막으로 전동기가 완전히 정지하고 있는 경우에도 발생하는 일정한 손실(constant loss)이 있으며, 속도나 토크에 관계없이 변하지 않는다. 타여자전동기의 경우 자계를 만들기 위한 코일에 전류(따라서 전력)를 공급해야 하기 때문에 이 손실을 확실히 무시할 수 없다. 다음 절에서 다루는 다른 종류의 전동기의 경우 항상 동작하고 있는 전자제어회로에 전력이 필요하다. 이러한 손실이 없는 유일한 전동기는 브러시형 영구자석전동기이다. 이러한 손실들을 나타내기 위해 기호 C를 사용한다. 전동기에서의 손실을 모델링하고 예측하기 위해 이 모든 손실들을 하나의 식으로 나타낼 필요가 있다. 이때 철손과 마찰손은 전동기의 속도에 비례하기 때문에 두 항을 하나로 묶는 것이 좋다. 현재는 브러시형 직류전동기에 대해 이러한 수식을 유도하고 있지만, 다음 절에서 다루는 더욱 정교한 전동기를 포함한 모든 종류의 전동기에도 적용될 수 있다는 것을 명심해야 한다.

식 (3.10), (3.11) 및 (3.12)가 결합되면 다음 식이 얻어진다.

$$\text{총 손실} = k_c T^2 + k_t w + k_w w^3 + C \tag{3.13}$$

그러나 보통 원하는 값은 전동기효율 η_m이다. 이 값은 다음 식으로 구해진다.

$$\eta_m = \frac{\text{출력}}{\text{입력}} = \frac{\text{출력}}{\text{출력} + \text{손실}} = \frac{Tw}{Tw + k_c T^2 + k_i w + k_w w^3 + C} \tag{3.14}$$

이 식은 5장에서 전기자동차의 성능을 모델링할 때 매우 유용하다. 이 식의 상수들에 대한 적절한 값은 실험에 의해 구하거나 측정된 효율값으로부터 추정하여 정한다. 예를 들면 2)절에서 다룬 'Lynch'형 영구자석전동기가 전기스쿠터에 적용된 경우 대표적인 값은 추정에 의해 다음과 같이 정해진다.

$$k_c = 0.8 \quad k_i = 0.1 \quad k_w = 10^{-5} \quad \mathrm{C} = 20$$

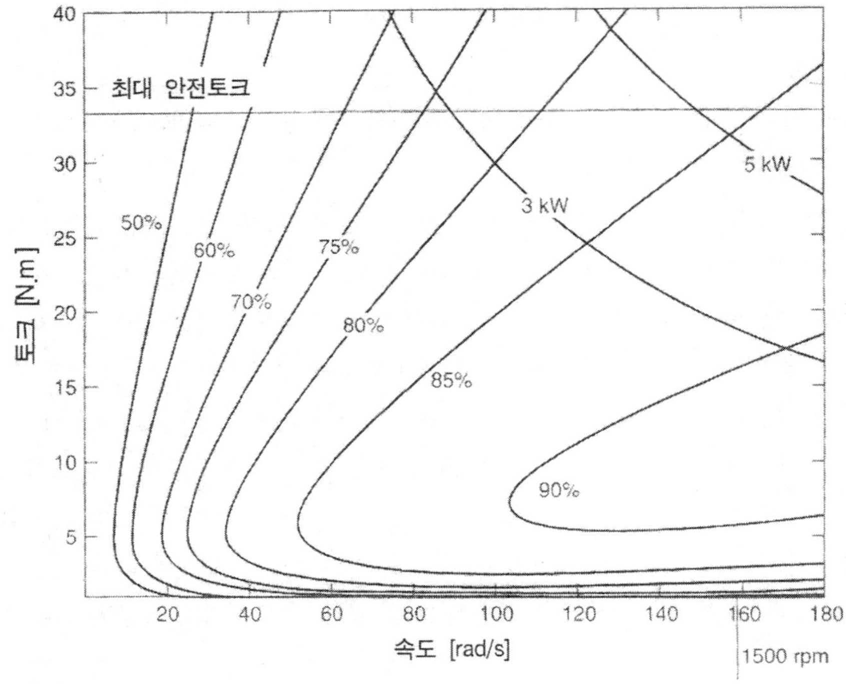

〈그림 4-30〉 대표적인 브러시형 영구자석전동기의 효율곡선

토크-속도 그래프 상에 효율을 함께 나타내는 것이 유용하다. 왜냐하면 때로는 전동기에 대한 효율곡선이 어떠한가를 알게 되면 특정한 운전조건에서 가장 좋은 효율값을 알 수 있기 때문이다. 그와 같은 효율지도(efficiency map)가 <그림 4-30>에 나타나 있다.

6) 전동기 손실과 전동기의 크기

전동기의 손실이 효율에 영향을 미친다는 것은 확실하지만, 크기가 정해진 전동기로부터 얻을 수 있는 최대 출력에 손실이 결정적인 영향을 미친다는 것은 확실하지 않다.

이 절에서 설명하고 있는 브러시형 전동기의 경우를 보자. 전원전압을 증가시키면 전동기의 출력이 증가하므로 토크도 증가한다는 것을 <그림 4-28>으로부터 알 수 있다. 그러나 전압을 증가시키는 것은 한계가 있으므로 출력이 무한정 증가될 수 없다. 이와 같은 한계는 높은 전압으로 인해 구리선 주위의 절연이 파괴되기 때문이라고 생각할 수도 있다. 그러나 사실은 그렇지 않다. 실제로 이러한 한계는 온도와 관련이 있다. 출력이 어떤 값 이상이 되면 식 (3.13)의 손실로 인해 발생된 열이 커져서, 열의 전도와 대류 및 방사가 잘 이루어지지 않으므로 전동기는 과열된다.

이로 인해 전동기의 핵심 파라메터인 출력밀도(단위체적 당 출력)와 비출력(kg 당 출력)은 전기적인 요인이 아니라 전동기에서 발생된 열을 효과적으로 제거하는 방법에 따라 달라진다.

따라서 종래의 브러시형 직류전동기는 매우 큰 단점을 가진다. 이 전동기의 경우 실제로 전동기의 중앙부에 있는 회전자에서 모든 손실이 발생한다. 이는 발생된 열을 제거하기가 매우 어렵다는 것을 의미한다. 다음 절에서 다룰 전동기에서는 대부분의 손실이 전동기 외부인 고정자에서 발생한다. 따라서 발생된 열은 고정자에서 훨씬 쉽게 제거될 수 있다. 공기냉각(air-cooling)을 하는 경우에도 열은 매우 효과적으로 제거될 수 있지만, 대형 전동기에서는 높은 출력밀도를 달성하기 위해 유체냉각(liquid cooling)이 사용된다.

열제거 문제로 인한 이러한 전동기 출력한계 문제 또한 전동기의 또 다른 중요한 특징을 나타낸다. 전동기는 단시간 동안 정격출력을 초과하는 경우에도 안전하게 잘 구동될 수 있다. 예를 들면 정격출력이 5kW인 전동기의 경우, 약30분 동안 이 출력으로 구동되면 전동기의 온도는 약 80℃ 정도가 되어 아무런 손상을 입지 않을 것이다. 그러나 전동기는 상당히 크고 무겁기 때문에 가열되기까지는 시간이 필요하다. 전동기의 온도가 50℃라면 5kW를 초과하여 전동기를 운전시킬 수 있고 전동기의 온도는 매우 빨리 증가할 것이다. 그러나 이를 1분 이상 계속하지 않으면 온도는 위험한 값까지 증가할 시간이 없게 된다. 이와 같디 전동기를 너무 과도하게 운전시키지 않아야 하며, 그렇지 않으면 국부적인 가열로 인해 손상된다. 또 전동기를 오랫동안 과도하게 운전시키면 위험온도에 도달할 것이다. 그러나 전기자동차에서는 가속과 같은 짧은 시간 동안에만 높은 출력이 요구되므로 이러한 방법은 특히 유용하다.

7) 브레이크로 동작하는 전동기

전동기가 운동에너지를 다시 전기에너지로 변환시킬 수 있다는 사실은 전기자동차의 중요한 특징이다. 기존의 브러시형 직류전동기의 경우 이것이 어떻게 이루어지는가를 이해하는 것은 가장 쉽지만, 그 원리는 모든 전동기에 적용될 수 있다.

<그림 4-31>을 보자. 전압이 E_s 이고 내부저항을 무시할 수 있는 배터리에 직류전동기가 연결되어 있다. 전동기는 속도 w 에서 토크가 T인 정상상태에 도달해있다. 이 변수들은 식 (3.7)의 관계가 있다. 이제 스위치 S가 오른쪽으로 이동한다고 가정하자. 전동기는 계속

해서 같은 각속도로 회전할 것이다. 따라서 식(3.6)에 주어진 것처럼 전압이 발생한다. 이 전압이 <그림 4-31>의 저항 R_L에 인가되고, 흐르는 전류는 회전자(전기자, armature) 코일의 저항으로 인해 더욱 제한된다. 그 결과 전류는 다음 식으로 주어진다.

$$I = \frac{K_m \Phi w}{R_a + R_L} \qquad (3.15)$$

이 전류는 전동기에서 흘러나오므로 역방향토크를 발생시킨다. 발생된 역방향토크의 크기는 여전히 식 (3.4)로 주어진다. 따라서 전동기의 회전속도를 감소시키는 역방향토크는 다음 식으로 주어진다.

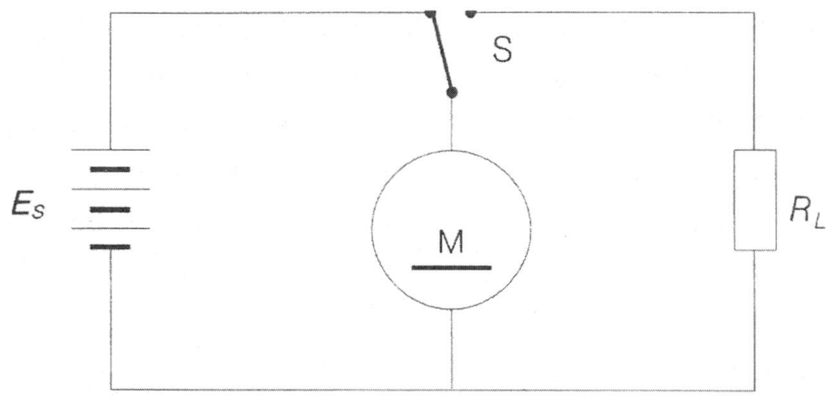

〈그림 4-31〉 발전제동(dynamic braking)을 위해 저항이 연결된 전동기 회로

따라서 저항 R_L을 변화시키면 역방향토크의 크기를 제어할 수 있다. 속도 w가 감소함에 따라 이 토크는 줄어든다. 따라서 R_L이 상수라면 속도는 급격히 영(zero)으로 감소할 것이라 예상할 수 있다.

저항을 사용한 이와 같은 전동기 감속법을 발전제동(dynamic braking)이라한다. 전동기(및 이것에 연결된 자동차 포함)의 모든 운동에너지는 보통의 마찰브레이크에서와 같이 궁극적으로는 열로 변환된다. 그러나 우리는 열이 발생되는 곳을 제어할 수 있다. 또한 제동토크를 제어할 수 있는 정밀한 방법도 있다. 그러나 전동기에 의해 발생된 전기에너지를 배터리나 커패시터에 저장할 수 있다면 훨씬 좋을 것이다. 이 방법은 통상적인 마찰브레이크에 비해 기술적으로 그다지 어렵지 않다.

<그림 4-31>의 저항을 배터리로 바꾸면 '회성제동(regenerative braking)' 시스템이 된다. 그러나 실제로 배터리를 전동기에 간단히 연결하는 것만으로는 되지 않는다. 배터리전압이 V_b이고 전동기의 속도가 w라 하면 전동기에서 흘러나오는 전류는 다음과 같다.

$$I = \frac{V}{R} = \frac{K_m \Phi w - V_b}{R_a} \qquad (3.17)$$

감속 시의 토크는 이 전류에 비례한다. 일단 w가 감소하여 전동기에 의해 발생된 전압 (=$K_m \Phi w$)이 배터리전압과 같게 되면 더 이상 제동효과는 없게 된다. 배터리전압이 매우 낮지 않으면 전압차가 작기 때문에 제동효과가 없어지는 시점이 곧바로 나타날 것이다. 반면에 배터리전압이 낮다면 전동기에 저장된 운동에너지를 회수하기가 쉽지 않다. 왜냐하면 고속인 경우 제동효과가 너무 강해져서 식 (3.17)로 주어지는 전류는 비현실적으로 커질 것이다.

이를 해결하는 방법은 <그림 4-32>와 같은 전압변환회로를 사용하는 것이다. DC/DC 컨버터로 알려진 변환장치에는 전압 V_m은 전동기로부터 전류 I_m이 흐른다. 이 전압 V_m은 전동기(따라서 자동차)의 속도에 따라 변화한다. 전류 I_m은 원하는 제동토크에 따라 변화한다. DC/DC 컨버터는 낮은 전압의 전력(= $V_m \times I_m$)을 받아 높은 전압(V_b, 전류는 I_b로 감소)의 전력으로 변환시킴으로써, 에너지를 저장하는 충전가능 배터리나 커패시터의 전압과 일치(matching)시킨다. 배터리는 전동기를 구동시키는 배터리와 동일한 것이다. 핵심은 전동기전압이 배터리전압보다 낮더라도 여전히 배터리로 전하를 공급할 수 있다는 것이다.

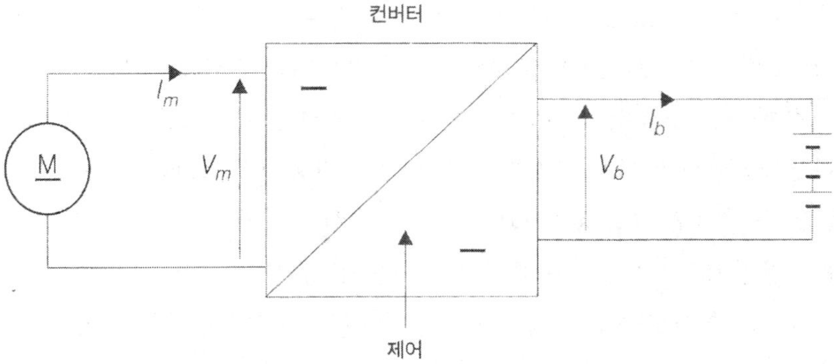

〈그림 4-32〉 직류전동기의 회생제동

그러한 변환회로는 '너무 훌륭해서 과연 사실일까'라고 생각이 들 수 있으며, 그 실현가능성은 아직 거리가 있다. 이 회로는 마치 물을 위쪽으로 거슬러 흐르도록 하는 것처럼 보인다. 그러나 현대의 전력전자기술에 의해 그러한 회로를 구현할 수 있다. 이 회로는 전력을 생산할 수는 없지만, 저전압 고전류의 전력을 고전압 저전류의 전력으로 변환시킬 수 있다. 이 회로는 마치 교류회로에서 입력과 출력전압의 비를 계속 변환시킬 수 있는 변압기와 같은 역할을 한다.

위에서 설명한 전압변환회로를 만들 수 있다 하더라도 효율이 100%는 아니다. 제동전동기에서 얻어지는 전력의 일부는 손실된다. 즉 다음과 같다.

$$V_b \times I_b = \eta_c \times V_m \times I_m \qquad (3.18)$$

여기서 η_c는 컨버터회로의 효율이다.

따라서 전동기는 주어진 속도범위에서 토크를 제어하는데 사용될 수 있음을 알 수 있다. 또한 전동기는 감속 시의 에너지를 배터리나 커패시터에 저장시킴으로써 브레이크로 사용될 수 있다. 이러한 제어가 가능하기 위해서는 제동 시 발생된 전압을 제어할 수 있는 전력전자회로가 필요하다. 이 회로의 동작원리는 다음 절에서 다룬다.

3-3 브러시리스 직류전동기

1) 서론

3-1절에서 기존의 직류전동기를 설명했다. 이 전동기의 브러시는 확실히 문제가 된다. 이는 브러시와 정류자(commutator) 사이의 마찰 때문에 두 부품이 점점 마모되기 때문이다. 그러나 더 큰 문제는 3-1 5)에 설명한 것처럼 전동기의 중심부인 회전자에서 손실로 인한 열이 발생한다는 것이다. 열이 외부의 고정자에서 발생하도록 전동기의 구조를 설계할 수 있다면, 열을 훨씬 쉽게 제거할 수 있으므로 전동기를 작게 만들 수도 있다. 물론 브러시를 없앨 수 있다면 더욱 좋을 것이다. 이 절에서는 이러한 요구조건을 만족시키는 자동차용 견인전동기로서3 가지 종류의 전동기를 설명한다.

전동기 기술의 흥미로운 특징 중의 하나는 확실한 승자가 없다는 것이다. 3-1절의 브러시형 직류전동기는 물론이고 여기서 설명하는 3가지 종류의 전동기모두 전기자동차에 사용되고 있다.

2) 브러시리스 직류전동기

브러시리스 직류전동기(BLDC motor)는 사실은 AC 전동기이다! 실제로 전동기에 흐르는 전류도 교류이다. 이 교류전류는 직류전원에서 공급되면서 주파수를 변화시킬 수 있어야 하며, 이 전동기의 속도-토크 특성이 원래의 브러시형 DC 전동기와 매우 유사하기 때문에 '브러시리스 직류전동기(BLDC motor)'라 부른다. 그러나 '브러시리스 DC'라는 그다지 만족스럽지 못한 명칭 때문에 제작사나 사용자에 따라 여러 가지 다른 이름이 사용되고 있다. 그 중 가장 일반적인 명칭은 자기동기형 AC 전동기(self-synchronous AC motor)이며, 그밖에도 가변주파수 동기전동기(variable frequency synchronous motor), 영구자석형 동기전동기(permanent magnet synchronous motor), 전자정류 전동기(electronically commutated motor, 이하 ECM) 등의 명칭이 함께 사용된다.

BLDC 전동기의 기본원리가 <그림 4-33>에 나타나 있다. 전류가 직류전원으로부터 공급되어 고정자권선으로 흐른다. 회전자는 영구자석으로 구성되어 있다. <그림 4-33>(a)에서 회전자가 시계방향으로 회전하도록 전류에 의해 고정자가자화(magnetize)된다. <그림 4-33>(b)에서 회전자는 고정자의 자극 사이를 통과하고, 고정자전류는 Off된다. 관성에 의해 전동기는 계속 회전하고, <그림 4-33>(c)에서 고정자권선에 다시 전류가 공급되지만 이번에는 전류와 자장이 <그림 4-33>(a)의 경우와는 반대가 된다. 따라서 회전자는 시계방향으로 회전하도록 인력이 작용한다. 이 과정이 계속 반복되면서 고정자권선에 흐르는 전류는 교번하게 된다.

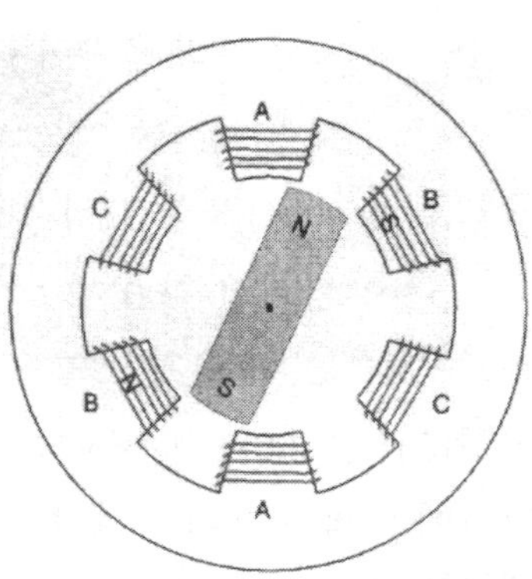

〈그림 4-34〉 BLDC 전동기 고정자 상에 배치된 3개의 코일

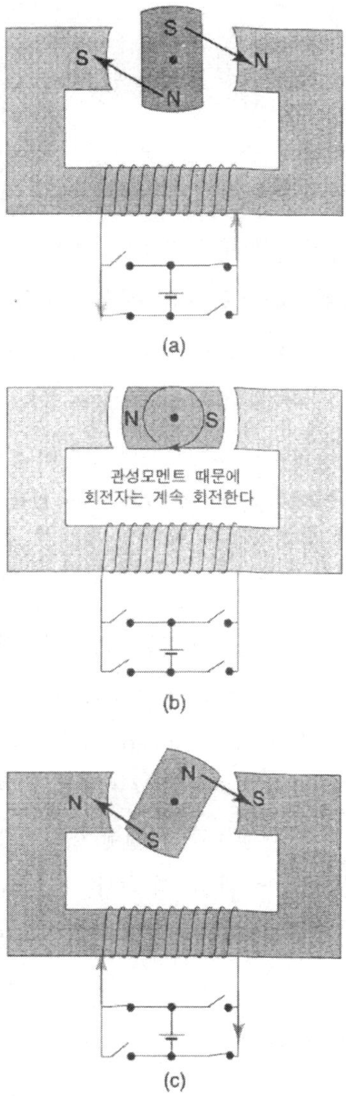

〈그림 4-33〉 BLDC 전동기의 기본동작 원리

전류의 스위칭은 회전자의 위치와 정확히 동기(synchronize)되어야 한다. 이를 위해 센서가 사용된다. 이 센서는 위치를 검출하기 위해 회전자의 자장을 이용하는 홀효과(Hall effect) 센서가 자주 사용되지만, 광학센서 또한 사용된다.

<그림 4-33>처럼 단순히 하나의 권선을 사용한 경우의 문제는 토크가 매우 불안정하다는 것이다. 이 문제는 <그림 4-34>처럼 3 개(또는 그 이상)의 권선을 사용하면 개선될 수 있다. 이 그림에서 전동기가 시계방향으로 회전하도록 권선 B에 전류가 흐른다. 회전자가 코일 B의 자극 사이에 오면, 그 다음 코일C에 전류가 흐르고, 이것이 계속 반복된다.

권선에 전류를 흘리고 제어하기 위해 사용되는 전력전자회로를 보통 '인버터 (inverter)'라 부른다.

BLDC 전동기의 특징은 속도가 증가하면 토크가 감소하는 것이다. 회전하는 자석은 권선에 역기전력(back EMF)을 발생시킨다. 이 역기전력의 크기는 회전속도에 비례하며, 권선에 흐르는 전류를 감소시킨다. 감소된 전류는 자기장의 세기를 감소시키고 따라서 토크가 감소한다. 최종적으로는 유도된 역기전력의 크기가 공급전압과 같게 되면 이때 속도는 최대가 된다. 이러한 특성은 3-1절의 브러시형 직류전동기의 특성과 정확히 동일하다.

또한 이 전동기는 발전기나 회생제동(regenerative braking) 또는 발전제동(dynamic braking) 장치로서도 이용될 수 있다.

BLDC 전동기의 권선을 흐르는 전류는 AC이지만, 필요한 전원은 DC이므로 이 전동기가 일반적으로 DC전동기로 분류되는 이유이다. BLDC 전동기는 디스크 기록장치나 팬(fan) 구동용으로써 컴퓨터 기기에 널리 사용되고 있다. 이러한 소형 전동기에는 스위칭 회로가 센서와 함께 전동기의 안에 내장되어있다. 그러나 BLDC전동기는 매우 정교한 제어기와 함께 고출력용으로도 사용된다. 이 제어기는 권선의 전류(따라서 토크)를 변화시킬 수 있으므로 매우 유연한 구동시스템이 된다. 가장 정교한 전기자동차 구동용 전동기는 BLDC전동기이며, 그 중 하나가 <그림 4-35>에 나타나 있다. 이것은100 kW 유냉식(oil-cooled) 전동기로써 무게는 불과 21 kg이다.

이 BLDC 전동기의 회전자에는 강력한 자석을 필요로 한다. 장점으로는 전류가 (유도전동기처럼) 전동기 내부에서 유도될 필요가 없으므로, 효율이 다소 높고, 약간이지만 비출력이 크다는 것이다. 필요한 제어용 전자회로는 기본적으로는 유도전동기와 같다. 그러나 영구자석(Permanent magnet) 회전자 때문에 가격이 비싸진다.

〈그림 4-35〉 자동차용 100kW 유냉식 BLDC 전동기 무게는 불과 21kg이다

3) 스위치드 릴럭턴스 전동기

비록 최근에야 널리 사용되게 되었지만, 스위치드 릴럭턴스 전동기(switched reluctance motor. 이하 SRM)는 원리적으로 극히 단순하다. 기본적인 동작을 <그림 4-36>에 나타내고 있다. <그림 4-36>(a)에서는 고정자 권선을 흐르는 전류에 의해 고정자와 회전자의 철심이 자화된다. 회전자가 자계와 일직선이 아니므로 공극(air gap)이 최소가 되도록 토크가 발생하며, 자계는 대칭이 된다. 자속은 공극을 통과하기 '어렵기(reluctant)' 때문에 공극을 최소화 하려고 한다. 이것이 이 전동기를 '릴럭턴스 전동기(reluctance motor)'라고 부르는 이유이다.

<그림 4-36>(b)의 위치에서 회전자는 고정자와 일직선상에 있고, 스위치는 Off된다. 관

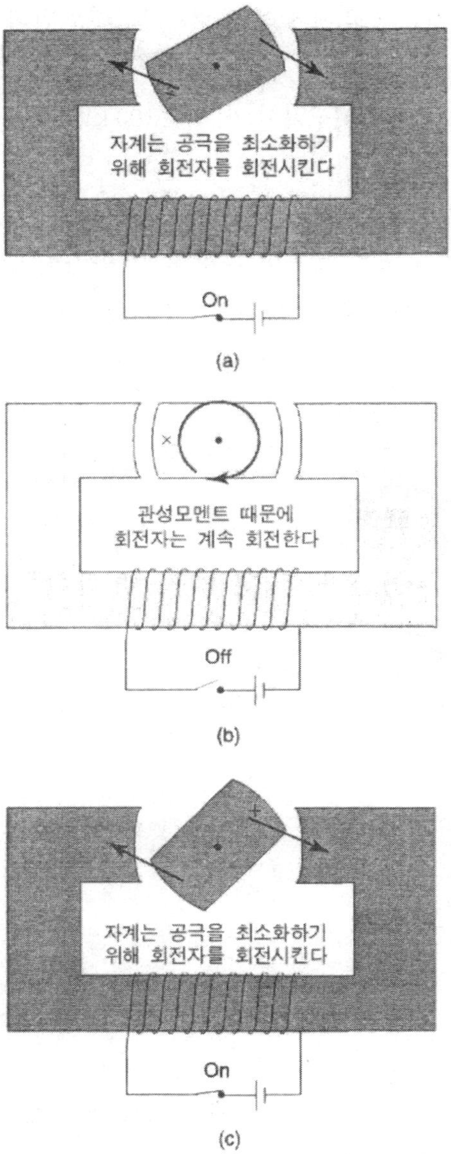

〈그림 4-36〉 스위치드 릴럭턴스 전동기의 동작 원리

성에 의해 회전자는 1/4 회전 이상 회전하여 <그림 4-36>(c)의 위치로 오게 된다. 이때 다시 스위치를 On시켜 전휴를 흘리면 <그림 4-36>(a)와 같은 자기장이 형성된다. 그러면 자기장에 의해 공극을 감소시키도록 토크가 발생되고 자기장은 대칭이 되어 회전자를 끌어당긴다. 회전자가 다시 고정자와 일직선이 되면 스위치가 Off된다.

SRM의 회전자는 자화되기 쉬운 철(鐵)로 만들어진다, 또 권선에 흐르는 전류는 직류이므로, 구조가 매우 간단하고 저가로 제작될 수 있는 전동기이다. 펄스 모양 전류의 On 시간을 변화시켜 속도를 제어할 수 있다. 또한 회전자는 영구자석은 아니므로 BLDC 전동기에서처럼 역기전력(back EMF)이 발생하지 않으므로 고속운전이 가능하다. 연료전지 입장에서 보면 SRM은 특히 방사형(radial) 컴프레서와 송풍기(blower)에 적합하다.

SRM의 단점은 전류의 On-Off 타이밍을 주의 깊게 제어해야 한다는 것이다. 예를 들면 <그림 4-36> (a)에서처럼 고정자와 회전자 사이의 각도가 90° 인 경우, 권선에 전류가 흘러도 자기장이 대칭적이기 때문에 토크는 발생하지 않는다. 따라서 토크의 변화가 매우 크며, 그 결과 SRM의 초기모델은 소음이 크다는 혹평을 받았다.

고정자에 좀 더 많은 권선을 추가하면 토고의 맥동 문제는 개선될 수 있다. 회전자는 박판이 적층된 철심(laminated iron)이지만, 회전자자극은 돌출된 부분이 있는 돌극(salient pole)형이다. 돌극의 수는 권선의 수보다도 2개 작은 경우가 보통이다.

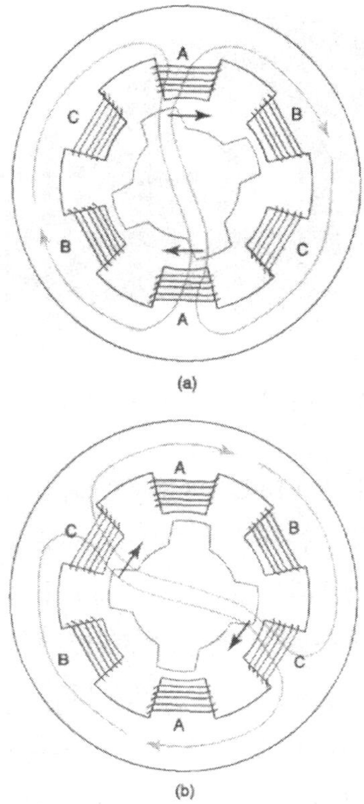

〈그림 4-37〉 개의 돌극을 가진 SRM의 동작

<그림 4-37>에는 이 원리가 잘 나타나 있다. <그림 4-37>(a)에서 권선 A에 전류가 흐르면 회전자에 시계방향의 회전력이 발생된다. 회전자 돌극이 권선 A와 일직선이 되려고 할 때 권선 A에 흐르는 전류를 Off시킨다. 이제 다른 2 개의 돌극이 권선 C에 가까워지려고 하면 권선 C에 전류를 흘려 회전자를 부드럽게 회전시킬 수 있다. 그러나 각 권선의 전류를 정확하게 On-Off하기 위해서는 정확한 회전자 위치에 대한 정보가 필요하다. 대부분은 위치센서에 의해 위치정보를 쉽게 얻을 수 있지만, 최근 제어시스템에서는 센서 없이 이 정보를 얻을 수 있다. 회전자의 위치는 코일의 전압과 전류파형으로부터 예측할 수 있다. 이를 위해 전압과 전류 파형에 대한 매우 빠르고 복잡한 해석이 필요하므로, 특별한 형태의 마이크로프로세서인 DSP (digital signal processor)를 이용하여 구현할 수 있다.

SRM의 회전자와 고정지의 예를 <그림 4-38>에 나타내고 있다. 여기서 회전자는 8 개의 돌극을 가지고 있다.

〈그림 4-38〉 SRM의 회전자와 고정자.

SRM의 고정자는 유도전동기나 BLDC전동기의 고정자와 유사하다. 그러나 회전자는 구조가 매우 단순하고 저가이며 튼튼하게 되어 있다. 또한 투자율이 큰 철심을 사용하면, 같은 크기의 체적 내에서 발생되는 토크는 유도전동기(전류에 대한 자기적 작용)나 BLDC전동기(영구자석에 대한 자기적 작용)의 토크를 능가한다(KenJo (1991). p. 161). 이 특성과 더불어 고속 회전이 가능하다면 SRM의 출력밀도는 매우 높아질 수 있음을 의미한다. 그러나 권선의 전류를 제어하기 위해 높은 정밀도가 필요하므로 소량 단위로는 생산되기 어려우며, 따라서 세탁기나 음식처리기 같은 저가형 대량생산품에 가장 널리 사용된다. 그러나 적용분야가 더욱 확대될 것으로 예상된다.

SRM의 최대 효율은 BLDC전동기보다 조금 작지만, 어떤 다른 전동기보다도 광범위한 속도와 토크에 걸쳐 그 효율을 유지한다는 장점을 가지고 있다.

4) 유도전동기

유도전동기는 모든 종류의 산업기계에 상당히 광범위하게 이용되고 있고. 기술적으로 매우 성숙뇌어 있다. 유도전동기는 교류전원이 필요하므로 연료전지와 같은 직류전원에는 적합차지 않다고 생각되지만. 전술한 바와 같이 인버터를 사용하면 직류전력을 교류전력으로 쉽게 바꿀 수 있다. 실제로 유도전동기용 교류전력을 발생시키는데 필요한 인버터는 브러시리스 직류전동기나 스위치드 릴럭턴스 전동기를 구동하는 회포에 비해 복잡하지도 않고 비싸지도 않기 때문에, 널리 적용되고 있는 신뢰성이 높은 유도전동기를 전기자동차에 적용하는 것이 적합하다.

3상 유도전동기의 동작원리를 <그림 4-39>과 <그림 4-40>에 나타내었다 <그림 4-39>

의 왼쪽에 나타낸 것처럼 고정자(stator)포 알려진 전동기의 외부원통에 3개의 권선이 감겨져 있다. 회전자(rotor)는 보통은 구리나 알루미늄 봉(bar)으로 되어 있고, 이들은 끝부분이 모두 전기적으로 단락되어 있어(short-circuit), <그림 4-39>의 오른쪽처럼 농형(cage) 구조로 되어 있다. 회전자의 내부는 비어있는 것으로 그려져 있지만, 실제는 박판이 적층된(laminated) 철심으로 채워져 있다.

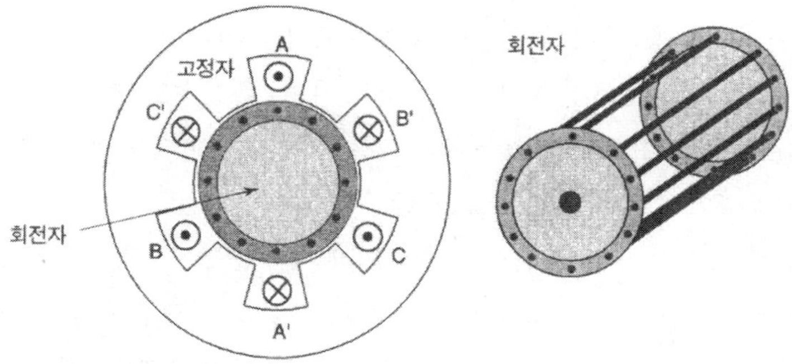

〈그림 4-39〉 3상 유도전동기의 고정자와 회전자

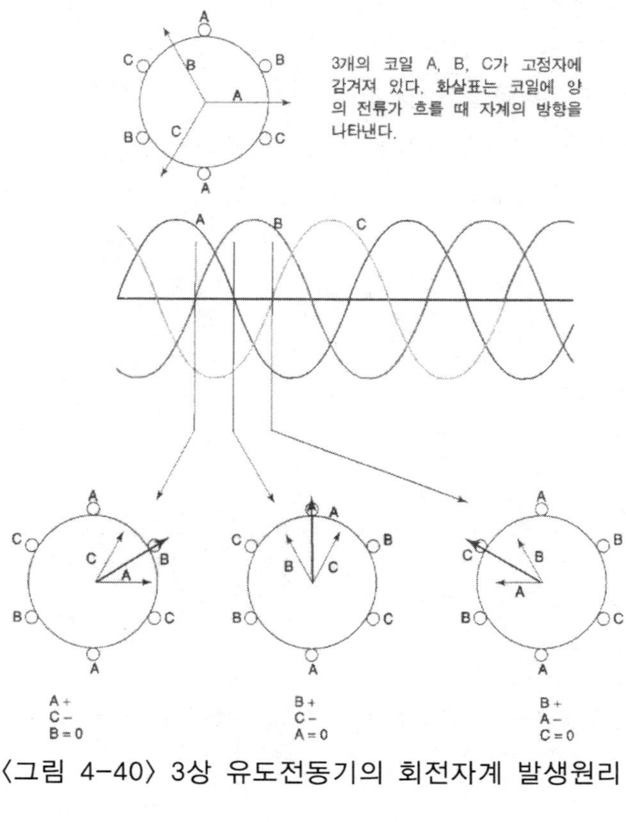

〈그림 4-40〉 3상 유도전동기의 회전자계 발생원리

3 개의 권선은 正(positive)의 전류가 <그림 4-40>과 같은 방향으로 자계를 발생시키도록 배치된다. 이 3개의 권선에 3상 전류가 공급되면, 그림의 아래쪽에 있는 것처럼 전체 합성자계는 反시계방향으로 회전한다. 회전자계(rotating magnetic field)가 회전자의 도체(conductor)와 쇄교하면 전류가 발생한다. 이 도체에 전류가 흐르면 힘이 발생하여 회전자를 회전시킨다.

이때 회전자는 회전자계와 같은 방향으로 회전한다. 회전자가 회전자계와 같은 속도로 회전하면, 회전자계와 도체 사이의 상대적인 속도가 없어지므로, 전류가 발생하지 않게 되고 토크도 발생하지 않는다. 그 결과 유도전동기의 토크-속도 그래프는 <그림 3-32>와 같이 독특한 형태가 된다. 회전자의 회전속도는 회전자계의 속도에서 '슬립(slip, 미끄러짐)'되어 속도가 작아지기 때문에 토크가 발생한다.

<그림 4-39>과 <그림 4-40>의 권선배치에 의해 극수는 2(N극과 S극 각 1개씩)가 된다. 자극의 수를 4. 6, 8 또는 그 이상으로 짝수개의 극을 갖도록 권선을 감을 수 있다 - N극과 S극은 반드시 쌍으로 존재하므로 극수는 짝수가 된다. 회전자계의 속도는 공급주파수를 극쌍수(N극과 S극 1 쌍, 따라서 4 극인 경우 극쌍수는 2이다)로 나눈 것이다. 따라서 같은 주파수의 교류전류가 공급되는 경우, 4 극 전동기는 2극 전동기의 절반의 속도로 회전하고, 6극 전동기는 1/3의 속도가 된다. 이것은 속도를 제어할 수 있는 하나의 방법이 될 수 있다. 훨씬 더 좋은 속도제어 방법은 3상 전원의 주파수를 제어하는 것이다. 토크에 따라 슬립이 변하기 때문에 주파수의 변화에 의해 정확히 속도를 제어할 수는 없다. 그러나 회전속도를 측정하여 피드백(feedback)시키면 원하는 속도를 얻을 수 있도록 주파수를 제어할 수 있다.

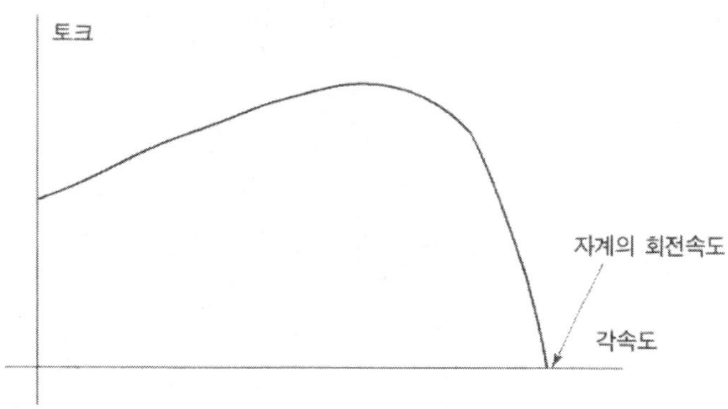

〈그림 4-41〉 유도전동기의 대표적인 토크-속도곡선

고정자와 회전자 사이의 공극에 존재하는 자계의 세기에 따라 최대토크가 결정된다. 이 최대토크는 권선에 흐르는 전류에 의해 결정된다. 여기서 전압이 일정한 경우, 코일 인덕턴스의 임피던스는 주파수에 비례하기 때문에 주파수가 증가하면 전류가 감소한다. 따라서 인버터의 인가 직류전압이 고정되어 있다면 주파수가 증가함에 따라 최대 토크는 속도에 반비례하게 된다. 연료전지나 배터리 시스템은 보통 이와 같은 경우이기 쉽다.

유도전동기는 매우 널리 이용되고 있고, 대량생산에 의해 매우 합리적인 가격의 제품이 많이 출시되어 있다. 또한 가능한 한 최적의 재료를 개발하기 위해 많은 연구가 이루어져 왔다. 따라서 유도전동기는 어떤 기술보다도 신뢰성이 높게 개발되어 있다. 그러나 회전자 내부에서 전류가 유도되기 때문에 손실이 증가하므로, 다른 브러시리스 전동기에 비해 다소 효율이 낮으며(1~2 %), 그 밖의 것은 모두 동일하다.

3-4 전동기의 냉각, 효율, 크기 및 무게

1) 전동기의 효율 개선

어떤 용도로 선택된 전동기는 가능한 한 효율이 높아야 한다는 것은 명백하다. 그러면 전동기의 효율이 얼마인가를 어떻게 알 수 있을까? 선택된 전동기의 종류가 주된 요소라고 생각할 수도 있지만, 사실은 그렇지 않다. 전동기가 BLDC인가 SRM인가 또는 유도전동기인가라는 것보다 다른 요소들의 영향이 훨씬 더 크다.

에너지 관점에서 볼 때 전동기는 매우 단순하다. 입력은 전기에너지이고 출력은 기계적 에너지로 나타난다. 이 과정에서 어느 정도의 에너지가 열로 변환된다. 입력과 출력은 직접 측정할 누 있다 - 입력은 전압과 전류의 곱이고, 출력은 토크와 각속도의 곱이다. 그러나 전동기의 효율을 측정하여 나타내는 것이 생각만큼 간단하지 않다. 문제는 조건에 따라 효율이 크게 변화하고, 전동기의 효율을 나타내기 위해 국제적으로 합의된 방법도 없다는 것이다(Aumger(1993)). 그럼에도 불구하고 전동기의 효율, 각종 전동기의 장점과 단점, 전동기 크기의 영향 등에 대해 몇 가지의 일반적인 사항에 대해 설명할 수는 있다.

첫 번째는, 전동기의 크기가 커질수록 효율이 높다는 것이다. <표 4-11>에는 3상4극 유도전동기의 출력에 따른 효율을 나다내고 있다. 이 수치는 EU(European Union) 규정에 따라 '1 등급(Class 1)' 효율로 분류된 전동기의 최소효율값이다. 주어진 수치를 보면 크기의 영향이 명확하게 나타나 있다. 이 수치는 유도전동기에 대한 것이지만, BLDC와

SRM을 포함해 다른 종류의 전동기에서도 똑같은 결과를 얻을 수 있다.

두 번째는, 효율을 좌우하는 것은 전동기의 종류보다는 전동기의 '속도'이다. 고속전동기는 저속전동기보다도 효율이 좋다. 그 이유는 전동기의 가장 중요한 손실 중 하나가 출력이 아니라 토크에 비례하기 때문이며. 출력이 같을 경우 저속전동기는 큰 토크를 내기 때문에 손실이 커진다.

세 번째는 냉각방법이다. 서온에서 액체냉각 방식으로 운전되는 전동기는 권선저항이 감소되므로 효율이 개선된다. 그러나 약 1% 정도의 효율만이 개선될 뿐이다.

그 밖의 중요한 점은, 전동기가 최적의 속도-토크 운전점에서 멀리 떨어진 점에서 운전된다면 전동기의 효율은 사양서에서 제시하는 값과 매우 다르게 된다. 어떤 경우에는 <그림 4-30>이나 <그림 4-42>처럼 효율지도(efficiency map)가 제공되기도 한다. <그림 4-42>에 주어진 지도는 실제 BLDC 전동기에 대한 것이다. 최대효율은 94%이지만, 이 효율은 매우 좁은 범위의 운전조건에서만 얻어진다. 전동기가 90 % 이하의 효율로써 운전되는 경우는 충분히 있을 수 있다.

〈표 4-11〉 EU 규정에서 1 등급 효율로 분류된 3 상 4 극 유도전동기의 최소 효율값. 효율은 IEC 34-2에 따라 측정된 값이다.

출력(kW)	최소 효율(%)
1.1	83.8
2.2	86.4
4.0	88.3
7.5	90.1
15.0	91.8
30.0	93.2
55.0	96.2
90.0	95.0

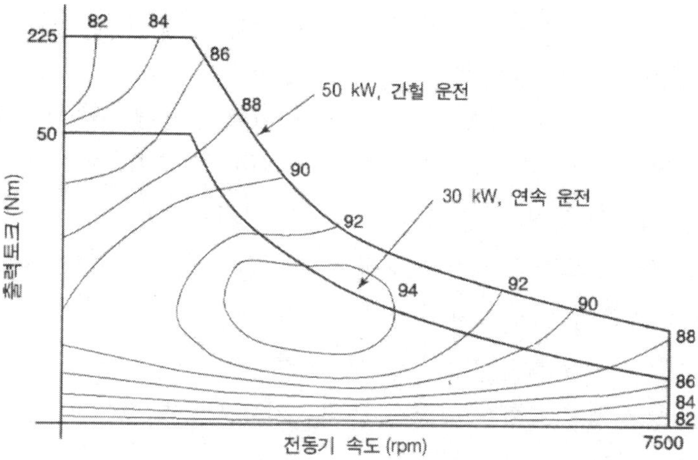

〈그림 4-42〉 30 kW BLDC 전동기의 효율지도. 이 지도는 제작사의 데이터로부터 그려진 것이지만, 실제로 속도가 영일 때는 효율이 0% 이어야 함을 명심하라.

일반적으로 유도전동기가 아닌 다른 종류의 전동기의 경우에도, 좋은 품질의 전동기 효율은 <표 4-11>의 값에 매우 가깝다고 할 수 있다 BLDC전동기와 SRM은 회전자에서의 손실이 작기 때문에 효율이 유도전동기보다 1~2 % 정도 높다. 또한 SRM 제작사들은 넓은 범위의 속도와 토크 조건데서 그와 같은 효율이 유지된다고 주장하고 있다.

2) 전동기 무게

일반적으로 전동기는 요구되는 출력에 대해 가능한 한 소형. 경량이어야 한다. 전동기 효율의 경우에서처럼, 전동기의 비줄력(specific power)과 출력밀도(power density)의 관점에서 볼 매. 선택된 전동기의 종류는 다른 요소들(냉각법이나 속도)에 비해 그다지 중요하지 않다. 이에 내한 유일한 예외는 브러시형 직류전동기이다. 브러시형 직류전동기는 손실의 대부분이 전동기의 중심부인 회전자에서 발생되기 때문에 다른 전동기에 비해 상대적으로 크기가 커진다.

<그림 4-43>는 각종 전동기의 종류에 대해 출력에 대한 비출력을 나다낸 도표이다. BLDC 전동기를 예로 들면, 냉각방법이 매우 중요한 요소임을 알 수 있다. BLDC 전동기에서 공냉식 (air-cooled) 및 유체냉각식(liquid-cooled) 사이의 차이가 가장 크다. 그 이유는 손실된 열을 배출할 수 있을 만큼 전동기의 크기가 충분히 커야 하기 때문이다. 만약 전동기를 수냉식으로 하면, 보다 소형화된 전동기에서 같은 크기의 열을 제거할 수 있다.

다음으로 효율이 중요한 요소라고 생각된다. 효율이 좋은 전동기는 방출되는 열이 작기 때문에 소형화편 수 있다. 이것은 실제로 그러하며, 그 결과 앞서 설명한 것처럼 높은 효율을 위한 모든 요소는 큰 비출력과 관계있다. 이들 중 가장 중요한 것은 다음과 같다.

출력이 높으면 효율 및 비출력이 높아진다. 이것이 <그림 4-43>에 명확히 나타나 있다(로그값으로 표시되어 있어. 그 영향이 다소 작은 것처럼 보이는 것에 주의).

고속이 되면 출력밀도가 높아진다. 전동기의 크기는 출력보다 토크에 의해 크게 영향을 받는다. 그 결과 고속, 저토크의 전동기는 소형이 될 수 있다. 그러므로 만약 저속이 필요하면, 저속전동기보다 기어박스가 연결된 고속전동기 쪽이 가볍고 소형으로 된다. 좋은 예는 전기자동차로서. 축에 직접 연결된 전동기를 사용할 수도 있다. 그러나 보통은 그렇게 사웅하지는 않고, 고속전동기를 10.1 기어박스와 연결하여 사용한다. <표 4-12>에는 출력이 같고 속도가 다른 유도전동기의 무게를 나타내고 있다.

보다 효율 높은 전동기인 SRM과 BLDC전동기는 유도전동기보다 출력밀도가 높다. <그림 4-43>의 곡선은 전동기의 출력밀도가 대략 어느 정도이며 또 무게가 어느 정도가 될 것인가를 추정하는 데 이용할 수 있다. 선의 폭이 두꺼운 것은 이미 검토된 것 이외의 많은 요소에 따라 전동기의 무게가 달라지기 때문이다. 물론 프레임의 재료와 구조 역시 중요하다.

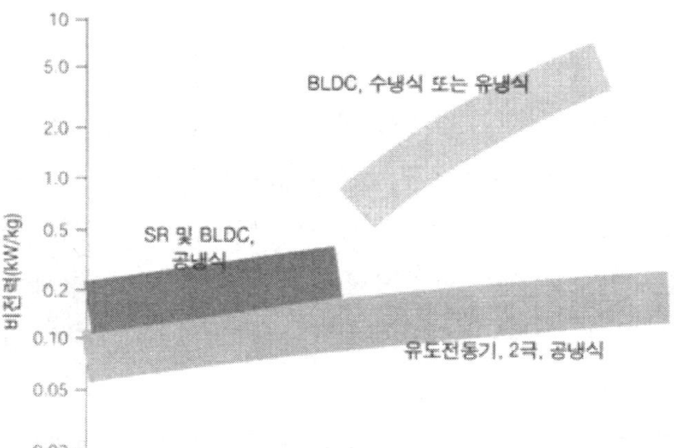

〈그림 4-43〉전동기의 종류에 따른 출력에 대한 비출력 도표.
여기서 출력은 연속출력이고, 최대 비출력은 약 50 % 정도 더 높다. 수치가 로그값인 것에 주의하라. 이 도표는 몇 개의 전동기 제작회사가 제시한 데이터로 작성되었다.

〈표 4-12〉 37 RW 유도전동기의 회전속도에 따른 무게. 회전속도는 50 Hz의 AC전원이 인가된 경우이다.

속도(rpm)	질량(kg)
3000	270
1500	310
1000	415
750	570

4. 전기자동차의 모델링

4-1 소개

모든 자동차의 경우 성능과 주행거리를 예측하는 것은 중요하다. 컴퓨터를 이용하면 이것을 상당히 쉽게 예측할 수 있다. 무엇보다 먼저 컴퓨터를 기반으로 한 방법을 사용하면 전동기의 출력, 배터리의 종류와 크기 및 무게 등과 같은 자동차의 사양에 대해 신속하게 시험해 볼 수 있으며, 그것들의 변화가 자동차의 성능과 주행거리에 미치는 영향을 알 수 있다. 이 장에서는 정확하고 유용한 시뮬레이션을 행하기 위해 앞 장에서 수립한 식들이 어떻게 종합되어지는가를 보여줄 것이다. 나아가 MATLAB이나 EXCEL과 같은 범용화된 수학적 도구나 스프레드시트 프로그램이 이러한 시뮬레이션을 행하는 뛰어난 기본도구이기 때문에 프로그래밍 기법에 대한 특별한 지식을 이용하지 않고서도 어떻게 시뮬레이션이 이루어질 수 있는지를 보일 것이다. 또한 다른 자동차에 비해 전기자동차는 수학적 모델링에 의해 성능을 훨씬 더 쉽게 예측할 수 있는 몇 가지 특징이 있음을 보일 것이다.

모델링해야 할 첫 번째 파라메터는 자동차의 '성능'이다. 성능이란 가속도와 최고속도, 그리고 전기자동차는 아주 형편없다는 인식을 갖게 한 부분 등을 의미한다. 전기자동차는 최소한 기존의 도시 교통수단과 공존할 수 있을 만큼의 성능을 가질 필요가 있다. 대량판매가 이루어지려면 성능이 최소한 현재의 내연기관만큼 좋아야 한다고 많은 사람들이 주장하고 있다.

예측할 수 있어야 하는 전기자동차의 또 다른 매우 중요한 특징은 '주행거리'이다. 이 또한 수학적으로 모델링될 수 있으며, 컴퓨터 프로그램으로 아주 쉽게 계산될 수 있다. 수립

될 수학적 모델을 이용하면, 자동차 설계상의 여러 가지 요소뿐만 아니라 배터리의 종류나 용량과 같은 것을 변화시키면 주행거리에 어떤 영향을 미치는가를 알 수 있다. 따라서 이것은 자동차 설계자에게 필수적인 도구이다.

또한 시뮬레이션에 의해 얻은 데이터가 성능과 주행거리를 예측하는 것뿐만 아니라 어떻게 다른 용도로 사용될 수 있는지를 계속해서 보여줄 것이다. 예를 들면 전동기의 토크와 속도에 대한 데이터를 사용하여 전동기 및 다른 하부시스템(sub-system)의 설계에 대한 타협점을 최적화시키는데 사용될 수 있음을 보일 것이다.

4-2 견인력(tractive effort)

1) 소개

자동차 성능을 모델링하는 첫 번째 단계는 견인력(tractive effort)에 대한 식을 도출하는 것이다. 견인력은 자동차를 앞으로 나아가게 하는 힘으로써, 구동바퀴를 통해 지면으로 전달된다.

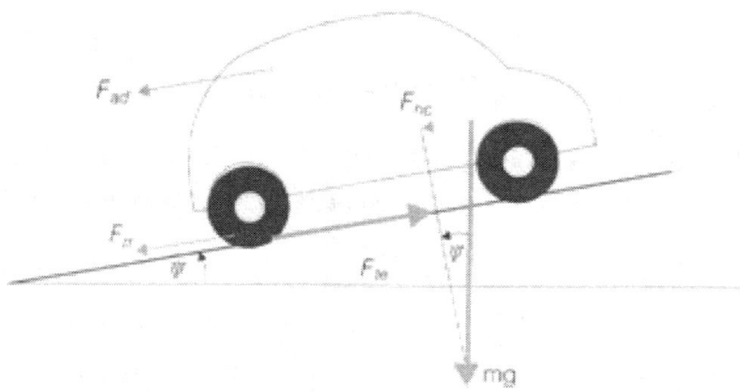

〈그림 4-44〉 경사면을 따라 주행하는 자동차에 작용하는 힘

<그림 4-44>에서 보듯이 질량 m, 주행속도 v, 경사면의 등판각 ψ인 자동차를 고려하자. 자동차를 앞으로 나아가게 하는 힘인 견인력은 다음 사항을 만족시켜야 한다.

- 구름저항(rolling resistance)을 극복해야 한다.
- 공기역학적 항력 (drag)을 극복해야 한다.
- 경사면 아래쪽으로 작용하는 자동차의 무게 성분을 극복해야 한다.

■ 속도가 줄어들면 자동차를 가속시킨다.

이들에 대해 차례로 살펴볼 것이다.

2) 구름저항력

구름저항은 도로에 대한 자동차 타이어의 마찰에 의해 주로 발생된다. 베어링과 기어 시스템의 마찰 또한 구름저항의 일부분이다. 구름저항력은 대략 상수로써, 자동차의 속도와는 거의 무관하며, 자동차의 무게에 비례한다. 식은 다음과 같다.

$$F_{rr} = \mu_{rr} m g \qquad (1.1)$$

여기서 μ_{rr}은 구름저항계수이다. μ_{rr}을 변화시키는 주 요소는 타이어의 종류와 압력이다. 자전거를 타는 사람이라면 이것을 잘 알고 있을 것이다. 타이어의 압력을 높게 하면 안락한 승차감은 덜하지만 자전거의 주행 성능은 훨씬 더 좋아질 것이다.

μ_{rr}의 값은 매우 낮은 속도로 일정하게 자동차를 끌어당길 때 필요한 힘을 측정함으로써 매우 쉽게 구할 수 있다.

μ_{rr}의 대표적인 값은 플라이타이어(Ply tire)의 경우 0.015, 전기자동차용으로 특별히 개발된 타이어의 경우 0.005이다.

3) 공기역학적 항력

이 힘은 공기 속을 주행하는 자동차 차체의 마찰이 그 원인이다. 이 힘은 자동차의 전면 면적, 자동차의 형상, 사이드미러, 덕트(duct)와 공기통로, 스포일러(spoiler) 및 많은 다른 요소의 함수이다. 이에 대한 식은 다음과 같다.

$$F_{ad} = \frac{1}{2} \rho A C_d v^2 \qquad (1.2)$$

여기서 ρ는 공기의 밀도, A는 전면 면적(frontal area), v는 속도, C_d는 항력계수라 부르는 상수이다.

자동차를 잘 설계하면 항력계수 C_d를 줄일 수 있다. 세단형 승용차(saloon car)의 대표적인 항력계수값은 0.3이지만, 일부 전기자동차는 0.19라는 아주 낮은 값을 가지는 것도 있다. 전기자동차의 경우 주 구성요소의 위치를 유연성 있게 배치할 수 있으므로 C_d를 줄일 수 있는 여지가 많이 있으며, 냉각용 공기덕트나 차체 아래쪽에 파이프를 설치할 필요성이 줄어든다. 그러나 오토바이나 버스와 같은 차량은 C_d값이 커질 수밖에 없으며, 대표적인 값은 약 0.7 정도이다.

공기의 밀도는 온도나 고도(altitude) 및 습도에 따라 변화한다. 그러나 대부분의 경우 적절한 값으로 1.25 kg/m^3를 사용한다. SI 단위계를 사용한다면(면적 A의 경우 m^2, 속도 v의 경우 m/s) F_{ad}의 단위는 Newton으로 주어진다.

4) 등판력(hill climbing force)

자동차가 경사면을 올라가는데 필요한 힘은 매우 쉽게 구해진다. 이 힘은 간단히 경사면을 따라 작용하는 자동차의 무게성분과 같다. 힘의 성분을 나누면 다음 식이 얻어진다.

$$F_{hc} = mg\sin(\psi) \tag{1.3}$$

5) 가속력

자동차의 속도가 변화하려면 <그림 4-45>의 힘뿐만 아니라 또 다른 힘이 가해져야 한다. 이 힘에 의해 자동차는 직선으로 가속되며, 그 관계식은 Newton의제 2 법칙으로 주어진다.

$$F_{la} = ma \tag{1.4}$$

그러나 자동차를 가속시키는데 필요한 힘을 정확히 알려면 회전부를 더욱 빠르게 회전시키는데 필요한 힘을 고려해야 한다. 다시 말하면 '직선' 가속력(linear acceleration)뿐만 아니라 '회전' 가속력(rotational acceleration) 역시 고려할 필요가 있다. 여기서 주된 문제는 전동기이다. 왜냐하면 관성모멘트가 특히 크기 때문이 아니라 각속도가 매우 크기 때문이다. <그림 4-45>를 보면 축토크 = $F_{te}r$ 임이 명백하다. 여기서 r은 타이어의 반지름이고, F_{te}는 동력계통(power train)에서 전달된 견인력이다. G를 전동기와 축을 연결하는 시스템의 기어비, T를 토크라 하면 다음 식이 성립한다.

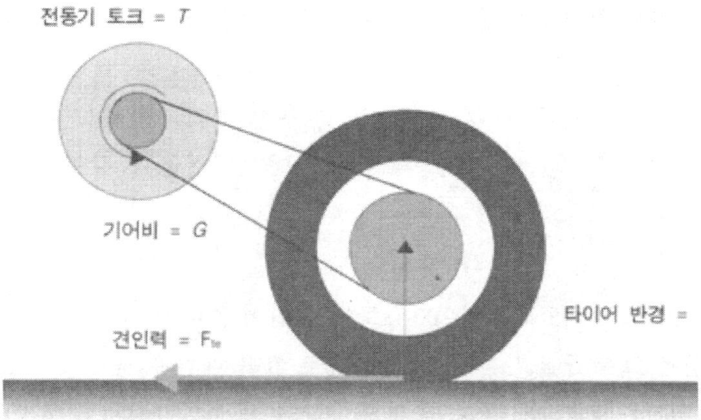

〈그림 4-45〉 전동기를 구동바퀴에 연결시키기 위한 간단한 구조

$$T = \frac{F_{te} r}{G}$$

$$\text{그리고 } F_{te} = \frac{G}{r} T \qquad (1.5)$$

자동차의 성능에 대한 최종식을 수립할 때 위 식을 다시 사용할 것이다. 또한 다음 식이 성립함을 알아야 한다.

$$\text{축 각속도} = \frac{v}{r}\ rad/s$$

따라서 전동기의 각속도는 다음과 같다.

$$w = G\frac{v}{r}\ rad/s \qquad (1.6)$$

마찬가지로 전동기의 각가속도는 다음과 같다.

$$\acute{\omega} = G\frac{a}{r}\ rad/s^2$$

이 각가속도에 필요한 토크는 다음과 같다.

$$T = IG\frac{a}{r}$$

여기서 I는 전동기 회전자의 관성모멘트이다. 각가속력(F_{wa})을 얻기 위해 필요한 바퀴에서의 힘은 위 식과 식 (1.5)로부터 다음과 같이 주어진다.

$$F_{wa} = \frac{G}{r}IG\frac{a}{r}$$

$$F_{wa} = I\frac{G^2}{r^2}a \qquad (1.7)$$

위 식에서 기어시스템은 효율이 100 %로써 손실이 없다고 가정하였음을 명심해야 한다. 기어시스템은 보통 구조가 매우 간단하므로 효율은 매우 높다. 그러나 효율이 결코 100 %가 될 수 없으므로 기어시스템의 효율 η_g를 수식에 포함시켜야 한다. 그러면 필요한 힘의 크기는 약간 더 커질 것이며, 식 (1.7)은 다음과 같이 된다.

$$F_{wa} = I\frac{G^2}{\eta_g r^2}a \qquad (1.8)$$

여기서 G/r의 대표적인 값은 40이며, 관성모멘트의 대표적인 값은 0.025kgm^2이다. 이 값들은 30kW 전동기를 7000rpm으로 회전시켜 자동차를 약 60kph로 구동하는 경우에 대한 것이다. 그와 같은 자동차는 무게가 약 800kg 정도이며, 식 (1.7)의 IG^2/r^2 항은 이 경우 약 40kg 정도 될 것이다. 다시 말하면 식 (1.7)로 주어진 각가속력은 식 (1.4)로 주어진 직선가속력보다 훨씬 더 작다. 이와 같은 특정한(그러나 아주 대표적인) 경우 두 가속력 사이의 비는 다음과 같다.

$$\frac{40}{800} = 0.05 = 5\%$$

전동기의 관성모멘트 I는 보통 알 수 없다. 따라서 이와 같은 경우는 간단히 식 (1.4)에서 질량을 5% 정도 증가시키고 F_{wa} 항을 무시하면 상당히 만족스러운 근사화가 이루어진다.

6) 총 견인력

총 견인력은 이 모든 힘들을 합한 것이 다.

$$F_{te} = F_{rr} + F_{ad} + F_{hc} + F_{la} + F_{wa} \tag{1.9}$$

여기서

- F_{rr}은 식 (1.1)로 주어지는 구름저항력이다.
- F_{ad}는 식 (1.2)로 주어지는 공기역학적 항력이다.
- F_{hc}는 식 (1.3)으로 주어지는 등판력이다.
- F_{la}은 식 (1.4)로 주어지는 직선가속을 하기 위한 힘이다.
- F_{wa}는 식 (1.8)로 주어지는 전동기를 회전가속시키기 위한 힘이다.

자동차가 감속하고 있다면 F_{la}와 F_{wa}는 음(-)이며, 언덕 아래로 내려가고 있다면 F_{hc}가 음(-)이라는 것을 반드시 명심하라.

4-3 자동차 가속의 모델링

1) 가속성능 파라메터

자동차나 오토바이의 가속능력은 표준적인 측정방법은 없지만 핵심적인 성능지표이다. 대표적으로는 정지에서 60mph 또는 30kph나 50kph까지 가속시키는데 걸리는 시간으로 나타낸다. 전기자동차의 기준에 가장 가까운 것은 0~30 또는 0~50 kph까지 걸리는 시간이다. 그러나 대부분의 자동차의 경우는 이 시간이 주어져 있지 않다.

그와 같은 가속값은 시뮬레이션이나 실제 자동차를 시험해 봄으로써 구할 수 있다. 내연기판 자동차의 경우는 최대출력 또는 '스로틀 밸브를 완전히 개방시킨(wide open throttle, 이하 WOT)' 상태에서 가속값을 구한다. 마찬가지로 전기자동차에서는 최대토크에서 성능에 대한 시뮬레이션을 한다.

전동기의 최대토크는 각속도의 함수로써 매우 간단한 식이라는 것을 이미 설명했다. 대부분의 경우 저속영역에서 전동기의 최대토크는 일정하며, 임계속도(w_c)를 넘어서면 토크는 감소하기 시작한다. 브러시형 직류분권전동기나 영구자석 직류전동기의 경우 속도가 증가함에 따라 토크는 선형적으로 감소한다. 대부분의 다른 종류의 전동기 역시 속도가 증가함에 따라 토크가 감소하지만, 속도와 토크의 곱인 출력은 일정하게 유지된다.

전동기의 각속도는 식 (1.6)에서와 같이 기어비 G와 구동바퀴의 반경 r에 따라 달라진다. 따라서 다음과 같이 쓸 수 있다.

$$w < w_c \text{ 또는 } v < \frac{r}{G}w_c \text{ 인 경우 } T = T_{\max}$$

일단 이러한 일정 토크 영역을 지나면, 즉 $w \geq w_c$ 또는 $v \geq rw_c/G$인 경우, 대부분의 형 브러시형 전동기에서처럼 출력이 일정하여 다음 식이 성립하거나,

$$T = \frac{T_{\max}w_c}{w} = \frac{rT_{\max}w_c}{Gv} \tag{1.10}$$

선형식에 따라 다음과 같이 토크가 감소하게 된다.

$$T = T_0 - kw$$

따라서 식 (1.6)의 각속도를 위 식에 대입하면 다음과 같다.

$$T = T_0 - \frac{kG}{r}v \tag{1.11}$$

이제 필요한 식들이 구해졌으므로, 자동차의 가속력을 구하기 위해 이 식들을 결합시킬 수 있다. 이 식들 대부분은 매우 복잡한 것처럼 보이지만 거의 항이 상수값이며, 자동차 또는 그 구성요소들로부터 이 값들을 구하거나 계산할 수 있다.

공기밀도가 1.25kg/m^3인 지표면 상에 있는 자동차의 경우 식 (1.9)는 다음과 같이 된다.

$$F_{te} = \mu_{rr}mg + 0.625\,AC_dv^2 + ma + I\frac{G^2}{\eta_g r^2}a$$

식 (1.5)를 F_{te}에 대입하고 $a = dv/dt$를 이용하면 다음 식이 얻어진다.

$$\frac{G}{r}T = \mu_{rr}mg + 0.625AC_dv^2 + (m + I\frac{G^2}{\eta_g r^2})\frac{dv}{dt} \quad (1.12)$$

전동기의 토크 T는 상수이거나 또는 단순한 속도의 함수(식(1.10)과 (1.11))라는 것을 이미 알고 있다. 따라서 식 (1.12)는 속도 v에 대한 1차미분방정식으로 줄어질 수 있다. 따라서 t에 대한 v의 값을 구할 수 있다.

예를 들어 $T = T_{max}$인 초기의 가속영역에서 식 (1.12)는 다음과 같다.

$$\frac{G}{r}T_{max} = \mu_{rr}mg + 0.625AC_dv^2 + (m + I\frac{G^2}{\eta_g r^2})\frac{dv}{dt} \quad (1.13)$$

모든 상수를 알고 있거나 적절하게 계산할 수 있다면 위 식은 매우 간단한 1차 미분방정식이므로, 컴퓨터 프로그램이나 현대적인 많은 계산기로부터 그해를 구할 수 있다. 대형 전동기의 경우에도 역시 이와 같은 방볍을 적용할 수 있다. 다음의 두 가지 예를 보면 이것이 더욱 확실해질 것이다.

2) 소형자동차의 가속성능 모델링

두 번째 예에서는 최근에 개발된 전기자동차에 큰 영향을 미친 자동차를 대상으로 할 것이다. GM EV1은 다소 논란의 소지가 있지만 대형 자동차회사가 만든 최초의 현대적인 전기자동차이다. EV1에는 당시에는 상당히 새로운 기술이 적용되었으며, 배터리 구동 전기자동차의 설계에 있어 이를 능가하는 기술은 아직까지 없다. 성능을 시뮬레이션하기 위해 필요한 주 특징은 다음과 같다.

- 극히 낮은 항력계수 $C_d = 0.19$
- 매우 낮은 구름저항계수 $\mu_{rr} = 0.0048$
- 가변주파수 유도전동기를 사용하였다. 이 전동기는 매우 고속으로 동작하며 최대속도는 거의 12,000 rom이다.

이 자동차에 대해 제작사가 제시한 좀 더 자세한 데이터는 다음과 같다.

- 자동차의 무게 = 1400kg. 운전자와 승객의 무게를 모두 70kg이라하면 전체 무게는 m

= 1540kg이 된다.

- 전동기의 관성모멘트는 제시되지 않았지만, 그와 같이 무거운 자동차에 비하면 매우 작을 것이다. 바퀴 또한 매우 가벼우므로 이 무게를 대략 20kg으로 추정하여 m = 1560kg의 값을 식 (1.12)의 마지막 항에서 사용할 것이다.
- 기어비는 11:1이므로 G = 11이며, 타이어의 반경은 0.30m이다.
- 전동기의 경우 $T_{\max}$ =140Nm, w_c = 733rad/s이다. 이는 v = 19.8m/s(= 71.3 kph)가 될 때까지 $T = T_{\max}$임을 의미한다는 것을 유의하라.
- 19.8m/s 이상이 되면 전동기는 102kW의 일정한 출력으로 운전되며, 이는 WOT 상태의 시험이기 때문에 토크는 다음과 같이 된다.

$$T = \frac{102000}{37 \times v} = \frac{2756}{v}$$

- 전면 면적은 A = 1.8m^2이다.
- 전동기와 축을 연결하여 일정 속도로 구동하는 경우의 기어효율은 95%이므로 η_g = 0.95이다. 토크 T와 값은 0.95배로 감소한다. 앞의 예보다 η_g의 값이 약간 더 낮은 것은 차동기어가 존재할 뿐만 아니라 기어비가매우 높기 때문이다.

이 값들을 식 (1.12)에 대입하면, 전동기의 토크가 일정한 임계속도 이전 영역에서 다음 식이 얻어진다.

$$0.95 \times 37 \times 140 = 72.4 + 0.214v^2 + 1500\frac{dv}{dt}$$

따라서

$$\frac{dv}{dt} = 3.11 - 0.000137v^2 \qquad (1.14)$$

일단 속도가 19.8m/s에 도달하면 속도는 다음과 같은 미분식으로 주어진다.

$$0.95 \times 37 \times \frac{2756}{v} = 72.4 + 0.214v^2 + 1500\frac{dv}{dt}$$

따라서

$$\frac{dv}{dt} = \frac{62.1}{v} - 0.046 - 0.000137v^2 \qquad (1.15)$$

가속도를 구하는 과정은 앞의 예와 매우 유사하다. 유일한 차이점은 속도가 35.8 m/s에 도달하면 이 점에서 전동기의 제어기에 의해 더 이상 가속되지 않도록 제한되어 있으므로 속도는 더 이상 증가하지 않는 것이다.

$$v_{n+1} = v_n + \partial t \times (3.11 - 0.000137v_n^2) \qquad (1.16)$$

$$v_{n+1} = v_n + \partial t \times (\frac{62.1}{v_n} - 0.046 - 0.000137v_n^2) \qquad (1.17)$$

이 식은 시간에 대한 속도그래프가 <그림 4-46>에 나타나 있다. 그림을 보면 96 kph(60mph)에 도달할 때까지 걸린 시간은 단지 9초 이하임을 알 수 있다. 이는 매우 우수한 성능일 뿐만 아니라 실제 자동차의 성능에 대한 공식적인 값과 정확히 일치한다.

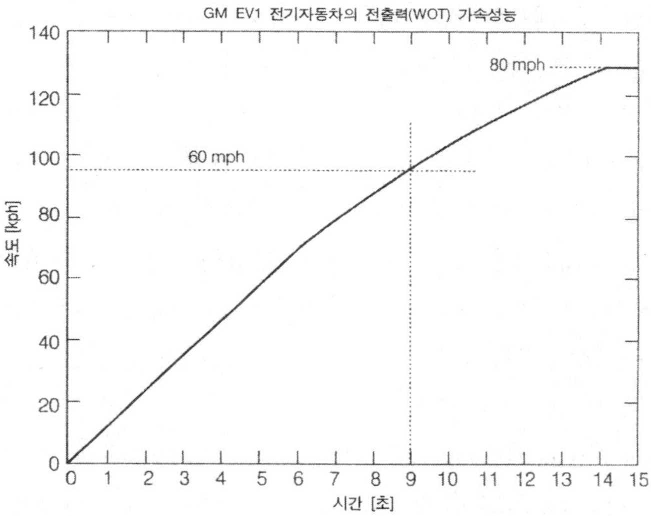

〈그림 4-46〉 GM EV1이 전출력(full power)으로 구동될 때의 속도-시간 그래프. 간단한 수학적 모델에 의해 구한 이 성능은 공식적인 실제 성능데이터와 아주 잘 일치한다.

따라서 자동차의 성능을 모델링하기 위해 이와 같은 방법을 사용하면 그다지 복잡하지 않으면서도 실제 데이터와 거의 일치하는 결과를 얻을 수 있음을 알 수 있다. 따라서 이 방법은 신뢰성이 있다. 그러나 자동차는 출발에서 가속되는 성능 이상의 것이 요구되므로, 다음 절에서는 주행거리의 모델링이라는 좀 더 복잡한 문제를 다룬다.

4-4 전기자동차의 주행거리 모델링

1) 구동사이클(driving cycle)

전기자동차의 주행거리가 주된 문제라는 것은 잘 알려져 있다. 이는 주로 전기에너지를 효율적으로 저장하기가 매우 어렵기 때문이다. 어떤 경우에도 이것은 전기자동차를 설계하는데 있어 결정적인 문제가 된다. 전기자동차의 주행거리를 계산하거나 시험하는 데는 2가지 방법이 있다.

첫 번째는 가장 간단한 것으로 정속도(constant velocity)시험이 있다. 물론 어떠한 자동차도 정속도로 구동되지 않으며, 특히 자동차가 고도(altitude)가 영(zero)인 지역만을 주행한다거나 공기의 이동이 없는 경우를 가정하는 것은 이러한 시험을 하기 위한 거의 공통적인 간략화방법이다. 그러나 시험조건이비현실적인 경우에도 최소한 시험규칙은 명확하고 애매하지 않아야 한다.

두 번째 시험방법은 매우 유용하지만 복잡한 것으로써, 실제로 또는 시뮬레이션 상에서 정해진 속도 프로파일을 따라 자동차가 구동된다. 이러한 시험사이클은 주의 깊게 설정되며, (불행하게도) 많은 종류가 있다. 시험사이클은 여러 가지 조건에서 실제적인 구동패턴을 따르도록 되어 있다. 시험이 이루어지는 동안에 자동차의 속도는 끊임없이 변화하므로 시스템의 다른 모든 부분의 성능 역시 변화하며, 계산이 매우 복잡해진다. 그러나 오늘날의 컴퓨터 프로그램을 이용하면 이러한 복잡한 상황도 간단해진다.

이러한 구동사이클은 주로 자동차의 배기가스를 실제에 맞게 시험하기 위해 설정되었다. 가장 잘 알려진 초기 구동사이클 중의 하나는 California Los Angeles의 실제 교통량에 근거를 둔 것으로서, LA-4 사이클로 알려져 있다. 그 뒤 이 사이클은 미 연방 도시 구동스케줄(federal urban driving schedule, 이하 FUDS)로 발전되었다. 이 사이클의 시험시간은 1500초이며, <그림 4-47>처럼 매 초 마다 속도가 다르다. 이 사이클을 간략화시킨 것이 SFUDS (simplifiedFUDS)로서, <그림 4-48>에 주어져 있다. SFUDS는 시험시간이 불과 360초로 짧기 때문에 데이터의 수 역시 360개뿐이라는 장점이 있다. 이 사이클은 평균속도가 같고 같은 비율의 시간만큼 정지해 있으며 최대 가속성능과 제동성능이 동일하므로, 자동차의 주행거리를 시뮬레이션하기 위해 SFUDS를 사용하면 FUDS와 거의 비슷한 결과를 얻을 수 있다.

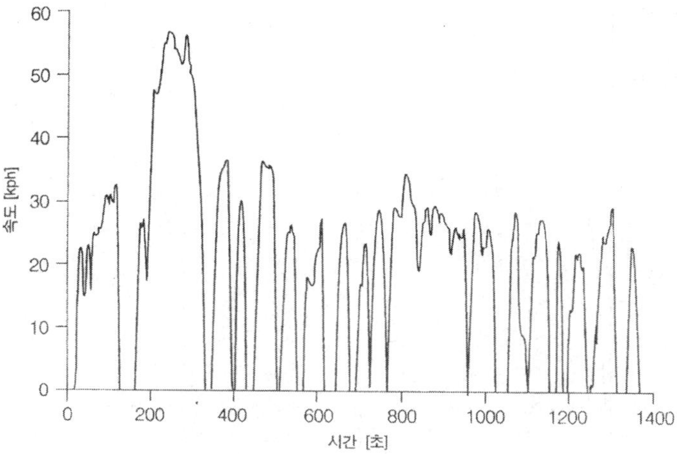

〈그림 4-47〉 미 환경보호국(United States Environmental Protection Agency)이 실시한 배기가스 시험에 사용된 연방 도시 구동스케줄(federal urban driving schedule)

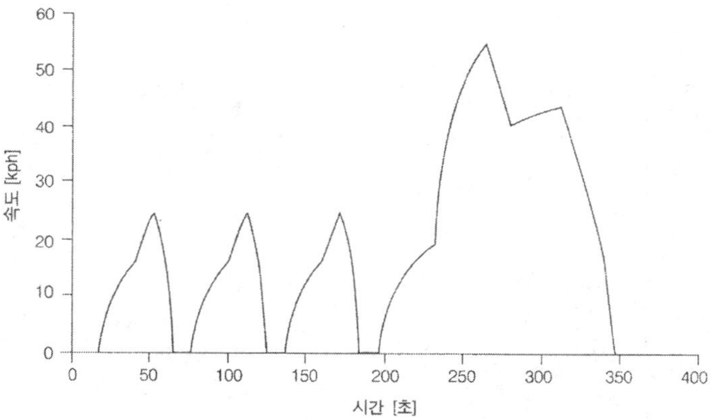

〈그림 4-48〉 간략화된 미 연방 도시 스케줄(simflified federal urban driving schedule)에 대한 속도-시간 그래프

이 사이클들은 도시에서의 주행을 시뮬레이션하지만 다른 사이클들은 도시를 벗어난 곳이나 고속도로에서의 주행을 시뮬레이션하는데 사용된다. 이들 가운데 대표적인 2가지의 예가 연방 고속도로 구동스케줄(federal highway driving schedule, 이하 FHDS)이며, <그림 4-49>에 주어져 있다. FHDS는 비록 널리 사용되지만 고속도로 주행에서 최대속도가 상당히 비현실적이므로, 대신에 좀 더 새로워진 US06 표준사이클이 널리 사용되고 있다.

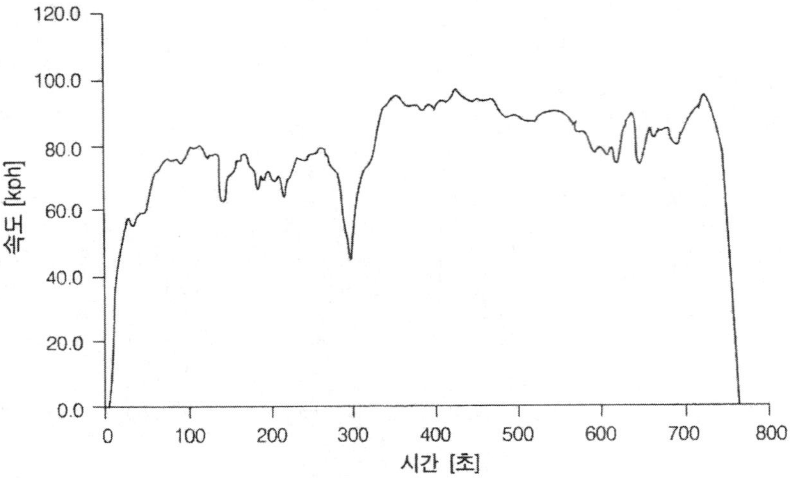

〈그림 4-49〉 765초의 FHDS에 대한 속도-시간 그래프

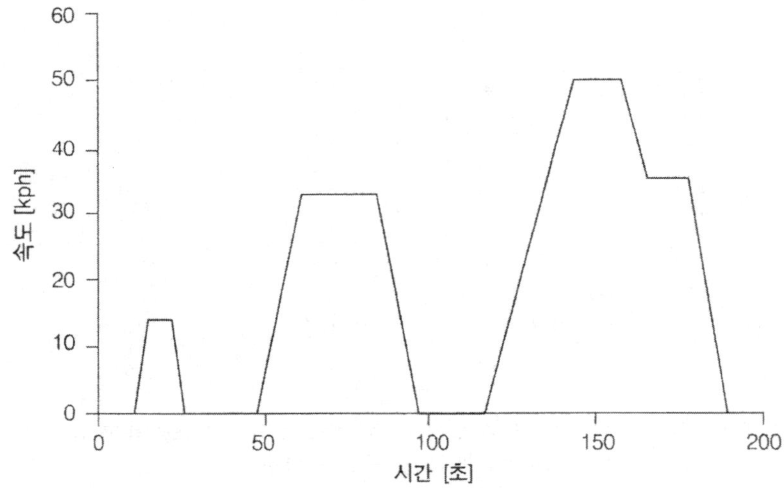

〈그림 4-50〉 유럽의 도시 구동스케줄 ECE-15

유럽에서는 시험사이클이 오히려 간단하여 가속도 및 속도가 일정한 구간을 가진다. 특히 주목할 것은 <그림 4-50>과 같은 ECE-15 구동사이클로서, 배터리 구동 전기자동차와 같은 소형자동차의 성능을 시험하는데 유용하다. EC 배기가스 시험에서는 이 사이클에 부가적인 도시 구동사이클(extra urban driving 이하 EUDC)이 포함되어 있으며, 최대속도는 120kph이다.

현재 아시아에서 가장 널리 사용되는 표준은 일본의 10~15Mode 사이클 이다. 유럽과 마찬가지로 이 사이클은 일정 속도와 일정 가속도 구간이 포함되어 있기 때문에, 유럽의 ECE-15 도시구동 사이클과 EUDC가 조합된 사이클과 비슷하다. 현재도 일본에서는 자동차의 주행거리나 배기가스를 시험할 때는 이 사이클을 사용해야 한다.

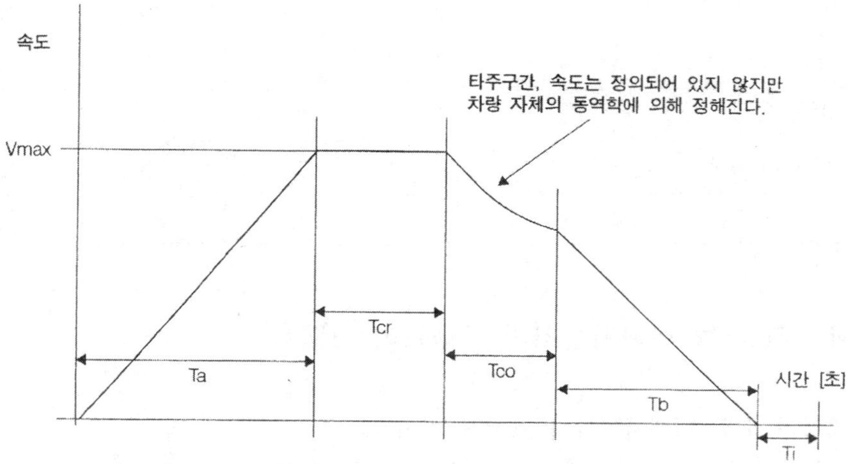

〈그림 4-51〉 SAE J227a 사이클.
각 시간에 대한 값들은 〈표 5-1〉에 주어져 있다.

이 모든 표준사이클은 100kph 부근의 최대속도를 가지고 있다. 전기배달 차량이나 전기스쿠터를 포함한 몇 가지 중요한 전기차량의 경우 이와 같은 속도로는 주행할 수 없기 때문에 비현실적이다. 1970년대에 전기자동차용으로 특별히 만들어진 상당히 오래된 표준은 SAEJ227a 구동사이클이다. 이 사이클은 속도에 따라 A~D의 4 가지의 종류가 있다. 각 사이클은 시간적으로 매우 짧으며, 가속구간, 정속도구간, 타주(coast)구간, 제동구간으로 이루어져 있고 마지막으로 정지구간(차는 정지해 있지만 전동기는 회전하고 있는 공회전(idling) 상태)이 있다. 속도는 알 수 없지만 견인력이 영(zero)인 타주구간은 모델에서 다소 귀찮은 부분이다. 이 표준사이클의 일반적인 속도프로파일이 <그림 4-51>에 나타나 있다. 이 사이클의 4 구간에 대한 세부적인 내용이 >표 4-13>에 주어져 있다. 가장 통상적으로 사용되는 사이클은 SAE J227a-C로써, 전기스쿠터나 도시전용 소형 전기자동차에 특히 적합하다. A와 B형은 가끔 특수목적용 배달차량에 사용된다.

〈표 4-13〉 SAE J227a 시험사이클의 4 가지 종류에 대한 공칭 파라메터. 〈그림 4-51〉을 참고하여 이 값들을 사용해야 한다.

파라메터	단위	사이클 A	사이클 B	사이클 C	사이클 D
최대속도	km/h	16	32	48	72
가속시간 T_a	s	4	19	18	28
순항시간 C_{cr}	s	0	19	20	50
타주시간 T_{co}	s	2	4	8	10
제동시간 T_b	s	3	5	9	9
공회전(idling) 시간 T_i	s	30	25	25	25
총 시간	s	39	72	80	122

2) 배터리 구동 전기자동차의 주행거리 모델링

(1)배터리 구동 전기자동차의 모델링 원리

전통적인 배터리구동 전기자동차의 에너지 흐름도가 <그림 4-52>에 나타나 있다. 주행거리를 예측하기 위해서는 구동사이클의 각 시간마다 자동차를 주행시키는데 필요한 에너지가 계산되고, 이 에너지의 소모로 인한 영향이 계산된다. 배터리의 에너지를 모두 소모할 때까지 이 과정이 반복된다. 시간간격을 1 초로 하면 전력과 에너지소모량은 동일하다는 것을 유의하라.

이 계산과정은 먼저 식 (1.9)를 이용하여 견인력을 구하는 것부터 시작된다. 전력은 견인력에 속도를 곱한 것과 동일하다. 에너지 흐름도에서 각 시간에서의 효율값을 사용하면 1초 동안 자동차를 주행시키는데 필요한 에너지가 계산된다.

1초 동안에 자동차를 주행시키는데 필요한 에너지는 전력과 같으므로 다음식 이 성립한다.

$$1\text{초 동안에 필요한 에너지} = P_{te} = F_{te} \times v \qquad (1.23)$$

도로 상에서 배터리로부터 공급되는 이 에너지를 구하기 위해서는 모든 운전점에서의 효율을 구할 수 있어야 한다. 이에 대한 식은 앞 장에서 유도되었지만, 가장 중요한 시스템 모델링 방정식을 여기서 다시 살펴볼 것이다.

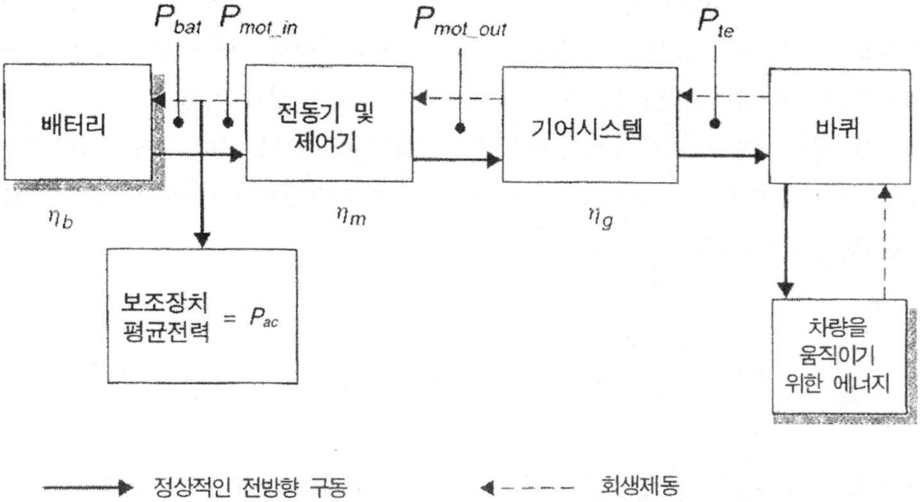

〈그림 4-52〉 회생제동 기능을 갖춘 '전통적인' 배터리 구동 전기자동차의 에너지 흐름도

(2) 모델링 방정식

<표 4-14> 식 (1.24)의 파라메터에 대한 대표적인 값들

파라메터	Lynch형 브러시형 PM 전동기, 2~5kW	100kW 고속 유도전동기
K_c	1.5	0.3
K_i	0.1	0.01
K_w	10^{-5}	5.0×10^{-6}
C	20	600

전기자동차에서는 보통 하나의 기어만을 사용하기 때문에 기어시스템의 효율 η_g는 상수라 가정된다. 기어시스템은 매우 간단하므로 보통 효율이 높다.

전동기와 제어기의 효율은 보통 함께 고려한다. 이는 전체 구동시스템의 효율을 측정하기가 매우 편리하기 때문이다. 전동기의 효율은 전력, 토크 및 전동기의 크기에 따라 크게 변화한다. 다음 식은 매우 훌륭한 효율모델이다.

$$\eta_m = \frac{Tw}{Tw + k_c T^2 + k_i w + k_w w^3 + c} \quad (1.24)$$

여기서 k_c는 동손(copper loss)계수, k_i는 철손계수, k_w는 풍손계수, 그리고 C는 어떤 속도에서도 나타나는 일정한 손실이다. <표 4-14>는 전기자동차에 사용될 수 있는 유력한 전동기 2 종류에 대해 이 일정한 손실의 대표적인 값을 나타내고 있다.

전동기, 제어기 및 기어시스템이 비효율적이라는 것은 전동기의 입력전력이 견인동력과 같지 않으며, 다음과 같은 간단한 식처럼 전동기에 필요한 전력은기계적 출력보다 더 크다는 것을 의미한다.

$$P_{mot-\in} = \frac{P_{mot-out}}{\eta_m} \quad P_{mot-out} = \frac{P_{tc}}{\eta_g} \qquad (1.25)$$

식 (1.25)는 전동기가 자동차를 구동하고 있는 경우에는 정확하다. 그러나 전동기가 자동차의 속도를 줄이는데 사용된다면 효율(이보다는 비효율(inefficiency)이라는 것이 오히려 낫다)은 반대의 영향을 미친다. 다시 말하면 전동기로부터의 전력이 감소되면 다음 식들을 사용해야 한다.

$$P_{mot-\in} = P_{mot-out} \times \eta_m \quad P_{mot-out} = P_{te} \times \eta_g \qquad (1.26)$$

따라서 식 (1.25)나 (1.26)은 전동기로의 (또는 전동기로부터의) 전력과 기계적인 전력을 구하는데 사용된다. 그러나 전기자동차에서는 조명등, 지시장치, 라디오와 같은 액세서리 등 다른 전기시스템도 고려해야 한다. 이들에 필요한 평균전력 P_{ac}을 구하거나 계산하여 전동기의 입력전력에 더하여 배터리가 공급해야 할 총 전력을 구해야 한다. 제동 시에는 전동기의 입력전력이 음(-)이므로 배터리가 공급해야 할 전력의 크기가 줄어든다.

$$P_{bat} = P_{mot-\in} + P_{ac} \qquad (1.27)$$

위 식의 각 전력은 전동기의 입력전력 및 출력전력과 견인동력을 나타낸다.

(3) MATLAB 또는 EXCEL을 이용한 전기자동차의 시뮬레이션

자동차 내부에서 무슨 일이 일어나고 있는가를 계산하기 위해 유도된 많은 식들이 어떻게 사용될 수 있는가를 앞 절에서 설명했다. 배터리가 완전히 방전되기 전에 자동차가 얼마나 멀리 갈 수 있는가를 알기 위해 구동사이클로써 단계적인 과정을 통해 이것을 계산한다. 이 과정이 <그림 4-53>의 흐름도에 나타나 있다.

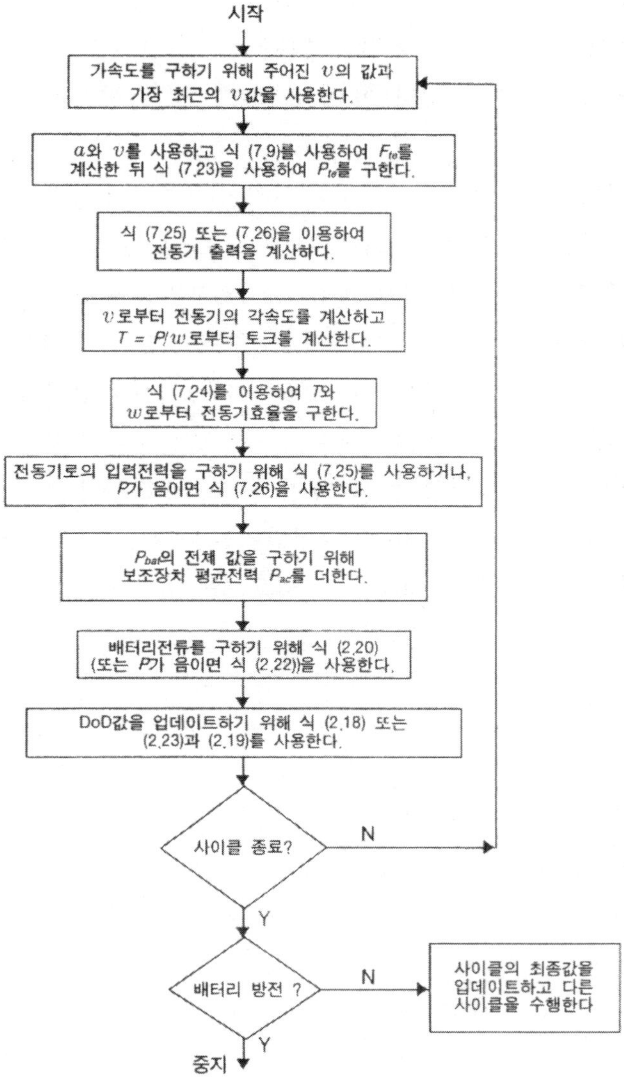

〈그림 4-53〉 배터리 구동 전기자동차의 시뮬레이션을 위한 흐름도

첫 번째 단계는 MATLAB 파일을 이용하여 사용된 구동사이클에 대한 속포데이터를 메모리로 불러오는(loading) 것이다.

다음 단계는 무게, 배터리의 크기와 종류 등과 같은 자동차의 파라메터를 설정하는 것이다. 보조장치에 필요한 전력 P_{ac}도 이 시점에서 설정되어야 한다.

그 다음에는 각 계산사이클의 끝부분에서 기억시킬 필요가 있는 데이터를 저장하기 위해 데이터어레이(data array)를 만들어야 한다. 이것을 '사이클 종단어레이(end of cycle array)'라 한다. 계속 유지해야 할 필요가 있는 가장 중요한 데이터는 배터리에서 방출된 전하량, 배터리의 방전깊이, 주행거리 등이다.

다음 단계는 하나의 계산사이클 동안만 저장되는 데이터에 대한 어레이를 설정하는 것이다. 이 데이터는 각 계산사이클이 끝나면 상실된다. 한 계산사이클 동안 방출된 전하량, 방전깊이, 주행거리 등의 데이터(y축 데이터)를 그래프로 나타내는데 필요한 토크나 전동기출력 또는 배터리 전류(x축 데이터)와 같은 데이터들도 저장할 수 있다.

시스템이 설정되고 나면 자동차는 하나의 구동사이클로 구동되며, 먼저 주어진 속도값을 사용하여 가속도를 계산함으로써 견인력을 구하고 이를 이용해전동기의 출력, 토크, 속도 등을 계산할 수 있다. 계속해서 전동기의 효율을 구할 수 있고 따라서 전동기의 입력전력을 계산할 수 있다. 이 전력에 보조장치의 전력을 더하면 배터리전류를 구할 수 있으며, 따라서 다시 배터리의 방전깊이를 계산할 수 있다. 이 계산과정은 구동사이클이 끝날 때까지 1초 간격으로 되풀이 된다.

그 뒤 계산사이클의 종단 데이터어레이가 업데이트되고 배터리의 전하량이 여전히 충분하다면 다음 계산사이클이 반복된다. 이 과정이 <그림 4-53>의 흐름도에 나타나 있다. MATLAB은 이와 같은 계산에 매우 적합하다. 유명한 General Motors사의 EV1 자동차 모델에 대한 주행거리를 구하는 MATLAB 파일의예가 부록 3과 4에 주어져 있다. 이 파일들은 책의 본문이나 앞서 주어진 모든 식들과 매우 쉽게 연계되어야 한다. 계산 과정에서 나타나는 매우 귀찮은 문제는 영의 값(zero value)에 관한 것으로써, 영으로 나누어 지지 않게끔 세심한 주의가 필요하다. 자동차는 도시의 구동사이클에 따라 운행되고 있다.

2 가지의 다른 조건에 대해 주행거리에 대한 배터리의 방전깊이를 나타낸 것이 <그림 4-54>에 주어져 있다. 자동차의 주행거리는 약 130km임을 그림으로부터 알 수 있다.

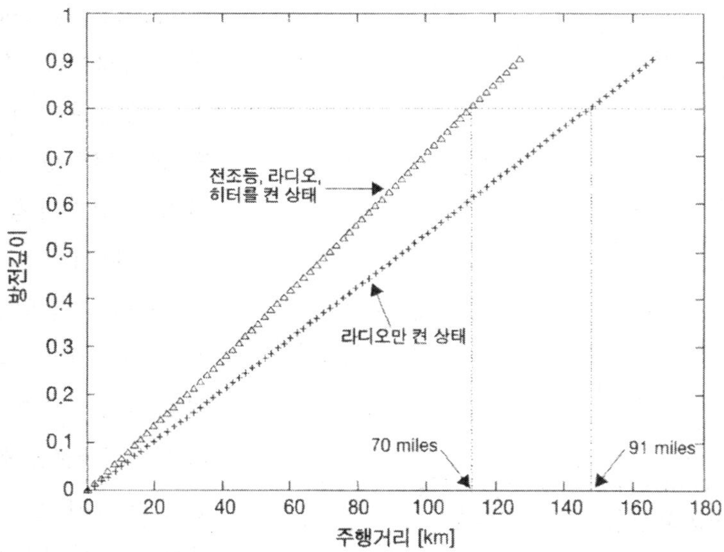

〈그림 4-54〉 GM EV1 전기자동차를 SFUDS 구동사이플로 시뮬레이션한 경우의 주행거리에 대한 방전깊이 특성.

한 경우는 주행조건이 좋아서 전조등, 히터, 에어컨 등이 사용되지 않는다. 다른 경우는 추운 날씨 때문에 배터리 성능이 약간 저하되며, 모든 전조등이 켜진 상태이다.

이와 같은 시뮬레이션의 매우 강력한 특징은 자동차의 파라메터 변화가 주행거리에 미치는 영향을 매우 빠르고 쉽게 알 수 있다는 것이다. 즉 조건이 달라지면 간단히 프로그램만 바꾸어 주면 된다. 예를 들면 보조장치의 평균전력 P_{ac}를 증가시켜 '전조등을 켤 수 있다(put the headlights on)'. 또 배터리의 내부저항을 25 % 정도 증가시키거나 Peukert 계수를 높이거나 또는 배터리전압을 약간 감소시킴으로써 날씨가 추워진 영향을 시뮬레이션할 수 있다. 조건이 바뀌어 지면 시뮬레이션이 다시 시작된다. 그 결과가 <그림 4-54>에 함께 주어져 있다. 또한 이 그래프로부터 한낮의 온화한 기후와 어둡고 추운 기후조건에 따라서 방전 깊이가 어떻게 변화하는가도 알 수 있다. 방전깊이가 80%에 도달할 때 두 조건 하에서의 주행거리는 90마일 이상에서 70마일로 감소한다는 것을 알 수 있다. GM의 사양서에서 공식적으로 언급된 주행거리는 '조건에 따라 50-90마일'이다. 우리의 시뮬레이션 결과는 이것을 확인하고 있다. 또한 언덕을 등판하거나 구동력을 좀 더 필요로 하는 경우를 프로그램에 포함시킬 수 있으며, 그 경우 속도는 70 마일 이하가 될 것이다.

3) 정속 주행거리 모델링

방금 설명한 구동사이클의 모델링에 비해 정속도 시뮬레이션은 훨씬 쉽다. 그러나 기본적인 계산과정은 앞 절에서 다룬 것과 같다. 속도나 토크값이 음이나 영이 아니기 때문에 시스템은 훨씬 간단하다.

이를 시뮬레이션하는 경우 새롭고 훨씬 짧은 MATLAB 파일을 만들 수 있을 것이다. 그러나 이미 만들어진 프로그램을 사용하여 빠르고 쉽게 해를 구하려면 속도가 일정한 '구동사이클'을 만드는 것이다. 이는 MATLAB 파일에서 다음과 같은 명령을 사용하면 된다.

```
linspace (12.5, 12.5, 100);
```

이 명령에 의해 값이 모두 12.5(이는 45 kph에 해당한다)인 100 개의 어레이가 만들어진다. 부록에서 주어진 ECE-47이나 SPUD 시뮬레이션 프로그램의 시작부분에서 기존 명령라인 대신에 원하는 일정속도를 설정하는 이와 같은 라인을 사용할 수 있다. 이것은 가장 좋은 방법은 아니지만 가장 빠른 방법이라 판단된다. 정속도 시뮬레이션은 매우 비현실적이므로 사용범위가 제한되어 있다.

4) 시뮬레이션의 다른 용도

이 시뮬레이션에서 생성된 데이터는 자동차의 주행거리를 계산하는 이외에도 많은 용도가 있다. 구동사이클에서 매 초 마다 다음과 같은 많은 변수가 계산된다.

- 자동차의 가속도
- 견인력
- 전동기 입력전력
- 전동기 토크
- 전동기 각속도
- 전동기 출력
- 전동기 효율
- 배터리에서 흘러나오는(또는 배터리로 흘러 들어가는) 전류

이 변수들은 모두 관심의 대상이며, 한 사이클에 걸쳐 그 변수들을 그려보면 많은 도움이 된다. 이를 위해 매우 간단한 MATLAB 파일을 사용하여 아주 유용한 결과를 얻을 수 있다. 기본원리는 XDATA나 YDATA와 같은 2 개의 어레이를 만들고 한 사이클 동안에 값을 할당하는 것이다. 예를 들면 루프카운터(loop counter)가 C라면 C는 단위가 초(second)인 시간과 값이 같을 것이다. 한 사이클 동안에 전동기의 출력을 그래프로 나타내려면 다음과 같은 명령이 삽입되어야 한다.

```
XDATA(C) = C ;
YDATA(C) = Pmot out ;
```

이것은 부록 3의 MATLAB 파일의 거의 끝부분에서 이러한 명령줄을 볼 수 있을 것이다. 파일명이 one cycle인 주 프로그램 끝부분에 다음 명령을 삽입시킨다.

```
p1ot(XDATA, YDATA) ;
```

이 경우 오직 하나의 구동사이클만이 수행되도록 프로그램이 간략화되어 있다. 이와 같은 출력그래프의 예가 <그림 4-55>에 나타나 있다. 이 그래프에서 나타난 전동기의 출력은 정격에 비해 상당히 여유가 있으며, 최대값은 단지 12kW 정도이다. 전동기의 최대출력은 약 100kW이므로 간략화된 FUDS 구동사이클이 사용되면, 자동차는 결코 가혹한 조건에서 시험되고 있지는 않다.

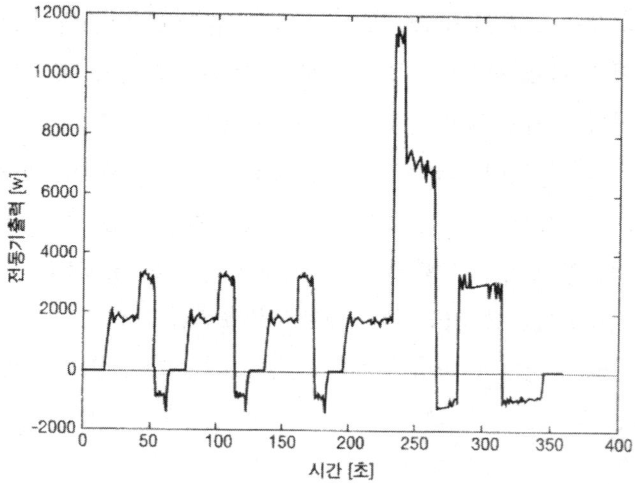

〈그림 4-55〉 SFUDS 구동사이클로 주행하는 동안 시뮬레이션에 의해 구한 GM EV1의 전동기 출력 그래프

특히 유용한 또 다른 그래프로는 전동기 각속도에 대한 전동기의 토크 특성을 들 수 있다. 이 그래프를 그리기 위해서는 프로그램에서 단지 두 줄만을 수정하면 된다. X와 Y 데이터 줄을 다음과 같이 바꾼다.

XDATA(C) = omega ;

YDATA(C) = Torque

이 그래프를 그릴 때 데이터점들을 선으로 연결하지 않아야 한다. MATLAB을 이용하면 이것이 쉽게 해결되며, 적절한 명령은 부록5의 파일 끝부분에 주어져 있다.

4-5 시뮬레이션 : 요약

이 장에서는 전기자동차의 주행거리와 성능에 대한 시뮬레이션이나 모델링이 어떻게 시작되는가를 살펴보았다. 대부분의 자동차의 경우 성능(보통 가속도를 의미)을 시뮬레이션하는 것은 매우 간단하다. MATLAB이나 EXCEL과 같은 수학적 소프트웨어는 이 목적에 적합하다.

전통적인 배터리 구동 전기자동차와 저장된 수소를 사용하는 연료전지 자동차의 경우 주행거리를 모델링하는 것은 매우 복잡하지만 어렵지는 않다. 하이브리드 전기자동차의 경우는 시뮬레이션 프로그램을 만드는데 있어 매우 세심한 주의와 고찰이 필요하다.

자동차의 수학적 모델은 전기자동차의 설계에 있어 결정적으로 중요하다. 왜냐하면 설계가 달라질 때의 성능을 빠르게 확인할 수 있고 사실상 비용이 들지 않기 때문이다. GM EV1 전기자동차와 전기스쿠터의 예를 이용하여, 아주 간단한 수학적 모델이 실제 자동차의 성능에 의해 어떻게 타당성이 입증되는가를 보였다.

전기자동차의 설계에 있어 이러한 모델링 과정은 극히 중요하기 때문에, 이를 아무리 강조하여도 지나치지 않다. 다행히도 이에 대한 설명과 주어진 예에 대한 MATLAB 파일을 이용하여 독자는 이 과정을 시험해 볼 수 있을 것이다. Chan & Chau(2001)는 그들이 만든 시뮬레이션 프로그램인 EVSIM에서 기존 프로그램을 확장시키는 방법을 설명하였지만, 이러한 아이디어가 어떻게 더욱 구체화될 수 있었는가를 알기 위해서는 이 프로그램을 연구해야 한다.

5. RE_EV

5-1 EXTENDED-RANGE ELECTRIC VEHICLES0

2007 북미 국제 자동차쇼를 계기로 쉐보레 볼트(<그림 4-56>과 <표 4-15>)와 VOLTEC 테크놀로지는 부각되어졌다.

볼트는 추가적인 가솔린 엔진을 장착함으로써 전기적인 힘에 의해서만 구동될 때보다 차량의 구동 거리를 확장할 수 있는 전기자동차이다.

T모양의 배터리는 (<그림 4-56>c 와 <표 4-15> 참조) 220개의 셀보다 더 많은 수로 이루어진 4개의 모듈과 약 180kg 에 달하는 완성된 auto-motive 배터리로 구성되어있다.

그 에너지 저장 시스템은 GM과 한국의 전지 셀 제조업체인 LG 화학의 협력에 의해 개발되었다.

전기 동력전달장치(전기모터)는 최고출력 111kW, 최대 토크 370N·m 까지 제공한다.

그림과 같이 볼트는 9초 이하의 제로백과 최고속도 160km/h라는 충분한 성능을 보여준다.

16kWh의 공칭 규격 배터리는 전세계의 구매자들이 매일 주행하는 거리의 약 80%이상, 즉 50~60km를 커버할 수 있는 차량을 기초로 시작되었다.(<그림 5-57>에 주어진 독일의 예시 데이터 참조)

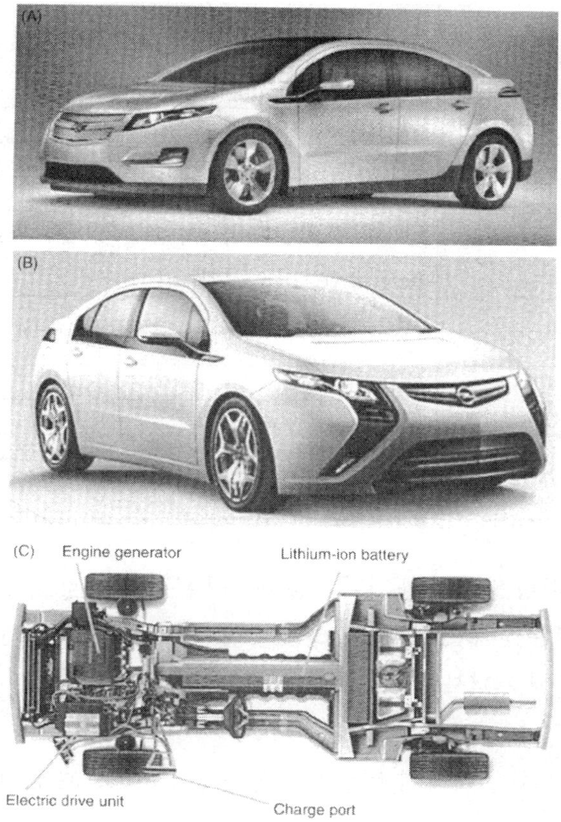

〈그림 4-56〉 (A) Chevrolet Volt, (B) Opel Ampera (based on the VOLTEC system), and (C) T shaped battery

〈표 4-15〉 Technical specifications of the Chevrolet Volt

Vehicle type	Electric vehicle, front-wheel drive; range extender; charging via electrical grid using a standard wall outlet
Dimensions	
Length	4,404mm
Width	1,798mm
Height	1,430mm
Wheelbase	2,685mm
Battery system	
Type	Li-ion battery
Cells	>220
Weight	180kg
Length	1.8m, T-shared
Power	Provides full performance

Energy content	16kWh(ca. 8kWh usable)
Electric propulsion system	
Type	Three-phase induction motor
Maximum Power	111kW
Maximum Torque	370Nm
Range extender	
Type	Gasoline, naturally aspirated, 1.4 l displacement, family 0-derivative
Power	53 kW
Performance	
Maximum speed	160km/h
Acceleration (0~100km/h)	9s
Range	Electric range: up to 60 km; approximately 500km with range extender

이러한 거리는, 차량을 순수한 전기자동차이며 무공해 차량으로써 주행된다.

따라서 주행모드는 "charge-depleting"(충전-방전) 모드 또는 "EV mode" 이다. 배터리의 규격을 제한함으로써, GM사의 global compact 구조 개념과 확장된 구동트레인은 융합하는 것이 가능하다.

이렇게, 배터리의 공칭 에너지 용량과 제작비용이 비례되므로 배터리의 총 가격은 제한되어 질수 있다.

유럽과 미국에서는 위와 같은 배터리(16kWh)의 추가적인 이점은 8kWh를 사용한 상태, 즉 50%정도의 에너지가 남아있는 상태에서 전기적 에너지를 단지 몇시간 만에 재충전할 수 있다는 것이다.

차량의 측면에서, Volt와 Ampera 두 차량은 SAEJ1772에 따른 콘센트를 장착하고 있다. 필요한 코드 세트는(SAE J1772 차량 플러그와 국가별 홈 플러그가 연결이 가능한 세트) 포함되어있다.

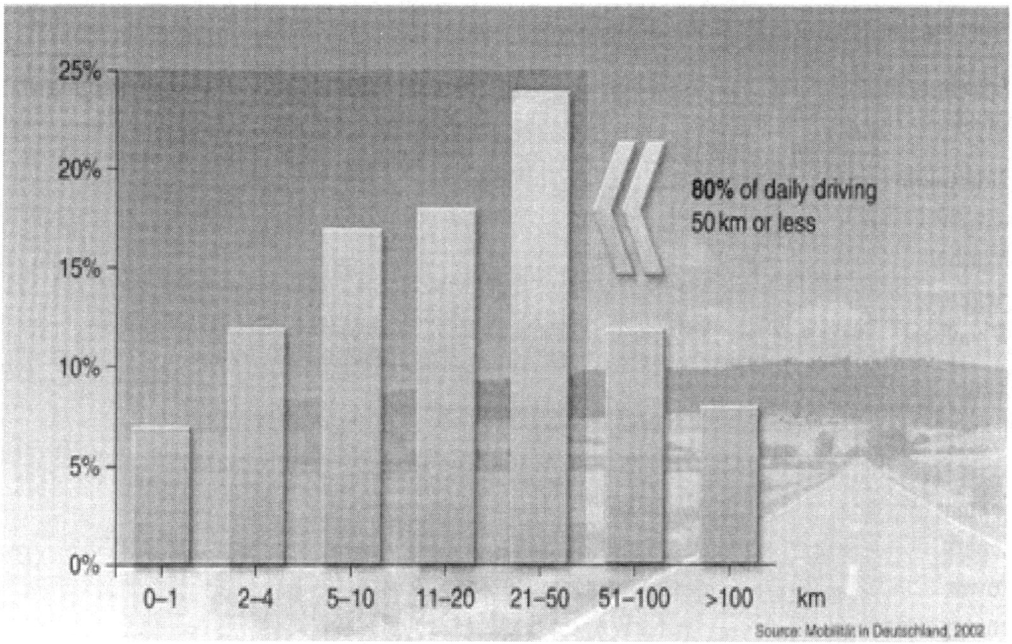

〈그림 4-57〉 Daily driving distances in Germany

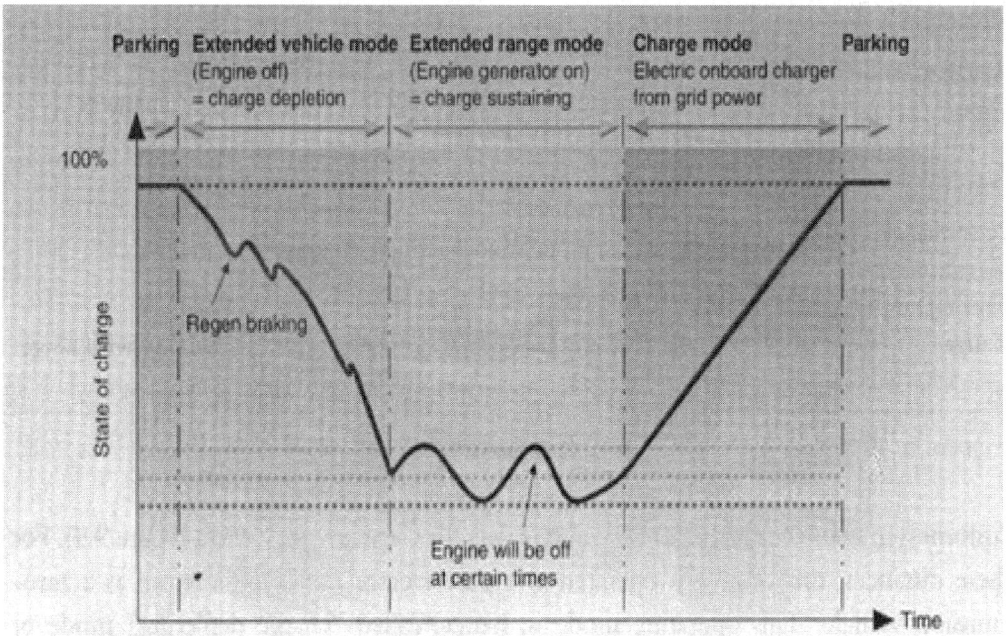

〈표 4-58〉 E-REV operating concept, approximately 50% of the nominal battery energy content is used

이와는 대조적으로, 크기가 더 큰 배터리들 때문에, 순수한 전기자동차의 배터리가 현재 재충전시간과 맞먹는 수준을 달성하기 위해 더 높은 전압과 전류를 공급하는 off-board chargers에 의존하고 있다.

1.41mm의 간극을 가진 자연 흡기 부류의 가솔린 엔진은 충전상태가 특정한 값 이하로 떨어졌을 때 "charge-sustaining" 또는 "extended-range" 모드, 즉 엔진이 꺼진 상태에서 방전이 일어나거나 엔진이 켜진 상태에서 충전이 되고 있는 모드를 이용할 수 있는 53kW 출력을 발생시킨다.

charge-depliting 과 charge-sustaining 모드를 추가함으로써 차량의 총 이동거리는 500km 이상을 주행할 수 있게 되었다.

매일 평균적인 주행거리가 있음에도 VOLTEC 차량의 어떠한 화석연료와 관련된 문제들 없이 주행할 수 있다는 것을 보장한다.

1년간의 전기력을 이용한 주행거리는 13,000km이기 때문에, Chevrolet Volt 또는 Opel Ampera는 1730kWh의 전기에너지가 필요하게 될 것이다.

이 양은 독일의 4인 가족 평균 전력 소비량의 약 40%정도의 수준에 해당한다.

새로운 유럽의 운전 주기를 고려하면(ECE R101 문서에 규정된, EV 구동을 위한 각 부록들 참조) Opel의 Ampera는 1km당 CO_2 40g이하로 배출되어지고 있다.

이전에 언급된 것으로, Chevrolet Volt 와 VOLTEC 추진 기술은 2007년 1월을 시작으로 등장해왔다. 같은 해에, GM은 제품엔지니어링의 시작과 Volt를 대량생산하겠다는 결정을 내렸다.

첫 번째, 배터리 팩들은 이미 2007년 말에 완성되었으며, 차량의 첫 번째 구성품 테스트가 2008년 이후로 시작되었고, the production-intent propulsion 시스템을 테스트하기 위해 mule 차량들에 탑재되었으며, 첫 번째 차량 충돌테스트는 성공적이었다.

2009년의 여름이 오기도 전에 약 80개의 Volt원형모델들이 만들어졌다. GM사의 미국 미시건 공장에서 쉐비 볼트 시리즈는 2010년 말까지 계속해서 만들어졌으며, Opel Ampera의 대량생산과 VOLTEC 동력발생장치 기술은 약 1년 후부터 사용될 예정이다.

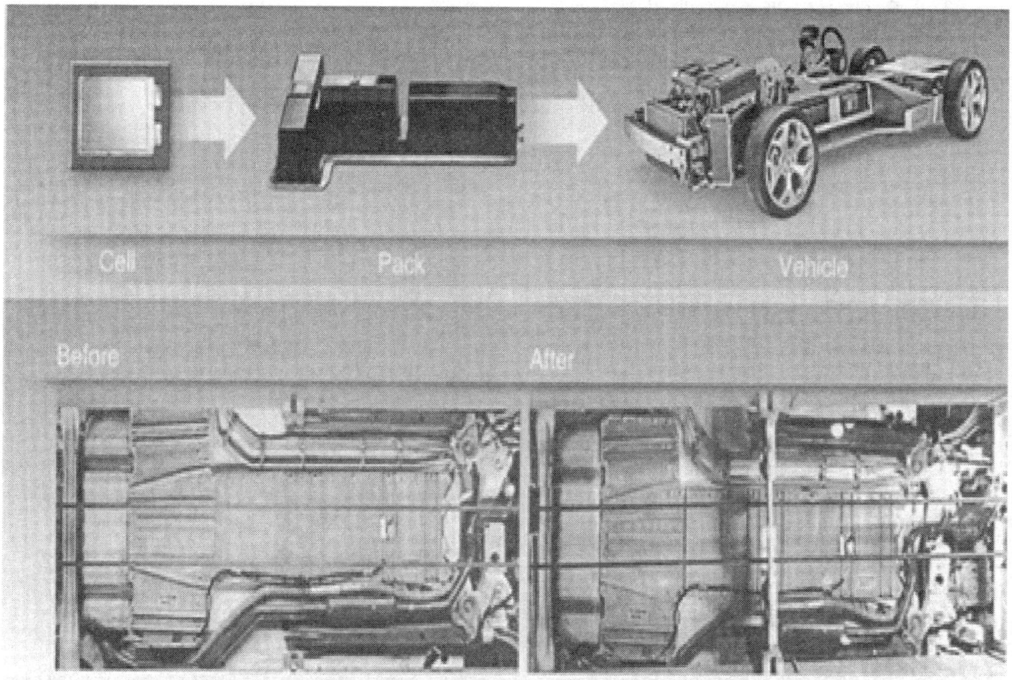

〈그림4-59〉 (UP) Integration of battery cells into modules and vehfde (down) f〉rst crash test the T shaped battery is visible.

5-2 관련 산업동향

1) 산업동향

■ 환경적 측면

o 세계 각국의 환경규제 강화

- 북미 및 유럽 시장의 까다로운 환경오염 규제 강화
  - 미국 : 자동차 업체의 평균 연비를 규제하는 CAFE(Coperate Average Fuel Economy) 강화, 위반 시 대당 5천불의 페널티가 부과되어 친환경차를 생산할 수 없는 완성차 업체의 시장 퇴출 시작 (현대차 '15년 적용 예상)
  - 유럽 : 자동차 배기가스 배출기준 강화 EU-27개국 내 신규 등록되는 승용차의 CO2 배출량을 '12년부터 평균 130g/km로 규제하는 규정을 제정('09.4) 위반 시 초과배출량 1g당 20~95유로의 페널티가 대당 부과되게 되어 사실상 시장퇴출 불가피

o 국내 온실가스 배출 규제 강화

- 연비는 17km/L, 온실가스 배출량은 140g/km 이내로 제한(2012년부터 2015년까지 단계적 적용)

〈표4-16〉 세계 각국의 환경규제 강화 및 친환경차 의무판매 정책

[자료 : 지식경제부, 친환경차 4대강국 도전전략, 2008]

■ 기술적 측면

o 친환경차 개발을 통한 신성장동력을 확보해야 할 필요성 대두

- 장기적으로 기술선점이 가능한 친환경차 유망상품에 대한 핵심 원천기술 발굴 및 확보를 통해 선진국 수준의 기술역량을 확보해야 함
- 완성차 업체와 부품업체가 상호 협력하되 완성차 업체가 주도적 역할을 수행하여 R&D개발에 대한 부품업체의 위험부담을 줄이고, 국산화율을 높이기 위한 핵심·원천 기술력을 향상이 신성장동력 확보의 원동력으로 작용

o 친환경차 기술의 선점여부가 미래자동차시장의 성패를 좌우

- 자동차산업은 일본·유럽 등 경쟁국의 친환경차 기술선점 전략 및 중국·인도 등 후발국의 저가차 공략으로 샌드위치적 위기상황에 직면

o 미래의 자동차는 궁극적으로는 구동에너지로 전기에너지 만을 활용하는 전기자동차(EV)와 수소연료전지자동차(FCEV)가 될 것으로 예상됨.

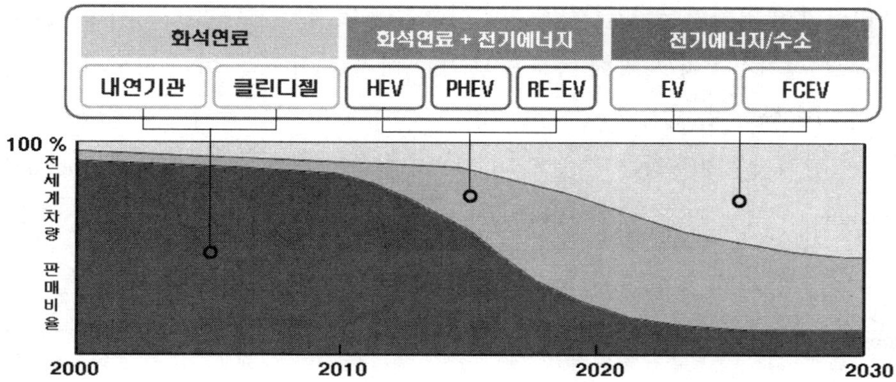

〈그림4-60〉친환경 자동차 시장전개 전망
(출처 : Holden Advanced Eng. 재편성)

o 친환경자동차가 미래 자동차기업의 경쟁력을 좌우할 것으로 예상

- 하이브리드 자동차는 일본이 특허를 통한 기술선점.
- 클린디젤 자동차는 유럽이 디젤기술을 이용한 기술특허 선점.
- 전기자동차는 각국에서 정부주도형으로 개발 중이나 기술선점 기업이 없는 상태로 빠른 대응을 통해 전기자동차의 핵심 기술 확보 용이

o 전기자동차 관련하여 세계적으로는 미국(GM社- VOLT), 일본(미쓰비시社-iMiEV, 닛산社-LEAF), 유럽(REVA社-Gwiz), 중국(BYD社-F3DM)등이 기술개발을 추진하여 2010년 이후 일부 모델의 경우 양산이 진행되었음. 2013년 일반에 보급되기 시작해서 2015년에 시장이 본격적으로 형성될 것으로 전망됨.

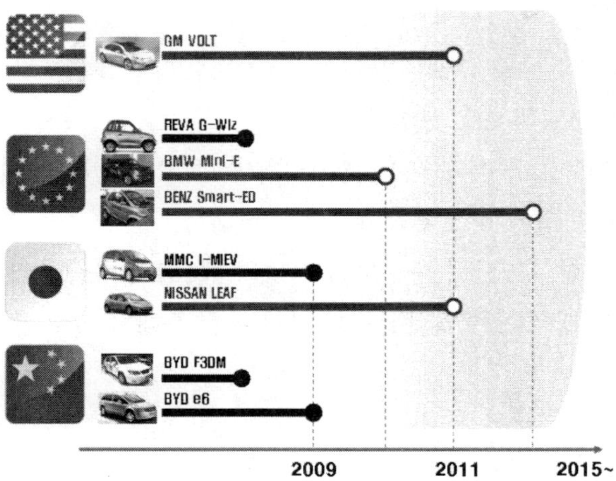

〈그림4-61〉 친환경 자동차 개발 동향

o 우리나라의 전기자동차를 개발 중에 있는 중소업체는 기술력 및 자본력이 부족하기 때문에 전기자동차 개발에 속도를 내기는 어려운 여건임. 이에 정부지원을 통해 개발을 가속화하여, 전기자동차 핵심기술을 보유하는 것은 국가경쟁력 강화의 필수임.

o 기존 전기자동차(EV)는 주행거리 200km이내 근거리(NEV, Neighborhood Electric Vehicle) 주행만 가능하므로 이를 극복 원거리 주행 가능한 RE-EV 개발 필요

〈표 4-17〉

구분	EV			RE-EV	
	국내 CT&T	독일 다임러	일본 미쓰비시	중국 BYD	미국 GM
	 (e-ZONE)	 (SMART-ED)	 (i-MiEV)	 (F3DM)	 (VOLT)
주행거리	70 km	116 km	160 km	400 km	1,024 km
최고속도	60 km/h	110 km/h	130 km/h	150 km/h	161 km/h

■ 경제적 측면

o 친환경자동차 육성은 국민소득 4만 달러 시대의 기반산업

- 전·후방 연관 효과가 높고 IT 등 신기술이 결합된 종합시스템 산업인 자동차산업의 경쟁력 강화는 경제전반의 성장을 촉진
- 중소형(90%) 부품업체를 기반으로 하고 있는 시스템 산업으로써 자동차산업의 경쟁력 강화는 중소기업의 동반성장을 의미
- 자동차산업은 제조업 종사자의 10.1%를 차지하는 250만명('09년기준)을 직접 고용하고 있는 대표적 일자리 창출산업
- '10년 427만대 생산, 277만대 수출로 우리나라 제1위의 수출산업
- 관련 원부자재 및 장비의 수입의존도가 낮아 수출 증대가 내수 진작으로 이어지는 질 좋은 수출산업

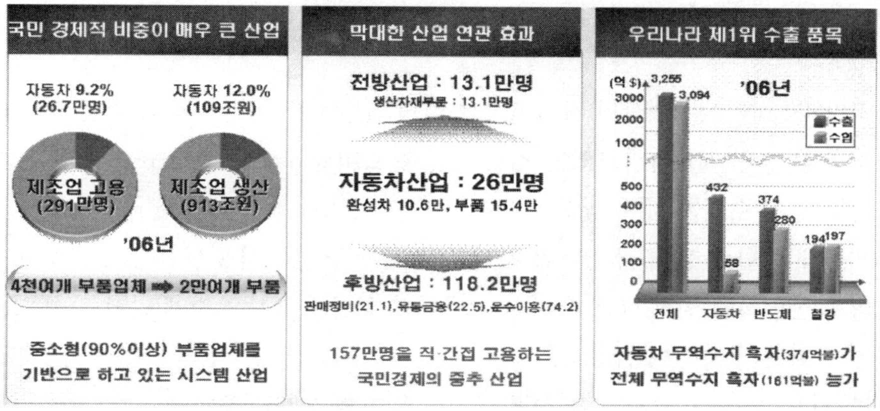

〈그림 4-62〉 지식경제부, 08년도
지식경제통합기술청사진(자동차분야)

■ 자동차 시장의 패러다임 변화

o 세계 자동차 시장은 계속되는 유가급등과 환경규제 강화로 인하여 고효율·친환경차로 패러다임이 급속히 전환 중

o 최근의 유가급등으로 연비가 좋은 친환경차에 대한 소비자 선호도 상승

- 전문가들은 2000년대 들어 내연기관차를 조금씩 대체해 나가고 있는 친환경차 시장이 '12년을 전후로 급속도로 확대될 것으로 예상

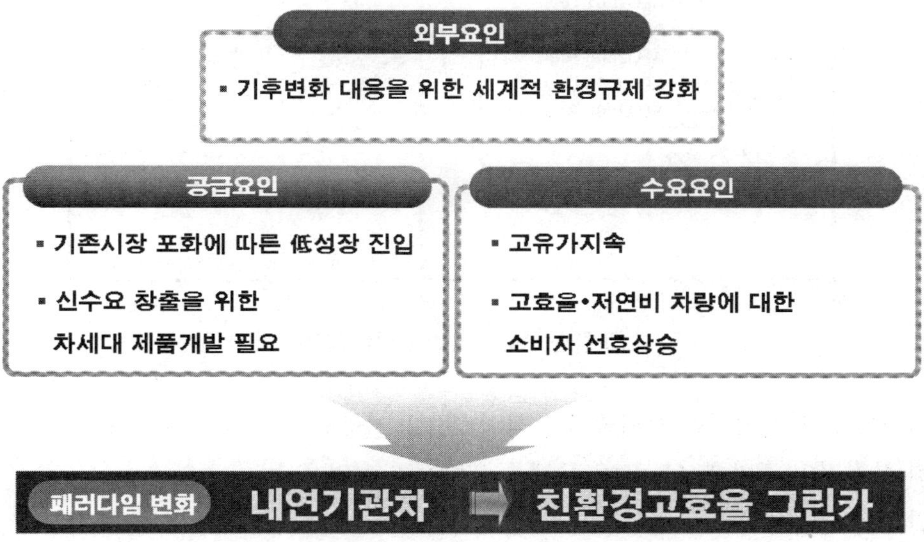

〈그림4-63〉 지식경제부, 친환경차 4대강국 도전전략, 2008

2) 시장예측 및 산업발전전망

o 우리나라는 제조업 중심의 에너지 고소비형 산업구조로 인해 석유 의존도가 높은 나라로 석유 수입 세계 4위, 1인당 소비 5위, 총 소비량 6위 등 GDP 규모 13위에 비해 석유와 관련된 수치가 매우 높음.

o 2000년대 중반에 들어 국제적인 지정학적 위험 확산과 더불어 BRICs를 중심으로 한 급속한 산업화로 인해 에너지 자원의 무기화 현상이 두드러지게 나타나 석유를 비롯한 천연자원의 가격이 급등함.

o 중국, 인도, 브라질, 러시아 등 신흥 공업국의 산업화 가속화에 따른 에너지 자원 수요 급증과 에너지 자원의 무기화로 인해 2008년 2월 배럴당 100달러를 넘어선 국제유가가 7월 사상최고치인 147달러 돌파함.

o 글로벌 경기침체로 인해 수요가 급격히 감소되고 있어, 현재 유가는 다시 안정적인 흐름을 보이고 있으나, 경기 후퇴를 방어하기 위한 선진국의 경기부양 결과로 글로벌 경제가 안정을 회복하면 경제 활성화와 함께 유가 상승이 예상됨.

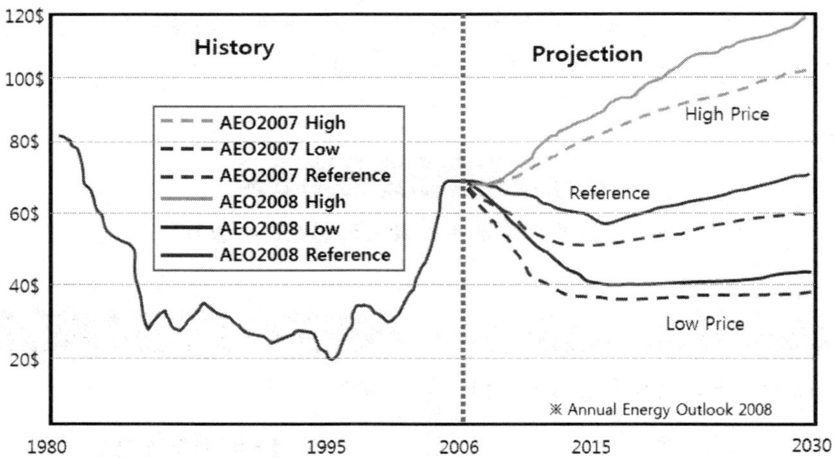

〈그림4-64〉 석유 가격 예측

o CO_2와 유해 배기가스를 배출하는 화석연료의 사용은 단순히 에너지 측면뿐만 아니라 환경적인 측면에서도 많은 문제를 유발시키고 있음.

o 급속한 산업화에 의한 환경오염이 심각해지고, CO_2의 과다 배출로 인한 지구온난화가 심각한 상황에 이르게 되어 유럽에서는 환경규제를 강화하여 과도한 환경오염의

진행을 억제, 지연시키고자 노력함.

o CO2는 대기 중의 열을 다른 기체보다 많이 흡수할 수 있어 지구 대기를 따뜻하게 하는 지구온난화의 주범이 되며, CO2에 의해 더워진 대기는 더 많은 수증기를 함유할 수 있어 폭풍, 홍수 등 예상할 수 없는 천재지변을 일으킴.

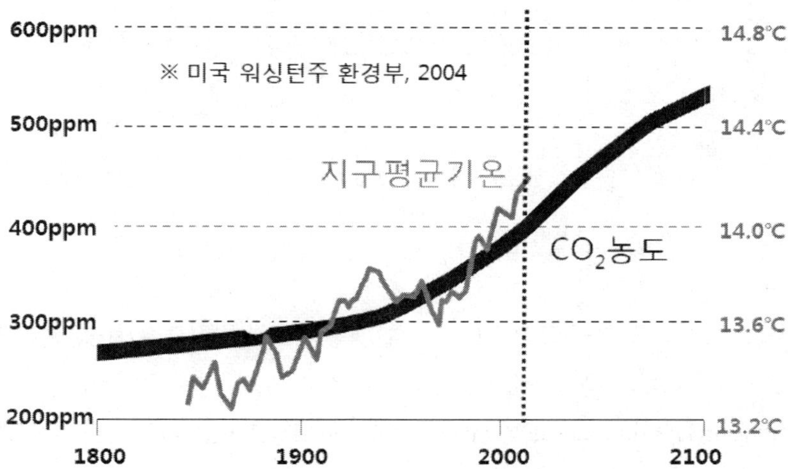

〈그림4-65〉 지구온난화 예측

o 지구온난화로 인해 발생하고 있는 예측할 수 없는 기후변화에 대응하기 위해 UN에서는 2009년을 '기후변화의 해'로 지정하여 온실가스 배출량을 줄이기 위한 전 세계의 노력을 촉구함.

o 연구결과에 따르면 전체 CO2 배출량 중 수송분야가 차지하는 비중이 약 20%에 달하는 것으로 보고되고 있으며, 전방위 산업으로의 파급효과가 가장 큰 분야이기 때문에, CO2 배출 저감 우선 분야로 정하고 각국 정부에서는 연비 향상을 강요하는 규제를 통해 배출량의 저감을 진행하고 있음.

o 유럽에서는 2012년부터 130g/km, 2015년부터 120g/km의 CO2 배출규제를 규정하고 있으며, 미국은 27.5MPG로 되어 있는 연비 규정을 2020년부터 35MPG로 상향하여 CO2 배출을 제한하는 규제를 제정함.

o 미국 캘리포니아를 중심으로 판매 차량의 10% 이상을 무공해 친환경 자동차로 의무적으로 판매케 하는 규정을 제정하여 환경 개선에 수송 분야의 노력을 강력히 촉구하고 있는 상황으로 규제를 통해 기술개발을 독려하고 있음.

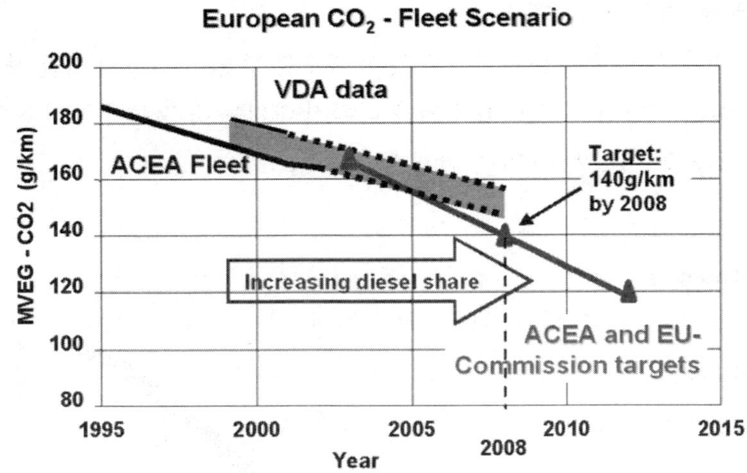

〈그림 4-66〉 유럽의 CO2 규제 시나리오

o 경기 침체국면에도 불구하고 고유가, 환경규제 강화 등으로 HEV(Hybrid Electric Vehicle)의 수요는 더욱 커져가고 있으며, 향후에는 더욱 강력해진 규제에 의해 PHEV(Plug-in Hybrid Electric Vehicle), FCEV(Fuel Cell Electric Vehicle) 및 EV(Electric Vehicle)의 요구가 확대될 것으로 예상됨.

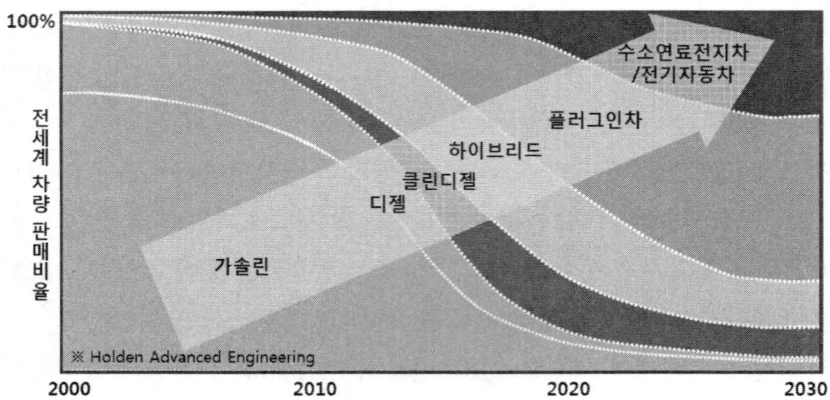

〈그림 4-67〉 에너지·환경에 따른 자동차 패러다임 변화

o 미국의 ZEV(Zero Emission Vehicle) 개발, 보급을 위한 여러 가지 동향 및 의견을 수렴한 결과 HEV에 이어 PHEV, EV가 시장을 형성할 수 있는 전략적인 차량으로 제안됨.

o 또한 2000년대 초반 미국을 중심으로 제안되고 연구되었던 FCEV는 연료전지의 가격 및 인프라 문제 등으로 인해 2030년경에 시장이 형성될 것으로 판단하고 있으나, 발달

하는 과학기술에 의해 상용화 시기는 앞당겨질 수 있을 것으로 예상됨.

o 전기자동차는 에너지 저장능력을 충분히 키운 순수전기자동차인 BEV(Battery Electric Vehicle)와 주행거리 확대를 위해 별도의 발전장치를 탑재한 RE-EV (Range Extender Electric Vehicle) 등을 포함한다고 볼 수 있으며, 일충전 주행거리를 확대할 시킬 수 있는 기술이 경쟁력의 중요한 관건임.

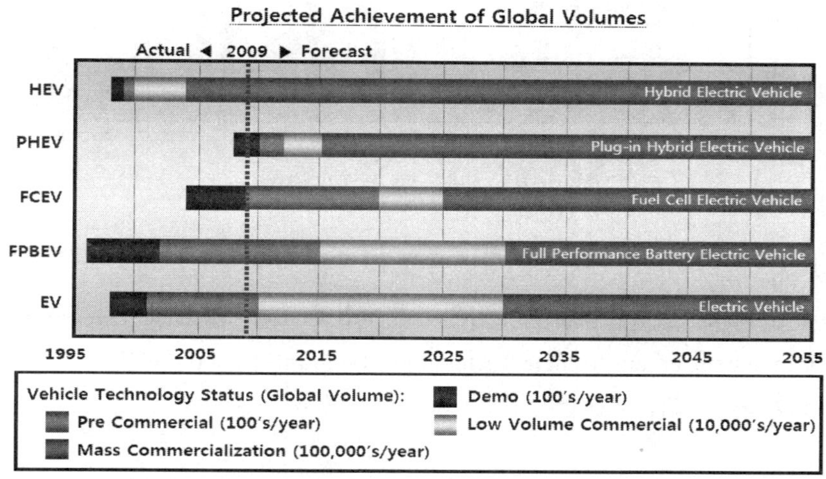

※ Status Report on the California Air Resources Board's Zero Emission Vehicle Program, 2007

〈그림 4-68〉 친환경 자동차 기술 및 시장 전망

■ 세계 시장 동향

o Prius'를 포함한 HEV 시장은 2008년 전년대비 30%이상 성장한 약 77만대 수준에 이르고 있으며, 세계적인 금융위기에 의한 급속한 경기 침체 국면에서도 시장 규모는 지속적으로 확대될 것으로 예상됨.

o 일본에 의해 독점되었던 HEV 시장이 2007년말을 기점으로 미국 기업의 진입이 두드러지게 나타났으며, 핵심 요소기술의 대부분을 일본 기업에 의존하고 있어 양적 팽창과는 달리 기술적 발전이 부족한 상황으로 전개됨.

o HEV는 고유가, 환경규제 강화 등에 의해 경기침체에도 불구하고 지속적인 성장을 구가할 것으로 예상됨.

o 연비보다는 출력에 중점을 두었던 미국 완성차 3社 역시도 치솟는 유가와 세계적인 환경규제로 인해 고연비 차량 시스템에 관심을 가지게 되었으며, 정부 주도로 고연비 자동차 개발을 위한 프로젝트를 진행하고 있음.

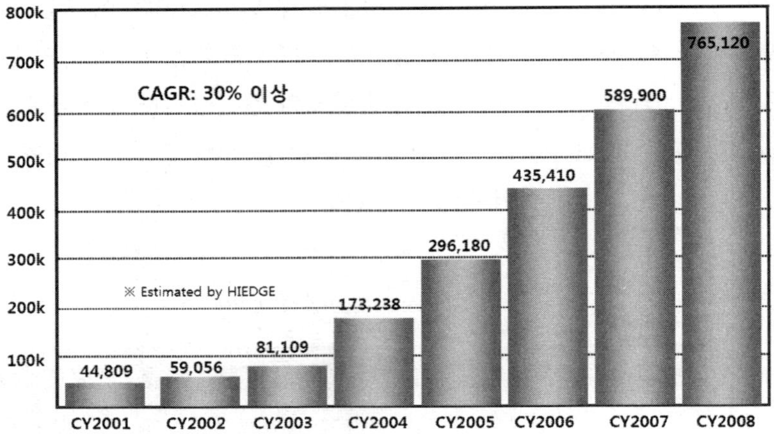

〈그림 4-69〉 년도별 HEV 판매 규모

o 고유가로 인한 석유소비 저감을 위하여 연료 효율 향상과 환경친화적인 자동차 기술을 개발하고, 미국 자동차산업의 국제경쟁력을 향상시키기 위해 추진된 FCVT(FreedomCar and Vehicle Technology) Program에 2006년부터 PHEV 개발 계획을 추가하여 수행함.

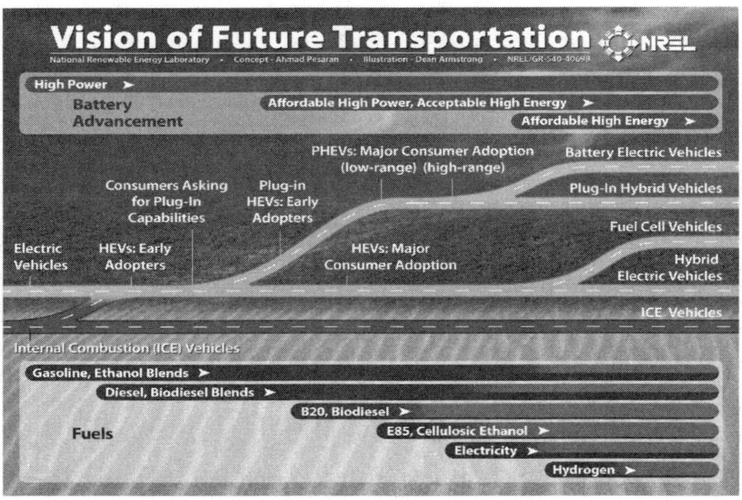

〈그림 4-70〉 수송기술 로드맵 (※ 출처: NREL, 美)

o 향후 자동차 기술은 전기에너지 또는 수소에너지 등 화석연료의 사용을 줄이는 방향으로 발전할 것이며, 따라서 PHEV, RE-EV 및 EV 시장의 확대는 명확함.

o PHEV는 HEV와 전기자동차의 중간 형태로 차량에 탑재된 배터리에 저장된 전기에너

지를 이용하여 주행하는 AER(All Electric Range; 순수 전기주행 가능거리)을 HEV에 비해 현저히 개선한 형태로 기본적으로 EV Mode 주행이 가능함.

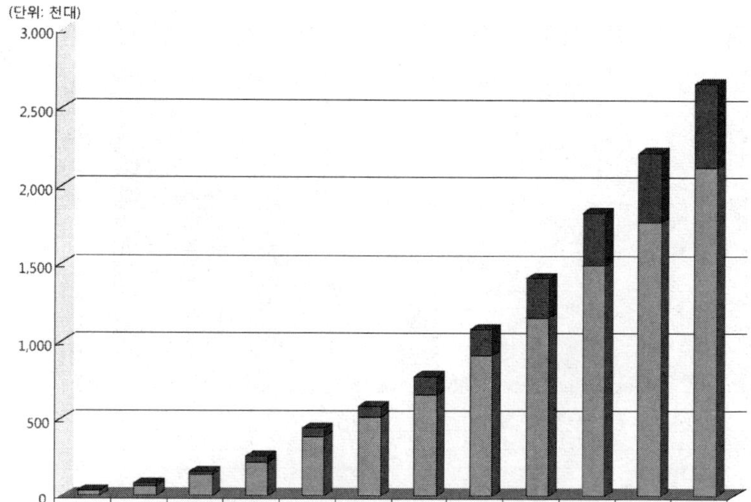

	2009	2010	2011	2012	2013	2014	2015	2016	2017	2018	2019	2020
R-PHEV	5.8	15.0	21.1	38.7	52.4	70.7	121.1	168.0	253.0	339.0	443.2	540.0
BEV	30.6	68.2	140.9	224	388.3	513.9	659.4	916.0	1157	1492	1772	2122
합계	36.4	83.2	162.0	262.7	440.7	584.6	780.5	1084	1410	1831	2215.2	2662

〈그림 4-71〉 RE-EV와 BEV의 세계 시장 전망
(출처: Electric Vehicle Market 2009 by HIEDGE)

o PHEV에는 HEV를 기반으로 엔진과 모터가 모두에 구동에 직접 기여하는 병렬형태와 BEV를 기반으로 모터만 구동에 직접 관여하고 엔진은 발전장치 등을 통한 전력발생에만 기여하는 직렬형 형태가 있으며, 후자를 RE-EV(Range Extender EV)라고 부르고, 전기자동차의 범주에 포함시킴.

o RE-EV는 기본적으로 BEV를 기반으로 하므로, 구동 및 저장 시스템, 공조시스템, 전장부품 등 대부분의 기본 단위 부품들을 BEV와 공용화 하는 것이 가능함.

o 중국의 BYD社와 미국의 Fisker Automotive社 등은 2009년부터 RE-EV의 판매를 시작하였으며, 미국의 GM社 등도 2010년 RE-EV를 양산할 것으로 발표함.

o 배터리 기술의 발달에 따라 AER이 점진적으로 확장될 것으로 예상되며, 이에 따라 계통으로부터 충전하는 RE-EV와 BEV 등 전기자동차의 시장은 점차 확대될 것으로 판단됨.

o EV는 2015년을 기점으로 시장이 본격적으로 형성되기 시작하여, FCEV가 일반 보급되기 전까지 친환경자동차 시장에 상당히 중요한 부분을 감당할 것으로 판단됨.

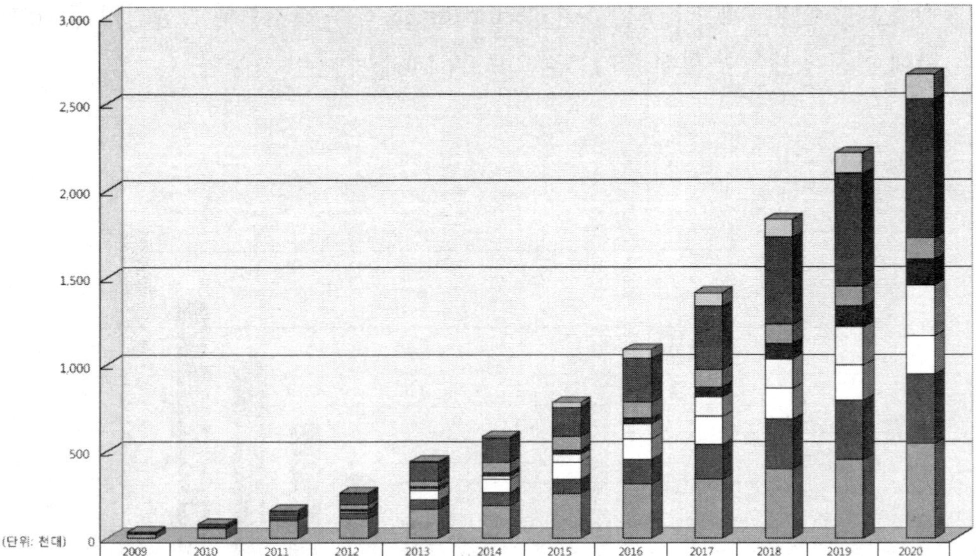

	2009	2010	2011	2012	2013	2014	2015	2016	2017	2018	2019	2020
GM	0	1	5	5	5	10	30	50	80	100	120	140
Other	6.1	11.6	23.1	60	106.7	136.2	166.5	256	362	502	647.2	795
Hyundai	2	6	9	30	30	60	75	90	100	107	116	123
Honda	0	0	0	5	10	18	28	30	60	90	120	150
Toyota	0	0.1	1	7	13	21	43	86	110	170	220	290
Subaru	0.7	4	8	13	55	75	98	118	158	180	200	220
Renault	1	5	14	28	50	75	85	140	200	280	340	400
NEW player	26.6	55.5	101.9	114.7	171	189.4	255	314	340	402	452	544

〈그림 4-72〉 EV의 제조사별 생산량 전망
(출처: Electric Vehicle Market 2009 by HIEDGE)

- o 장기적인 시장전망에 따르면, RE-EV를 포함하는 전기자동차는 2050년에 최대 신차의 30%까지 차지할 것으로 예상하고 있으며, 이는 충전을 필요로 하는 BEV와 RE-EV를 EV의 한 범주로 포함하고 있음.
- o 일본의 시장 예측 전문기관에 따르면, 전기자동차의 제조와 판매에는 기존의 완성차업체와 더불어 새로운 생산업체가 등장하여 상당 수준의 시장을 점유할 것으로 예상됨.
- o 기업별 EV 생산량 예측에 따르면, Renault社를 필두로 하여 Mitsubishi社와 Subaru社가 적극적인 투자를 통해 EV 시장의 점유율을 높일 것으로 예상되고 있음.
- o 국내의 현대자동차社와 Honda社, GM社 등도 전기자동차 시장 확대를 위해 경쟁할 것으로 예상함.
- o EV 보급에 영향을 미칠 수 있는 시장 환경을 살펴보면, 우선 2008년 말에 불어 닥친 글로벌 경기침체로 인해 미국 자동차 3社를 포함한 대부분의 완성차업체가 경영에 큰 타격을 입어, 긴축 경영에 의한 연구개발이 위축되었지만, 그린카를 통한 새로운 시장 확보라는 목표로 더욱 기술개발에 매진하는 기회가 됨.

o 기술적 환경으로는 EV를 포함한 그린카의 핵심인 에너지 저장시스템의 성공적 개발 여부에 따라, PHEV뿐만 아니라 EV의 보급 확산에 많은 영향을 줄 것으로 판단됨.

o FCEV는 연료전지를 구성하는 핵심소재 기술의 확보가 중요한 기술적 문제이며, 또한 고가의 핵심소재에 따른 가격 저감의 문제가 아직 해결되지 않고 있음.

■ 국내 시장 동향

o 현대자동차社는 2010년 경차인 'i10'을 베이스로 한 소형 순수전기차 (BEV)를 출시하였으며, G20 정상회담에 행사지원용 차량으로 활용한 바 있음. 최근에는 국내 관공서 등에 보급하여 모니터링 사업을 진행중임. 또한 2011년부터는 공공기관을 시작으로 2013년까지 보급하고, 2013년부터는 민간에 보급할 계획임.

o 리튬이차전지의 성공적인 데뷔를 통해 현대자동차社는 HEV 다음으로 전개될 것으로 예상되고 있는 PHEV의 주도권을 확보하기 위한 연구개발을 대대적으로 착수하여, 2012년에 PHEV를 양산 출시할 것으로 발표함.

o HEV에서 시작하여 PHEV를 거쳐 순수전기 주행거리를 확장시킨 RE-EV와 BEV로 시장이 전개될 것으로 전망됨.

o 정부에서도 '2013년 그린카 4대 강국 도약'을 위해 우리나라에서 강점을 갖고 있는 리튬이차전지를 그린카의 핵심기술로써 적극적으로 개발, 발전시켜 향후 그린카 시장을 선도할 수 있는 경쟁력을 확보할 수 있도록 적극적으로 지원하고 있음.

〈표 4-18〉 세계 각국의 전기자동차 양산 개발 현황

업체	Mitsubishi	Nissan	BYD	GM	BYD
출시모델	 I-MiEV	 LEAF	 e6	 Volt(RE-EV)	 F3DM(RE-EV)
출시일	'09. 7	'10. 12	'10. 5	'10. 12	'09. 6
승차인원(명)	4	5	5	5	5
전기 주행거리(km) (Range Extender 모드)	160	160	330	64 (400)	97 (480)
최고속도(km/h)	130	140	160	160	160
최대출력(kW)	47	80	160	111	?
배터리 용량(kWh)	16 (330V)	24 (346V)	48	16 (360V)	16
배터리 종류	lithium-ion	lithium-ion	lithium-ion (인산철)	lithium-ion	lithium-ion (인산철)
배터리 업체	Li-Energy Japan (Mitsubishi 합작)	Automotive Energy Supply (NEC 합작)	BYD	Compact Power Incorporated (LG 화학)	BYD
충전시간(급속)	7hrs (30min)	8hrs (30min)	10hrs (10min-50%, 70min-100%)	3hrs (? min)	?
가격(예상가격)	460만엔 (6,200만원) ('12년 200만엔)	33,500달러 (3,700만원)	40,000달러 (4,430만원)	41,000달러 (4,570만원)	28,800달러 (3,190만원)
최근 동향	'10년 일본 4,000대 해외 5,000대 판매 추정	'10년 12월 사전주문 3만건으로 연간('11) 생산목표 달성	'10. 5 중국 선전시 영업용 택시 50대 도입	1,400cc 엔진 탑재, 2010 북미 올해의 차 선정, '11년 판매 2만 5천대 목표	1,000cc 엔진 탑재, '10년 300여대 공공 판매

〈표 4-19〉 국내 완성차 업체의 전기자동차 개발 현황

업체	현대	기아	GM대우	르노삼성	현대
출시모델	 BlueOn	 Venga EV	 Lacetti EV	 SM3 EV	산업원천 조기성과창출 과제 수행
출시일	'10. 9	미정	미정	미정	2013
승차인원(명)	4(소형)	4(소형)	5(준중형)	5(준중형)	5(준중형)
전기 주행거리(km)	140	180	160	160	160
최고속도(km/h)	130	140	165	150	140
최대출력(kW)	61	80	150	70	80
배터리 용량(kWh)	16.4 (330V)	24	31	24	24
배터리 종류	lithium-ion	리튬폴리머	lithium-ion	lithium-ion	리튬폴리머
배터리 업체	SK에너지	?	LG 화학	SB리모티브	SK에너지
충전시간(급속)	6hrs (25min)	8hrs (20min)	8hrs (30min)	6~8hrs (교환 3min)	5hrs (15min)
가격(예상가격)	5,000만원	미정	미정	미정	3,000만원
최근 동향	G20 정상회담 후 27대 모니터링 운영, '12년까지 2,500대 생산하여 환경부 공공보급사업 추진 예정	CUV 전기차 버전을 '11년부터 환경부 보급사업에 투입 예정	LG V-ENS에서 차량 개조를 담당하여 납품. GM Volt Battery Pack 사용	배터리 교환형 proto. '11년 환경부 공공보급 대상 차종	'11. 5. 30 R&D기획단 산업원천 조기성과창출 과제로 선정 2013년까지 양산형 준중형차 개발 진행

o 또한 정부가 전기자동차산업 활성화 방안(2009. 10. 8, 지식경제부)을 통해 발표한 바에 따르면, 세계 4대 전기자동차 강국 선점을 위해 2011년 전기차 양산체제 구축(당초대비 2년 단축), 2015년 세계 전기차시장 점유율 10% 달성, 2020년 국내 소형차의

10%를 전기차로 보급하는 등 구체적인 목표를 제시하고 있음.

o 공공부문 전기자동차 보급계획(2010. 9, 환경부)도 진행중인데, 공공부문을 대상으로 전기자동차를 집중 보급하여 초기 보급 기반을 구축한다는 전략임. 구체적인 보급방안으로 '12년까지 공공부문에 4천대('11년 8백대, '12년 3천2백대) 시범보급, 13년 이후에는 일반인에 양산보급할 계획이며, 구매보조금으로 내연기관차 가격차액의 50%를 지원하고, 거점보급, 운행모델 개발, 공공기관 친환경차 의무구매 상향 조정 등을 추진할 계획임.

o 또한 인프라 확보를 위해 '14년까지 공공용 충전시설 5천기를 구축하고, 중점보급지역과 연계해서 단계적 구축하되, 이용정보관리시스템을 구축·운영할 계획임.

5-3 관련분야 기술개발 동향 및 기술수준

1) 기술발전추세

o 친환경차 개발을 통한 신성장동력 확보 필요

- 장기적으로 기술선점이 가능한 친환경차 유망상품에 대한 핵심 원천기술 발굴 및 확보를 통해 선진국 수준의 기술역량을 확보해야 함.
- 완성차 업체와 부품업체가 상호 협력하되 완성차 업체가 주도적 역할을 수행하여 R&D개발에 대한 부품업체의 위험부담을 줄이고, 국산화율을 높이기 위한 핵심 · 원천 기술력을 향상이 신성장동력 확보의 원동력으로 작용

o 친환경차 기술의 선점여부가 미래자동차시장의 성패를 좌우

- 자동차산업은 일본 · 유럽 등 경쟁국의 친환경차 기술선점 전략 및 중국 · 인도 등 후발국의 저가차 공략으로 샌드위치적 위기상황에 직면

o 미래의 자동차는 궁극적으로는 HEV기술에 기반한 수소연료전지자동차(FCEV) 또는 전기자동차(EV)가 될 것으로 예상됨.

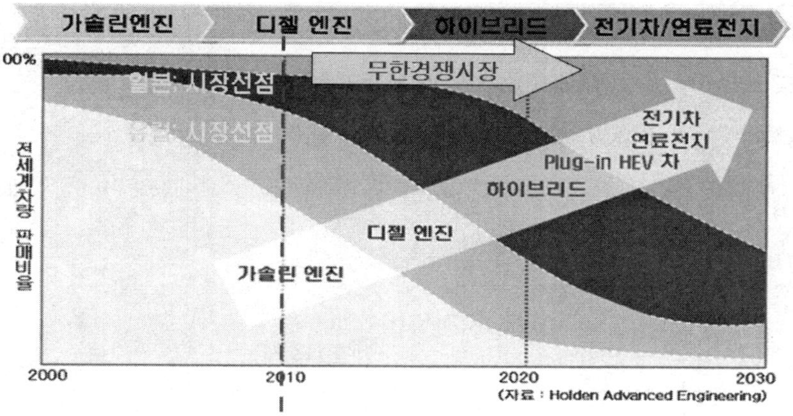

〈그림 4-78〉

o 전기자동차의 조기 상용화가 한국의 자동차기업의 경쟁력을 좌우할 것으로 예상
- 하이브리드 자동차는 일본이 특허를 통한 기술선점.
- 클린디젤 자동차는 유럽이 디젤기술을 이용한 기술특허 선점.
- 전기자동차는 각국에서 정부주도형으로 개발 중이나 기술선점 기업이 없는 상태로 빠른 대응을 통해 전기자동차의 핵심 기술 확보용이.

2) 국외동향

o 선진 자동차업체에서는 기술수준과 환경을 고려한 그린카 기술개발을 수행하고 있으며, 일본은 하이브리드 자동차, 유럽은 클린 디젤, 미국에서는 수소연료전지 자동차 등에 연구역량을 집중하였으나, 최근 전기자동차가 전면에 부각되는 양상을 보임.
o GM社는 2008년 하반기의 글로벌 경제위기로 인한 경영 악화에도 불구하고 전기자동차 개발에 박차를 가하고 있으며, 2010년 RE-EV인 'Volt'를 출시.
- 2010년 이후 생산에 착수하여 연 1만대 생산 진행
- LG화학社의 배터리 채용
- 대당 연간 1,900ℓ의 연료절감과 4,400kg의 CO_2 배출 저감 기대

제원	4404 X 1798 X 1430
파워트레인	1.4가솔린+53kW 제너레이터
전기동력부품	111kW 모터+204V Li-ion 배터리
판매가/출시시기	$35,000/2010년 말 북미 출시
연비	100mpg
기타 특징	- AER 40마일(64km) - 연간 25,000대 생산계획(추정)

o Volvo社 「Recharge Concept」: Volvo 'C30'을 베이스로 한 RE-EV로서 약 100km의 AER를 확보하며, 배터리의 가용 잔존용량 30% 이하에서 엔진이 구동됨.

<그림 4-79> Volvo社 'Recharge Concept'

o 후지중공업社는 '쾌적, 신뢰의 새로운 주행과 지구 환경의 융합'을 추구하는 자동차 개발을 목표로, 'Stella'를 베이스로 한 EV를 양산 계획하고 있음.

- 2006년부터 도쿄전력社과 EV 실증사업 수행
- 2009년 170대를 시작으로 연만 수만대 규모 생산 목표

모델명	Subaru Plug-in Stella EV	
제원	3395 X 1475 X 1660	
중량	1060kg	
최고속도	100km/h	
1충전 주행거리	80km	
전지시스템	346V/9.2Wh-Li ion	

o Opel社 「Flextreme」: 배기량 1.3ℓ의 디젤엔진을 발전용으로 사용하는 직렬형 RE-EV로서 리튬이차전지를 장착하여 1km 주행당 40g 이하의 CO2 배출량 확보.

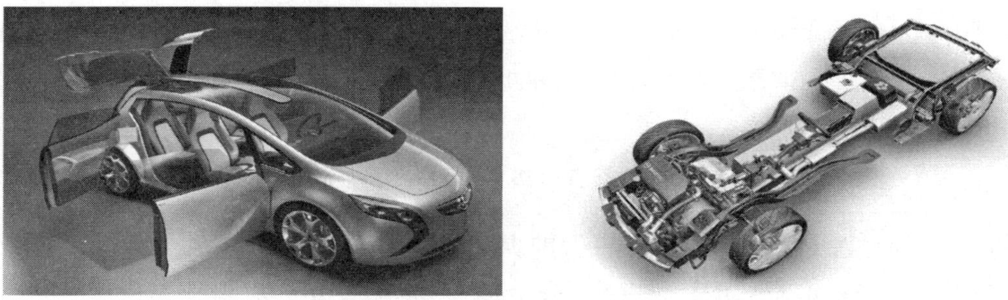

<그림 4-80> Opel社 'Flextreme'

o Chrysler社 「Jeep Renegate Concept」: 디젤 엔진을 바탕으로 16kWh 리튬이차전지와 200kW 모터 2개를 전륜과 후륜에 사용하여 구동력을 분배하는 RE-EV로서 64km의 순수 전기구동 거리를 확보함.

<그림 4-81>Chrysler社의 'Jeep Renegate Concept'

o Toyota社「1/X Concept」: 전지 충전용 발전기를 구동하는 500cc의 소형 엔진을 사용하는 초경량 RE-EV로서, 최고 연비성능을 위한 소형화, 경량화라는 차세대 Toyota社의 경영전략을 엿볼 수 있음.

<그림 4-82> Toyota社 '1/X Concept'(左) & Fisker Automotive社 'KARMA'(右)

o Fisker Automotive社「Fisker KARMA」: 20kWh 용량의 리튬이차전지를 탑재하고 80km 이상의 AER를 확보하였으며, 2009년 약 1만대 이상 판매 계획임.

〈표 4-20〉해외 주요국의 전기자동차 개발 현황

개발 단계	개발 내용	개발 주체
Pilot	64km의 AER을 확보한 Chevrolet 'Volt'를 2010년에 양산 예정임	美 GM社
	구체적인 양산 가격과 수량 계획을 가지고 있는 80km 이상의 AER을 확보한 'KARMA'를 2009년에 양산 예정임	美 Fisker Automotive社
	2008년 일부 생산을 통한 평가를 수행하고 있는 'F6DM'을 2009년부터 양산 예정임	中 BYD社
기술검토	디젤을 바탕으로 전후륜 모터를 장착하여 구동거리를 확장한 'Jeep Renegate Concept'을 발표함	美 Chrysler社
	1.3ℓ 의 디젤엔진을 발전용으로 사용하는 직렬형 PHEV 'Flextreme'을 발표함	美 Opel社
	AER이 100km인 'Recharge Concept'을 발표함	美 Volvo社
	2010년 북미와 일본 시장에 리튬이차전지를 장착한 EV 출시 계획을 발표함	日 Nissan社

o Mitsubishi社는 EV 사업 확대 브랜드 이미지 향상 추구하고 있으며, 경자동차 'i'를 기본으로 한 EV 'i-MiEV' 모델을 2009년 하반기부터 양산함.

- GS Yuasa社와 Li-Enegry Japan社를 합작 설립하여 EV용 배터리 생산
- 2009년 공공기관 대상 납품 후, 2010년 일반 판매 계획
- PSA社와 제휴하여 일본과 유럽시장에 EV 출시를 위해 2010년부터 연 1만대 규모 완성차 공급 예정

모델명	i-MiEV
제원	3395 X 1475 X 1600
중량	1080kg
최고속도	130km/h
1충전 주행거리	160km
전지시스템	330V/16kWh-Li ion

o Nissan社는 독자적으로 진행해 온 리튬 폴리머 배터리 기술을 바탕으로 EV 개발 및 보급에 적극적 대응하여 2010년 전 세계를 대상으로 대규모 EV 양산을 계획하고 있음.
- 2002년 EV 전용 차체로 'Hyper Mini' 모델 출시
- NEC社와 합작으로 AESC社를 설립하여 리튬 이온 배터리 생산 개시
- Renault社와 전략적인 제휴를 통해 EV의 양산 메이커가 될 것으로 전망

모델명	NUVU EV
최고속도	120km/h
1회 충전 주행거리	125km
배터리 에너지밀도	140Wh/kg (LPB)

o Toyota社는 2010년대 EV 출시라는 불분명한 계획을 발표하였지만, 2010년에 발표할 것으로 예상되고 있으며, 2012년 'IQ'를 베이스로 한 EV 출시 계획을 발표함.
- 미국 시장 진입을 위한 도시형 근거리 EV
- 리튬이차전지의 경쟁력이 Toyota社의 EV 성공 여부에 중요한 관건

모델명	IQ EV
제원	2985 X 1680 X 1500
중량	1110kg
최고속도	150km/h
1충전 주행거리	80km
전지시스템	10kWh-Li ion

o Daimler社는 EV 생산을 위한 배터리 직접 생산을 고려하고 있으며, 'Smart for two ED'를 개발하여 2007년부터 실증사업을 실시하고 있음.
- 영국과 독일에 EV 보급을 위한 인프라 구축
- Mercedes-Benz Model 중에서도 EV 모델을 계획하고 있으며, 2012년 1만대 양산 계획

모델명	Smart for two ED
중량	1120kg
최고속도	112km/h
1충전 주행거리	115km
전지시스템	300V ZEBRA(NaAlCl4)

o Renault-Nissan社는 EV 개발 및 해외 보급에 노력에 많은 노력을 하고 있으며, 일충전 주행거리 160km의 EV를 2010년부터 양산할 계획에 있음.
- 2010년 미국과 일본에 EV 출시 계획
- 'Project Batter Place'를 통해 이스라엘과 덴마크에 EV 장기 공급계약 체결

모델명	Megane EV
최고속도	110km/h
1회 충전 주행거리	125km
가속성(0kph→100kph)	13sec

o BMW社는 EV 출시시기를 앞당기기 위해 노력하고 있으며, 'Mini Cooper' 모델을 베이스로 한 'Mini E'를 2012년부터 생산할 계획임.

모델명	Mini E
최고속도	152km/h
1회 충전 주행거리	241km
중량	1465kg
배터리 시스템	35kWh(Li-Ion)

o Porsche社는 VolksWagen社와 함께 EV 개발을 시작하는 단계로써, 2009년 '911 EV'를 출시할 발표함.

모델명	911 EV
최고속도	255km/h
1회 충전 주행거리	250~320km
가속성(0~100kph)	<7.0sec
배터리 시스템	50.72kWh

o Project Better Place는 이스라엘, 덴마크, 하와이, 호주 등에서 추진되고 있는 배터리 교환방식의 전기자동차 보급 프로젝트로써, 배터리 표준화를 통한 EV 보급 촉진을 지향하고 있음.

- Renault-Nissan社에서 저가의 EV 'Megane' 공급 계획
- Nissan社과 NEC社의 합작 전지회사인 AESC社에서 표준화를 통해 교환이 용이한 배터리 대량 공급 계획
- Better Place社에서 배터리 교환소나 충전 인프라 구축을 통한 배터리 교환 또는 충전 사업 추진

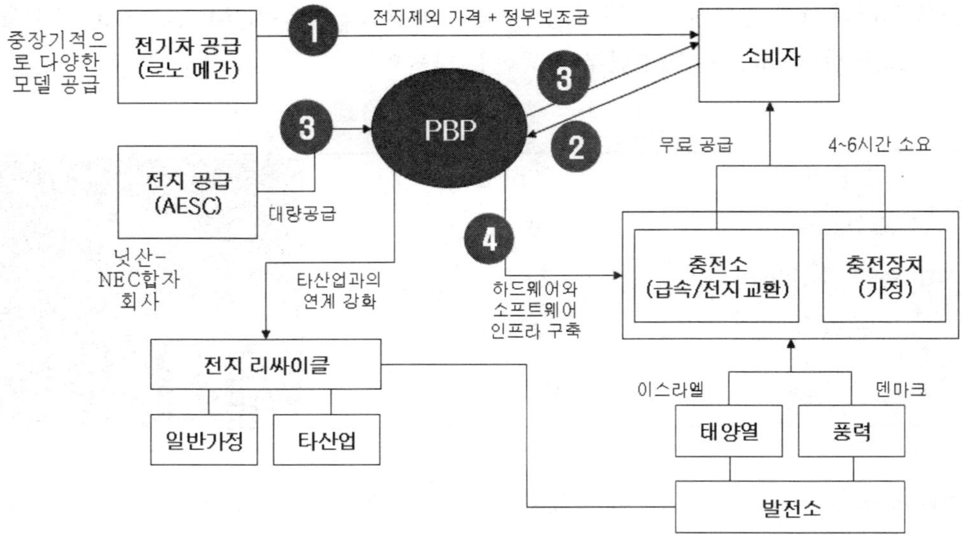

〈그림 4-83〉Better Place社의 EV Business Model

o Chrysler社는 2010년 EV 출시를 목표로 하는 EV 전략을 2008년에 발표하였으며, 3개의 EV 모델 출시를 계획하고 있음.

- EV용 배터리 개발을 위한 GE社와 공동 개발
- 2010년부터 북미시장에 판매하여 2013년 50만대 판매 계획

모델명	Jeep EV	Chrysler EV	Dodge EV
Type	RE-EV	RE-EV	BEV
배터리 용량	27kWh(Li-ion)	22kWh(Li-ion)	26kWh(Li-ion)
최고속도	〉145km/h	〉161km/h	〉193km/h
1충전 주행거리	65km(40mile)	65km(40mile)	240~320km
항속거리	644km(400mile)	644km(400mile)	–

o BYD社는 리튬이차전지를 탑재한 'F6DM'를 2008년 말에 세계 최초로 양산형 PHEV를 출시하였으며, EV인 'F3e EV'을 2009년에 양산 계획임.

모델명	F3e EV	
최고속도	150km/h	
1회 충전 주행거리	300km	
중량	1530kg	
배터리 시스템	37.2kWh(Li-Ion)	

3) 국내동향

<그림 4-84> CT&T社의 'e-Zone'

<그림 4-85> 현대자동차社의 'BlueOn EV'

o PHEV의 경우는 2008년에 핵심부품인 리튬이차전지의 소재와 팩 개발을 지원하는 국책과제가 시작되어, 2012년 PHEV 출시라는 완성차업체의 개발로드맵에 맞춘 기술

개발이 진행 중에 있으나, 아직 구체적인 성과가 나타나진 않고 있음.

o 녹색성장의 일환으로 그린카 강국 진입을 목표로 정부와 산업계에서 많은 지원과 투자가 이루어지고 있어, 현대자동차社는 2010년 유럽 수출형 경차인 'i10'을 베이스로 한 'i10 EV'를 출시할 것을 발표하였음.

o 또한 로노삼성자동차社는 2010년 하반기에 'Quick Drop'이란 배터리 교환방식을 채택한 준중형급의 EV를 출시할 것으로 알려짐.

o 광주지역 등을 중심으로 근거리 전기자동차인 NEV에 대한 기술개발이 진행되고 있으나, 이는 최고속도 60Km/h 이하의 저속 전기자동차를 개발 대상 목표로 하고 있음.

o 호남광역권에서 전기 버스에 대한 기술 개발을 추진하고 있는 것으로 알려져 있으나, 이는 상용차를 대상으로 하는 기술 개발로 대용량 시스템 개발이 주가 될 것으로 판단됨.

o 경쟁력 있는 전기자동차의 상용화를 위해 신뢰성 있고, 가격 경쟁력을 갖는 전기자동차용 부품 및 단위 시스템의 개발이 필수적임.

제5장

연료전지 자동차

1. 연료전지

1-1 연료전지의 역사

약 160년 전 어느 실험으로부터 시작된 연료전지는. 인류가 우주에 도전하기 시작한 40년 전부터 중요한 역할을 담당해 왔다. 그리고 지금 우주로부터 홀연히 지상으로 내려온 연료전지는 점점 심각해지고 있는 지구의 환경문제를 해결하는 비장의 카드가 되어 인류의 커다란 기대를 짊어지고 움직이려 하고 있다.

연료전지의 역사는 1839년 영국의 글로브가 한 실험에서 시작한다고 보고 있다. 그 실험은 <그림 5-1>과같이 음극 활성물질로는 수소를, 전극으로는 백금을 사용하였다.

(-) 백 금(Pt) | 수소(H,) | 묽은 황산(H-,S0,) | 산소(0) 백금(Pt) (+)

으로 구성된 전지였다. 이 전지를 방전시키면

음극: H, U 2HU + 2e

양극: 1/20, + m* + 2e- U H,0

의 반응이 진행되며, 전체적으로 전지의 중심에

$$H_2 + 1/2O_2 \rightarrow H_2O$$

의 반응이 진행되어 외부 회로에서 전기에너지기 얻어지는 것으로, 글로브전지라고 불리고 있다. 현재의 연료전지와 본질적으로 같은 것이지만, 당시 글로브는 이 실험으로 실용적 인 것을 지향한 것이 아니라, 연료전지의 성립여부를 중요시했기 때문에 실용화를 위한 연구개발을 하지 않았다.

그로부터 약 120년이 지난 후 처음으로 연료전지는 실용화를 향해 움직이기 시작했다. <그림 5-2>는 연료전지 개발의 역사를 간단하게 보여 주는 것이다. 먼저, 1959년에 베이컨은 농후수산화칼륨수용액을 전해질로 사용하여, 알칼리 전해질형 수소·산소 연료전지(AFC)를 시험 제작 하였고, 그라브라는 양이온 교환막형 수소/산소 연료전지(SPFC)를 개발하였다.

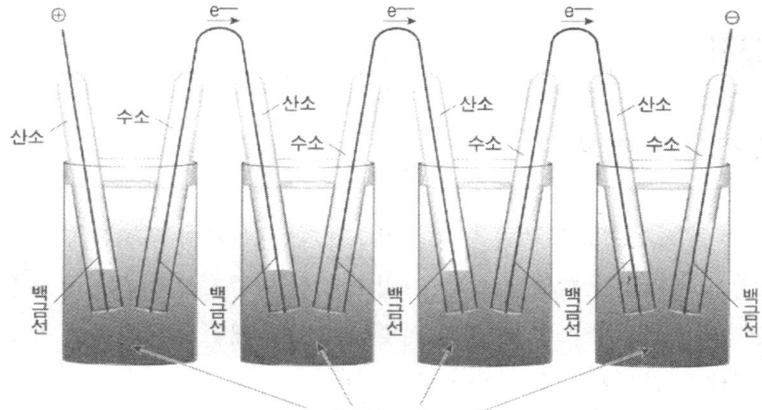

〈그림 5-1〉 글로브전지

베이컨의 시제품은 아폴로우주선에, 그라브라의 것은 제미니 5호에 실렸다. 이런 점에서 연료전지의 실용화는 우주개발과 함께 시작됐다고 말할 수 있다.

그럼 왜 최초로 눈을 돌린 곳이 우주였을까? 로켓의 연료는 수소와 산소로 구성되며, 연료전지의 연료와 같다. 따라서 로켓 추진용과 발전용의 연료를 우주선에 따로따로 싣지 않아도 되기 때문이다.

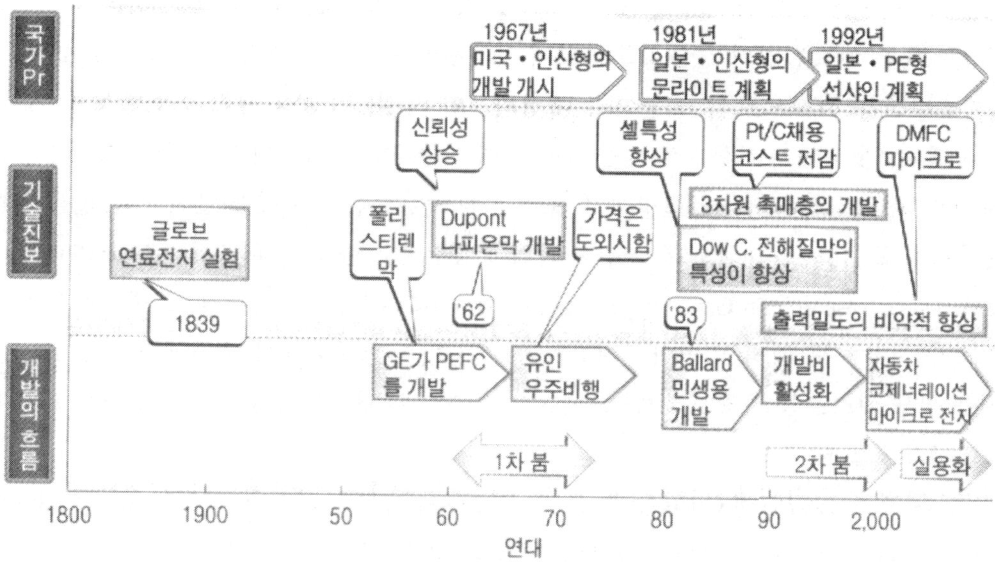

〈그림 5-2〉 연료전지 개발의 역사

〈그림 5-3〉 고이 화력발전소 내의 FC

다음으로, 발전에 의해 생기는 생성물은 어떻게 되는 걸까? 통상의 발전기의 경우는 연소와 함께 NOx 등의 물질이 생성된다. 그러나 연료전지의 경우, 수소와 산소의 반응으로 생기는 것은 물뿐이다. 그리고 생성된 물은 우주선 탑승원의 실료로도 사용할 수 있다. 결국 한정된 공간 안에서 신뢰성과 장시간, 고출력을 필요로 하는 우주선의 전원으로서 연료전지가 최적이었다고 말할 수 있다. 그 후에도 연료전지는 우주선용 전원으로서 우주선의 대형화, 장기간의 비행에 따른 전원용량의 증대, 더욱 높은 신뢰성을 갖추기 위한 개량 등을 거쳐, 아폴로 때부터 우주선에 계속 사용되고 있는 것이다. 따라서 미국의 우주선 개발계획은 연료전지의 기술개발을 크게 진행시키는 역학을 해 왔다고 말할 수 있다.

한편, 일반적인 용도의 연료전지는 에너지절약형, 환경친화력이 우수한 발전장치로도 주목되며, '우주에서 지상으로'라는 표어 아래 기술개발이 이루어지고 있다. 초기에는 온사이트형 발전장치(on-site, 현장식 발전, 전기를 사용하는 장소에서 발전하는 것)를 개발할 목적으로, 1967년 미국의 가스 관련 기업을 중심으로 한 민간 베이스의 TARGET(Team to Advance Research for Gas Energe Transformation) 계획을 시작하였다. 그 중에서도 천연가스를 사용하는 12.5kW 인산전해질형 연료전지(PAFC)의 개발이 진행되어, 1971년에 처음 필드 테스트를 거쳤고, 10년 동안 64기 플랜트의 필드테스트가 이뤄졌으며, 일본에도 5기가 도입되었다.

그 후 1976~1987년에 GRI(Gas Research Institute) 계획으로 개발이 계속 이어져, 40kW PAFC가 46기 필드 테스트를 실행했으며, 그 중 2기는 레스토랑(오사카가스)과 수영학원(동경가스)에 설치되었다. 전력 사업용 대규모 PAFC 발전시스템의 연구개발도 1971년부터 FCG-1(Fuel Cell Generator-1)이라는 계획으로 미국의 전력회사를 중심으로 시작하였으며, 1977년에 1MW 플랜트의 시험제작, 실증시험, 그리고 콘에디슨사와 동경전력의 고이화력발전소 구내에 4.5MW의 발전 플랜트의 건설 · 실증을 실시하였으며, 특히 11MW 발전 플랜트의 실증을 실시하였다.

일본의 연료전지 개발은 1970년대의 오일쇼크를 계기로 시작되었다. <표 5-1>은 국가가 주도한 연구 개발 스케줄을 표시한 것이다.

〈표5-1〉 경제산업청의 연료전지 발전기술개발 일정

연구개발 항목 \ 연도	81	82	83	84	85	86	87	88	89	90	91	92	93	94	95	96	97	98	99	00	01	02	03이후
알칼리 전해질형	요소기술 수 kW급																						
인산형	요소기술 200 kW・1000 kW급 발전시스템																						
용융탄산염형	요소기술 10 kW급						요소기술 100 kW								1,000 kW급 발전시스템					실용기술 개발			
고체산화물형	요소기술								요소기술 100kW									요소기술 수 kW급				발전시스템	
고체고분자형												1 kW급				수십 kW급 발전시스템							

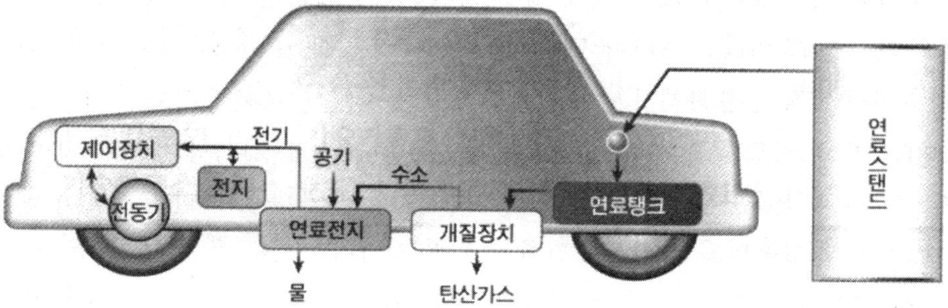

〈그림 5-4〉 연료전지차의 모식도

1974년에 국가 주도의 연구계획이었던 선샤인 계획으로 신에너지개발이 시작되었고, 1981년부터는 연료전지 발전기술(알칼리형, 인산형, 용융염형, 고체산화물형)인 문라이트 개발 계획이 시작되었다. 이 프로젝트는 1000kW급 PAFC 발전 플랜트 개발을 중핵으로 하고, 제2세대로는 용융탄산염형 연료전지(MCFC)를, 제 3세대로는 고체산화물형 연료전지(SOFC)를 골자로 하여 책정된 계획으로 기술개발이 실시되었다.

그 후 1990년대부터 캐나다 발라드사는 다우 · 케미컬사가 개발한 고분자막을 채택하여, 고출력 밀도를 갖는 고체고분자형 연료전지(PEFC)기술을 발표하였다. 또한 미국 로스 · 아라모스 국립연구소는 백금의 사용량을 감소시킨 전극 촉매를 개발하여, PAFC의 커다란 과제였던 가격 면에서 대폭적인 진전을 이뤄, 연료전지의 실용화를 크게 앞당겼다. 더욱이 PAFC기술의 급속한 진보에 의해서, 이제까지 연료전지의 응용분야로는 별로 생각되지 않았던 자동차 등의 이동체나 주택, 특히 휴대용 단말기의 분야에까지 그 응용분야가 넓어지고 있으며, 가까운 미래에 연료전지를 이용한 새로운 에너지의 이용이 가능하다는 기대를 갖게 되었다. 현재는 전력, 가스, 전기업체와 자동차업체, 정보기기업체까지도 참가하여 연료전지 개발에 대단한 열의를 보이고 있으므로 실용화가 가까워지고 있다는 것을 알 수 있다.

일본의 연료전지 개발현황을 보면, 다른 기술개발의 경우와 마찬가지로 미국의 흉내를 내는 것으로 시작하였지만, 1970년대에 시작된 국가 주도의 기술 개발계획에 따른 강력한 기반 기술개발의 결과로서, 1980년대 후반에는 구미 기술과 어깨를 나라히 하게 되었으며, 분야에 따라서는 구미 기술을 능가하기도 했다. 그리고 현재는 기반 연구로부터 실용화 연구를 향한 기술 개발로 크게 전환되고 있으며, 세계적으로도 연료전지 개발을 주도하는 입장이 되었다.

연료전지는 발전 효율 면에서 뛰어난 에너지 절약성, 발전에 수반하는 생성물이 물뿐으로 유해물질을 방출하지 않는 친환경성, 다양한 에너지원으로부터 제조 가능한 수소를 이용한다는 점 등 미래의 에너지 시스템에서 없어서는 안 될 용소 기술이다. 그러나 실용화에 있어서 아직 많은 과제가 남아 있는 것도 사실이다. 연료전지 본체의 기술적 과제는 물론이고, 수소 제조·공급·저장 등의 국가 기간산업(기본적 설비)의 정비, 장치의 폐기처리와 부품의 리사이클, 각종 안전기준 등의 과제가 남아 있다. 이러한 문제들이 해결되고 나서야 비로소 실용화가 되었다고 말할 수 있을 것이다.

21세기는 수소가 가지는 중요성에 의해서 수소 중심의 시대가 될 것이다. <그림 5-5>와 같이, 연료 전지가 실용화될 때는, 수소 에너지 사회의 중핵이 되는 요소 기술로서 존재하게 될 것이다. 가까운 장래에 우리들의 집 근처에 연료전지 발전소가 생겨 우리들의 안전한 생활에 크게 기여하게 될 것이다.

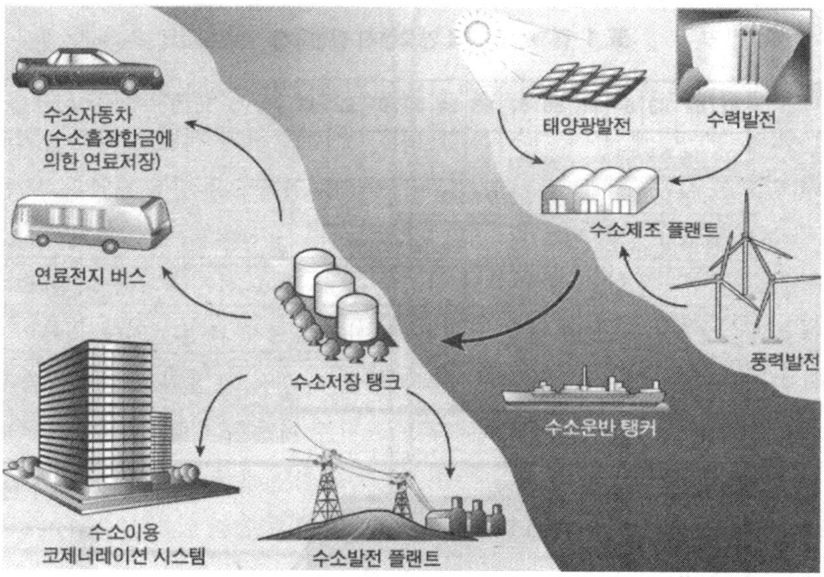

〈그림 5-5〉 수소에너지 사회의 개념도

1-2 연료전지의 원리

연료전지는 전지라는 이름 때문에 전기를 축적하는 장치로 생각하는 사람이 많이 있다. 그러나 연료전지는 전기를 저장하는 장치가 아니라, 일종의 발전기이다. 이런 점에서, 연료전지는 자동차등에 사용되는 납축전지보다는, 디젤발전기 또는 규모는 다르지만 차라리 화력발전소에 가깝다고 말할 수 있다.

디젤발전기나 화력발전소는, 석유나 천연가스와 같은 화석연료로부터 전기를 만들어 내기 위한 기계 또는 시스템이다. 에너지 과학용어를 사용해서 말하면, 화석연료가 가지고 있는 화학에너지를 전기에너지로 변환시키기 위한 장치라고 할 수 있다. 다만, 디젤발전기나 화력발전장비는 연료를 연소시켜 열을 발생시키고, 그 열에 의해서 기계를 움직이며, 발전기를 돌려서 전기를 만들어 내고 있다. 즉, 화학에너지 → 열에너지 → 역학적에너지 → 전기에너지와 같이 각 단계의 에너지변환 과정을 거쳐 전기를 생산해 내고 있는 것이다. 이것에 비해 연료전지는 전기 화학반응에 의한 화학에너지로부터 직접 전기를 만들어 내고 있다(<그림 5-6>). 수용액 안에 한 쌍의 전극을 넣고, 그 사이에 전압을 가하면 양극에서는 산소가 발생하고, 음극에서는 수소가 발생한다. 이것이 고등학교에서 배우는 물의 전기분해의 원리인데, 연료전지는 이것과 정반대의 반응이라고 생각하면 된다. 즉, 수소와 산소(공기)의 반응에서부터 전기를 발생시키는 것이다. 다만, 수소는 지구상에서 단독으로는 존재하지 않기 때문에, 보통은 화석연료를 고온 또는 촉매를 사용해서 화학반응시켜, 반응에 필요한 수소를 만들어 낸다. 이 과정을 연료전지의 세계에서는 개질프로세스라고 말한다.(<그림 5-7>)

연료전지의 경우, 전기와 함께 필연적으로 열이 발생한다. 따라서 연료전지는 단순히 발전기로만 사용되는 것이 아니라, 코제너레이션(전기와 열을 동시에 공급)용 기기로도 자주 이용되며, 또한 연료전지와 터빈을 조합하면 효율이 매우 높은 발전시스템을 실현할 수도 있다.(<그림 5-8>)

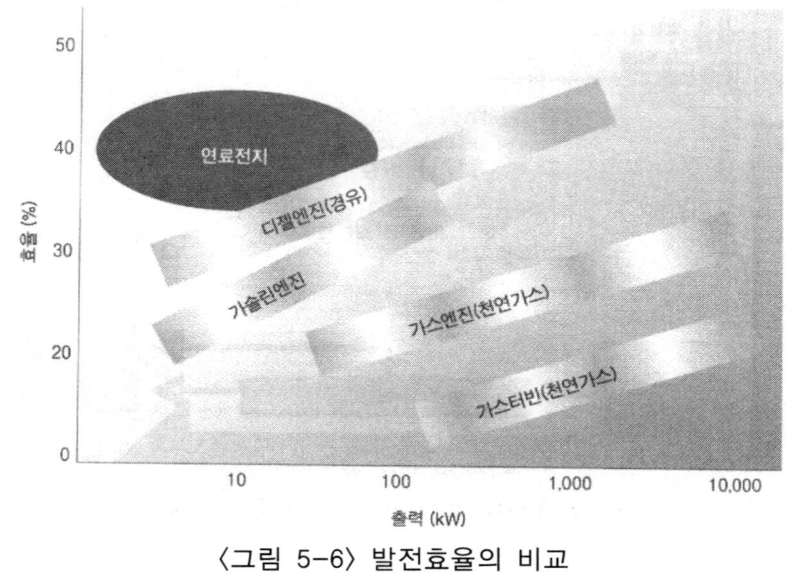

〈그림 5-6〉 발전효율의 비교

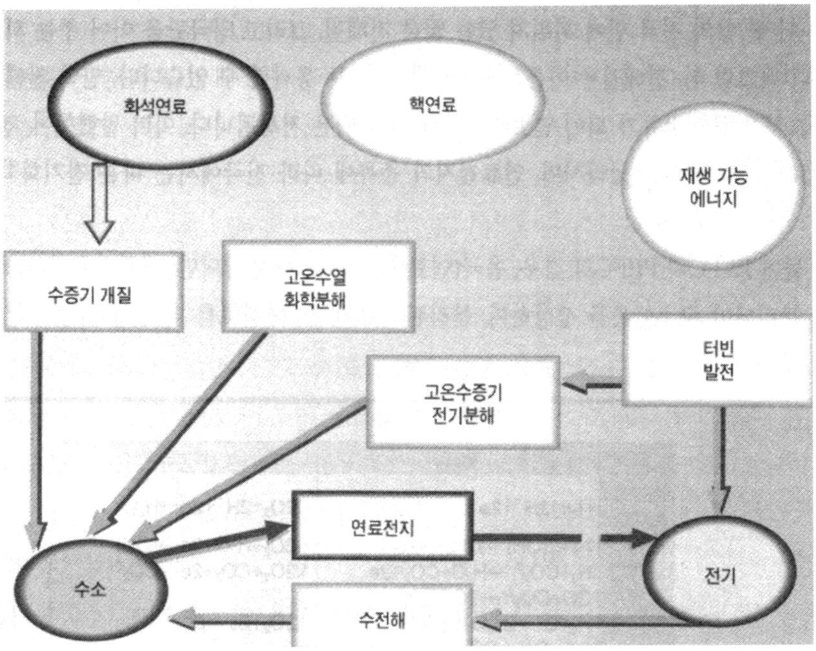

〈그림 5-7〉 수소제조도

〈그림 5-8〉 코제너레이션의 종합효율

1) 연료전지의 동작 원리

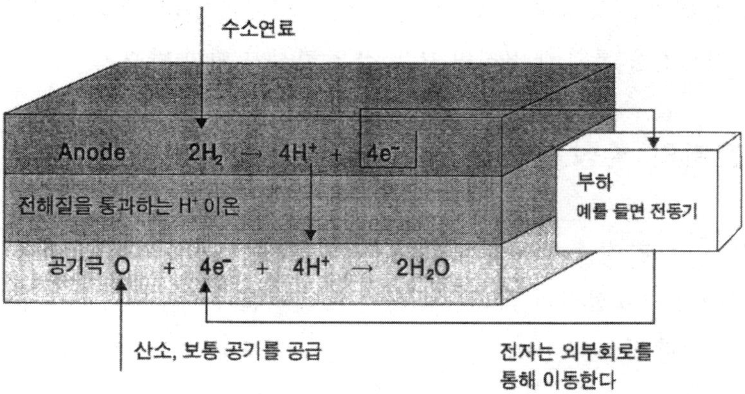

〈그림5-9〉 산성전해질 연료전지의 전극반응과 전자의 이동

연료전지의 기본원리는 수소와 산소 사이의 화학반응에 의해 에너지가 방출되는 것이라고 이미 설명하였다. 이 반응과 단순히 가스를 연소시키는 것과의 결정적인 차이점은 에너지가 열이 아니라 전료로서 방출된다는 것이다.

이것을 이해하기 위해서는 각 전극에서 발생하는 반응을 분리시켜 생각할 필요가 있다. 이 반응들은 연료전지의 종류에 따라 달라지지만, 산성전해질 기반의 연료전지로부터 시작하면 설명이 가장 보편적이면서 간단해질 것이다.

산성전해질 연료전지의 연료극(anode)에서는 수소가스가 이온화되어 전자가 방출되고 H^+ 이온(수소이온)이 생성된다.

$$2H_2 \rightarrow 4H^+ + 4e^-$$

이 반응으로 에너지가 방출된다. 공기극(cathode) 에서는 산소와 전극에서 이동해 온 전자 및 전해질을 통과한 H^+ 이온이 반응해서 물이 생성된다.

$$O_2 + 4e^- + 4H^+ \rightarrow 2H_2O$$

이들 두 반응이 유지되기 위해서는 연료극에서 생성된 전자가 전기회로를 통해 공기극에 도달하고, 또 H^+ 이온은 전해질을 통과해야 한다. 산(acid)은 이동이 자유로운 H^+ 이온을 가진 액체이므로 이 목적에 적합하다. 어떤 종류의 고분자(polymer)는 H^+ 이온이 통과할 수 있도록 제조될 수 있다. 이 때문에 이와 같은 재료를ㄹ 수소이온교환막(proton exchange membrane)이라고 부르며, 그 구조가 그림4.3에 나타나 있다. H^+ 이온만이 전해질을 통과하고, 전자는 통과하지 않는다는 것에 주의해야 한다. 만약 전자가 외부회로로 흐르지 않고 전해질을 통과해 버리면 모든 것은 허사가 되고 만다.

1-3 연료전지의 특성

연료전지는 여러 가지 특징을 갖고 있다. 한 마디로 연료전지라고 말해도 다양한 종류가 있다. 여기서는 연료전지의 특징과 몇 종류의 연료전지를 개략해서 설명하고, 그 용도에 대해서 설명하겠다.

1) 연료전지 셀스택

연료전지 셀은 기본적으로 저전압의 직류 전압(이론적인 기전력은 1.23 V, 출력 시의 셀 전압은 IV 이하)이므로, 실용적인 전압을 얻기 위해서는 많은 셀을 직렬로 접속하지 않으면 안 된다. 이와 같은 목적으로 각각의 셀을 적층해서 셀스택(cell stack)을 구성하는 것이 일반적인 방법이다. 이것에 비해. 휴대전화나 노트북용 연료전지는 연료탱크의 표면에 평면적으로 셀을 나열하여 스택을 구성하는 방법을 채택하고 있다.

2) 이상 열효율과 현실의 발전효율

연료전지의 매력 중의 하나는 열기관이 아니라는 것이다. 연료전지는 전기화학반응에 의해 화학에너지를 전력으로 변환시키기 때문에, 화력발전과 같은 카르노효율, 카르노(Carnot)가 제안한 에너지 변환 사이클의 효율의 제약이 없으며, 특히 저온에서는 원리적으로 효율이 높다. 그러나 나중에 알게 되겠지만 연료전지는 고유의 효율한계를 가지고 있으며, 내연기관 보다 효율이 더 높다고 알려져 있지만 그 차이는 다소 과장되어 있다.

먼저 연료전지의 효율을 정의하기가 쉽지 않다는 것을 알아야 한다. 보통의 전력발생장치의 경우 어떤 형태의 에너지가 전력으로 변환되는가는 매우 명확하다. 연료전지의 경우, 그러한 에너지를 나타내는 것이 훨씬 더 어렵다. 기본 동작은 이미 설명하였으며, 입력과 출력이 <그림 5-10>에 나타나 있다.

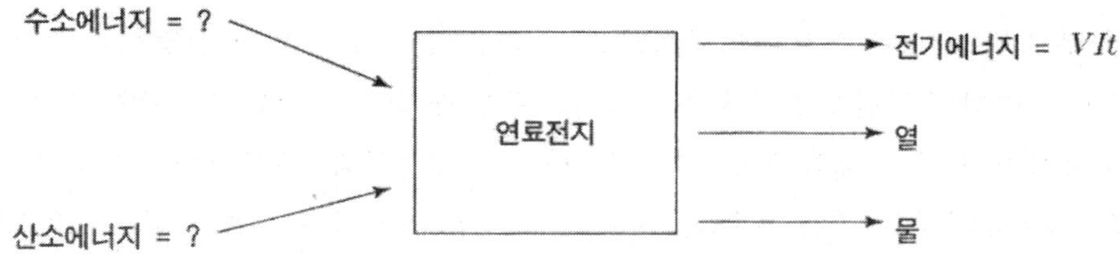

〈그림5-10〉 연료전지의 입력과 출력

전력과 에너지 출력은 다음과 같이 잘 알려진 식으로 쉽게 계산할 수 있다.

$$\text{출력} = VI \quad \text{그리고} \quad \text{에너지} = VIt$$

그러나 화학적 입력 및 출력 에너지는 그렇게 간단히 정의될 수 없다. 단순히 생각하면 H_2, O_2, H_2O의 '화학에너지'라고 할 수 있지만, 문제는 화학에너지를 단순히 정의할 수 없으며, 엔탈피(enthalpy), 헬름홀츠(Helmholtz) 함수, Gibbs자유에너지와 같은 용어가 사용되고 있다는 것이다. 최근에는 '엑서지(유효에너지, exergy)'라는 용어가 널리 사용되고 있으며, 이 개념은 고온 연료전지에 특히 유효하다. 오래된(그러나 아직 유용한) 용어로서 발열량이라는 것도 있다.

〈표 5-2〉 온도변화에 따른 반응 $H_2 + \frac{1}{2}O_2 \rightarrow H_2O$ 의 $\triangle G$

생성되는 물의 상태	온도[℃]	$\triangle \overline{g}_f$ [kJ/mol]
액체	25	-237.2
액체	80	-228.2
가스	80	-226.1
가스	100	-225.2
가스	200	-220.4
가스	400	-210.3
가스	600	-199.6
가스	800	-188.6
가스	1000	-177.4

연료전지의 경우에 중요한 것은 'Gibbs 자유에너지'이다. 이것은 '압력이나 부피의 변

화에 의해 행해진 일은 무시하고 외부에 대해 일을 한 에너지'로 정의할 수 있다. 연료전지에서 '외부로 한 일'이란 전자를 외부회로로 이동시키는 것을 의미한다(입력과 출력 사이에서 부피의 변화에 의한 일은 연료전지에서 이용할 수 없다). 엑서지는 부피와 압력의 변화를 포함하여 외부에 대해 일을 한 모든 에너지를 말한다. 엔탈피는 간단히 말하면, Gibbs의 자유에너지와 엔트로피 (entropy)에 관련된 에너지를 더한 것이다. 엔탈피 H, Gibbs자유에너지 G 및 엔트로피 S는 다음과 같은 관계가 있다.

$$G = H - TS$$

연료전지에서 방출된 에너지는 반응 전후의 Gibbs 자유에너지의 변화이므로, 방출된 에너지는 다음 식으로 나타낼 수 있다.

$$\Delta G = G_{출력} - G_{입력}$$

그러나 Gibbs 자유에너지의 변화량은 일정하지 않고 온도나 반응물의 상태(액체 또는 가스)에 따라 변한다. 다음의 <표 5-2>는 여러 가지 조건에 대해 기본 적인 수소연료전지 반응에 대한 ΔG를 나타내고 있다. 여기서 ΔG값은 음수로써 에너지가 방출된다는 것을 의미한다.

$$H_2 + \frac{1}{2}O_2 \rightarrow H_2O$$

연료전지에서 손실이 발생하지 않으면, 또는 좀 더 정확히 말해 만약 반응이 '가역적'이라면 모든 Gibbs 자유에너지가 전기에너지로 변환된다. 따라서 연료전지의 효율을 다음과 같이 정의할 수 있다.

$$효율 = \frac{발생된\ 전기에너지}{Gibbs\ 자유에너지의\ 변화}$$

그러나 위의 정의는 유용하지 않으며 거의 사용되지도 않는다. 왜냐하면 Gibbs 자유에너지의 변화가 일정하지 않기 때문이다. 일반적으로 연료전지는 연소되면서 에너지를 방출하는 물질을 사용하기 때문에, 연료를 연소시켰을 때 발생된 열과 발생된 전기에너지를 비교하는 것이 합리적이다. 좀 더 정확하게 나타내면 '생성 엔탈피'의 변화이지만, 보통 '발열량(calorific value)'으로 부르고 있다. 그 기호는 ΔH이다. Gibbs 자유에너지와 마찬가지로 에너지가 방출될 때 A.S를 ◎(negative)으로 나타내는 것이 관례이다. 연료를 사용하는 다른 기술과 비교하기 위해 연료전지의 효율을 일반적으로 다음과 같이 정의한다.

$$\text{연료전지의 효율} = \frac{1mol\text{의 연료에서 생성되는 전기에너지}}{-\Delta H}$$

그러나 ΔH를 사용하려면 두 가지 다른 값이 있기 때문에 아직도 애매함이 남아 있다. 수소를 '연소'시키는 경우는 다음과 같다.

$$H_2 + \frac{1}{2}O_2 \rightarrow H_2O \ (\text{증기})$$
$$\Delta H = -241.83 \ (kJ/mol)$$

반면에 생성되는 물이 액체인 경우는 다음과 같다.

$$H_2 + \frac{1}{2}O_2 \rightarrow H_2O \ (\text{액체})$$
$$\Delta H = -258.84 \ (kJ/mol)$$

이들 두 ΔH 값의 차이(44.01 kJ/mol)는 몰 당 물의 증발엔탈피이다. 큰 쪽 값은 '고위발열량(higher heating value, 이하 HHV)', 작은 쪽 값은 '저위 발열량(lower heating value, 이하 LHV)'이라 부르고 있다. 효율을 나타낼 때는 반드시 고위 또는 저위발열량 중 어느 쪽인지를 언급할 필요가 있다. 이 정보가 주어져 있지 않은 경우에는 대부분 LHV가 사용되고 있다. 왜냐하면 그 쪽의 효율이 높기 때문이다.

이제 효율을 식으로 정의하면 비로소 효율에 한계가 있는 것을 알 수 있다. 이용 가능한 최대의 전기에너지는 Gibbs 자유에너지의 변화와 같다. 따라서 다음 식이 성립한다.

$$\text{가능한 최대효율} = \frac{\Delta G}{\Delta H} \times 100 \ (\%)$$

이 최대효율의 한계는 '열역학적 효율(thermodynamic efficiency)'로 알려져 있다. 표 3은 수소연료전지의 효율의 한계치를 HHV에 대한 비율로 나타내고 있다. 또한 단일 셀로부터 얻을 수 있는 최대전압도 주어져 있다.

<그림 5-11>의 그래프는 이 값들이 온도에 따라 어떻게 변화하며 다음 식으로 주어지는 카르노 효율한계와 어떻게 비교할 수 있는가를 나타내고 있다 .

$$\text{카르노 효율한계} = \frac{T_1 - T_2}{T_1}$$

〈표 5-3〉 수소연료전지의 $\triangle G$와 최대 기전력(또는 가역 개회로전압) 및 효율한계(HHV 기준)

생성되는 물의 상태	온도[℃]	$\triangle \overline{g}_f$ [kJ/mol]	최대 기전력(V)	효율한계(%)
액체	25	-237.2	1.23	83
액체	80	-228.2	1.18	80
가스	100	-225.2	1.17	79
가스	200	-220.4	1.14	77
가스	400	-210.3	1.09	74
가스	600	-199.6	1.04	70
가스	800	-188.6	0.98	66
가스	1000	-177.4	0.92	62

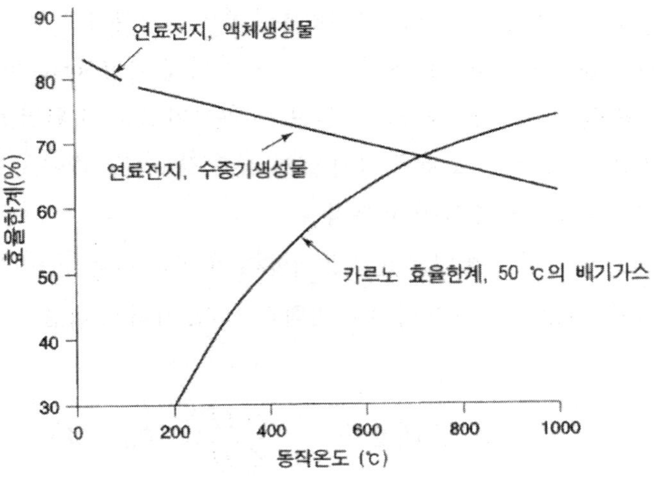

〈그림 5-11〉 표준전압, 고위발열량, 기준의 수소연료전지의 최대효율.
비교를 위해 배기가스의 온도가 50℃일 때의 카르노 효율한계도 함께 나타내었다.

여기서 T_1은 열기관의 높은 쪽 온도이고 T_2는 낮은 쪽 온도이다. 연료전지의 옹호자들이 가끔 주장하는 대로 연료전지의 효율 한계값은 100%가 아님을 그래프로부터 확실히 알 수 있다. 750"C 이상에서는 수소연료전지의 효율 한계값이 열기관보다 실제로 더 작다. 그러나 자동차에 사용되는 PEMFC는 약 80'C에서 동작하므로 이론적인 최대 효율값은 내연기관의 경우보다 훨씬 더 높다.

화학반응이 진행되는 경우, 엔탈피의 감소분에 대한 깁스(자유)에너지의 감소분의 비를 이상 열효율이라고 하는데, 표준상태에서의 이상 열효율은 83%(HHV)및 94%(LHV)로 높은 값을 나타내고 있다. 또한 엔탈피의 감소분에서 깁스에너지의 감소분을 뺀 나머지 부분은 열로 발생되므로 연료전지를 동작시키면 필연적으로 열이 발생한다. 이상 열효율은 온도의 상승과 함께 감소하지만, 역으로 카르노효율은 높아집니다.

따라서 SOFC처럼 고온에서 동작하는 연료전지는 배출된 열을 가스터빈이나 증기 가스터빈에 도입하여 종합적으로 높은 발전효율을 실현할 수 있다.

이상열효율은 준정적 변환(전류가 제로)을 가정해서 구한 이론값이며, 실제 전기출력의 경우는 전류가 흐르기 때문에, 전극의 분극현상으로 작동 전압이 저하하며 발전효율도 저하한다. 순 수소에 의해 연료전지를 동작시켰을 때의 발전효율은 개질효율을 제외하더라도 40-50%의 범위이다. 도시가스나 프로판 등을 연료로 하는 출력 1kW정도의 가정용 코제너레이션용 PEFC의 경우에는, 출력 규모가 작기 때문에 공기공급 블로어 등의 보조동력용 소비전력이 상대적으로 커져서 현재까지는 연료 개질을 포함하여 35% 정도의 발전효율을 목표로 삼고 있다.

3) 효율과 연료전지 전압

연료전지의 가장 유용한 특징은 동작전압으로부터 효율을 쉽게 구할 수 있다는 것이다. 그 이유는 다음과 같다. 연료 1mol이 셀에서 반응하면 2mol의 전자가 우부회로를 통해 이동한다. 또한 전기에너지는 다음과 같은 기본적인 에너지 식으로부터 구할 수 있다.

에너지 = 전하량 X 전압

Faraday 상수 F는 1mol의 전자에 대한 전하량을 나타낸다. 따라서 수소연료 1 mol의 연료전지에서 사용될 때 효율이 100%라면 다음 식이 성립한다.

$$\text{에너지} = 2F \times V_{100\%} = \Delta H$$

$$\text{따라서} \qquad V_{100\%} = \frac{\Delta H}{2F}$$

Faraday 상수에 대한 표준값(96485 Coulomb)과 앞서 주어진 2개의 ΔH값을 사용하면 단일셀의 경우 효율이 100%가 되는 전압은 HHV의 경우 1.48V, LHV의 경우 1.25V임을 쉽게 구할 수 있다.

물론 연료전지의 효율은 결코 100%가 될 수 없음을 앞 절에서 설명하였다. 실제 연료전지의 전압은 위 값보다 작으므로 V_c라 부르자. 전압과 전기에너지는 직접 비례하기 때문에 다음 식이 성립한다.

$$\text{연료전지 효율} = \frac{V_c}{V_{100\%}} = \frac{V_c}{1.48}$$

연료전지의 전압은 쉽게 측정할 수 있다. 여러 개의 셀이 적층된 경우, 관심의 대상이 되는 전압은 단일셀의 평균전압이므로 전체 시스템 전압을 셀 수로 나누어야 함을 기억하라. 따라서 효율을 매우 쉽게 구할 수 있다.

덧붙여 100 %의 Gibbs 자유에너지가 전기에너지로 변환될 때 연료전지의 전압이 최대로 된다는 것을 명심해야 한다. 따라서 식 (4.4)를 다른 형태로 나타내면, 가능한 최대 연료전지 전압식은 다음과 같다.

$$V_{\max} = \frac{\Delta G}{2F}$$

위 식 또한 매우 중요한 연료전지 식이다.

4) 실제 연료전지 전압

단일셀에서 얻을 수 있는 가능한 최대전압에 대한 식이다 실제의 셀전압은 이 값보다 작다. 배터리의 경우도 마찬가지로 셀들로부터 전류가 흘러나오는 경우 내부저항 매문에 전압이 감소하는 현상이 나타난다. 그러나 연료전지의 경우 기존의 거의 모든 종류의 셀에 비해 이 영향이 더욱 두드러지게 나타난다. <그림 5-12>은 PEMFC에 대한 대표적인 전압/전류밀도 곡선을 나타내고 있다. 그림으로부터 알 수 있듯이 실제 전압은 모든 Gibbs 자유에너지가 전기에너지로 변환될 때 얻을 수 있는 전압인 1.18 V보다 항상 작으며, 전류밀도가 커질수록 훨씬 더 작아진다.

이러한 전압손실의 원인으로는 다음과 같은 3 가지의 주된 요인이 있다

· 전극에서 반응을 일으키는데 필요한 에너지인 활성화에너지(activation energy) 때문에 전압강하가 발생한다. 이것은 특히 공기극에서 문제가 되며, 전압 강하의 크기는 거의 일정하다.

· 전해질과 전극의 저항으로 인해 전압강하가 발생하며, 그 크기는 대체로 Ohm의 법칙을 따르므로 전체 전류범위에 걸쳐 전압이 일정한 기울기로 감소한다. 이것을 보통 저항전압손실(Ohmic voltage loss)이라 부른다.

·전류가 커지면 공급된 공기 중의 산소가 빠르게 소모되면서 남아있는 질소가 필요한 양 만큼의 산소를 공급하는데 방해가 된다. 이로 인해 전극에는 반응물이 충분하게 공급되지 않으므로 전압이 감소하게 된다. 이 때문에 전류가 커지면 전압이 매우 급격히 감소한다. 이를 물질전달손실(mass transfer loss) 또는 농도전압손실 (concentration voltage loss)이라 부른다.

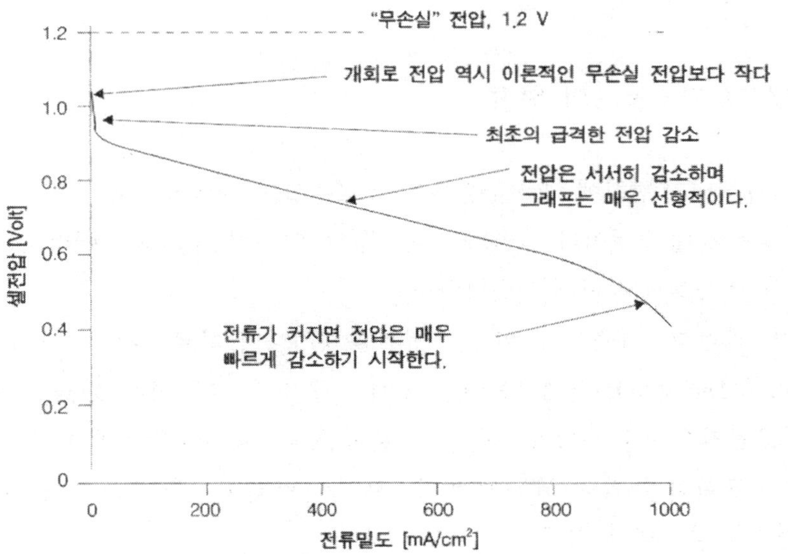

〈그림 5-12〉 약 80℃에서 공기가 공급되는 우수한 성능의 대표적인 PEMFC 전압

최근 10여년에 걸쳐 연료전지 개발에 많은 노력을 기울인 결과 연료전지의 성능이 크게 개선되었고 이러한 모든 전압손실이 감소되었다. 대표적으로 연료전지는 전류밀도가 1 A/cmU 가까이 될 매에도 평균적으로 약 0.65-0 70V의 셀전압으로 동작한다. 따라서 효율은 약 50 %(HHV 기준)가 되다. 비록 전기에너지의 일부가 다음 절에서 논의되는 연료전지 보조 장치를 구동시키는 데 사용된다 하더라도 어떠한 내연기관보다 상당히 더 높은 효율을 가진다.

저전류에서 전압이 높다는 것은 저전류에서 효율이 높아지는 결과가 된다는 것 또한 지적해 두고자 한다. 이는 출력이 낮으면 특히 효율이 나빠지는 내연 기관에 비해 크게 대조적인 점이다.

이장의 앞부분에서 연료전지는 환경오염이 매우 작으면서 수소연료로 운전되는 내연기관과 비교될 수 있을 것이라고 지적했다. 연료전지는 내연기관 보다 효율이 훨씬 더 좋아질 가능성이 있으므로, 다른 모든 것들이 동일하다면 연료전지를 선호하게 될 것임을 이 절에서 보였다. 문제는 다른 모든 것이 동일하지 않다는 점이다. 지금 연료전지는 내연기관보다 가격이 훨씬 더 비싸고, 이 경향은 당분간 더 지속될 것 같다. 따라서 연료전지를 선호할 것이라는 점은 결코 명확하지 않다. 하이브리드로 구동되는 열차에 연료가 수소인 내연기관을 사용하면 효율 면에서 연료전지에 비해 그다지 떨어지지 않으므로, 검증된 적용 가능한 기술들로 인해 고효율과 저오염에 대한 타협전략이 달라질 수도 있다. 시간이 말해 줄 것이다.

5) 압력 및 가스농도의 영향

Gibbs 자유에너지 변화에 대한 값들은 모두 표준압력 100 kPa에서 순수 수소와 산소가 공급되는 경우에 대한 것이다. 그러나 표에서 볼 수 있듯이 Gibbs 자유에너지는 온도는 물론이고 압력과 농도에 따라서도 변화한다.

이 문제를 완전히 다루는 것은 이 책의 범위를 벗어나며, 자세한 것은 다른 문헌(예를 들면 Larminie ◎ Dicks(2003)의 제 2장)에서 쉽게 알 수 있다. 그 관계는 Nernst가 유도한 매우 중요한 연료전지 식으로 주어져 있다. 어떤 문제를 해석해야 하는가에 따라 이 식은 여러 가지 형태로 표현될 수 있다. 예를 들면 시스템 압력의 변화가 문제라면 Nernst 식을 다음과 같은 형태로 나타낼 수 있다.

$$\triangle V = \frac{RT}{4F} ln(\frac{P_2}{P_2})$$

여기서 ΔV는 압력이 P,에서 P,로 변화할 때 전압의 변화량이다. 전압이 변화하는 다른 요인은 순수한 산소 대신에 공기를 사용함으로써 전압이 감소하는 것이다. 수소연료를 얻기 위해 석유나 메탄를 또는 메탄과 같은 연료를 개질시키면 이산화탄소가 섞이게 되므로 이 때문에 작지만 전압이 감소한다.

고온 연료전지의 경우 Nernst 식과 실제 전압변화량이 잘 일치한다. 그러나 전기자동차에 사용되는 저온 연료전지의 경우는 전압변화량이 항상 Nernst 식 의 값보다 매우 크다. 이는 앞 절에서 언급한 활성화전압강하가 가스농도나 압력에 의해 매우 크게 영향을 받기 때문이며, 특히 공기극은 영향을 크게 받는다.

예를 들면 80f에서 동작하는 PEMFC의 경우 시스템의 압력을 2배로 하였을 때의 전압 증가량을 구할 수 있다.

$$\triangle V = \frac{8.314 \times (273 + 80)}{4 \times 96485} ln(2) = 0.0053\, V(\text{셀 당 전압})$$

그러나 실제로 전압증가량은 보통 약 0.04V 정도로써 거의 10배에 가깝다. 그렇지만 증가량은 그다지 크지 않은 반면, 시스템을 고압으로 운전시키면 비용이 상당히 증가한다는 것을 명심해야 한다. 전압이 커짐으로써 얻은 에너지가 펌프로 공기를 고압으로 만드는데 필요한 에너지보다 더 크지 않는다는 것을 다른 문헌(예를 들면 Larminie & Dicks(2003)의 제 4장)에서 알 수 있다.

그러나 자동차에 적용되는 대부분의 PEMFC는 보통 1.5-2bar 정도의 대기압 이상에서 동작하는 것이 사실이다. 그 이유는 연료전지의 전압을 증가시키기 위한 것만은 아니다. 그보다는 PEMPC에서의 물의 균형(water balance)을 더욱 쉽게 유지하기 위해서이다.

2. 연료전지의 종류

Fuel Cell Types

	PEMFC	PAFC	AFC	MCFC	SOFC
전해질	Polymer Membrane	Liquid H_3PO_4 (Immobilized)	Liquid KOH (Immobilized)	Molten Carbonate	Ceramic
Charge Carrier	H^+	H^+	OH^-	CO_3^{2-}	O^{2-}
작동온도	80℃	200℃	60–220℃	650℃	600–1000℃
촉매	Platinum	Platinum	Platinum	Nickel	Perovskites (Ceramic)
셀 구성	Carbon –based	Carbon –based	Carbon –based	Stainless –based	Ceramic –based
연료	H_2, Methanol	H_2	H_2	H_2, CH_4	H_2, CH_4, CO

2-1 고체고분자형 연료전지[PEFC]

PEFC는 불소수지계 이온교환막을 전해질로 쓰고 있으며, 실온부터 100% 부근까지 비교적 낮은 온도에서 작동한다. 그 때문에 다른 연료전지와 비교해서 기동성이 뛰어나다. 또한 높은 출력 밀도가 얻어지기 때문에 소형화가 가능하다. PEFC는 이러한 특성을 활용하여 전기자동차용 전원이나 가정용 코제너레이션, 또는 모바일 전자기기용 전원 등 폭넓은 응용이 기대되고 있다.

1) 개론

PEFC는 1950년대 후반 미국의 GE사에 의해 개발이 시작되어, 1960년대에 제끼니 우주선에 탑재되어있다. 개발 당초에는 탄화수소계의 이온교환막이 사용되었으며 그 후, 미국의 듀퐁사(Dupont)가 불소수지계 이온교환막 '나피온(Nafion)'을 개발하여 PEFC의 내구성을 현저하게 개선하였다. 개발 당시에는 우주용이나 군사용을 목적으로 한 것이었으며, 1980년에 들어서 캐나다의 발라드사(Ballard)가 민생용을 목적으로 한 PEFC의 개발을 시작하였다. 1990년대에 들어서는 다임러 · 벤츠사(Daimler Benz AG)[현재 다임러·크라이슬러살Daimler Chrysler)]가 발라드사의 PEFC를 라재한 연료전지자동차(FCEV)를 주행시킴으로써 PEFC는 단번에 세계적인 주목을 받게 되었다.

2) 발전원리

<그림 5-13>에 PEFC의 발전원리를 개념적으로 나타내었다. PEFC는 통상 프로톤(Proton)전도제인 불소수지계 이온교환막을 전해질로 하고 있다. 촉매층과 가스확산층으로 구성된 음극과 양극이 이 전해질막을 사이에 끼우고 있다. 음극 측에 수소를 포함한 연료를, 양극 측에 산소를 포함한 산화제를 넣어 주면 촉매층에 반응이 일어난다. 식 (1)과 같이. 음극에서는 수소가 프로톤(H^+)과 전자로 분리된다.

$$H_2 \rightarrow 2H^+ + 2e^-$$

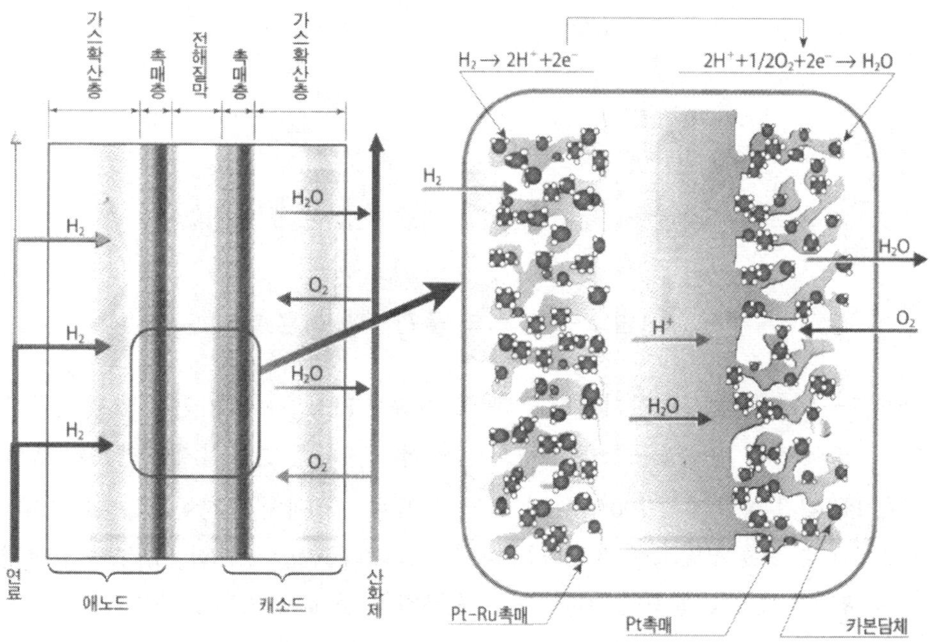

〈그림5-13〉 PEFC의 발전원리

이때, 생성된 프로톤은 물분자와 함께 전해질막 사이를 통과하고, 전자는 외부 회로를 통해 음극으로 이동한다. 식 (2)과 같이, 양극에서는 산화제 속의 산소와 음극에서 이동해 온 프로톤과 전자 등이 반응하여 물을 생성한다.

$$1/2O_2 + 2H^+ + 2e^- \rightarrow H_2O$$

이때, 전류는 양극에서 음극 쪽으로 흐른다.

3) PEFC의 손실

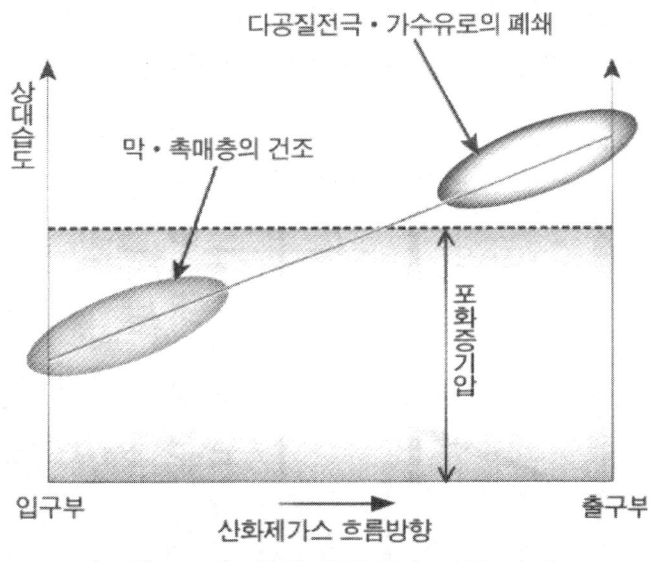

〈그림 5-14〉 셀의 물관리에 따른 과제

PEFC는 폭넓은 응용이 기대되고 있다. 그 이유는 PEFC가 갖고 있는 몇 가지 특징 때문이다. 그 중에서도 기동성과 소형 경량화에 있어서는 다른 연료전지를 압도하고 있다. 기동성은 PEFC가 상온에서 100^oC까지 의 낮은 작동온도에서 동작한다는 것, 소형경량화는 PEFC가 높은 출력 밀도를 가진다는 것에서 유래하고 있다. 특히, PEFC는 광범위 한 전류 밀도영역에서 발전할 수 있기 때문에 큰 부하 변동에도 견딜 수가 있다.

역으로 저온 동작은 PEFC의 결점이 되기도 합니다. 그것은 PEFC가 100^oC 이하의 비교적 저온에서 동작하기 때문에, 전극반응의 발열을 개질반응의 흡열에 이용할 수 없으므로 다른 연료전지와 비교하면 발열효율이 낮다는 점이다. 폐열온도가 낮고, 폐열이용이 온수에만 국한된다는 것도 결점이라고 말할 수 있다.

PEFC는 몇 가지 개발 과제를 가지고 있다. 그 중 하나는 가격이다. 특히, 자동차용의 경우는 장벽이 높으며, 셀 구성재료의 가격을 낮추어야 할 필요가 있다. 두 번째로는 고성능화와 장기 수명화인데, 셀의 물 관리의 어려움이 이 부분을 방해하고 있다. <그림 5-14>는 현재 사용하고 있는 퍼블오로술폰산막(Perfluoro sulfonic acid)을 사용한 PEFC의 물관리에 관련된 문제를 개념적으로 나타낸 것이다. 산화제가 들어가는 입구 쪽의 저습도영역은 막이 건조해서 본래의 성능을 발휘할 수 없다. 역으로 산화제의 출구 쪽인 고 습도영역은 응축된 물이 다공질전극이나 가스통로를 막아 버릴 가능성이 있습니다. 이러한 딜레마가 PEFC셀스택의 고성능화와 장기 수명화를 방채하고 있는 것이다.

4) 셀스택의 구성

<그림 5-15>에 PEFC의 셀스택 구조를 나타내었다. PEFC의 단일셀은 주로 전해질막, 촉매층, 가스확산층과 분리기로 구성되어 있습니다. 전해질막과 촉매층과 가스확산층을 일체화시킨 것을 MEA(Membrane Electrode Asssembly)라고 부르며, 셀의 각 구성부에 대해서 간단히 설명한다.

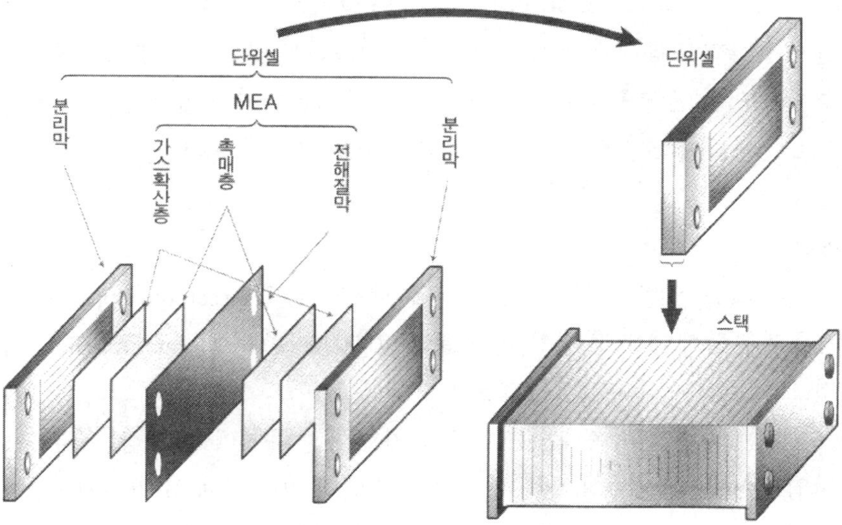

〈그림 5-15〉 PEFC의 셀스택 구성

(1) **전해질막**

<그림 5-16>는 PEFC용 전해질막(electrulyte membrane)으로 폭넓게 사용되고 있는 퍼블오로술폰산 이온교환막의 미세 구조를 개념화시킨 것이다. 불소수지의 주사슬(main chain)이 모여 골격영역을 형성하고 있다.

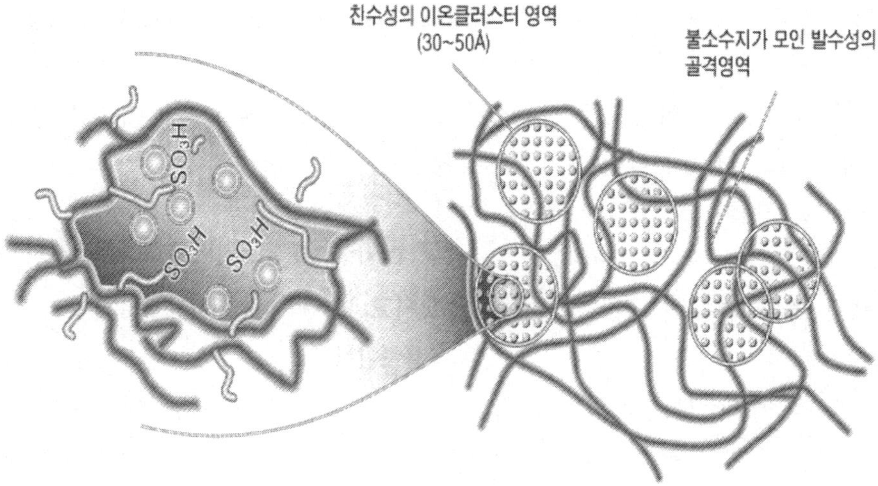

〈그림 5-16〉 퍼블오로술폰산 이온교환수지의 미세구조

거기에서부터 술폰산기를 갖는 부사슬(sub chain)이 분리되어 클러스터영역을 형성한다. 클러스터영역의 크기는 30-50Å 정도이다. 이 클러스터영역에는 물이 존재하며, 프로톤은 물과 술폰산기를 통해 음극에서 양극으로 이동하는 것이다. 퍼블오로술폰산막은 원래는 식염 전해의 이온교환막용으로 개발된 것으로, 현재도 식염 전해에 사용되고 있다. 화학적으로 안정하며 프로톤과 물이 움직이기 쉬운 구조로 되어 있다.

(2) **촉매층**

촉매층(catalysl layer)은 그림 1과 같이, 카본담지 백금촉매(carbon supported Pt catalvst, 백금촉매를 카본담체에 고정 시킴)라 고분자전해질과 방수재(water repellent malenal)클 혼합한 것으로 두께는 십~수십 um 정도이다.

<그림 5-17>는 카본담지 촉매의 고배율 전자현미경 사진이다. 통상, 음극 · 양극 둘 다 활성 과전압이 낮은 백금계의 촉매가 사용되고 있다. 백금촉매의 입자크기는 1~5nm정도이며. 비표면적은 50-200m'/g 정도이다. 또한 카본담체의 입자크기는 20-40 nm정도이고, 비표면적은 100-800m'/g 정도이다. 동일한 백금 담지량 이면, 담체의 비표면적이 큰

편이 작은 백금입자를 잘 분산시킬 수 있다. 이런 관점에서 카본나노튜브나 카본나노혼(carbon nanohom, 카본나노튜브의 일종으로 끝을 매우 뾰족하게 만들어 극 미세 전극으로도 사용하는 물질)을 담체로 사용하여 백금촉매의 비표면적을 늘림으로써, 백금량을 감소시키려는 시험이 다방면에서 이루어지고 있다.

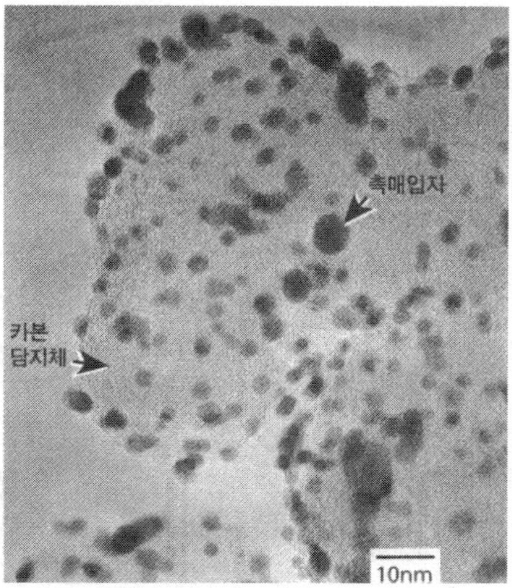

〈그림5-17〉카본담체 백금촉매의 고배율 전자현미경 사진

(3) **가스확산층**

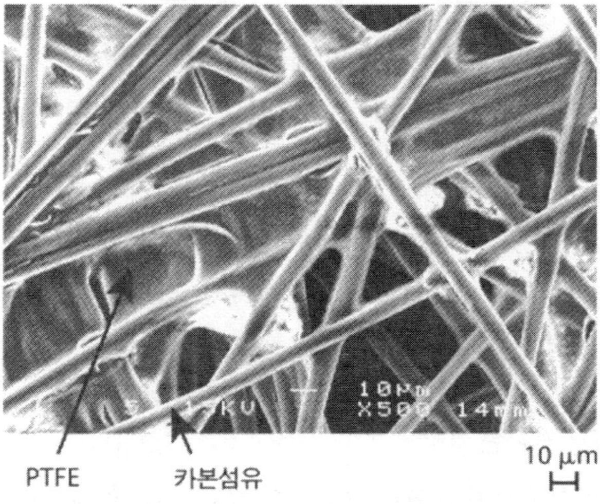

〈그림5-18〉 가스확산층의 전자현미경 사진

가스확산층(gas diffusion layer)은 가스투과성과 전도성이 뛰어난 두께 100-300 un정도의 카본페이퍼(carbon paper)나 카본클로스(carbon cloth)이다. 가스확산층은 연료나 산화제 가스를 촉매층에 확산 시키는 역할뿐만 아니 라, 생성된 물을 분리막 통로로 배출시키는 역 할도 하고 있다.

<그림 5-18>은 카본페이퍼로 된 가스확산층 표면의 전자현미경 사진이다. 가스확산층은 지름이 5um 정도의 카본섬유와 발수성이 강한 폴리테트라플루오로에틸렌(PTFE, polytetrafluoroethylene, 테플론)으로 구성되어 있다. 카본섬유는 기공의 크기가 수십~수백 um 정도이며, PTFE는 이러한 카본섬유를 연결하듯이 분포하고 있다.

(4) 분리막

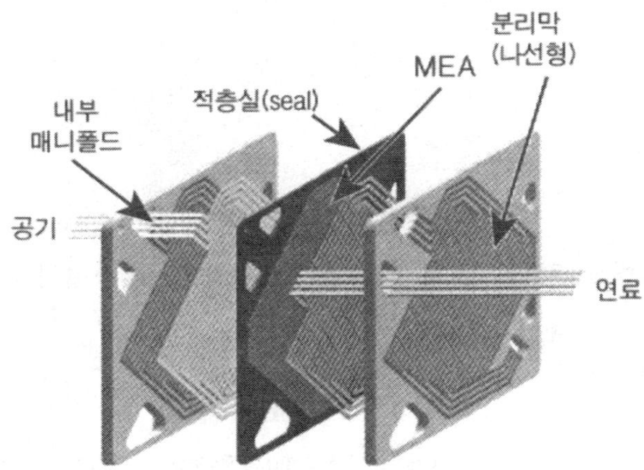

〈그림 5-19〉 서펜타인형(나선형) 분리막과 셀구조

분리막(ieparator or bipolai pldte)은 연료와 산화제용 통로를 붙인 플레이트이다. 이 분리막은 가스의 통로 이외에도 몇 가지 역할을 담당하고 있다. 즉, 연료와 산화제를 분리하는 역할, 반응 가스를 셀에 공급하는 역할, 반응에 사용되지 않은 가스를 각 셀로부터 배출하기 위한 가스매니폴드(gas manifold)의 역할, 음극에 수분을 공급함과 더불어 양극에서 생성된 물을 전지 밖으로 운반해 나가는 역할, 전극 반응 열을 제거하기 위한 냉각제를 흘리는 역할, 전극반응에서 생긴 전기를 모으는 역할, 전지 외부로 반응 가스가 새어나가지 않도록 막아 주는 역할 등이다.

<그림 5-19>은 발라드사가 제안한 분리막의 예와 그 막을 사용한 셀의 구성이다. 이 분리기는 통로를 서펜타인형(serpentine.나선형)으로 해서 유속을 높이며, 생성된 물을 셀 밖

으로 배출하는 것을 목적으로 하고 있다. 또한 많은 역할을 담당하는 분리막의 형태가 스택의 구조 자체를 결정짓는 것을 알 수 있다.

분리기의 재질을 선택하는 것도 중요하다. 내식성, 도전성, 가스 불투과성과 함께 저비용화의 관점에서 성형성 또한 커다란 기준이 되고 있다. 현재, 팽창 흑연, 카본+수지의 복합재, 또는 스테인리스 스틸이나 알루미늄으로 대표되는 금속 등을 기재로 한 분리막의 개발이 폭넓게 이루어지고 있다.

2-2 고체산화물형 연료전지[SOFC]의 개요

SOFC는 열효율이 높고, 장기적 안정성이 뛰어나며, 귀금속을 사용하지 않기 때문에 가격을 낮출 수 있다. 그럼에도 불구하고 실용화가 늦어지는 이유는 무엇일까? S0FC스택을 제조하는 것이 기술적으로 매우 어렵기 때문이다. 그럼 왜 어려울까? 그리고 이제까지 누가 그것을 성공시켰을까? SOFC 개발사는 흥미진진한 이야기가 만발한다. 만들어진다면 매우 뛰어난 특성(고효율, 장기수명, 저렴한 가격)을 나타내므로 이제부터의 발전에 큰 기대를 하고 있다. 다음에 성공하는 것은 어디의 누구일지, 어떤 곳에 사용될지 이러한 것들도 흥미로운 것 중 하나이다.

1) 고체산화물형 연료전지[SOFC]의 특징

① 왜 저렴한 가격이 가능한가? SOFC는 1000'C에서 가동한다. 고온이므로 백금과 같은 비싼 귀금속을 쓰지 않아도 충분히 빠른 전극 반응이 가능하고, 구성 재료 중에서 매우 중요한 인터커넥터(interconnector 또는 분리 막)에 비싼 귀금속 대신 세라믹을 사용할 수 있으므로 원료비, 제조비가 낮아진다.

② 왜 고효율인가? 수소 일산화탄소를 이용하면, 온도상승에 따라 이론효율(등온 변화로 화학에너지에서 전기에너지로 변환할 수 있는 최대값)은 감소하는 한편, 온도가 상승하면 전기 저항, 전극반응 저항(비가역 과정에 의한 손실)은 작아지므로, 온도 상승에 따른 이론효율의 감소를 보충할 수 있다.

③ 왜 수명 이 긴가? S0FC는 가동 온도가 가장 높기 때문에 재료의 문제가 매우 심각하다고 말할 수 있다. 사실, 개발 초기에는 인터커넥터 재료로 화학적 안정성이 높은 백금이 사용된 적도 있다.

그러나 처음 SOFC 스택구조에 성공한 Westinghouse사의 SOFC는 안정한 전위를 갖고 7만 시간 이상의 장기 운전을 달성 하여(<그림 5-21>), 스택으로도 장기 운전의 실적을 계속 갱신하고 있다.

④ 탄화수소연료가 유효하게 사용될 수 있다.

⑤ 소형부터 대형까지 적용 범위가 넓다는 특징이 있으며, SOFC는 만드는 것 자체가 어렵기 때문에 기술자의 도전이라는 의미도 있다.

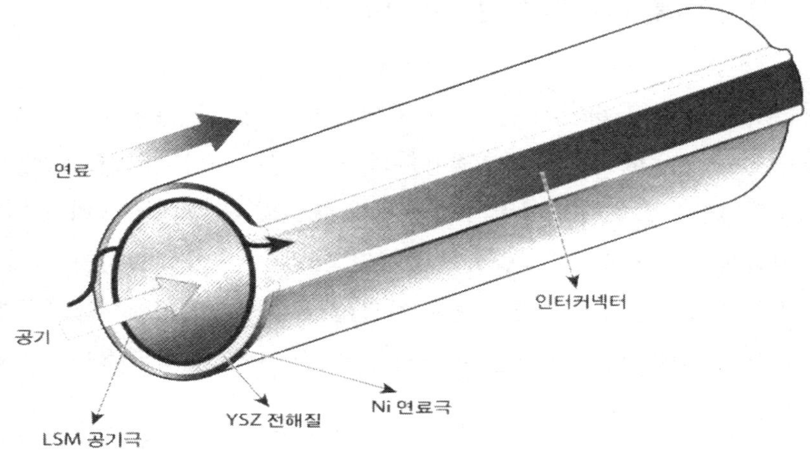

〈그림 5-20〉 원통종호형
(연료는 외측, 니켈로 셀 사이를 접합, 공기 도입관은 열교환기)

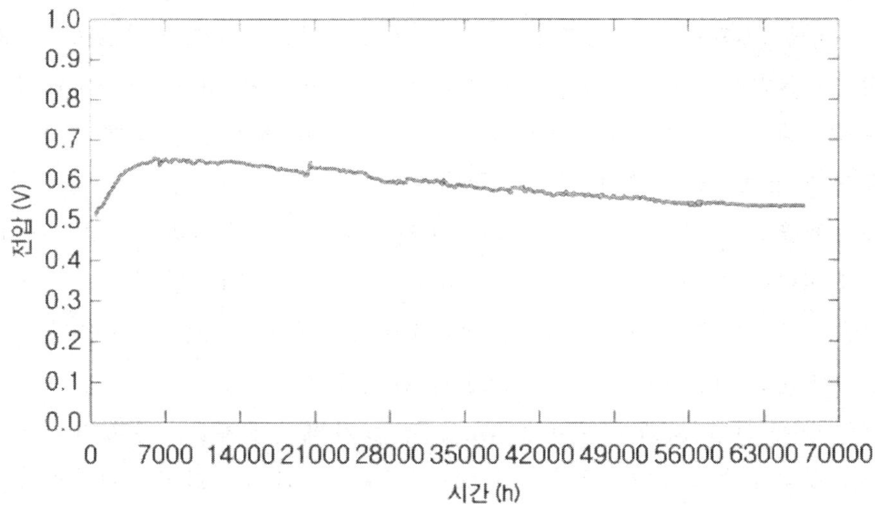

〈그림5-21〉 장시간 테스트 결과
(재료문제에 심각하게 생각되었던 SOFC가 수명이 길다.)

그렇다면 SOFC는 왜 만들기 어려운가? 그것은 구성재료 중에 액체나 고분자막과 같은 유연한 것이 없다는 것뿐 아니라, 실온과 가동온도와의 차이에 의한 열팽창, 그리고 산화분위기에서 환원성으로 변할 때 생기는 체적 변화 등에 의해 휘어지거나 깨지기 쉽기 때문이다. 특히, 주요 재료가 세라믹이기 때문에, 금속재료에 비해서 조성변형이 어렵고, 깨지기 쉬운 상태에서 사용하게 되는 것이다. 또한 전기적 접속을 양호하게 하기 위해서는 계면에서의 접촉이 중요하지만, 연료나 공기의 흐름을 보증하기 위해서는 공극률(free volume. percentage of void)이 중요시되기 때문이다. 또한 두 가스가 섞이지 않도록 전해질과 인터커넥터는 치밀하게 배치하지 않으면 안 되므로, 이 두 재료를 어떻게 배치하는가가 SOFC 스택의 포인트가 된다.

최초로 SOFC 스택구조를 성공시킨 곳은 Westmghousc사(현재 Siemens Westinghouse)이며, 초기에 만든 것은 원통횡호형(Segment-in-Senes)이라고 불리고 있다. 그 후로는 원통종호형(<그림 5-20>)으로 디자인을 변경하였고 실레스(sealess)라고 불리고 있다. 원통 내부를 공기가 흐르고 있으며, 도입용 알루미나관이 열교환기의 역할을 하고 있다. 재료 사이 계면의 접촉 면적이 작기 때문에, 새어나갈 확률은 감소하지만, 1셀당의 전류 경로가 길어져서 Joule 손실(Joule loss)이 커지는 결점이 있다. 전기화학적증착법(EVD)라고 불리는 다공질체 위에 치밀한 박막을 제조하는 우수한 방법을 채용하고 있지만, 제조비용이 높다는 결점이 지적되고 있다. 이 결점은 일본의 세라믹 제조기술을 적용하여 토토기기에 의해 이미 극복하였다.

원통종호형은 출력 밀도가 작은 결점이 있기 때문에, 다른 연료 재료에서는 정평이 나 있는 평판형 S0FC(<그림 5-22>)의 개발의욕도 상당하다. 다만, 평판형의 개발은 원통형보다 훨씬 높다고 할 수 있다. 재료에 관해서 말한다면, 인터커넥터 재료가 중요물질이 되고 있다. 화학안정성이나 전기전도도로 재료를 선택한다면 란탄크로마이트가 가장 적합하지만, 이 재료는 전해질로 사용하는 이트리아안정화 지르코니아(YSZ)보다 열팽창계수가 약간 작기 때문에, 그대로 열팽창계수가 다른 두 재료를 접착시켜 온도를 올리면 휘어지거나 균열이 생기게 된다. 이것을 막기 위해서 스트론튬(Sr)이나 칼슘(Ca) 등의 알칼리토류를 치환 고용시키면, 란탄크로마이트의 열팽창이 커지게 되어, 전해질과 거의 같은 열팽창을 나타내게 된다. 그러나 알칼리토류를 너무 많이 첨가하면, 환원 측에서 크롬 4가가 3가로 환원됨에 따라 팽창하여 휘어지게 된다. 이와는 반대로 합금에서는 열팽창계수가 YSZ보다 약간 크기 때문에, 금속 인터커넥터를 사용하려고 하면, 크롬베이스합금을 사용하든지, Fe-Cr계 페라이트합금을 사용할 수 있는 온도까지 낮추어야 할 필요가 있다.

한 가지 생각해 볼 수 있는 것은 모든 곤란함을 일시에 해결하는 것이 아니라, 그 일부는 피하고 원래 SOFC가 갖고 있는 장점을 전면으로 나타내는 것이다.

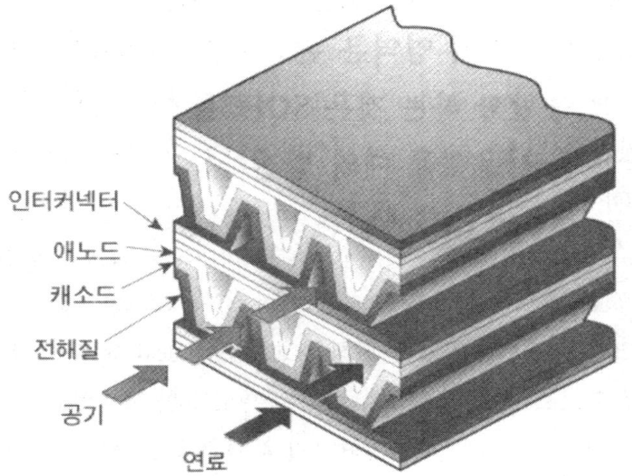

〈그림 5-22〉 Argonne 국립연구소에서 제안한 고출력밀도 평판형
[궁극의 SOFC 스택이 될 것인가?]

이런 것들 중에서 가장 극단적인 발상은 인터커넥터를 아예 사용하지 않는다는 것이다. 특히 단실형이라고 불리는 것은 연료와 공기의 혼합 가스를 흘려보내는 것으로, 아이디어는 좋지만, 폭발하지 않는 연료와 공기 혼합물을 사용해야만 하는 것. 완전연소가 불가능한 것, 효율이 낮은 것 등 한계를 드러내고 있다. 한편 마이크로 SOFC라고 불리는 것은 인터커넥터를 사용하지 않는 것으로, 효율은 낮아지지만 제조 시의 기술적 어려움을 경감할 수 있다. 간단함과 빠른 기동시간 등의 이점을 추구하는 것이라고 하겠다. 극단적인 방법은 아니더라도 보다 단순한 구조를 한 소형스택의 개발도 진행되고 있다. Sulzer Hexsis사의 원통평판형의 스택은 남은 연료를 셀의 외부에서 바로 연소시킬 수 있도록 한 것으로, 소형이라는 것을 의식한 설계로 되어 있다.

SOFC의 매력 중 하나는 탄산수소 연료를 유효하게 사용한다는 것에 있다. 수소, 일산화탄소도 연료로 쓸 수 있으며, 직접 탄화수소 연료를 도입하는 것도 검토되고 있다. <그림 5-23>와 같이 탄소석출이 중요한 과제가 되고 있으며, 이 탄소석출의 영역은 온도에 강하게 의존하고 있다. 금속재료를 사용하든지, 탄화수소 연료를 어떻게 사용할까 하는 것은 SOFC를 몇 도에서 가동시킬지에 전적으로 달려 있다. 일본에서 발견한 란탄가레이트

(LSGM. Sr and Ma doped LaGaO,)는 발전가능 영역의 온도를 비약적으로 낮추었다는 것을 알 수 있다.

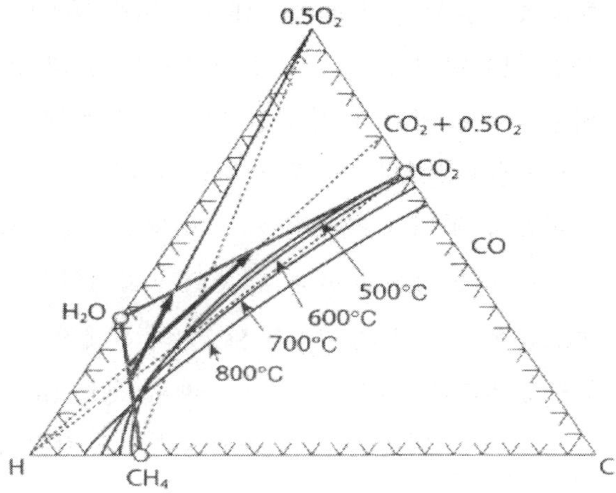

〈그림 5-23〉 탄소-산소-수소계, MCFC는 탄소석출이 두렵다. SOFC는 탄화수소 연료에 과감하게 도전하고 있다.

2-3 습식법을 이용한 원통형 SOFC의 개발

TOTO에서는 생산성이 뛰어난 습식법을 이용하여, 원통종호형으로 만든 SOFC의 개발을 추진하고 있다. 800-1000℃에서 양호한 발전 성능을 갖는 셀의 생산기술 개발에 성공했다. 10kW급 SOFC의 실용화를 겨냥해서 셀스택, 모듈을 개발하고 있으며. 콤팩트화를 달성함과 동시에, 열자립성에 대해서도 검토하고 있다.

고체산화물형 연료전지(SOFC)는 재료적으로 안정한 세라믹으로 구성되어 있고, 연료전지 중에서 가장 발전효율이 높으며, 다양한 연료에 대응할 수 있는 특징을 가지고 있습니다. 최근에는 전기 사업용 전원 · 분산형 전원 이외에도 소규모 전원이나 소규모 코제너레이션 시스템으로서의 실용화에도 큰 기대를 하고 있으며, 세계적으로 활발한 연구개발이 이루어지고 있습니다. 당사는 이러한 SOFC의 뛰어난 특징과 장래성에 주목해서, 1989년부터 연구개발을 해 왔습니다. 2000년에는 3kW급 모듈의 발전 시험에 성공 하였고, 현재 집합주택용이나 소규모 사무용의 10kW급 SOFC 코제너레이션 시스템의 실용화를 목표로 열자립 모듈을 개발하고 있다. 여기서는 토토의 SOFC개발상황에 대해서 설명하겠다.

1) 습식원통종호형 SOFC에 대해서

SOFC는 크게 평판형과 원통형으로 나눌 수 있는데, 토토에서는 고온에서의 연료 가스와 산화제 가스에 대한 기스차단성이 뛰어나고, 내열 사이클 특성이 우수한 점에서, 한쪽을 막은 형태의 원통형을 채용하고 있다. 이것을 <그림 5-24>과 같은 구조를 하고 있으며, 내측에서부터 지지관을 겸한 공기극, 전해질, 연료 극으로 구성되어 있으며, 셀의 축 방향으로로 인터커넥터가 종호상으로 형성되어 있다. <표 5-4>에 셀을 구성하는 각 부분의 재료와 제법을 나타내었다. 공기극 지지관은 (LaSr)MnO_3를 원료로 해서 압출성형법으로 제작하고, 그 위에 슬러리코팅법에 의해 (La, Ca)CrO_3제의 인터커넥터, ScSz제의 전해질 및 Ni/YSZ제의 연료극을 제조한다. 원통형 SOFC의 전해질막은 종래에는 CVD법을 사용하지 않으면 만들 수 없었지만, 대형 SOFC 소자제작, 생산성(비용 감소)등의 점에서 우수한 특성을 나타내는 슬러리코팅법(습식법)을 사용하여 제작한다는 것이 당사 원통형 SOFC의 커다란 특징이다.

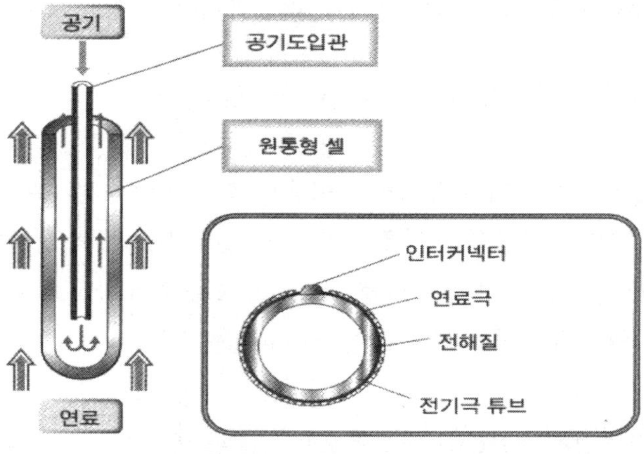

〈그림 5-24〉 원통종호형 SOFC

〈표 5-4〉 셀구성 재료와 제법

셀구성	재료	제법
공기극지지관	$(La, Sr)MnO_3$	압출성형법
인터커넥터	$(La, Sr)CrO_3$	슬러리코팅법
전해질	$ScSZ$	슬러리코팅법
연료극	Ni/YSZ	슬러리코팅법

현재, 이 시스템에 사용되는 구성재료의 저비용화나 기동성 향상 등을 목적으로 저온 작동화에 대한 연구를 진행하고 있다. 표 1과 같이 전해질 재료에 있어서도, 종래의 Y_2O_3를 첨가한 ZrO_2,(YSZ)에서 ScO_3를 첨가한 ZrO_2(ScSZ)로 변경하여 전극 재료를 개량했다. 그림 2는 외경(∅)16 mm X 길이 600 mm의 단위셀 성능을 나타낸다. 950°C에서는 종래의 YSZ 셀과 큰 차이를 나타내지 않지만, 950°C 이하에서는 성능이 크게 향상되었고 800°C 이상에서 실용화 수준에 도달하는 데 성공했다. 이것은 ScSZ전해질, 신규 전극재료의 사용에 의해 주로 활성화 과전압을 감소시켰기 때문이다. 또한 같은 셀에 대한 내구특성을 <그림 5-25>에 나타내었다. 5000시간 이상까지 셀전위의 감소를 보이지 않아 양호한 내구성능이 확인 되었다. 또한, <그림 5-26>와 같이 가속적인 온도 사이클 시험을 행하여, 1000-600'C의 온도 구간을 400'C/h의 속도로 16회, 그 다음 1000-200°C 이하의 온도 구간을 2OO°C/h의 속도로 5회, 이것을 모두 12회 반복하여, 이 12회 온도사이클을 1회의 가속온도사이클로 정한 다음, 이 가속 온도 사이클마다 I-V특성을 평가하여 온도사이클에 대한 내구성을 평가하였다. 200회 이상의 온도 사이클을 행하여도 셀 성능은 거의 저하하지 않는다는 것을 실증하였다.

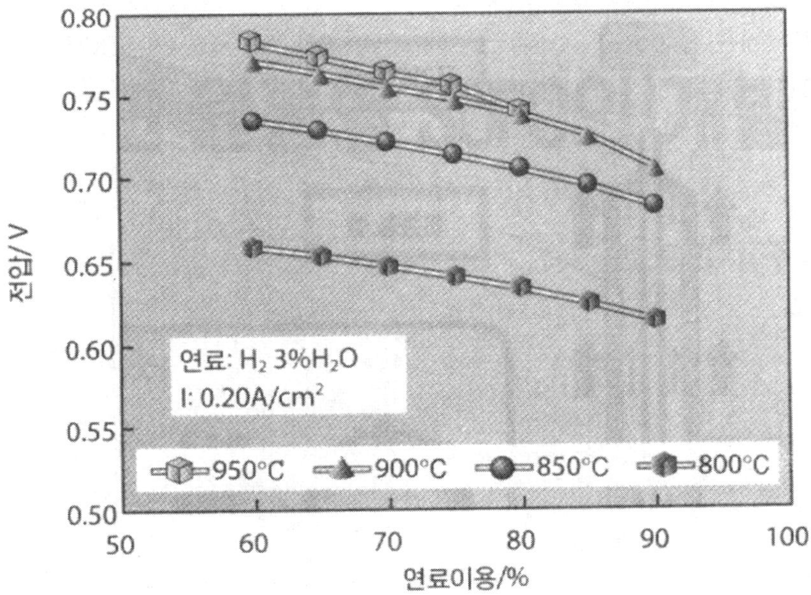

〈그림 5-25〉 연료이용률 작동온도가 셀성능에 미치는 영향

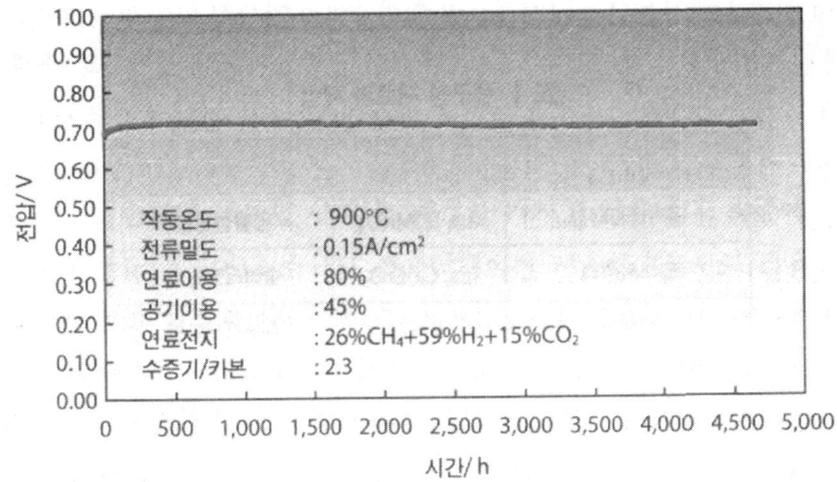

〈그림 5-26〉 단위셀의 내구 성능

2) 셀스택 개발상황

현재, 2001-2004년까지의 예정으로 NEDO의 위임연구를 위탁받아 열 자립 모듈개발을 진행하고 있다. <그림 5-28>는 위의 셀을 집적해서 제작한 셀번들(bundle, 다발형태)의 외관이다. 전기적 접속이 3병렬X5직렬 타입(오른쪽)인 것과, 또는 2병렬X7직렬 타입(왼쪽)인 셀번들을 기본 구성으로 채용하고 있다.

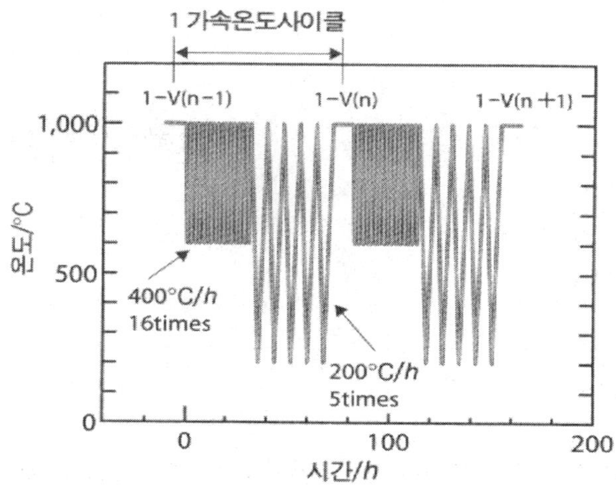

〈그림 5-27〉 온도사이클 내구성의 평가

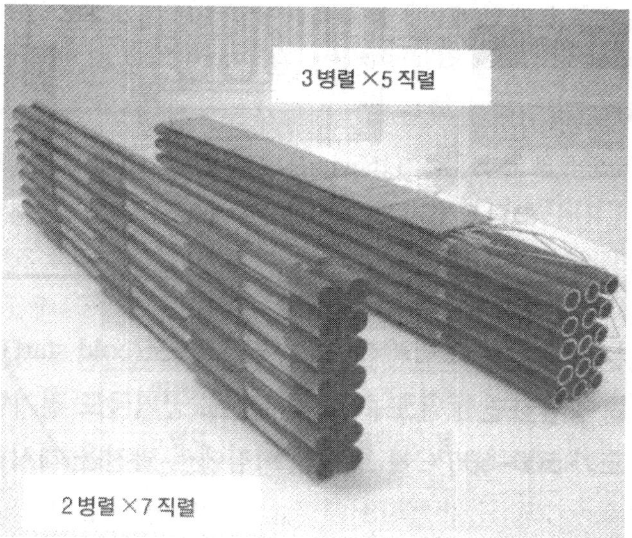

〈그림 5-28〉 셀번들의 외관

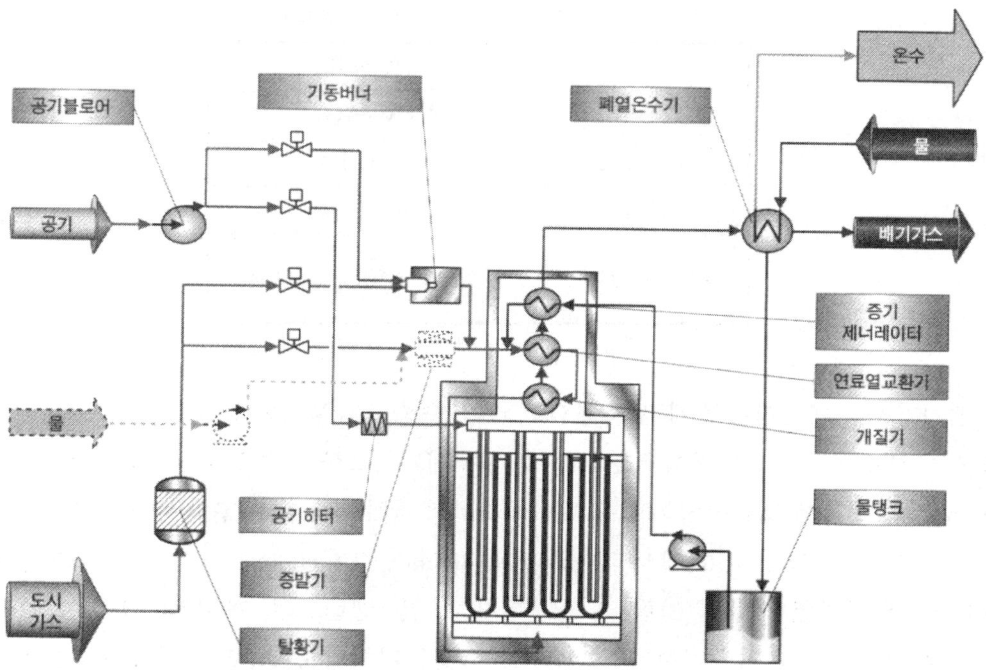

〈그림 5-29〉 열자립모듈시험기의 시스템 구성도

SOFC 시스템은 복수 개의 셀번들을 접속하여 구성한다. SOFC시스템을 실현하기 위해서는, SOFC의 발전 반응열에 의해 운전온도를 유지할 수 있는 열 자립 모듈의 개발이 불가결하기 때문에, 2002년에 열 자립 모듈 시험기를 설계 · 제작 하였으며, 구성도는 <그림 5-29>과 같다. 모듈 본체는 외경(∅) 16mm, 유효 전극 길이 600 mm, 유효 발전면적 230 cm²의 셀 14개로 된 셀번들 5다발로 서브 모듈을 구성하였고, 서브모듈 4개로 메인모듈을 구성하였다. 연료전지는 중압도시가스 13A를 사용하며, 탈황기에서 유황을 제거하고, 연료 가습기로 발생시킨 수증기 와 혼합한 후, 연료 가열기에서 가열, 폐열이용형 개질기에서 H_2 리치가스로 변환시킨 후, 하부로부터 메인 모듈에 도입시킨다. 공기는 블로어에 의해 상승해서, 전기히터를 거쳐, 공기분배기에 의해 각 셀로 도입시킨다.

콜드스타트(cold slart)일 경우에는. 셀의 연료극에 부분산화 버너로 환원가스를 공급하면서 온도를 상승시키며, 공기극도 전기히터로 가열하여 기동시간의 단축을 꾀하였다. 셀온도가 500-600'C에 도달한 시점에서 발전을 개시하여 정상운전으로 이행시킨다.

〈표 5-5〉 10kW급 SOFC의 개발목표

	개발목표
출력	10kW(AG)
발전효율	≧50%(LHV)
연료	도시가스 등
패키지크기	1.000W×650D×1.850H

배기가스는 폐열이용형 개질기, 연료 가열기, 수증기 발생기의 열원으로 이용한 후, 폐열 온수기에서 온수로서 열회수를 하고, 동시에 배기가스중의 수증기를 응축시켜 회수하여, 증기 발생기에 도입시켜 개질용의 수증기로서 리사이클 한다. 열 자립 모듈시험기의 시스템 외관을 <그림 5-30>에 나타내었다. 폭 800mm, 깊이 600mm, 높이 1800mm의 콤팩트화를 달성하였다. 열 자립 모듈시험기의 열 밸런스의 예로서, 입열이 연료 11.5kW(100%), 연료 가습기히터 1.9kW(16.5%)및 공기히터 5.7kW(50.4%)의 합계 19.1kW에 대해, 출열은 방열 손실 1.0kW(8.7%),발전 출력 4.0kW(34.8%), 수증기 회수열량 2.4 kW(20.9%)와 배기가스 1.0kW(8.7%)였다. 이것으로 알 수 있는 것은 개질에 필요한 수증기는 회수 수증기로 충분하며, 특히 공기히터의 가열 열량은 온수 회수열량을 충당시키기

때문에, 완전 열자립이 충분히 가능하다는 것을 확인했다.

습식법을 이용하여 500-1000°C에서 발전 가능한 원통종호형 SOFC를 개발하였으며, 이것을 채용한 열 자립 모듈시험기는 대폭적인 콤팩트화를 달성하였고, 완전 열자립의 가능성도 확인할 수 있었다. 앞으로는 <표 5-5>에 있는 사양을 개발 목표로 하여, 소형 SOFC의 초기 실용화를 겨냥한 연구개발을 추진하려고 한다.

〈그림 5-30〉열자립모듈시험기의 외관

2-4 저온작동 SOFC의 고성능 셀의 개발

고체산화물형 연료전지(SOFC)의 작동온도를 낮추고 싶다면, 셀의 고성능화가 필수불가결하다. 우리는 높은 산소이온도전성을 갖는 란탄가레이트계 전해질과 복합미립자를 출발 물질로 하여, 미립자를 제어한 고활성 전극을 복합해서, 800℃ 이하에서 작동하는 SOFC로는 세계 최고 수준의 출력 밀도를 달성하였다.

고체산화물형 연료전지(SOFC)는 연료전지 중에서 가장 높은 온도에서 작동하며, 높은 발전효율을 얻을 수 있다. 특히, 고온 배기가스를 사용하는 코제너레이션이나, 남은 연료를 가스터빈 등에 이용하는 콤바인시스템 등 매력적인 발전시스템을 구축할 수 있다. 일반적으로 SOFC는 1000°C 부근에서 작동 하지만, 우리는 작동온도를 650~800°C까지 낮춘 저온작동 SOFC의 개발을 진행하고 있다. 그 이유는 다음과 같다.

· 저온화에 따라 재료 선택의 폭이 넓어지므로 재료의 저비용화로 연결된다. 작동온도가 800'C 이하라면, 발전셀의 적층에 사용하는 분리막에 값이 싼 금속 재료를 사용 할 수 있다. 또한 열전도성이 뛰어난 금속을 사용하면 기동·정지특성이 향상된다.
· 구성부재료의 열적열화가 경감되어, 고신뢰성화와 장기 수명화로 연결된다. 또한 시스템 전체의 내열 요구도가 완화되므로, 보조기류나 배란 등 설비의 저비용화도 가능하다.
. SOFC의 작동온도를 600'C 이상으로 설정하면, 메탄 등 연료의 수소 개질이 SOFC 내부에서 가능하게 되어, 시스템의 콤팩트화나 간소화를 달성 할 수 있다.

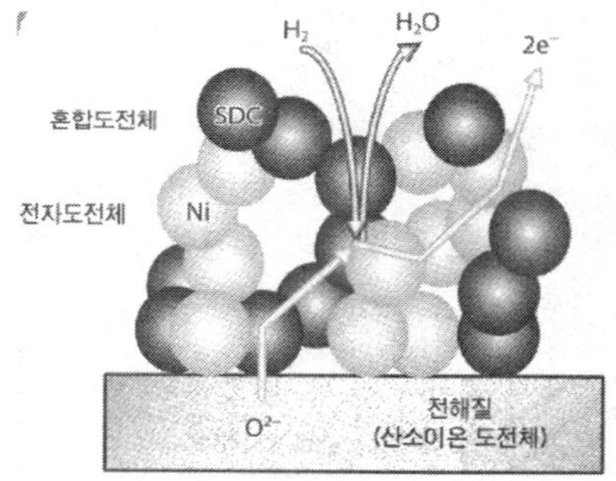

〈그림 5-31〉 고성능 연료극과 연료극 반응

〈그림 5-32〉 복합미립자에 의한 연료극의 표면 미세 구조

〈그림 5-33〉 분무열분해법으로 제작한 NiO-SDC 복합미립자

그러나 통상의 셀은 온도가 내려가면 전해질의 옴 저항이나 전극반응 저항 등 셀내부 저항이 증가하여, 발전 성능이 떨어지게 된다. 저온작동 SOFC를 실현하기 위해서는 전해질의 도전율 향상이나 박막화 및 전극의 고활성화에 의해 저온에서도 고성능을 나타내는 셀의 개발이 중요하다. 우리는 새로운 고성능의 셀재료를 조합하여 이 문제의 해결을 꾀하고 있다.

칸사이전력은 (재)파인세라믹스와 공동으로 연료극의 고 활성화에 관한 연구를 진행해 왔다. 연료극 반응은 산소이온과 전자의 이동 및 수소나 수증기의 확산이 관여하고 있다. 이것들을 원활히 하기 위해서 연료극을 제작했다(<그림 5-31>).

산소이온의 이동 촉진과 전극반응장을 확대하기 위해서, 저온에서도 높은 산소이온도전성 을 나타내며, 또한 연료극 분위기기하에서 전자와 산소이온의 혼합전도성을 발현하는 세리아계 산화물 (Ce02)1-x(Sm01.5), (이하 SDC)를 사용하였다.

상기 SDC와 니켈산화물이 하나의 입자 중에 곧존하는 복합 미립자를 분무열분해법으로 합성하여 이것을 전극용의 출발 물질로 사용했다(<그림 5-33>). 전해질 상에서 이 복합 미립자의 소성온도를 최적화하여, Ni과 SDC 네트워크가 서로 얽혀진 미세한 전극구조를 실현했다(<그림 5-32>).

전해질로는 공동연구처인 오분대학과 미츠비시머테리얼(주)이 개발한 고산소이온도전성 란탄가레이트계 전해질 La(Sr)Ga(Mg1Co)03(LSGMC)를 채용했다. 이것은 안정화 지르코니아보다도 도전율이 약 한 자리 정도 크기 때문에, 작동온도를 낮추어도 전해질로서 충분한 성능을 발휘할 수 있다(<그림 5-34>).

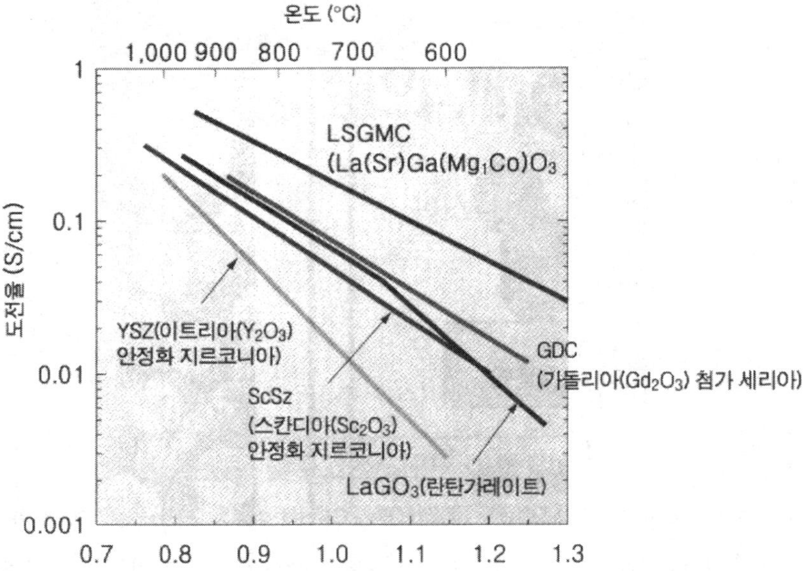

〈그림 5-34〉 각종 고체산화물 전해질의 도전율

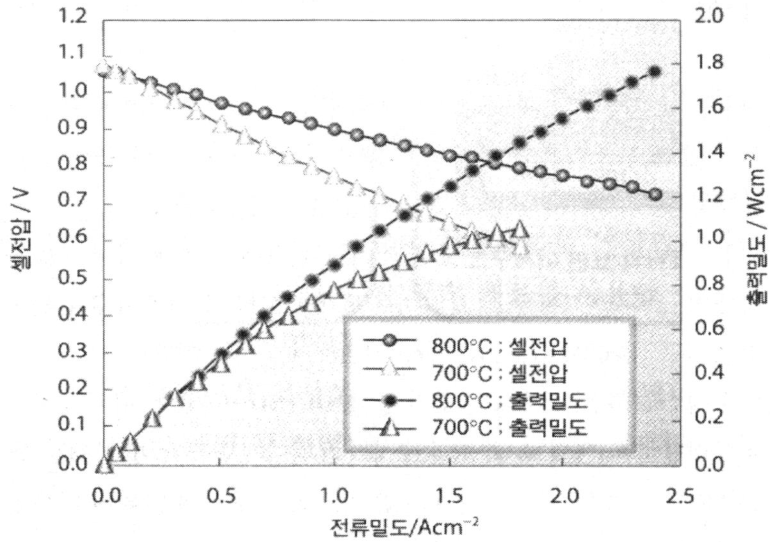

〈그림 5-35〉 단위셀의 발전특성

이것을 테이프캐스팅법(tape casting)에 의해 100mm까지 박막화 했다. 또한 공기극은 높은 산소환원 성능을 갖는 코발타이트계 산화물 Sm(Sr)CoO3를 사용했다.

위의 구성부 재료로 만든 셀(전극면적 3cm)의 발전시험은 3% 가습수소와 공기를 함께 공급하여 실시했다. <그림 5-35>에 발전 특성의 일례를 나타내었다. 셀전압 0.7V에 따른 출력 밀도가 800℃에서 약 1.7W/cm2, 700℃에서 0.9W/cm2로, 저온에서 작동하는 SOFC로는 극히 우수한 발전 특성을 얻었다. 현재는 이 기술을 실용 사이즈셀에 적용하여, 고성능과 뛰어난 내구성을 갖는 셀의 제작방법도 개발하고 있으며, 이것을 발전모듈에 적용하여 저비용, 콤팩트, 또한 고효율을 갖는 저온작동 SOFC를 빠른 시일 안에 실용화하는 것을 개발 목표로 삼고 있다.

2-5 직접메탄올형 연료전지[DMFC]의 개요

수소 대신 액체연료로 발전하는 연료전지를 완성한다면, 우리 주변의 가전제품은 거의 코드리스(cordless, 무선)가 될 것이다. 노트북도 충전할 필요가 없게 될 것이다. 이런 꿈의 연료전지 제 1호인 직접메탄올형 연료전지 (DMFC)가 지금 실용화의 입구에 와 있다. 연료가 되는 메탄올의 전극반응은 수소반응에 비하면 굉장히 복잡하다. 촉매 표면에서의 분자의 움직임과 재조합을 가속화하는 나노구조의 제어가 중요하다.

DMFC는 1990년대가 되어서 개발하기 시작한 새로운 타입의 연료전지이다. 고체고분자형 연료전지(PEFC)가 완성되고 나서 1/4세기 지나 출연했다. DMFC는 메탄올과 물을 주입하는 것만으로 실온에서 발전한다. 수소용 압력용기나 가스유량 제어기기가 필요하지 않기 때문에, 구조가 간단하며 초소형 발전 장치도 만들 수 있다.

DMFC는 <그림 5-36>과 같은 전극반응에 의해 발전한다. 연료극(음극)에서는 메탄올과 물분자가 반응하여 CO_2와 H^+가 생성된다. 공기극(양극) 반응은 PEFC와 같다. 메탄올 1분자에서 6개의 전자를 빼낼 수 있으며, 게다가 표준전극전위가 수소와 거의 동일하기 때문에 이론적으로는 에너지밀도가 높은 연료전지를 만들 수 있어야 하지만 아직은 미해결의 문제가 존재하고 있다.

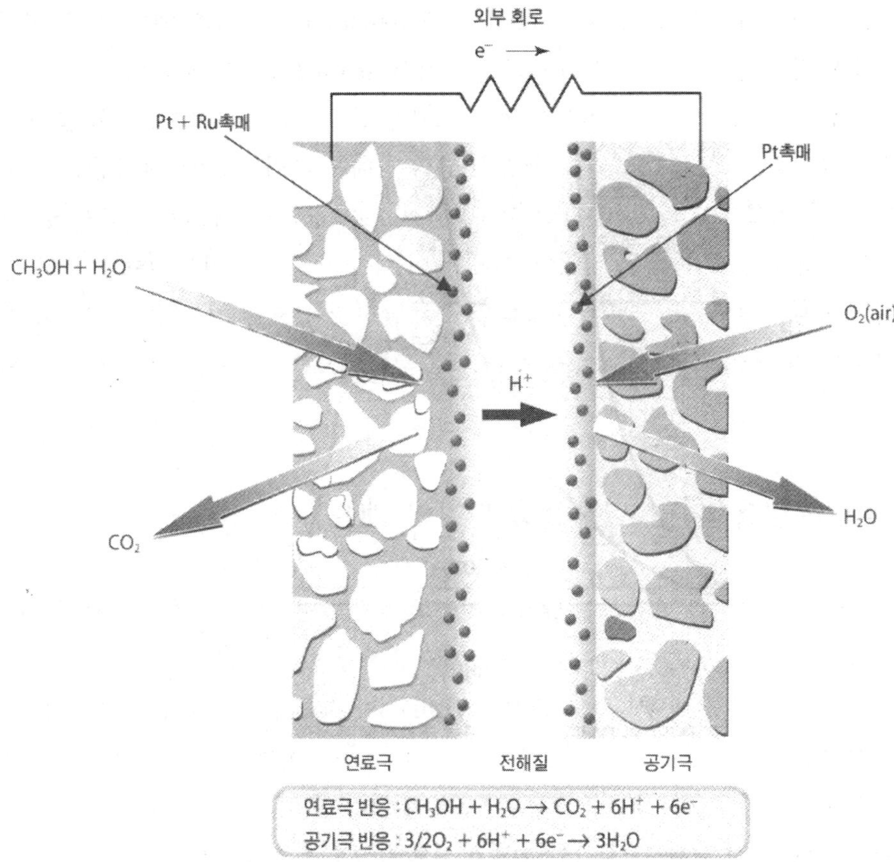

〈그림 5-36〉 DMFC의 발전원리와 전극반응

제1의 문제는 언료극(음극)에서의 반응속도가 느리다는 점이다. 음극의 손실(과전압)을 PEFC와 비교해서 <그림 5-37>에 나타내었다. PEFC는 양극의 과전압이 가장 크지만, DMFC는 음극 과전압이 한층 더 크다는 것을 알 수 있다. 촉매를 Pt에서 P-Ru로 바꾸면, 과전압이 꽤 낮아지기는 하지만, 그래도 수소의 경우를 따라가지는 못한다. 그 이유는 그림 1의 메탄올분자의 반응이 느리기 때문이다. 이 반응은 다음과 같이 분해하여 쓸 수 있는데 반응은 메탄올이 Pt 표면에 흡착하여, (1)에서 (3)또는 (4)까지 진행한다.

$$CH_3OH \rightarrow CH_2OH + H^+ + e^- \quad (1)$$
$$CH_2OH \rightarrow CHOH + H^+ + e^- \quad (2)$$
$$CHOH \rightarrow CHO + H^+ + e^- \quad (3)$$
$$CHO \rightarrow CO + H^+ + e^- \quad (4)$$

실제로 반응은 여기서 진행되지 않게 된다. 그 이유는 Pt 표면에 강하게 흡착되어 있는 CO가 쉽게 산화되지 않기 때문에, Pt표면의 활성점이 모두CO로 점유되어 버리기 때문이다. 그러나 촉매를 Pt와 Ru의 합금으로 하면, Ru가 효과적인 작용을 하는데, 물을 분해하고 OH를 흡착한다.

$$H_2O \rightarrow Ru - OHad + H^+ + e^- \quad (5)$$

여기서 ad란 흡착을 의미한다. 이 OH가 근방의 Pt에 흡착되어 있는 CO를 CO_2로 산화시킨다.

$$Pt - COad + Ru - OHad \rightarrow Pt + Ru + CO_2 + e^- \quad (6)$$

생성된 CO_2는 Pt에 흡착하지 않으므로 Pt표면으로부터 떨어져 나가고, 다시 메탄올이 Pt에 흡착하여 식 (1)에서 (4)까지의 반응이 진행되므로, 연속적으로 전류를 얻을 수 있다. 다만, 이 경우에도 식 (5)와 (6)의 반응이 빠르지 않으므로, 수소와 비교하면 과전압이 커지게 된다. 따라서 DMFC를 실용화하기 위해서는 Pt표면에 흡착한 CO에 산소원자를 고효율로 전해 주는 고성능 촉매가 필요하다는 것을 알 수 있다.

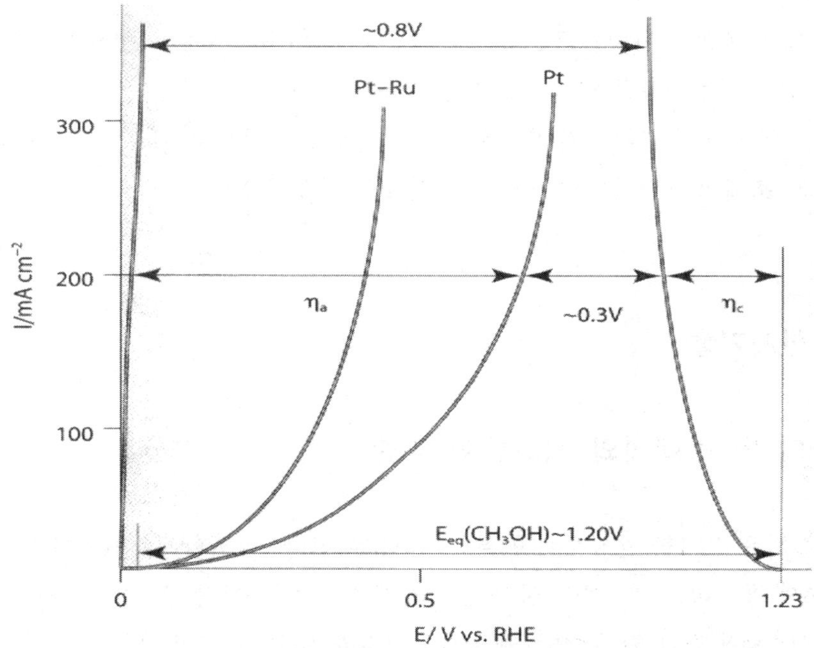

〈그림 5-37〉 PEFC와 DMFC의 각 전극의 전류전위 곡선의 비교

한편, DMFC의 성능을 향상시키기 위해서는 이외에도 메탄올 크로스오버(methanol crossover)를 해결하지 않으면 안 된다. 메탄을 크로스오버는 연료 중의 미반응 메탄올이 전해질막을 투과하여 양극에 도달해서 여러 가지 장해를 일으키는 것을 말한다. 투과한 메탄올은 양극 근방에 존재하는 산소와 직접 반응하여 물과 CO_2로 된다. 메탄올이 발전에는 기여하지 않고 타 버리게 되므로, 연료를 헛되게 낭비하는 일이 된다. 또한 이 때문에 양극의 산소 농도가 저하되어, 전위가 낮아지게 되므로 이것도 손실이 된다.

DMFC는 음극의 반응이 느리기 때문에, 메탄올의 농도를 높여서 전류를 많이 얻어 내고 싶지만, 그렇게 되면 메탄올 투과가 증가하게 된다. 전해질막 또한 이온전도에 의한 저항을 낮추기 위해 얇게 하고 싶지만 이것 또한 메탄올의 투과를 증대시키는 것이 된다. 이 메탄올 크로스오버는 H^+만을 통과시키고 메탄올을 통과시키지 않는 전해질막이 개발된다면, 단번에 해결할 수 있기 때문에 현재 많은 연구가 진행되고 있다.

중요한 사항은 물에 있다. 지금 사용되고 있는 전해질막은 물을 대량으로 함유하고 있다. 이것은 물분자의 연쇄(클러스터)를 사용하여 H^+를 고효율로 전도하는 그로투스 매커니즘(Grotthus mechanism, 수중에서 일어나는 프로톤전도에 대한 그로투스의 이론)을 이용하고 있기 때문이다. 그러나 물이 있으면, 여기에 녹는 메탄올은 용이하게 막 사이를 이동할 수 있게 된다. 물분자와 메탄올분자는 크기도 별로 다르지 않기 때문에, 분자체(선택투과막)를 사용하여 메탄올의 이동을 방지할 수도 없다. 그러므로 물을 사용하지 않으며, H^+를 포섭할 수 있는 사이트를 고분자 중에 촘촘히 나열해 두고 거기를 H^+가 점프하며 이동하는 전해질막 재료를 제안하고 있는 그룹도 있다.

DMFC는 뛰어난 특성을 가진 연료전지이지만, 빠른 시일 안에 실용화를 달성하기 위해서는 나노구조제어를 이용하여 신물질을 설계할 필요가 있다.

3. 연료전지기술

3-1 PEFC의 스택화와 시스템화 기술

PEFC 스택은 전기를 발생시켜 발열하는 'MEA(전극 · 막접합체)', 연료와 공기를 분배하여 MEA에 공급하고 생성하는 물을 신속히 배출하는 「분리막」을 서로 겹쳐 쌓아서 만든다. PEFC 시스템은 전기, 열, 물, 연료와 공기를 최저한의 기기로 처리한다.

1) PEFC의 스택화

MEA는 고체고분자 전해질막의 양쪽에 공기극과 연료극을 고온프레스로 접착하여 제조한다. 따라서 「전극막접합체」라고 불리며, 두께는 1mm 정도로 아주 얇다.

분리막은 공기와 연료가스를 「분리한다」리는 의미로, 앞뒤쪽에 '공기와 연료기스의 유통로가 형성되어 있다. 또한 열을 없애기 위해 냉각수의 유통로도 필요하다. 그렇다면 세 개의 유통로를 한 장의 분리막으로 만드는 것은 어려운 일이기 때문에, 보통은 두 장의 분리막을 붙여 그 앞뒤 3면을 이용하여 공기와 연료가스와 냉각수를 흘린다(<그림 5-38>). 분리막으로는 카본과 수지를 혼합한 「카본수지 몰드 분리막」이 일반적으로 사용되며, 두께는 약 3mm이다.

PEFC 스택은 수소가 흐르고 있으므로, 가스 누출은 허용되지 않는다. 가스실(가스밀폐)을 해야 하는 길이는 연료가스만으로도 30m이상이다.

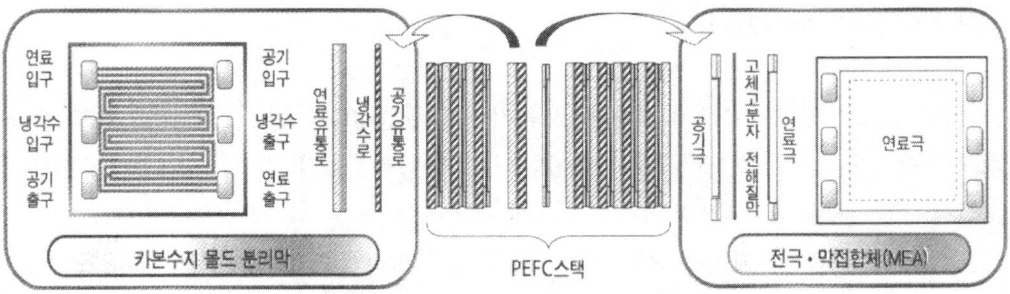

〈그림5-38〉 PEFC의 스택화 구성(분리막과 MEA)

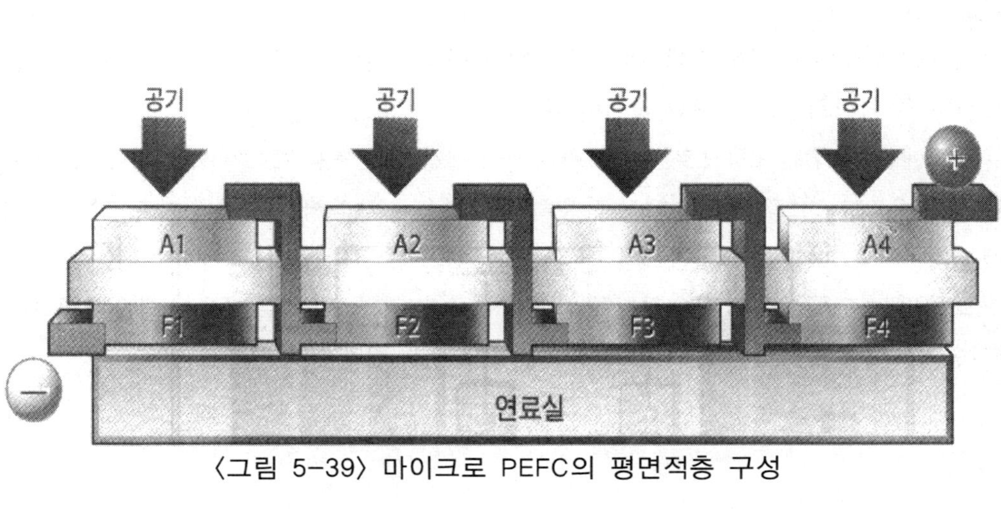

〈그림 5-39〉 마이크로 PEFC의 평면적층 구성

그러면 가정용의 1kW급은 MEA가 약 80장, 분리막이 150장 정도가 된다. 겹쳐 쌓는 MEA의 수가 증가할수록 직류전압이 높아지므로, 교류로 효율적으로 변환된다. 그러나 각각의 MEA로의 공기와 연료의 분배나 가스실이 어려워진다.

2) 마이크로 PEFC의 표면적층

휴대전화용 등으로 마이크로 PEFC가 개발되었는데, 납작한 것으로 스택화는 종방향이아니고 횡방향이다(<그림 5-39>). 평면으로 만들면, 한 쪽면은 메탄올 등의 연료실을 만들어 밀폐하고, 반대쪽은 대기±개방으로 해서 공기를 도입하여, 구조가 간단해지고 펌프 등의 보조기구도 필요없게 된다. 옆으로 이으면, 종방향의 스택화와 비교해서 전기적인 접속거리가 대폭 길어지기 때문에, 분리막의 전기저항이 높아지므로, 재료로는 카본보다 도전성이 뛰어난 스테인리스에 금을 도금한 것이 사용된다.

3) PEFC의 시스템화

PEFC의 스택은 '전지'라기보다는 '반응기'(<그림 5-40>)이다. 「공기」와 「연료」를 원료로 해서 「전기」와 「물」과 「열」이 발생한다. 그러니까 「공기」와 「연료」를 신속하게 공급해서, 「전기」와 「물」과 「열」을 신속 하게 제거하는 것이 시스템의 기본이다.

공기를 공급하기 위해서는 공기블로어나 공기 컴프레서를 이용하여 공기를 모아야 한다. 그러나 공기중에는 먼지가 섞여 있으므로, 필터를 사용하여 분리막이 막히지 않도록 하고 있다.

연료는 수소의 경우에 그대로 PEFC 스택에 공급하지만, 도시가스의 경우에는 개질기로 수소와 이산화탄소로 변환 시켜야 한다.

개질에는 물이 필요하므로, PEFC 스택에서 생성하는 물을 모아서 개질기에 공급하게 된다. 물은 PEFC 스택의 가습에도 사용하므로 경우에 따라서는 생성 수만으로는 부족할 때도 있다.

그럴 때는 수돗물을 탈이온필터를 사용하여 순수(pure water)로 만들어 사용한다. 냉각수는 고순도를 유지하지 않으면 스택 내부의 MEA가 합선될 위험이 있다.

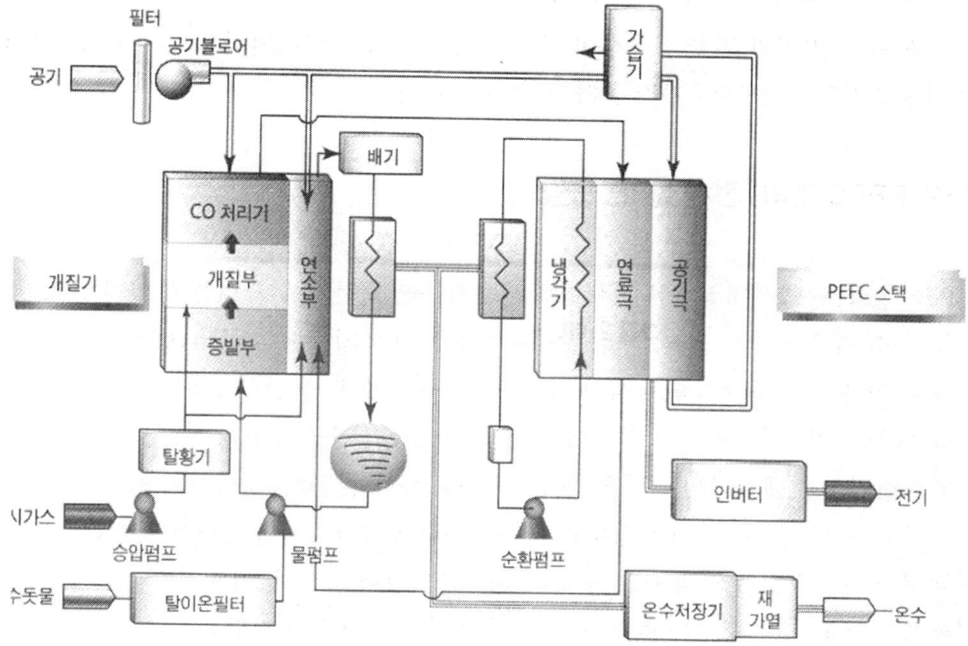

〈그림 5-40〉 가정용 PEFC 코제너레이션 발전시스템의 구성

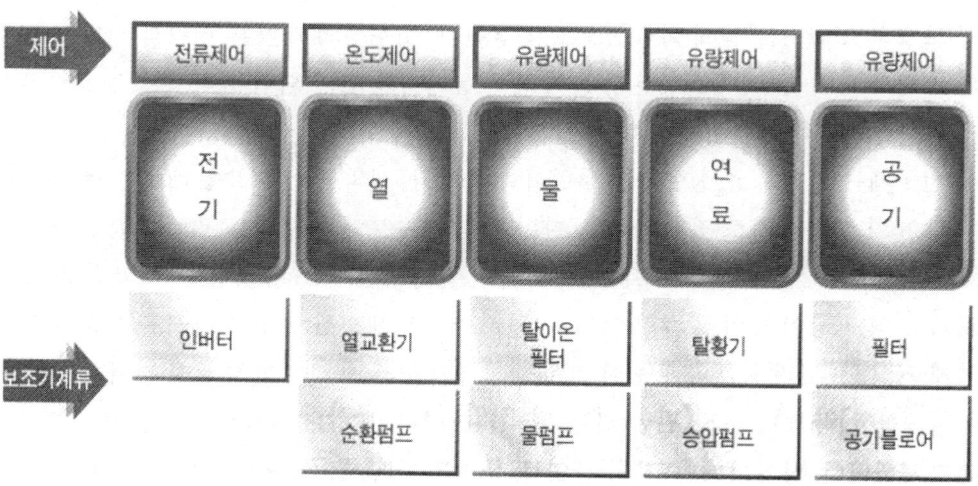

〈그림 5-41〉 PEFC 시스템의 요소와 제어 및 필요한 보조기계류

열은 PEFC 스택을 흐르는 냉각수나 공기와 연료가스의 배기가스 등으로부터 열교환기를 사용해서 회수한다. 이 열은 가정용 PEFC의 경우 온수를 만들어 이용할 때 사용된다. 연료전지 자동차의 경우는 이용하기 어렵기 때문에 라디에이터로 방열시킨다.

PEFC 스택은 전류 제어로(<그림 5-41>), 발전한 전기가 인버터 90% 이상의 효율로 교류 변환된다. 전기와 열을 이용하여 연료가 가지고 있는 에너지의 80% 가까이를 유효하게 사용하려고 하는 것이 가정용 PEFC의 목표이다.

3-2 PEFC계의 전해질막 개발

PEFC는 폴리머전해질막을 전해질로 사용하는 연료전지이다. 다른 형식의 연료전지와 비교하여, 저온 작동과 고출력 밀도가 특징이다. 현재 가정용 코제너레이션 자동차용 전원 등의 개발에는 화학적 안정성이 뛰어난 퍼블오로술폰산막이 사용되고 있다. PEFC 보급을 위한 저비용화, 고온, 저가습에서 동작하는 막의 연구 개발이 진행되고 있다.

연료전지의 전해질막의 역할은, 연료(수소)와 산화제(공기)가 섞이지 않도록 그것들을 분리하고, 또한 연료극에서 생성하는 수소이온을 공기극까지 운반하는 것이다. 실용화를 위해서는 화학적으로 안정하고, 수소이온의 전도성이 높으며, 기계적 강도가 높고, 물의 이동성이 높고, 가스투과가 적으며, 취급하기 편하고 가격이 저렴해야 한다. 이온교환막은 100°C 이하에서 높은 수소이온전도성이 얻어지기 때문에 저온동작형의 연료전지에 적합하다. 특히, 퍼블오로술폰산막(<그림 5-42>)은 불소원자가 탄소원자 주변을 갑옷처럼 보호하고 있기 때문에 화학적으로 안정한다. 소수성의 테플론 골격과 선단이 친수성의 측쇄로 되어 있고, 수소이온과 물이 매우 통과하기 쉽게 되어 있다. 퍼블오로술폰산막은 4-불산에틸렌과 그림에 나타낸 모노머를 공중합시켜 전구체를 얻는다(<그림 5-43>). 이 전구체는 열가소성이며, 추출성형이 가능하다. 성막 후에 가수분해하면 측쇄의 말단의 S02F가 술폰산기로 전환됩니다. 한편 미리 가수분해한 수지를 용매에 분산시킨 것을 코팅해서 건조시키는 리캐스트법은, 박막의 연속적인 제조에 적합하다. 막을 얇게 함으로써 막의 저항이 낮아질 뿐만 아니라, 공기극에서 생성한 물이 수소극을 향해 이동하기 쉽게 되어, 그 결과 공기극에 물이 고여서 전극의 미세 기공이 막혀 버려 전지의 전압이 낮아지게 되는 플러딩(flooding)이라는 현상도 일어나기 어려워진다. 이와 같이 박막화하면 전지의 성능은 향상되지만, 막의 강도가 저하되므로, PTFE를 보강재로 사용한 보강막이 개발되고 있다. 현재 20-40 μm 정도의 것이 공급되고 있다.

전지의 수명은 주택용 등의 고정식이 10년, 자동차용이 5000시간 작동과 10년의 내구성이 필요하다. 내구성의데이터로는, 캐나다발라드사가 우주선용으로 가압수소/산소를 이용해서 시험한 셀스택이 12,000시간에 걸쳐서 –1.4 μV/h이라는 안정한 특성을 나타내고 있다. 한편, 보급을 가정한 발전장치는 상압 또는 상압 근처의 연료나 공기를 사용하고, 또한 막저항을 낮추기 위한 가습장치를 간편화 할 필요가 있다.

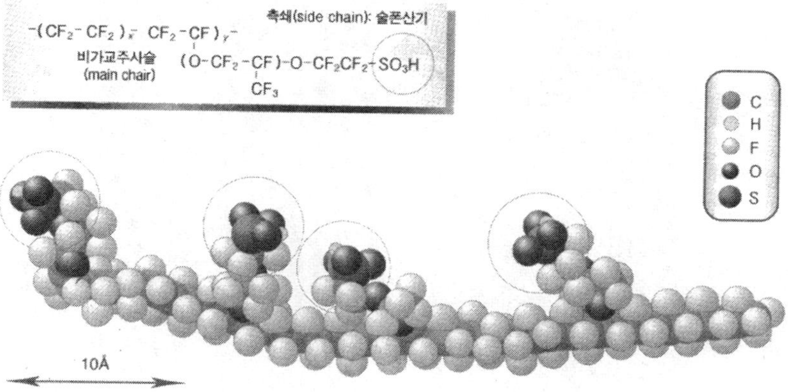

〈그림 5-42〉 퍼블오로술폰산막의 구조

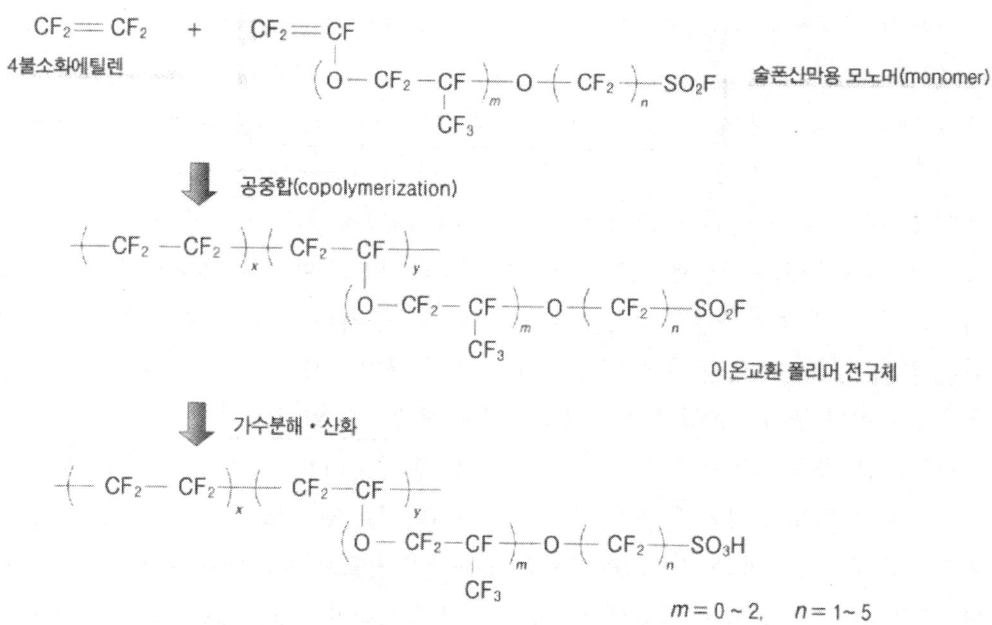

〈그림 5-43〉 퍼블오로술폰산 폴리머의 합성

실용화를 위한 개발 중에, 가습이 불충분하거나 운전 조건에 따라서는 안정성이 높은 불소계막이라도 화학적으로 변한다는 것이 알려지고 있다. 이것은 전극 구조나 촉매도 관계하는 현상이며, 산・관・학의 많은 연구기관에 의해 전지의 수명을 늘리려고 개발에 급피치를 올리고 있다.

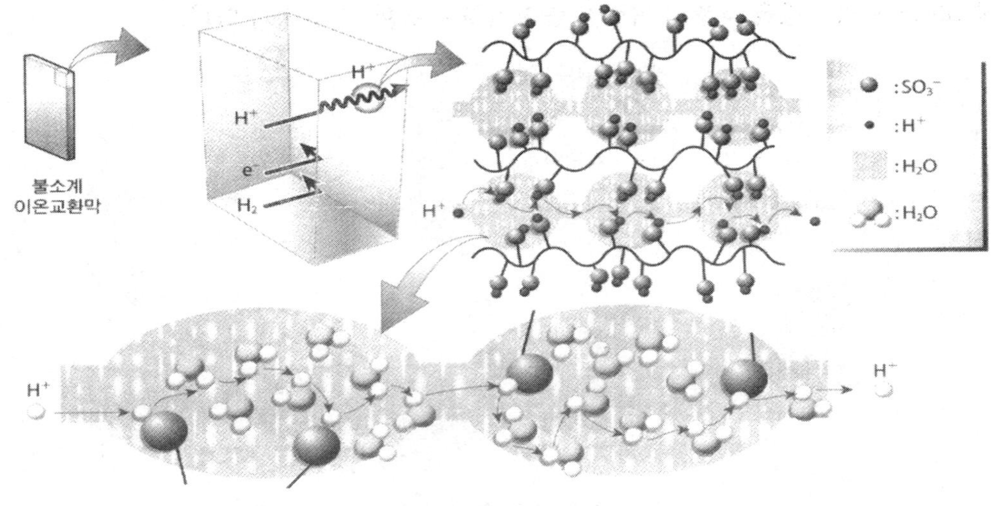

〈그림 5-44〉 막 내부의 프로톤과 물의 이동기구

현재의 연료전지는 70-80°C로 가습된 상태에서 운전하고 있지만, 100-120°C 이상에서 운전하면, 생성된 물을 증기로서 운반할 수가 있다. 자동차의 라디에이터를 작게 할 수 있다는 장점도 나오고 있다. 또한 현재의 막은 물을 함유한 상태에서 프로톤전도성 <그림 5-44>을 발현하고 있는데, 이를 위해서는 가습장치가 필요하다. 그 때문에 100-120°C 이상, 무 · 저가습으로 작동하는 막을 개발하기 위한 연구가 진행되고 있다. 예를 들어, 퍼블오로계막은 고차원구조를 도입하여 고온에서의 기계적 특성을 향상시키거나, 종래의 막에 무기계 보습제를 첨가하거나, 무기와 유기성분이 화학적으로 결합하는 하이브리드 재료 등이 검토되고 있다. 또한 다양한 내열성 고분자를 기초로 한 이온교환막이나 무기다공성막등의 연구개발이 진행되고 있다.

한편, 메탄올을 전극으로 직접 반응시키는 DMFC는, Li 이온 이차전지의 최대 10배 정도의 에너지 밀도를 얻을 수 있는 미래형의 휴대기기용 전원으로 기대되고 있다. 종래형의 퍼블오로술폰산막은 고농도의 메탄올 수용액을 연료로 하면 메탄올의 투과량이 커진다. 그 때문에 메탄올 투과 저감대책으로 무기산화물 첨가, 가교구조의 도입, 다공체 내부에 이온교환기를 형성시킨 막 등 많은 전해질막이 연구되고 있다.

4. 연료 개질

4-1 연료전지 요구 조건

연료개질은 가솔린이나 프로판과 같은 연료를 PEMFC에 적합한 형태로 변환 시키는 처리과정이다. 이 과정에서 그와 같은 연료들이 순수한 수소로만 변환되는 것이 아니라, 다른 물질들, 특히 탄소화합물들도 생성된다.

연료개질기와 PEMFC에 관련된 특별한 문제점은 일산화탄소의 존재이다. 일산화탄소는 PEMFC에 매우 심각한 결과를 초래한다. 일산화탄소는 전극을 피독(poisoning)시키므로, 항상 10ppm 이하로 유지되어야 한다. 개질기의 출력가스에는 이산화탄소가 항상 존재하지만 연료가스를 희석시키고 출력전압을 약간 감소시킨다는 점을 제외하면 특별히 문제가 되지는 않는다. 수증기 역시 항상 존재하지만 앞 장에서 설명하였듯이 이는 PEMFC에게는 장점이 된다.

연료가스에 이산화탄소가 존재함으로 해서 연료전지 에 나타나는 매우 중요한 문제가 있다. 이산화탄소 때문에 연료전지에서 모든 수소를 완전히 사용할 수 없게 된다. 연료가 순수한 수소라면 필요한 만큼 연료전지에 공급하면 될 것이며, 시스템의 연료출구에서는 어떤 가스도 배출되지 않을 것이다. 연료가스가 순수하지 않다면, 시스템 내에서 연료가스를 순환시켜 수소를 완전히 사용하고 나면, 이론적으로는 100%의 이산화탄소 가스만이 연료출구에서 배출될 것이다. 이 때문에 셀을 주의 깊게 제어할 필요가 있다. 또한 연료출구에서도 여전히 어느 정도의 수소연료가 남아있게 해야 하며 그렇지 않으면 수소의 농도가 너무 낮아 연료유로 출구 부근에 존재하는 셀이 정상적으로 동작하지 않을 것이다. 이는 이 절에서 설명하는 시스템의 연료이용률은 결코 100%가 되지 않으며, 그 중 일부는 연료전지 스택을 그대로 통과해버린다는 것을 의미한다.

4-2 연료 개질 기본 원리

1) 수증기개질

수증기개질법은 성숙된 기술로써 대규모 수소생산을 위해 산업적으로 실용화되어 있다. 이에 대한 자세한 기술 전망(Van Hook(1980) 및 Rostrup-Nielsen(1983,1984))이 출간되어 있고, 시스템설계를 위한 유용한 데이터가 Twigg(1989)에 의해 제시되어 있다. 메탄과 옥탄(CsH1S)에 대한 기본적인 개질반응은 다음과 같다.

$$CH_4 + H_2O \rightarrow CO + 3H_2 \quad [\Delta H = 206\ kJ/mol] \quad (5.1)$$
$$C_8H_{18} + 8H_2O \rightarrow 8CO + 17H_2 \quad (5.2)$$
$$CO + H_2O \rightarrow CO_2 + H_2 \quad [\Delta H = -41\ kJ/mol] \quad (5.3)$$

개질반응에 대한 식 (5.1)과 (5.2) 및 수성-가스 전환반응과 관련된 식 (5.3)은 니켈지지 촉매 상에서 보통 500℃ 이상의 높은 온도에서 이루어진다. 식(5.1)과 (5.2)의 반응을 활성화하는 촉매 상에서 식 (5.3)의 반응 역시 항상 발생한다. 두 반응이 함께 일어나기 때문에 전체적으로 생성된 가스는 일산화탄소,이산화탄소,수소,변환되지않은연료와수증기등이혼합되어있다. 개질기에서 실제로 생성되는 가스의 구성성분은 반응기의 온도(실제로는 출구온도),운전압력,연료의조성비,반응기에 공급되는 수증기의 비율 등에 따라 변화한다. 운전조건에 따라 평형조건에서 생성된 가스의 조성비를 결정하기 위해 열역학적데이터를 이용한 그래프와 컴퓨터 모델을 사용할 수 있다. <그림 5-45>은 메탄을 연료로 사용한 경우 1bar에서 출력가스의 조성비를 나타낸 예이다.

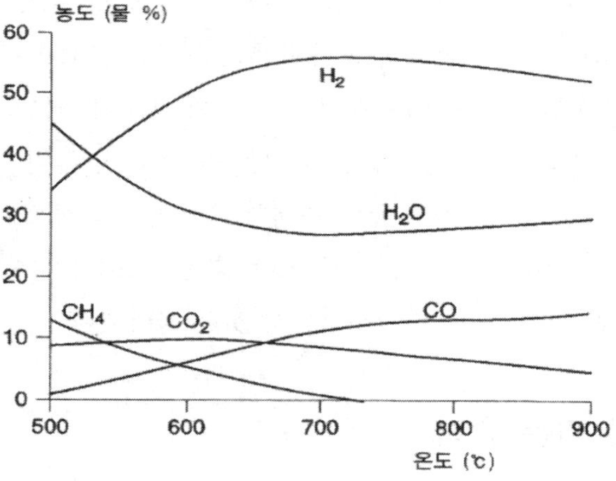

〈그림 5-45〉 온도에 따른 수증기개질 반응가스의 평형농도.
최적 수소생성 온도에서 많은 양의 일산화탄소 또한 발생됨을 명심하라.

반응식 (5.1)의 경우 1 몰의 메탄이 반응하면 1 몰의 일산화탄소와 3 몰의 수소가 생성된다. 르샤틀리에(Le Chatelier)의 법칙에 따르면, 반응기 내부의 압력이 낮게 유지되면 평형점은 식의 오른쪽(즉, 수소가 증가하는 방향)으로 이동한다. 평형점이 좌측으로 이동한다면 분자수가 감소하기 때문에 압력을 증가시키면 메탄이 증가하는 방향으로 진행한다.

또한 식 (5.1)과 (5.2)의 두 반응 모두 고온이 필요한 흡열반응이므로,수소와 일산화탄소가 생성되는 반응이 진행되기 위해서는 열이 공급될 필요가 있음을 의미하고 있다. 따라서 고온(700°C까지)으로 하면 <그림 5-45>에 나타나 있듯이 수소생성이 촉진된다.

여기서 주의해야 할 점은 식 (5.3)의 전환반응이 수증기 개질반응과 동시에 발생하지- 않음에도 불구하고 수소의 생성에 필요한 고온이 되면 반응의 평형점은 식의 좌측으로 쉽게 이동한다는 것이다. 그 결과 모든 일산화탄소가 이산화탄소로 변환되지는 않는다. 따라서 일산화탄소의 함유량이 낮은 연료를 사용해야하는 연료전지시스템의 경우 부가적인 연료처리과정이 필요하게 된다. 이 반응식 들은 천연가스(주로메탄)를 개질하는 대부분의 산업용수소제조방식의 기본식이다.

메탄과 같은 탄화수소만이 수증기개질에 적합한 연료는 아니다. 알코올 또한 수증기개질반응으로 반응한다. 예를 들면 메탄올의 경우는 다음과 같다.

$$CH_3OH + H_2O \rightarrow 3H_2 + CO_2 \ [\Delta H = 49.7kJ/mol] \quad (5.4)$$

메탄올의 수증기개질은 온화한 온도에서 일어나는 흡열반응이므로, 자동차용 연료전지의 연료로써 자동차 제작사가 메탄올을 선호하는 이유의 하나이다. 이 반응을 유지하기 위해서는 열을 가할 필요가 거의 없고, 산화 아연상에 지지된 구리와 같이 온화한 온도에서 활성화되는 촉매상에서 적정한온도(예를 들어 250°C)가 되면 쉽게 반응한다. 메탄올개질의 주요한 생성물질은 일산화탄소가 아니라는 점에 주의해야 한다. 이것은 메탄올개질이 PEMFC에 특히 적합하다는 것을 의미한다. PEMFC에서는 일산화탄소가 ppm 수준 정도만 되어도 백금촉매가 피독(被毒)되어 성능이 크게 저하되기 때문이다. 그러나 일산화탄소가 반응식(5.4)에서는 나타나 있지 않다 해서 전혀 생성되지 않는 것은 아니다. 식(5.3)의 수성-가스 전환반응이 가역적이므로 소량의 일산화탄소가 생성된다. 그 결과 PEMFC에 사용되는 메탄올 개질기와 함께 다음에서 설명하는 일산화탄소 제거과정이 여전히 필요하다.

2) 부분산화개질과 자열개질

수증기개질 대신에 부분산화(partial oxidation, 이하 POX)에 의해 메탄과 다른 종류의 탄화수소를 연료전지에 필요한 수소로 변환할 수 있다.

$$CH_4 + \frac{1}{2}O_2 \rightarrow CO + 2H_2 \quad (\triangle H = -247\ kJ/mol) \quad (5.5)$$
$$C_8H_{18} + 4O_2 \rightarrow 8CO + 9H_2 \quad (5.6)$$

부분산화는 고온(보통1200~1500°C)에서 촉매 없이 이루어지지만, 소형 수송시스템에서는 이 방법이 실용적이지 않다. 온도가 낮아져서 촉매를 사용해야 한다면, 이 반응을 촉매부분산화(catalytic partialoxidation,이하CPO)라 한다. CPO용 촉매로는 지지된 백금-금속 또는 니켈기반재료를 사용하는 경향이 있다.

반응식 (5.5)와 (5.6)은 반응식(5.1)과 (5.2)보다 1 몰의 연료에서 생성되는 수소의 양이 작다는 것을 명심해야 한다. 이는 연료전지에 적용하는 경우 부분산화(촉매가 없는 경우나 있는 경우모두)가 수증기 개질 보다 효율이 낮다는 것을 의미하고 있다. 산소를 공급하기 위해 공기를 사용하는 경우에는 부분산화의 또 다른 단점이 나타난다. 공기중의 질소 때문에 연료전지에서 수소의 분압이 낮아지게 된다. 이로 인해 셀의 전압이 낮아지고 다시 시스템효율을 감소시킨다. 이 부정적인 면을 상쇄할 수 있는 부분산화의 주된 장점으로는 수증기를 필요로 하지 않는다는 것이다.

자열개질(자熱改質, autothermal reforming)은 널리 사용되고 있는 또 다른 연료처리방법이다. 이 방식에서는 연료와 함께 수증기와 산화제(산소 또는 보통 공기)가 모두 촉매반응기(catalytic reactor)에 공급된다. 따라서 이 방식은 이미 설명한 POX(부분산화)와 수증기 개질이 조합된 방식으로 생각할 수 있다. 자열 개질의 기본개념은 '흡열'개질반응식인(5.1) 또는 (5.2)와 '발열'POX 반응식인 (5.5) 또는 (5.6)이 동시에 발생하여 시스템에 열을 공급하거나 제거 할 필요가 없는 것이다. 그러나 문헌에 따라서는 부분산화와 자열개질이라는 용어 사이에 다소 혼란이 있는 경우도 있다. 최근 이 문제를 자세히 설명한 Joensen & Rostrup- Nielsen(2002)의 논문이 발표되어 있다.

기존 개질방식에 비해 자열개질과CPO의 장점은, 필요한 수증기량이 작고, 개질반응에 필요한 모든 열이 연료의 부분연소에 의해 공급된다는 것이다. 따라서 복잡한 열관리기술이 필요하지 않고, 시스템설계가 간단해진다. 이러한 점 때문에 자동차용으로 매우 매력적이다.

4-3 연료 개질 기술

현재 개발중인 각종 연료전지 중에서 기술적 완성도가 매우 뛰어난 인산형 연료전지(PAFC)나, 현재 자동차용이나 가정용으로 급속히 개발되고있는 고체고분자형연료전지(PEFC)는,수소를 연료로 사용하기 때문에 원료인 천연가스나 메돈펠 등의 탄화수소를 수소로 바꾸는 개질시스템(reformer)이 필요하며, 이러한 개질시스템의 개발은 연료전지중에서도 특히 중요한 기술개발과제중의 하나가 되고 있다.

여기서는 PAFC를 실용화하는 데 커다란 공헌을 한 수증기 개질 과정을 기초로 하여,연료전지용 개질시스템의 주요과정인 각종 촉매기술의 현황을 소개한다.

1) 연료전지용 개질시스템의 기존 촉매기술의 문제점

연료전지용 개질시스템은 <그림 5-46>과 같이 탈황, 수증기 개질, co 변성(shift)의 3단계로 구성된다(여기서는 PAFC를 예로 든다). 당초 이것들의 촉매기술에는 기존의 일반화학용 촉매기술이 사용되었는데 공정중에 해결하기 곤란한 문제들이 생겼다.

먼저 탈황공정의 경우, 종래의 일반화학용 수소 제조에서는 수첨탈행 hydro-desulfurization, HDS, 수소탈황, 소량의 수소를 연료에 혼합하여 350°C 정도의 온도에서 탈황촉매를 이용하여 황화합물 중의 유황을 제거하며, 흡착탈행(adsorption, 흡착제를 사용하여 유황성분을 제거)을 사용하고 있습니다. 이때 탈황기는350°C 정도의 온도가 필요하다. 화학 플랜트의 경우, 한 번 동작하면 일 년 간 연속 운전을 하는 것이 보통이므로, 하루 또는 이틀이라도 온도가 올라 갈 때 까지 기다리다가 운전을 시작하면 되었지만, 연료전지의 경우는 빈번하게 가동을 정지시켜야 할 필요가 있으므로 탈황기의 온도가 350°C까지 올라가는데 장시간 기다릴 수가 없다. 또한 종래의 탈황기술은 0.1ppm 정도 밖에 유황을 제거할 수 없다. 따라서 종래의 탈황기술로는 0.1ppm 정도의 유황이 개질기로 들어가 개질촉매의 유황 피독의 원인이 되었다.

또한, 수증기 개질에서는 탄화수소와 증기를 반응시켜 수소나 CO를 제조하는데, 연료전지에서는 가능한 한 적은 양의 증기로 수소를 만들어야 한다.

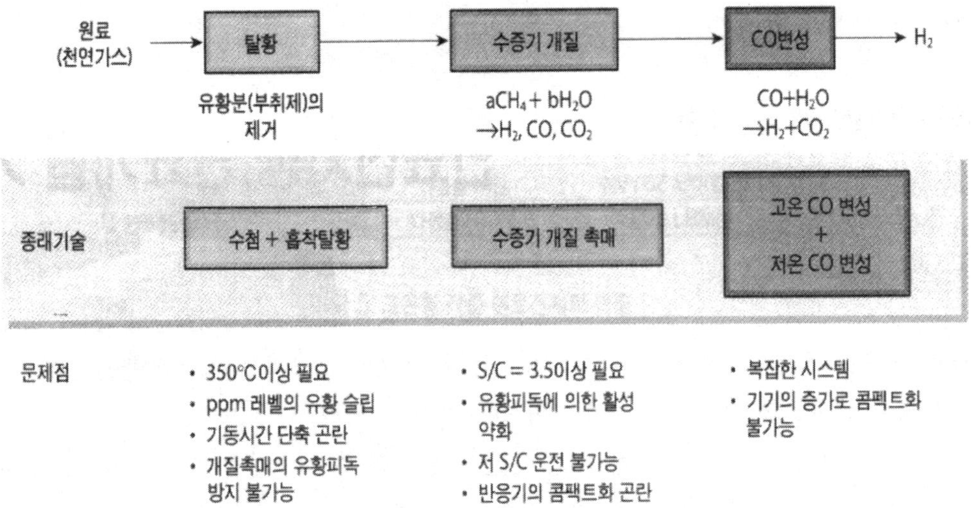

〈그림 5-46〉 연료전지용 개질시스템의 기존 촉매기술의 문제점

증기와 카본의 비를 SIC라고 부르는데, 현재의 기술로는 SIC가 반응에 필요한 양보다 높은 3.5 이상이 필요하다. 그 이유는 탈황과정에서 완전한 탈황이 이루어지지 않기 때문에, 운전중에 유황 피독이 진행되어, 개질촉매의 성능이 서서히 저하되는 경향이 나타나며(활성 열화라고 말합니다), 유황 피독이 진행되면 탄소 석출이 일어나기 쉽고, 또한 급격한 탄소 석출을 피하기위해서는 반응에 필요한 증기보다 과잉의 증기를 사용해야하기 때문에, 낮은 SIC에서의 운전이 불가능한 것이다. 또한, 활성열화 때문에 반응기의 소형화도 곤란했다.

CO 변성에서도, 일반화학용에서는 문제가 되지 않는 고온 CO 변성(Fe-Cr 촉매)과 저온 CO 변성 (Cu-Zn 촉매)과의 조합이, 연료전지의 경우는 시스템이 너무 복잡해져서 가격 면에서도 크기 면에서도 큰 문제가 되었다.

이와 같이 연료전지 개질시스템의 각 공정마다 커다란 문제가 존재했는데, 이것들은 모두 촉매가 그 원인이 된 것이며, 일반화학용 촉매기술이 기술적 한계에 부딪친 것이라고 말할 수 있다.

2) 연료전지용 개질시스템의 촉매기술 개발

연료전지용 개질시스템은 당초에는 일반화학용 촉매기술이 도입되었지만, 연료전지 단독 과제로의 대응을 목표로 촉매기술을 개선하여 촉매성능을 비약적으로 향상시켰다.

<그림 5-47>와 같이 탈황, 개질, CO 변성 각각에 걸쳐 콤팩트하고 고성능인 연료전지 시스템을 구성하게 되었다.

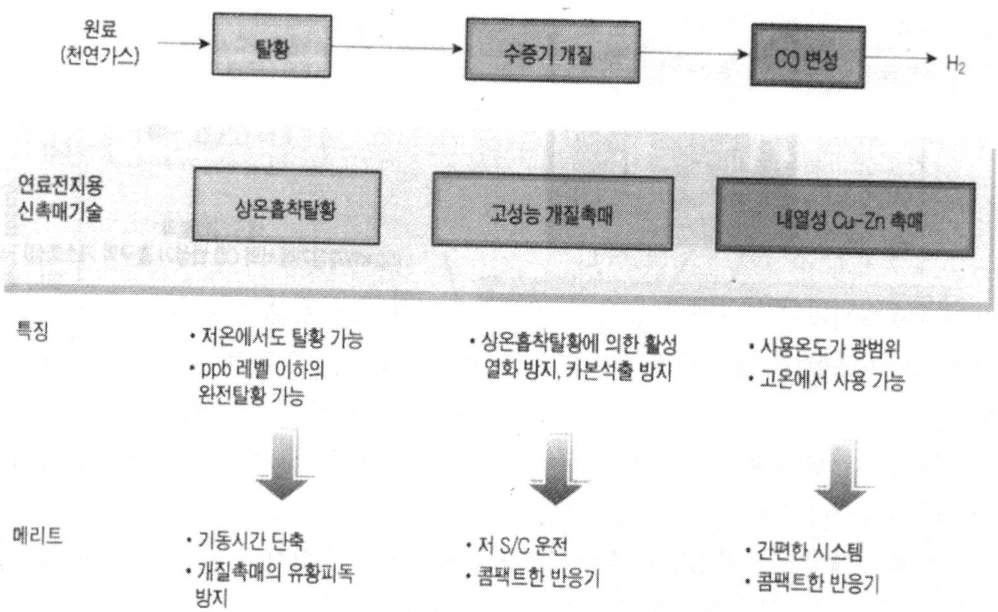

〈그림 5-47〉 신촉매기술에 의한 연료전지용 개질시스템의 개량

상온흡착탈황(desulfurization, 통상의 수소첨가 탈황촉매와 산화아연을 이용한 탈황방법으로, 원료 중에 포함된60-100ppm의 유황성분을 1.0-0.1ppm까지 낮추고, 이것을 다시 천분의 일 이하로 줄이는 2차 탈황촉매로 사용)은 종래의 탈황기술로는 완전히 제거할 수 없었던 극히 미량의 유황까지 완전히 제거할 수 있는 아주 새로운 기술이며, 오사카가스에서 세계 최초로 개발하였다.

상온흡착탈황의 촉매는 매우 강력한 유황의 흡착량을 가지고 있기 때문에, 상온에서도 사용할 수 있고 유황을 완전히 제거 할 수 있다. 따라서 탈황기의 온도가 올라갈 때까지 기다릴 필요가 없으므로 기동시간을 대폭 단축 할 수 있다. 또한 개질촉매의 유황 피독을 완전히 막을 수 있다.

그리고 개질촉매의 유황 피독이 일어나지 않는다는 것은, 활성열화나 카본석출을 방지함과 동시에 개질반응기를 콤팩트하게 할 수도 있으며, 종래에는 불가능했던 낮은 SIC 운전이 가능하게 된 것을 의미 한다.

또한 종래의 Cu-Zn 촉매보다 훨씬 고온에서도 안정성이 높은 내열성 Cu-Zn 촉매가 개발되어 연료전지에 사용되고 있다. 이것을 사용함에 따라 반응속도가 매우 빠른 고온에서도 사용할 수 있기 때문에, 낮은 SIC 운전에서 발생하는 고농도의 CO도 처리할 수 있고, 반응기도 콤팩트하게 되었다.

3) 연료전지용 신촉매기술의 효과

<그림 5-48>에 연료전지용으로 새롭게 개발된 촉매기술을 이용한 연료전지용 개질기와 다른 연료전지용 개질기와의 크기를 비교했다. 왼쪽 끝에 있는 것이 새로운 연료전지용 촉매를 채용한 것으로, 가스 3사와 후지전기가 공동 개발한 온사이트형50kW 인산형 시스템의 개질기이다. 이것은 탈황 · 개질 · co 변성에 모두 오사카가스가 개발한 연료전지용 촉매기술이 채용되고 있으며, 4만 시간 이상의 내구성이 확립 되어 있다. 왼쪽에서 두 번째에 있는 것이 후지전기의 종래의 개질기이며, 세 번째의 것은 IFC사의 200kW 인산형 연료전지 PC-25용의 개질기이고, 네 번째가 NEDO의 문라이트 계획으로 개발된 200kW 개질기이다.

이와 같이 새로운 연료전지용 촉매기술을 사용함에 따라 개질촉매의 필요량을 대폭 줄일 수 있어, 개질기의 콤팩트화로 이어지게 됐다는 것을 알 수 있다.

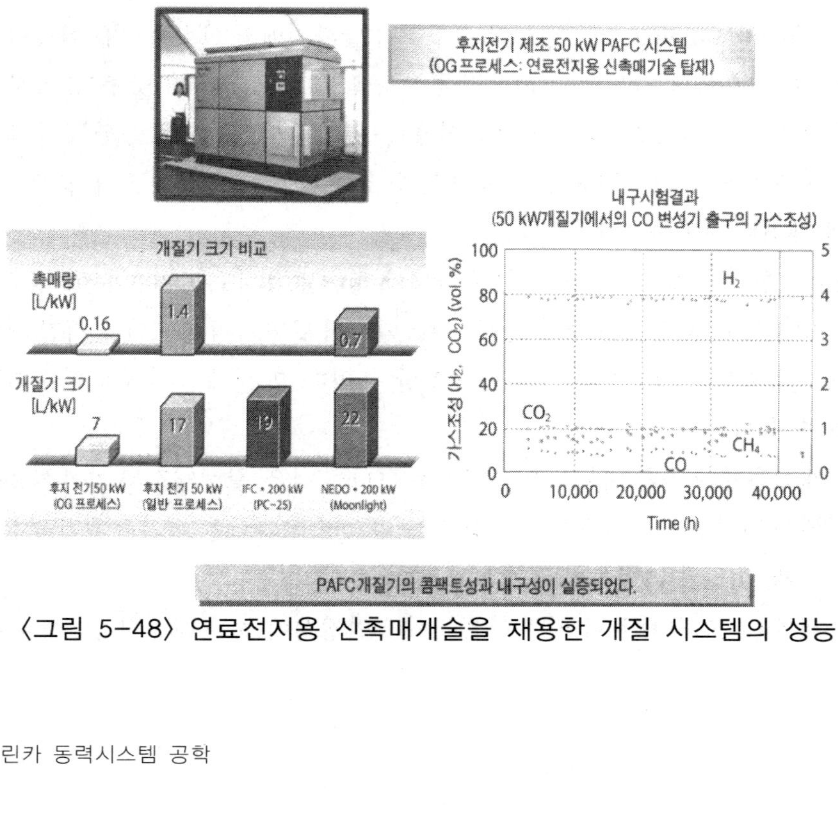

〈그림 5-48〉 연료전지용 신촉매개술을 채용한 개질 시스템의 성능

이 시스템은 이미 국내외의 많은 연료전지 개발 프로젝트에 채택되고 있으며, 뛰어난 초기성능뿐만 아니라 장기적 내구성도 실제로 증명되고 있다.

<그림 5-48>에는 50kW PAFC 시스템의 실제 개질성능의 경시변화를 보여 주며, 4만 시간 이상에 걸쳐서 안정한 개질가스조성이 얻어지고, 이 촉매를 채용한 연료전지용 개질 시스템이 매우 양호한 장기 내구성을 갖는다는 것을 알 수 있다.

4) PEFC용 개질시스템의 현황

위에서는 탈황 · 개질 · CO변성으로 구성된 PAFC(인산형 연료전지)의 개질시스템의 실적을 알아보았다. 현재 개발이 진행되고 있는 고체고분자형 연료전지CPEFC)는 co를 co 변성으로 낮출 수 있는 수준(0.5~1% 이하)보다 더 낮은 10ppm 수준까지 낮출 필요가 있으므로, co제거장치가 설치되어 있다. CO변성까지의 공정은 4만 시간 이상의 장기 내구성능이 실증되어 있지만, co제거 촉매에 대해서는 현재 개발중에 있다.

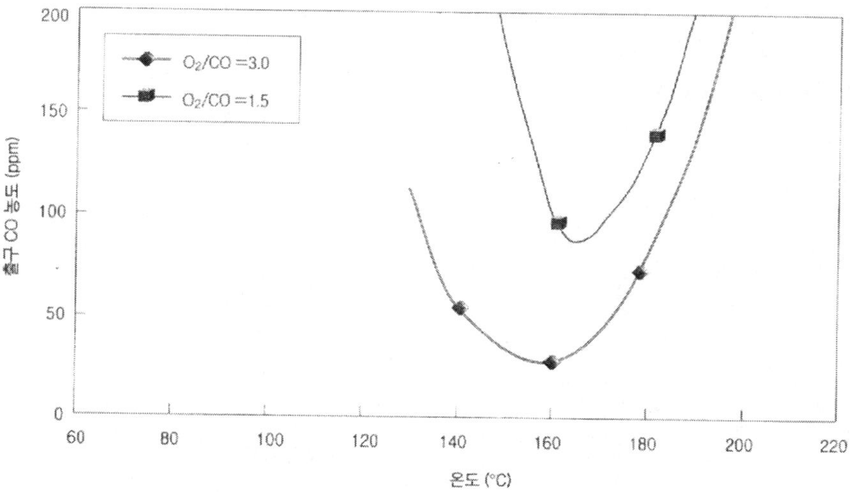

반응조건 : $CO0.5\%, CO_2 20\%, O_2 0.75-1.5\%, N_2 3-6\%, H_2 balance\ (dry) + H_2O 10.5\%\ (wet), GHSV = 7{,}500H^{-1}(dry)$
기존 촉매로는 $O_2/CO = 1.5$의 경우, CO를 $100ppm$ 이하로 낮출 수 없다.

〈그림 5-49〉 선택산화촉매의 성능(기존 Pt촉매)

co제거 촉매성능의 예를 <그림 5-49>에 나타냈다. 보통 co제거기는 co선택산화 preferential oxidation)촉매를 이용하고 있다. co선택산화는 co를 공기중의 산소로 산화하여 CO2로 바꾸는 반응으로, co를 산화하는 것뿐이면 산소의 필요량은 CO의 반(O/CO=0.5)이면 되지만, co가 수소 안에 들어 있고 수소는 산소와 매우 반응하기 쉽기 때문에, co선택산화는 그리 쉬운 일이 아니다. 수소와의 반응을 억제하고 co와의 반응만을 선택적으로 행하고 싶지만, 그와 같은 선택성을 갖는 촉매의 개발은 매우 어려운 일이다. 종래, 이 반응의 표준 촉매로 사용된 Pt 촉매의 경우, O/CO=3이란 과잉의 산소를 사용한 조건에서도 수십ppm 밖에 co를 제거할 수 없었다. 02/CO=1.5이면 100 ppm 정도의 co가 잔류한다. 현재는 co선택산화촉매의 개발·개량이 진행되어, <그림 5-50>와 같이 02/CO=1.5 또는 1.0 정도의 조건에서도 co를 10ppm 이하까지 제거할 수 있게 되었다.

현재, 1kW급의 가정용 연료전지는 개질시스템 전체가 소형냉장고 정도의 크기까지 소형화 되었고, co를 1ppm 이하로 낮춘 수소가스가 만들어지게 되었다. <그림 5-51>은 1kW 개질시험 제작기의 사진과 성능을 나타내고 있다.

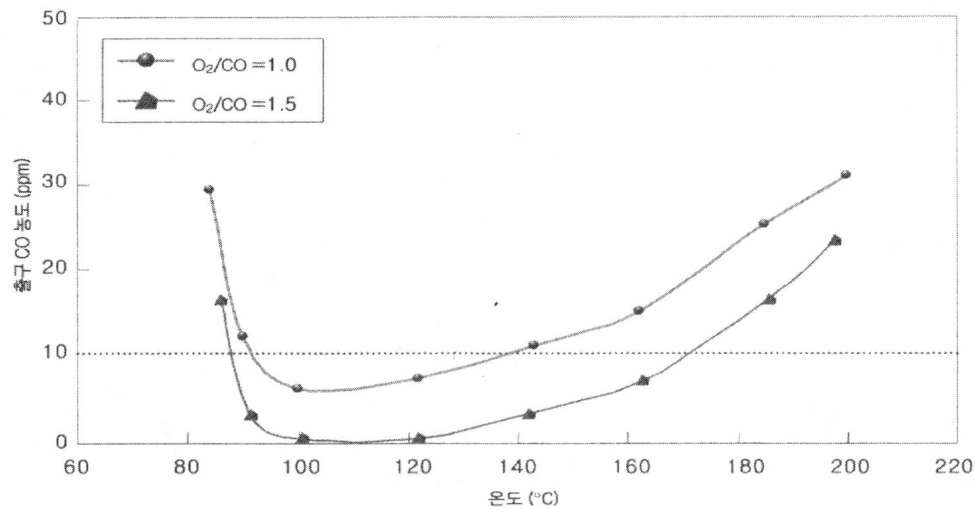

반응조건 : CO 0.5%, CO_2 20%, O_2 0.5-0.75%, N_2 2-3%, H_2 balance (dry base)
+ H_2O 10.5% (wet base), GHSV =7, 500h^{-1}(dry base)

- O_2/CO =1.5에서 CO를 1 ppm 이하로 낮출 수 있다.
- CO를 제거할 수 있는 온도범위가 넓다.

〈그림 5-50〉개량형 CO 선책산화촉매의 성능

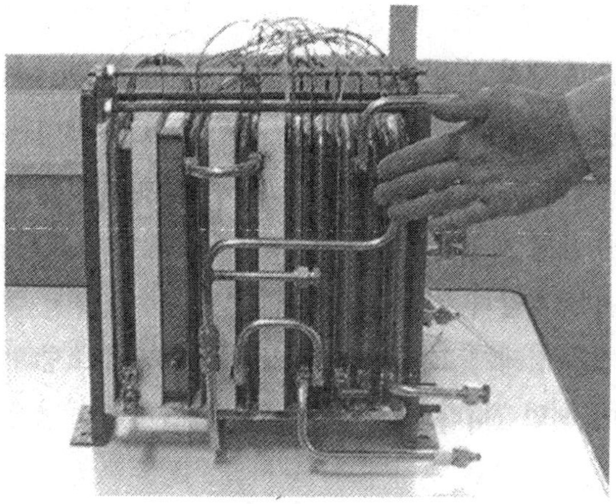

1 kW급 시험제작기

사이즈

W300mm×D230mm×H270mm

개질가스조성(실측치)

H_2	75.5%
CO_2	20.1%
CH_4	1.5%
CO	0.8 ppm
N_2	2.9%

〈그림 5-51〉 1kW급 개질시험제작기에서의 CO제거 촉매 성능

이상에서 말한 것과 같이, PAFC에서 확립한 개질기술을 토대로 CO 선택산화촉매를 포함하여, PEFC 개질시스템의 촉매기술이 구성되었으며 현재 내구성이나 가격, 신뢰성을 확인하고 있는 단계이다.

5. 수소저장

수소의 저장기술은 연료전지자동차 보급의 열쇠라고도 말할 수 있다. 여기서는 세 가지 저장방법에 대해 각각의 장점과 단점을 설명하겠다. 연료전지자동차에 있어 최적의 저장방법은 아직 발견되지 않고 있지만, 세계적으로 연구개발이 계속되고 있다.

대부분의 연료전지자동차는 연료로서 순수한 수소를 저장하여 탑재하는 방법을 채용하고 있다. 순수소의 저장방법으로는, 가스를 고압으로 해서 봄베에 저장하는 법(고압가스저장), 수소가스를 –253°C 이하의 극저온으로 냉각하여 액체로 만든 후 단열용기에 저장하는 법(액체수소저장) 및 수소가스를 특수한 금속에 흡입시켜 저장하는 방법(수소흡장합금)이일반적이며, 이제까지 각 사의 연료전지자동차에 채택되고 있다. 이 세 가지 방법은 각각 장점과 단점이 있다. 먼저, 자동차의 주행거리에 관계되는 수소의 적재가능 한 양에 대해 같은 용적으로 비교하면, 350기압의 수소를 1로 하였을 때 액체수소는 2.3배, 수소흡장합금은 금속의 종류에 따라 다르지만 3배 정도의 수소를 적재할 수 있다. 다만, 용기를 포함한중량에대해, 가벼운 봄베에 35071압으로 충전한 수소를 1로 할 때, 액체수소는 약 1.3배, 무거운 흡장합금은약 7배가 되어, 고압가스봄베가 가장 가볍다.

고압가스의 저장은 이와 같이 용적당 수소의 저장량은 적지만(저밀도), 봄베를 포함한 전체중량이 가볍고, 게다가 안전성에 있어서도 천연가스자동차등으로 충분한 경험이 있으므로, 현재 가장 많은 연료전지자동차가 채택하고 있는 방법이다. 가벼운 봄베는 <그림 5-52>과 같이 알루미늄용기나 플라스틱용기의 표면에 고장력의 카본섬유를 감아서 강화시킨 후, 표면을 수지코팅하여 만들어진다. 이 봄베는 종래의 철제 봄베에 비해 3할 정도의 중량이다. 또한 저장압력은 35071압이 주류이지만, 최근에는 700기압의 충전에도 견디는 봄베가 계속 개발되고 있다. 이것이 개발되면, 가솔린차에 필적하는 주행거리를 확보할 수 있게 된다.

액체수소의 저장은 같은 용적으로 많은 양의 수소를 담을 수 있기 때문에(고밀도), 일부의 연료전지자동차에서 채택하고 있다. 다만 액체를 보온병과 같은 단열용기에 넣어도 용기표면으로부터 조금씩 들어가는 열 때문에 액체의 일부가 증발하여 기체가 되어서 용기의 안전밸브로부터 밖으로 새어나오게 된다(보일오프,boil off). 이 양은 승용차용 소형탱크 하루저장량의 3% 정도가 되며, 커다란 손실이 아닐 수 없다.

또한 액체 수소를 만들 때 많은 전기를 필요로 하는 것도 문제이다. 그러나 고밀도이기 때문에, 탱크로리 등으로 수소를 이곳저곳으로 운반하기에는 좋다.

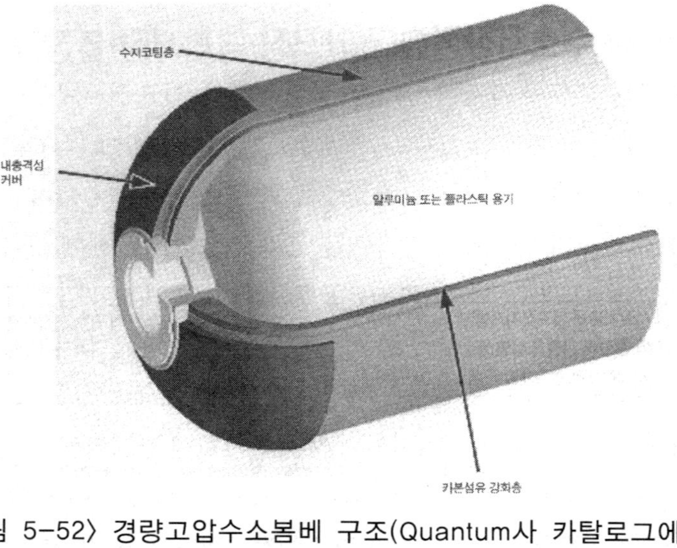

〈그림 5-52〉 경량고압수소봄베 구조(Quantum사 카탈로그에서)

수소의 흡장합금은 <그림 5-53>와 같이 금속원자 사이에 수소가 원자상태로 침투해서 흡장되며, 온도를 높이면 수소가 튀어나오게 된다. 고밀도의 저장이 가능하고, 또한 합금을 담은 용기내의 압력이 10기압 이하로 낮아 안전성은 뛰어나지만 무겁고 게다가 값이 비싼 결점이 있기 때문에 현재 이 방법을 채택하고 있는 연료전지자동차는 거의 없다. 그러나 가벼운 흡장합금을 개발하려는 노력은 계속 이어지고 있으며 합금 이외에 흡장재료, 예를 들어 카본나노튜브나 수소화합물 등이 활발히 개발되고 있다.

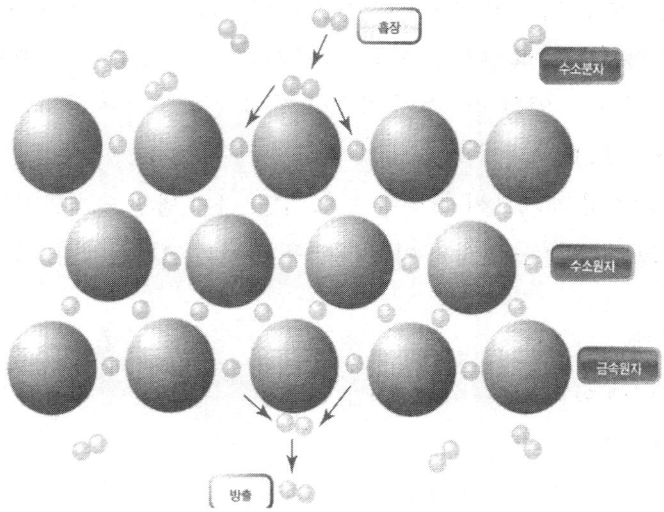

〈그림 5-53〉 수소흡장금속의 수소흡장·방출 구조

이상, 3종류의 저장방법에 대한 장단점을 <표 5-6>에 정리했지만, 그 어떤 방법도 현재 연료전지자동차가 요구하는 성능, 즉 고밀도로 가볍고 값이 싼 것을 만족시키지 못하고 있다. 저장기술은 연료전지자동차보급의 열쇠라고도 한다. 앞으로 혁신적인 기술개발이 이루어져야할 것이다.

〈표 5-6〉 각종 수소저장법의 특징

	고압가스	액체수소	수소흡장합금
장점	보급기술 압축소요전력(소)	고밀도 대량저장 기능	안정성(대) 고밀도
단점	고압 저밀도	액화소요전력(대) 보일오프(boil-off)	중량(대) 합금 고가

5-1 수소저장 Ⅰ-수소로서 저장

1) 문제에 대한 소개

수소는 가장 높은 비에너지 (kg당 에너지)를 가짐 - 이것이 우주개발용 연료로서 수소가 선택된 이유이다–에도 불구하고, 밀도가 매우 낮고 에너지 밀도(m3당 에너지)가 가장 낮은 것 중 의 하나이기 때문에 어려운 점이 발생한다. 즉, 대량의 수소를 작은공간에 저장하기위해서는 매우 높은 압력이 필요하다는 것을 의미하고 있다. 더욱 큰 문제는 에너지운반체로서 다른 기체와 달리 액화가 어렵다는 것이다. 수소는 LPG나 부탄과 같이 압축시켜도 액화되지 않는다. 액화시키려면 약 22 K까지 냉각되어야 하지만, 액체상태에서도 밀도는 71kg/m3으로 매우낮다.

수소를 압축가스와 액체로써 저장할 수 있지만, 다른 방법도 개발되고 있다.

화학적 방법도 이용할 수 있지만 이것은 다음 절에서 고찰하겠다. 이 절에서 다루는 수소의 저장방법은 다음과 같다.

- 가스실린더에 압축 저장
- 극저온 액체로서 저장
- 가역적 금속수소화물 (metal hydride)에 저장
- 탄소나노섬유에 저장

위의 어떤 방법도 적지 않은 문제가 있고, 각 상황에 따라 장점과 단점도 다르다. 그러나 상세한 내용을 검토하기 전에, 수소의 저장과 이용에 관련된 안전성이라는 매우 중요한 문제가 설명되어야 한다.

2) 안전성

수소는 가스 중에서 가장 작은 분자량을 가진 독특한 기체원자이다. 모든 기체 중에서 열전도율이 최대이고 평균 분자속도는 음속이며, 최소의점도(結度)와 밀도를 가지고 있다. 이와 같은 특성 때문에 미세한 구멍(orifice)에서 누출되는 속도는 다른 가스보다 훨씬 빠르다. 수소는 메탄의 2.8배, 공기의 3.3배의 속도로 누출된다. 더욱이 수소는 매우 휘발

하기 쉬운 가연성 기체로써, 어떤 조건이 형성되면 수소와 공기의 혼합기체는 폭발한다. 연료전지시스템을 설계할 때는 안전성에 대한 고려를 특히 강조해야 한다.

〈표 5-7〉수소와 보통 사용되는 두 종류의 가스연료의 안전성에 관한 특성

	수소	메탄	프로판
NPT에서의 밀도[kg/m^3]	0.084	0.65	2.01
공기 중의 점화한계 [NTP에서의 체적 %]	4.0~77	4.4~16.5	1.7~10.9
점화온도 [℃]	560	540	487
공기 중의 최소 점화에너지[MJ]	0.02	0.3	0.26
공기 중의 최대 연소속도[m/s]	3.46	0.43	0.47
공기 중의 폭발 한계 [체적 %]	18~59	6.3~14	1.1~1.3
공기 중의 화학량론비	29.5	9.5	4.0

<표 5-7>은 보통 가정용, 레저용, 업무용으로 사용되는 두 종류의 가스연료(메탄과 프로판)와 수소의 안전성을 비교하기 위해 각각의 주요한 성질을 나타내고 있다. 이 표로부터 수소의 주된 문제는 점화에너지가 가장 작아서 매우 쉽게 연소가 시작되는 것임을 알 수 있다. 그러나 이들 세 연료 모두 점화에너지가 매우 작고, 실제로 현실에서 발생할 수 있는 값보다 훨씬 작다. 스파크가 발생하면 세연료 모두 점화될 수 있다. 따라서 점화에 대비해 폭발에 필요한 최소농도(체적 기준18 %)를 훨씬 더 높게 설정해야 한다. 점화에 필요한 수소농도의 하한(下限)은 메탄과 유사하고 프로판의 경우는 농도가 훨씬 더 낮다. 수소의 점화온도 또한 다른 두 연료보다 높은 것도 주목해야 한다.

따라서 수소는 주의 깊게 다룰 필요가 있다. 어떠한 누설 가능성도 최소화 되도록 시스템을 설계하는 것이 필요하고, 누설여부를 항상 감시해야 한다. 그러나 이 모든 점을 고려한다 하여도, 위험성 면에서 수소는 보통 사용되는 다른 연료와 비슷하거나 또는 어떤 면에서는 훨씬 위험성이 작다는 것을 명백히 해 둘 필요가 있다.

3) 압축가스로서 수소저장

압축 실린더에 수소가스를 저장하는 것은, 기술적으로 가장 간단한 방법으로써 소량의 가스저장에 가장 많이 이용되고 있다. 수 많은 산업체 연구기관, 교육기관에서 수소가 이 방법으로 저장되고 있기 때문에, 많은 지역에서 기업이 다양한 크기의 실린더에 저장된 수소를 쉽게 공급할 수 있다. 그러나 이러한 응용분야에서는 거의 대부분의 수소가 물질 분석용 또는 생산공정용 화학약품으로 사용되고 있다. 에너지벡터(energy vector)로서 이와 같은 방법으로 수소를 이용하고 저장하는 것을 고려하면, 상황은 다소 만족스럽지 못하다.

압축저장을 위한 2가지 시스템이 <표 5-8>에 비교되어 있다. 첫 번째는 표준 강 철합금(steel alloy)으로 제작된 것으로 실험실에서 쉽게 볼 수 있는 200기압의 실린더 이다. 두 번째는 Zieger(1994)가 설명하였듯이 버스에 탑재하기 위한 대규모 수소저장용 탱크이다. 이것은 내부를 6mm 두께의 알루미늄 후판으로 제작한 뒤, 그 주위를 아라미드 섬유(aramide fibre)와 에폭시 수지 (epoxy resin)의 복합재료로 감싼 것이다. 이 재료는 유연성이 크며, 파열시에는 많은 조각으로 부서지지 않고 찢어지기만 하는 양호한 특성이있다. 최대사용압력은 300 기압이지만, 파열압력은 1200 기압이다.

대규모 저장시스템은 예상대로 훨씬 효율이 높다. 그러나 이것은 다소 오류가 있다. 이들 대형탱크는 차량에 탑재되기 때문에 우선 중량을 고려할 필요가 있다

〈표 5-8〉고압으로 수소를 저장하는 두 가지 실린더에 대한 비교 데이터. 첫 번째는 기존의 강철실린더이고 두 번째는 수소를 연료로 사용하는 버스에 사용하기 위한 대형 복합재료 탱크이다.

	2 L 강재/200기압	147 L 복합재료/300 기압
공기 탱크 무게(kg)	3.0	100
저장 수소 무게(kg)	0.036	3.1
저장효율 (수소 무게 %)	1.2	3.1
비 에너지 (kWh/kg)	0.47	1.2
탱크 체적(L)	2.2 L(약 0.0022m^3)	220 L(약 0.22m^3)
리터당 수소 무게 (kg/ L)	0.016	0.014

Zieger (1994)가 설명한 버스에서는, 내연기관을 구동시키기 위해 수소가 사용되며 13개의 탱크가 버스 지붕에 탑재되어 있다. 탱크와 버스 구조강화재(structure reinforcement)를 합한 총 중량은 2550kg 또는 탱크 한 개 당 약 196kg이다. 이것은 시스템의 '저장효율'을 1.6%로 저하시키므로 강철 실린더와 거의 다름이 없다. 다음으로 두시스템 모두 연결밸브와 감압조절기의 중량을 무시하고 있다. 2리터의 강철 실린더 시스템의 경우 이것에 의해 시스템의 중량이 약 2.15kg 정도 증가하고 저장효율은 0.7% 정도 저하된다(Kahrom (1999)).

매우 높은 압력에서 저장된 수소의 무게가 작은 이유는 물론 밀도가 낮기 때문이다. 수소가스 밀도는 대기압력과 대기온도에서 0.084kg/ms3인 반면, 공기의 밀도는 1.2kg/m3이다. 실제로 수소 자체의 무게는 보통 저장시스템의 무게의 2% 이하이다.

압력용기를 만들기 위한 금속은 매우 주의 깊게 선택해야 한다. 수소는 매우 작은 분자이고 이동속도가 크므로 다른 가스가 침투하지 못하는 재료로도 확산해 갈 수있다.또한 극히일부의수소가스분자가재료의표변에서해리된다(dissociate)는 사실 때문에 문제가 더욱 복잡하게 된다. 이로 인해 수소원자가 재료 내부로 확산되어 재료의 기계적인 성능에 큰 영향을 미친다. 가스 형태의 수소는 재료 내부에서 기포형태로 집적되어, 크랙(crack, 갈라진 틈)의 형성을 촉진시킨다. (수소에 의한 크랙) 강재와 같이 탄소가 포함된 재료에서는 수소가 탄소와 반응하여 CH4가 포함된 기포를 형성한다. 기포내의 가스압력은 강재에 균열이나 크랙을 발생시키기에 충분한 내부응력을 발생시킬 수 있다. 이 현상은 잘 알려져 있으며 '수소취성화(脫性化, hydrogen embrittlement)'라 부른다. 크롬이 풍부한 강재와 크롬-몰리브덴합금은수소취성화에 내구성이 있는 것으로 알려져 있다. 복합재료 강화 플라스틱 물질 (composite reinforced plastic material) 또한 앞서 설명한 대로 대용량 탱크에 사용된다.

고압으로 수소를 저장하는 경우 무게가 매우 커진다는 문제뿐만 아니라 안전성 이라는 중요한 문제가 있다. 고압실린더에서 수소가스가 누출될 경우 누출가스에 의해 실린더가 추진되므로 매우 큰 힘이 발생한다. 기본적으로 실린더는 제트추진 어뢰와 같이 되어 매우 큰 손상을 입힐 수 있다. 더욱이 용기의 균열로 인해 누출된 수소와 공기가 혼합되면 자동적으로 점화되기 쉬우며, 용기가 파열되거나 우연히 개방된 경우 저장된 수소가 완전히 소모될 때 까지 연소가 계속된다(Hord (I 978)). 그러나 고압에 대한 안전성 문제를 올바른 절차에 따라 해결한 다면, 압축수소 저장법은 널리 이용될 수 있다. 예를 들어 자동차에서는 압력 안전밸브(relief valve)와 파열(破裂)디스크(rupture disc)를 설치하여, 화재가 난 경우에 가스를 안전하게 외부로 배출시킨다. 마찬가지로 수소실린더에 부착된압력조절기에는수소의점화를방지하는인화방지장치(flame-trap)가 장착 되어있다.

압축가스로서 수소를 저장하는 방법의 주요한 장점은 다음과 같다.

- 단순성
- 무한한 저장기간
- 수소의 순도에 제한이 없음

고압의 실린더는 모든 종류의 차량에 탑재될 수 있다. 그림 1.16과 11.6의 연료전지버스에는고압실린더가지붕에설치되어있다. <그림 5-54>은 General Motors사가 제작한 현대적인 고압 수소저장 시스템을 설계한 예로써, 연료전지 구동자동차는 배경그림에서 볼 수 있다.

〈그림 5-54〉 General Motors의 고압 수소가스 실린더

4) 액체로서 수소 저장

수소를 약 22 K의 극저온에서 액체(보통은 NH_2라 부른다)로 저장하는 것은,대량의 수소를 저장하는 유일한 방법으로서 널리 사용되고 있다. 이 방법에 의해 액체상태로 냉각된 가스는 극저온액체로 알려져 있으며,현재 대량의 액체수소가 석유제조나 암모니아 생산공정 등에 사용되고 있다. 한 가지 더 주목해야하는 사용처는 NASA이다. NASA는 우주선에 지속적으로 수소를 공급하기 위해3200m^3 (850,000 미국갤런)의 거대한 탱크를 가지

고 있다.

NH_2 탱크는 대형이면서 매우 강화된 진공(또는 이중벽 단열병) 플라스크이다. 저장된 액체수소는 천천히 증발되면서 수소가스를 공급한다. 탱크 내부의 압력은 보통 3기압 이하로 유지되고 있지만, 대형 탱크에서는 더 높은 압력이 사용되고 있다. 만약 수소의 증발 속도가 필요한 양을 초과하면 탱크압력이 너무 높지 않도록 가끔 수소를 배출시킨다. 이때 스프링밸브를 개방하고, 압력이 낮아지면 다시 닫는다. 보통 탱크 내부에 존재하는 쓰고 남은 소량의 수소가스는 대기 중으로 방출시키고 대형 시스템에서는 연소시킨다. 백업용 안전장치로서 보통 파열(破裂)디스크가 붙어 있다. 이 디스크는 일정한 압력에 견딜 수 있도록 두께가 조절되는 막으로 덮여진 고리로 이루어져 있다. 안전 한계에 도달되면 막이 파열되어 가스가 방출된다. 디스크를 교체할 때까지 가스가 계속 방출되지만, 모든 가스가 방출되어 고장이 복구될 때까지는 디스크를 교체할 수 없다.

NH_2 탱크가 충전(充電)될 때와 수소연료가 방출될 때, 공기가 시스템에 들어가지 않도록 하는 것이 매우 중요하다. 그렇지 않으면 폭발성 혼합기체가 형성된다. 충전(充電)하기 전에는 탱크를 질소로써 깨끗이 비워야 한다.

보통 NH_2는 대량의 수소저장에 사용되고 있지만, 자동차용 탱크의 설계와 개발에도 많은 연구가 진행되어 왔으며, 이것은 연료전지와는 직접적인 관련이 없다. 자동차 회사 중에서도 BMW사는 수소 내연기관에 큰 투자를 하였으며, 연료는 대부분 NH_2를 사용했다. 탱크는 완벽한 안전성 테스트를 통과한 것이다. NH_2를 연료로 하는 자동차용 탱크는 원통형으로써 보통 이중벽이며 진공 또는 이중벽 단열(Dewar) 플라스크형 구조로 되어 있다. 벽은 두께가 3cm로써, 유리섬유(glass fiber) 매트와 알루미늄 박막이 번갈아 가며 배치되어 모두 70 개의 층으로 이루어져 있다. 최대 사용압력은 5 기압이다. 탱크는 120L의 NH_2를 저장한다. NH_2의 밀도는 약 $71 kg/m^3$로 매우 작기 때문에, 120L는 8.5kg이 된다(Reister and Strobl (1992)). <표 5-9>에 주요한 값들을 제시하였다.

〈표 5-9〉 자동차용 LH_2탱크

빈 탱크 질량	51.5kg
저장하는 수소 질량	8.5kg
저장효율 (수소 질량 %)	14.2%
비 에너지	5.57 kWh/kg
탱크의 체적	약 0.2 m^3
리터 당 수소체적	0.0425 kg/ l

자동차용 내연기관에 사용되는 수소연료 공급시스템은 보통 그대로 연료전지에 적용할 수 없다. NH_2가 공급되는 엔진에서는 수소가 액체상태로 엔진에 공급 된다는 것이 커다란 하나의 차이점이다. 만약 기체로 공급된다면 엔진으로 대량의 연료/공기혼합가스가 공급될 수 있기 때문에 저온인 것이 장점이 된다. 연료 전지에서는 수소가 기체상태로 되어야 하며, 예열시켜야 한다. 그러나 열교환기를 통해 셀의 폐열을 이용할 여지가 많기 때문에, 이것은 기술적으로 그다지 어려운 문제가 아니다. 극저온 수소와 관련된 문제들 중의 하나는 액화과정에 많은 에너지가 소모된다는 것이며, 이 과정은 몇단계로 이루어져 있다. 먼저 가스를 압축하고, 다음에 액체질소를 이용해 약 78K로 냉각한 뒤, 고압을 이용해 수소를 터빈을 통해 팽창시켜 더욱 냉각한다. H_2의 두 원자핵의 스핀이 평행인 (ortho - hydrogen) 이성질체(異性 質体, isomer)로부터 평행이 아닌(para - hydrogen) 이성질체로 변환하기 위해서는 또다른 과정이 필요하다. 이 과정은 발열반응으로써 자연그대로 두면 액체를 증발시켜버린다. 주요한 수소제조사와 Eliasson & Bossel(2002)의 연구에의한 수치를 보면 '가장좋은환경'하에서 가스를 액화시키는데 필요한 에너지는 수소의 비엔탈피(specific enthalpy) 또는 발열량(heating value)의 약 25%이다. 이 값은 현대적 설비로써 시간당 1000kg 이상의 수소를 액화시킬 수 있음을 의미한다. 시간당 약 100kg의 소규모라 할 수 없는 수소생산 설비라면 에너지손실이 약45%로 증가한다. 전체적으로 보면, 이 방법은 에너지를 저장하고 수송하는데 매우 비효율적이다.

수소와 관련된 통상적인 안전성 문제 이외에도 극저온 수소 고유의 어려운 점이 많이 있다. 그 중에서도 동상은 매우 위험한 문제이다. 인간의 피부는 저온표면에 접촉하면 간단히 얼어버리거나 파열된다. 따라서 액체수소가 흐르는 모든 파이프나 이들 파이프와 열적 접촉이 우수한 모든 부분을 단열시켜야 한다. 주변 공기 중의 수분이 파이프 상에 응축되는 것을 방지하기 위해서도 단열이 필요하다. 만약 액화공기 방울이 주변의 연소물에 떨어지면 폭발위험이 있다. 예를 들면 아스팔트(asphalt)에 액체공기가 떨어지면 점화될 수 있다(이 때문에 정지용 설비(static installation) 주위는 콘크리트로 포장한다). 그럼에도 불구하고 일반적으로 수소의 위험성은 압축수소보다 NH_2가 다소 낮다. 그 이유 중의 하나는, 용기에 결함이 발생하여도 연료는 그 자리에서 천천히 대기 중으로 배출되는 경향이 있기 때문이다. 유럽에서는 NH_2 탱크를 자동차에 사용할 수 있도록 허가 되어 있다.

5) 유기하이드라이드

연료전지의 기술개발이 순조롭게 진행되는 가운데, 연료인 수소의 저장과 공급이 커다란 과제가 되고 있다. 수소는 응축하기 어려운 기체이며 폭발하기 쉬운 성질이 있어서 취급이 곤란하기 때문이다. 최근 안전하고, 경량·소형으로 취급하기도 쉬운 시클로헥산 · 데칼린 등의 액체 유기하이드라이드를 사용하는 수소의 저장·공급기술이 개발되어 주목받고 있다.

연료전지에 직접 수소를 공급하는 「직접수소공급법」이 연료전지자동차의 실용화기술로서 최근 급속하게 클로즈업되고 있다. 국내에서는 토요타, 혼다, 닛산자동차가 고압수소탱크를 장치한 연료전지자동차의 리스판매를 시작했다. 연료전지자동차용의 온사이트(on site) 수소스테이션으로서 고려해야 할 점은 다음과 같다.

(1) 취급 안전성과 간편함, 환경부하가 적을 것.
(2) 수소캐리어를 함유한 수소공급용기의 경량화(중량: 100 kg 이하)와 콤팩트화(용적: 200리터 이하).
(3) 수소의 공급 · 운반 · 저장에 필요한 에너지가 가능한 한 작고, 비용이 적게 들 것(40엔-m3이하).
(4) 기존의 인프라설비(가솔린스탠드, 화물, 탱크로리나 LPG 운반 · 배달망 등)를 이용할 수 있을 것.

이런 기준에 비추어서, 자동차나 주택용 연료전지의 수소저장 · 공급 인프라기술에 대해 이제까지 개발된 것을 <그림 5-55>에 예시하였다. 유기하이드라이드나 카본나노튜브 등의 케미컬하이드라이드는 수소를 화학적으로 저장하기 때문에, 상온 · 상압에서 안정하고, 취급이 간편 · 안전하다. 간편함과 시장보급성의 관점에서, 현재 검토되고 있는 유기하이드라이드 관련물질은 벤젠(시클로헥산), 톨루엔(toluene, 메틸시클로헥산), 나프탈렌(데칼린), 아세톤(이소프로판올) 등이다. 유기하이드라이드는 상온 · 상압에서액체이며, 기본적으로는등유나경유(가솔린유분: 비점 39-204도, 인화점 -46도, 발화점 280-446도)와 같은 특성과 상태를 갖는 유기화합물이며, 입수가 용이하고 값이 싼(kg당 60-130엔) 공업화학제품이다. 이 중에서 시클로헥산이나 데칼린은 비점이 각각 80°C와 196°C, 착화점이 268°C와 262°C로 높으며, 데칼린은 특히 무독하고 기화하지 않기 때문에 등유 이상으로 안전하며 취급도 용이한 수소저장 재료이다.

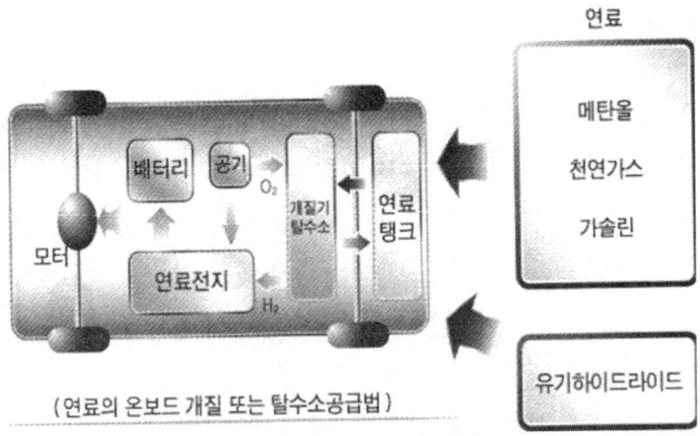

〈그림 5-55〉 온보드(on-board) 수소공급에 의한 수소연료자동차

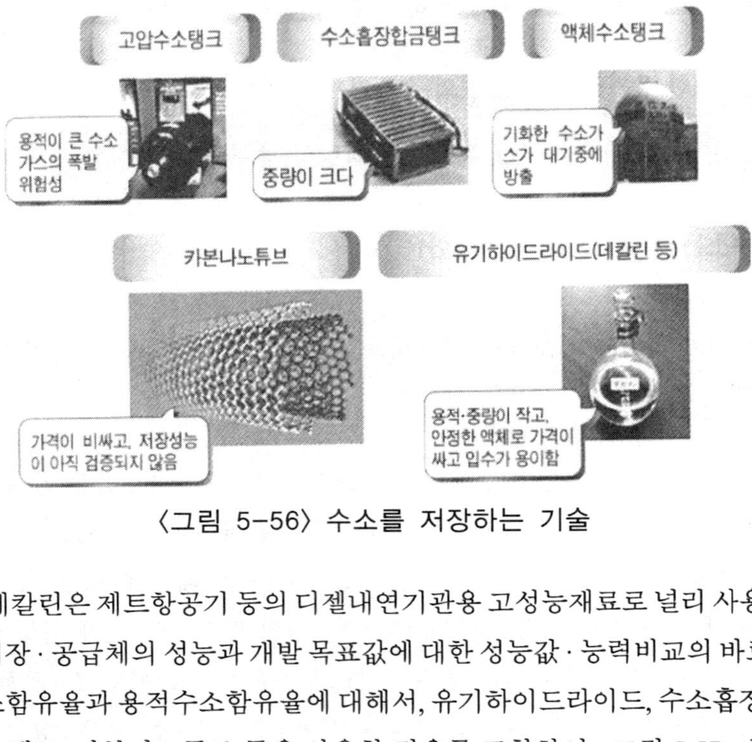

〈그림 5-56〉 수소를 저장하는 기술

실제로, 데칼린은 제트항공기 등의 디젤내연기관용 고성능재료로 널리 사용되고 있다. 각종 수소저장·공급체의 성능과 개발 목표값에 대한 성능값·능력비교의 바로미터가 되는 중량수소함유율과 용적수소함유율에 대해서, 유기하이드라이드, 수소흡장합금, 최신형 고압수소탱크, 카본나노튜브 등을 사용한 경우를 포함하여 <그림 5-57>에 비교했다. 시클로헥산이나 데칼린의 중량당 수소함유율과 용적당 수소함유율은 각각 7.3wt%와 7.4wt%, 64.8kgH2/m3과 70.2kgH2/m3이다.

이러한 수치는 미국 DOE의 연료전지용 수소자원에 관한 수소저장·공급의 Hydrogen Program 목표값인 6.5wt%, 62.0kgH2/m3이나 미국자동차공업회의 수소캐리어 목표성능

값과 같거나 보다 우수하다. 캐나다 나스헤벤의 전력 평균화기술에 대한 이용이 검토되고 있는 메틸시클로헥산도 높은 수소저장 · 공급 성능값을 나타낸다.

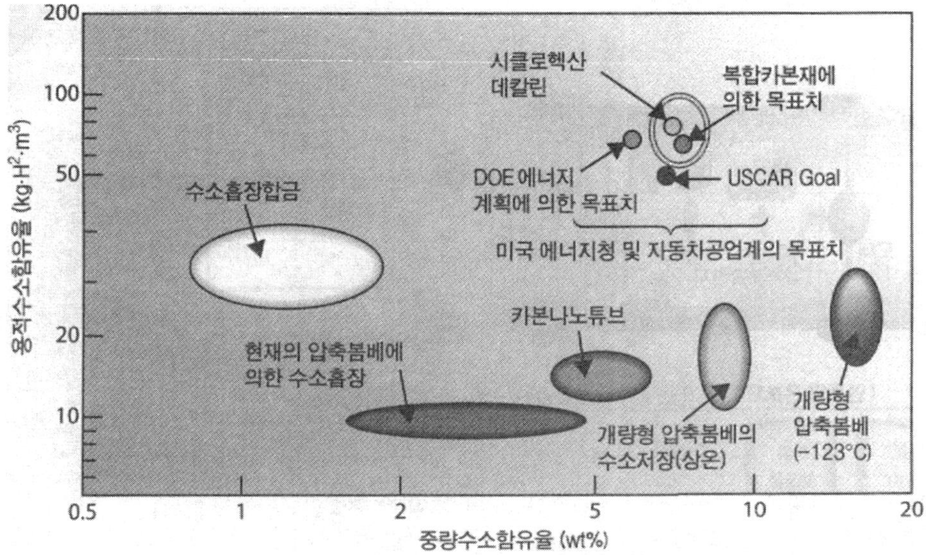

〈그림 5-57〉 수소흡장 · 공급매체의 능력 · 성능 비교

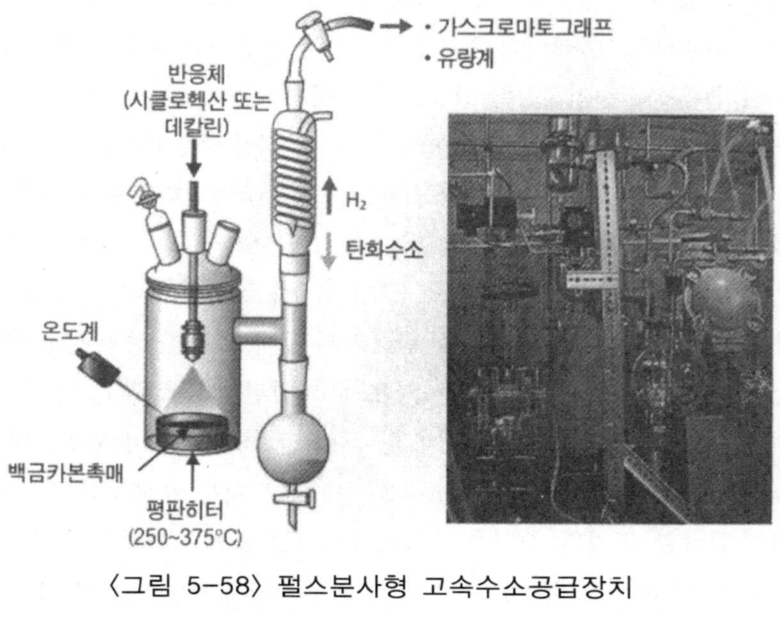

〈그림 5-58〉 펄스분사형 고속수소공급장치

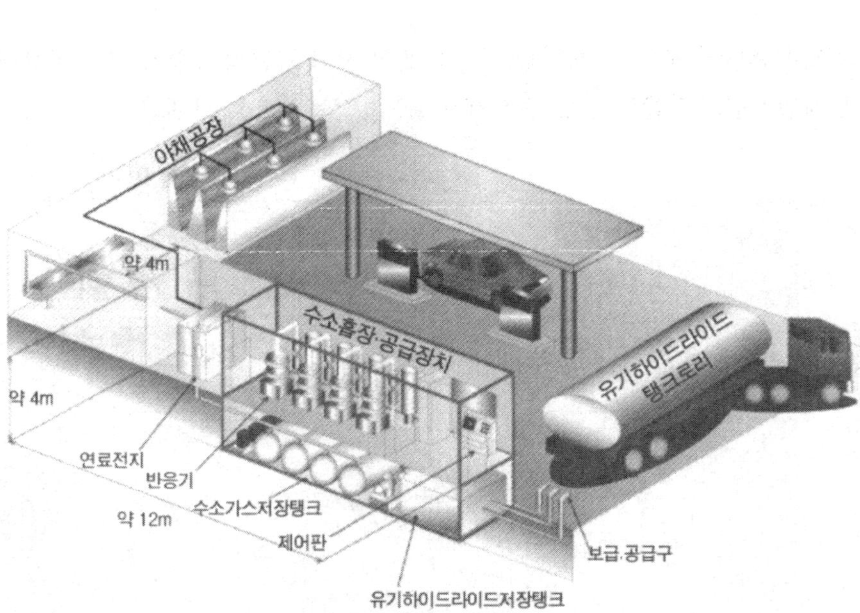

〈그림 5-59〉 수소저장·공급스테이션 이미지

이러한 유기하이드라이드의 수소저장 · 공급성능을 액체수소나 고압수소봄베 또는 수소저장합금이나 금속하이드라이드와 비교해보면, 중량수소함유율과 용적수소함유율에서 확실히 우수하다는 것을 알 수 있다. 500km 주행의 PEM형 연료전지자동차에 필요한 수소연료는 5kg이다. 기체의 경우, 5kg의 수소는 56,000리터(상온 · 상압)로 퍼진다. 350기압으로 압축해도 160리터의 용적을 차지한다. 데칼린의 경우는, 같은 5kg을 보통 자동차의 60리터 탱크에 충전하는 것만으로 연료전지자동차를 달리게 할 수 있다. 시클로헥산이나 데칼린은 등유나 경유와 같이, 석유나 석탄의 추출원료제품이며, 화학공업으로 대량생산 · 공급되고 있다. 또한 값이 싸고(kg당 수백 엔), 안전하며 용이하게 구할 수 있다.

최근, 홋카이도 대학 촉매화학연구센터의 이치카와연구실을 중심으로 몇몇 기업과의 공동개발에 의해, 유기하이드라이드를 사용한 고속수소공급장치가 개발되었다. 이 수소발생 반응장치는 <그림 5-58>의 분무식 반응기와 같이, 일정한 양의 시클로헥산 또는 데칼린을 노즐로부터 분무 · 방출해서, 반응온도로 가열된 백금촉매나 2원계 귀금속촉매에 내뿜는 것이다. 분무 · 방출량이나 촉매의 형태를 조절하면, 최적 반응조건에서는 수십 그램의 백금/탄소촉매량과 복수의 분무노즐을 이용하여, 매분 10-50리터의 1기압 수소가스를 안정하게 공급할 수 있다. 주택용 연료전지(1kW급)용으로 개발된 데칼린을 이용하는 수소공급실증기가 세키수이(積水)화학(주), (주)멘세이(電制), 홋카이도대학과의 공동개발에 의해 진행 되고 있으며, 장시간 연속운전으로 안정성능이 얻어지고 있다. 또한 가정용 연료전지용(매분 10-50 리터) 수소공급장치의 스케일을 증대시켜, 중형의 수소스테이션으로서 유기하이드라이드를 이용한 수소 스탠드의 실증 · 시제품을 개발하고 있다. 이 수소스탠드는 고압수소탱크를 탑재한 연료전지자동차에 고압의 수소를 공급하는 것뿐만 아니라, 50-100kW급의 고정형연료전지로도 기대가 되고 있다. 식품가공공장이나 집합주택, 중소패스트푸드점, 병원 등 사무용으로도 반드시 개발될 중간규모의 수소공급설비인 것이다.

6) 수소저장방법의 비교

<표 5-10>는 앞서 설명한 현재 이용할 수 있는 3가지 시스템에 대해 중량 및 체적을 기준으로 한 수소저장 성능값을 나타내고 있다. 이 표에는 비용이나 안전성에 관한 것 등이 반영되어 있지 않기 때문에, 이들 수치만으로 단순히 비교할 수는 없다. 극저온 저장방법의 값이 가장 좋다.

〈표 5-10〉 수소연료를 저장하는 방법의 비교 데이터

방법	중량기준 저장효율 % 질량수소	리터 당 수소의 체적 질량(kg)
압축수소	0.7~3.0	0.015
가역적 금속수소화물	0.65	0.028
극저온 액화수소	14.2	0.040

5-2 수소저장 II - 화학적인 방법

1) 소개

5, 3 절에서 설명한 수소저장방법 중에서 그 어느 것도 완전히 만족할만한 것은 없다. 현재 개발 중인 다른 방법들은 화학적인 '수소운반체(hydrogen carrier)'를 이용하는 것이다. 이들 역시 '인공연료(man -made fuel)'라고 할 수 있을 것이다. 질량기준으로 대량의 수소를 수용할 수 있도록 제조될 수 있는 화합물은 많이 있다. 이 화합물들이 사용될 수 있으려면 다음 3가지의 조건을 만족해야 한다.

• 이 화합물들은 매우 쉽게 수소를 방출할 수 있어야 한다. - 그렇지 않으면 5.2절에서 설명한 방법들 중의 하나인 개질연료를 사용하는 경우와 비교하면 장점이 없다.
• 제조공정이 단순하고 에너지 소비가 적어야 한다. - 다시 말하면 화합물에 수소를 수용하기위한 에너지와 비용이 작아야한다.
• 취급이 안전해야 한다.

〈표 5-11〉가능성 있는 수소저장물질

명 칭	분자식	수소(%)	밀도(kg/L)	1kg의 K_2를 저장한 체적(L)	비 고
액 체 수 소 (LH_2)	H_2	100	0.07	14	저온, -252 ℃
암모니아	NH_3	17.76	0.67	8.5	독성, 100 ppm
액체 메탄	CH_4	25.13	0.415	9.6	저온, -175 ℃
메탄올	CH_3OH	12.5	0.79	10	
에탄올	C_2H_5OH	13.0	0.79	9.7	
히드라진	N_2H_4	12.58	1.011	7.8	고도의 독성
수소화붕소나트륨의 30% 용액	$NaBH_4 + H_2O$	6.3	1.06	15	고가이지만 동작은 양호

이를 위해 많은 화학물질이 제안되고 시험되었다. 그들 중 몇 가지 주요한 수소저장물질과 그 특징을 <표 5-11>에 나타내었다. 대부분은 위의 3가지 조건 중에서 2가지 이상을 만족시키지 못하였기 때문에 검토할 필요는 없다. 히드라진(hydrazine)이 그 좋은 예이다. 히드라진은 첫 번째 조건을 아주 잘 만족시켰고, 연료전지의 실증시험에 사용되어 어느 정도 성공을 거두었다. 그러나 매우 독성이 높고 제조하는 데에 대량의 에너지가 필요하므로 두 번째와 세 번째 조건을 만족시키지 못한다. 그렇지만 <표 5-11>의 화합물 중 일부는 실제 응용이 검토되고 있으므로 여기서 좀 더 자세하게 설명한다.

2) 메탄올

메탄올은 연료전지 개발자들이 가장 관심을 보이고 있는 '인공적인(man-made)' 수소운반체이다. S.2절에서 보았듯이 메탄올은 수증기개질에 의해 수소로 개질 될 수 있으며, 반응식은 다음과 같다.

$$CH_3OH + H_2O \rightarrow CO_2 + 3H_2 \qquad (5.9)$$

만약 부분산화반응을 이용하면 처리공정은 그다지 효율적이지 않지만, 설비는 매우 간단하게 되고 반응은 다음과 같이 된다.

$$2CH_3OH + O_2 \rightarrow 2CO_2 + 4H_2 \qquad (5.10)$$

식 (5.9)의 반응은 메탄올 1kg 당 0.188kg의 수소가 발생되고, 식 (5.10)은 0.125 kg의 수소가 발생된다. 자열개질기는 이 두 반응을 조합하여 사용하고 있으므로 이 두값의 중간쯤에 해당하는 값을 가진다. 핵심은 어떤 개질반응(식(5.9)와 (5.10))이 사용된다 하더라도 반응은 250°C 부근에 발생하므로 가솔린의 개질에 필요한 반응(식 (5.2) 와 (5.6)) 온도보다 훨씬 더 낮다는 것이다. 또한 생성되는 일산화탄소도 훨씬 작으므로 이를 제거하기 위한 화학공정이 크게 줄어든다는 것을 의미한다. 오직 필요한 것은 4가지 일산화탄소 제거 시스템 중의 하나이다.

〈표 5-12〉 Necar 3에 사용된 메탄올 처리장치의 특징(Kalhammer 등(1998))

최대용량	50kWe
전력밀도	1.1kWe/L (개질기 20L. 연소기 5L, CO 선택적 산화기 20L)
비전력	0.44 kWe/kg (개질기 34 kg, 연소기 20 kg, CO 선택적 산화기 40 kg)
에너지 효율	결정되지 않음
메탄올 변환율	98~100%
효율	-
턴다운 비 (turn-down ratio)	20 to 1
과도상태 응답속도	< 2s

현재 자동차용 메탄올 개질기의 개발을 선도하고 있는 회사는 Excellsis Fuel Cell Engines (DaimlerChrysler), General Motors, Honda, International Fuel Cell, Mitsubishi, Nissan, Toyota 및 Johnson Matthey 등이 있다. 어떤 기업은 부분산화개질법도 연구하고 있지만, 대부분은 수증기개질법을 사용하고 있다. Daimler – Chrysler는 NeCar 3 실험용 자동차용으로 메탄올 처리장치를 개발했다. 이 장치는 세계 최초로 메탄올을 연료로 한 연료전지자동차에 사용되어 1997년 9월에 시연을 보였다. 이 장치는 Ballard의 50kW 연료전지와 함께 사용되었다. 메탄올 처리장치의 특징이 <표 5-12>에 주어져 있다.

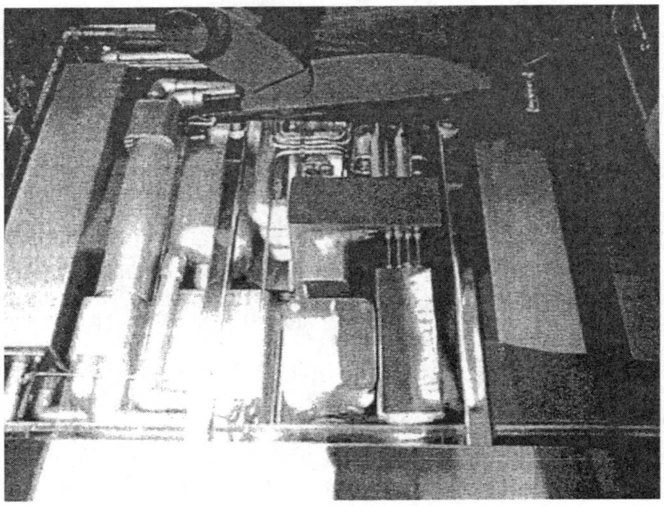

〈그림 5-60〉 Necar 5 메탄올 연료처리 장치

Necar의 시 험운전 이 래로 DaimlerChrysler와 Excellsis는 BASF와 공동으로 자동차용으로 더욱 개선된 촉매형 개질기 시스템을 개발하고 있다. 2000년 11월 DaimlerChrysler는 Jeep Commander 자동차와 함께 최첨단 메탄올 연료전지 자동차를 대표하는 NeCar 5를 출시하였다. 최근 6년 동안 연료전지 구동시스템은 크기 면에서 전통적인 구동시스템이 차지하는 공간 이상을 필요로 하지 않을 정도로 컴팩트해졌다. 따라서Necar 5는 전통적인 가솔린 내연기관자동차에 필적하는 내부공간과 승차인원을 가지고 있다. 이 자동차는 A-Class Mercedes자동차 구조를 기반으로 하고 있으며, 메탄올 개질기는 <그림 5-60>과 같이 좌석 아래 부분에 있다. NeCar 5는 Ballard의 75kW Mk 9 스택을 사용함으로써 150km/h 이상의 인상적인 최고속도를 기록하였다.

그러나 어떤 개질기가 사용되더라도 수소연료를 완전히 사용할 수는 없다. 즉, 5-2, 1)에서 설명한 것처럼 출구가스에는 수소가 다소 남아 있어야 하기 때문이다. 또한 수증기 개질의 경우 수증기 개질용 에너지를 공급하기 위해 생성된 수소의 일부가 필요하다. 수소 이용률을 75%라고 가정하면 메탄올 1kg 당 0.14kg의 수소연료를 얻을 수 있다. 메탄올 탱크의 부피는 40리터 정도가 될 것이며, 개질기 역시 탱크와 거의 같은 크기와 무게를 가질 것으로 예상된다. 그와 같은 시스템은 가까운 미래에 실현 가능할 것이며 그 성능은 대략 <표 5-13>과 같을 것이다.

〈표 5-13〉 메탄올 40L(32kg)을 저장하는 수소연료원의 예상 데이터

개질기와 탱크의 무게	6.4 kg
저장된 수소의 무게	4.4 kg
저장효율(% 수소질량)	6.9 %
비에너지	5.5 kWh/kg
탱크 + 개질기 부피	0.08 m^3
리터 당 수소의 무게	0.055 kg/L

a) 얻을 수 있는 수소에서 사용가능한 수소로 변환되는 양을 75 %로 가정

표의 예측값들을 살펴보면 메탄올시스템을 왜 그렇게 선호하며, 10W ~ 수 십kW에 이르는 전력시스템용으로 왜 그렇게 많은 주목을 받고 있는가를 알 수 있다.

<표 5-13>의 값에 따르면 수소운반체로서 '에탄올(ethanol)'이 메탄올과 마찬가지로 유망하다는 것을 주목해야 한다. 에탄올의 주요한 단점은 식(5.9)와 (5.10)의 등가 개질반응이 그리 빠르게 진행되지 않으므로, 개질기가 매우 커지고 고가로 되며 효율이 낮아지고 제어가 어렵다는 것이다. 또한 에탄올 자체도 보통 값이 비싸다. 에탄올에는 메탄올보다 수소가 약간 많이 포함되어 있지만, 그에 비해 이 결점들이 너무 크다.

3) 수소화붕소나트륨

'화학적인 수소운반체'로 잘 알려진 수소화붕소나트륨(NaBH4)의 이용에 대해 최근 매우 관심이 높아지고 있다. 이것은 아래의 반응에 의해 물과 반응해서 수소가 생성된다.

$$NaBH_4 + 2H_2O \rightarrow 4H_2 + NaBO_2 \quad (\Delta H = -218\,kJ/mol) \quad (5.13)$$

이 반응은 보통 자연적으로 진행되지 않으므로, 물에 녹아있는 수소화붕소나트륨 용액은 매우 안정적이다. 이것이 이 시스템의 커다란 장점이다. - 즉 제어가 매우 쉽다. 미국의 Millenium Cell Corp.Jfd::는 이 시스템의 개발을 활발히 추진해 왔으며, 이 방법으로 만든 수소를 이용해서 연료전지와 내연기관 양쪽을 이용해 주행하는 시험용 자동차를 제작했다. 특히 독일의 NovArs GmbH 社와 같은 유럽의 기업도 시험용 소형차를 제작했다 (Koschany (2001)). 식 (5.13) 의 주목할 만한 특징은 다음과 같다.

- 수소 1 mol 당 54.5kJ의 열이 발생하는 발열반응이다.
- 생성되는 것은 수소 뿐이므로, 이산화탄소에 의해 희석되지 않는다.
- 시스템이 따뜻하면 수증기가 수소와 혼합되므로, PEMFC에 매우 바람직하다.

최근에는 다소 간과되고 있지만, NaBH4는 1943년 이래 이용가능한 수소발생원으로 알려져 왔다. 이 화합물은 노벨상수상자인 Herbert C. Brown에 의해 발견되었다. 이에 대한 이야기는 매우 흥미롭고 매력적인 것으로써, 브라운교수 자신이 이야기하고 있다 (Brown(1992)). 1939~1945년의 전쟁 종료 직후에 US Army Signals Corps. 에 의해 수소발생기에 사용하기 위한 화합물을 대량으로 제조하는 계획이 진행되었지만, 평화가 도래하면서 이것이 불필요하게 되었다. 그러나 그 후 수년간 특히 종이제작산업에서 수소화붕소나트륨의많은 용도가 발견되었다. 그리고Morton International社(1999년에 Rohm & Hass사와 합병되었음)는 Brown 교수의 방법 을 사용하여 수 년 간 5000톤의 수소화붕소나트륨을 제조하였다.

수소화붕소나트륨이 적절한 촉매와 혼합되면 고체 형태로 될 수 있고, 수소를 발생 시키려면 물을 첨가한다. 그러나 이 방법의 단점은, 수송해야 하는 물질이 발화하기쉬운 고체이고, 물과 접촉되면 수소가스가 자연스럽게 발생되는 것이다. 이것은 안전상 확실히 위험하다. 이러한 안전상의 목적 때문에 7%의 염화코발트가 혼합된 수소화 붕소나트륨이 사용된다. 그러나 이것은 이 화합물을 이용하기위한 가장실제적인 방법은 아니다.

최근의 연구는 용액을 사용하는 것에 집중되어 있다. 이 방법은 몇 가지 장점이 있다. 첫 번째로, 수소원이 단일성분의 액체이다(따로 물을 공급할 필요가 없다). 두 번째로, 고체의 경우와 달리 이 액체는 쉽게 발화되지 않으며 단지 약간의 부식성이 있다. 용액을 적절한 촉매에 접촉시키면 식(5.13)의 수소방출반응이 진행된다. 촉매를 제거하면 반응이 멈춘다. 이와 같이 가스발생을 매우 간단하게 제어할 수 있으므로 연료전지용으로 중요한 장점을 가진다.

실제로 이용 가능한 용액의 최대농도는 약 30%이다. 농도를 높일 수도 있지만, 준비에 시간이 너무 걸리고 저온에서 고체의 손실이 발생한다. 용액에 약 3%의 수산화나트륨을 첨가하면 알칼리성이 된다. - 그렇게 하지 않으면 수소가 자연적으로 발생한다. 30% 용액은 농도가 매우 높기 때문에 붉은 용액이 사용되는 경우가 가끔 있지만, 수소운반체로서의 효용성은 약화된다. 30% 용액 1 리터로 67g의 수소를 얻을 수 있으므로 이는 약 800NL와 같다. 이는 부피면에서 저장효율이 매우 우수하다.

이 용액을 이용하는 발생기는 여러 가지 종류가 있다. 기본원리는 수소를 발생하기 위해서는 용액을 적절한 촉매에 접촉시키고, 촉매에서 용액을 분리시키면 반응이 정지하는 것이다. 적절한 촉매는 백금과 루테늄이지만, 산화철을 포함한 다른 저가의 물질도 효과적이다.

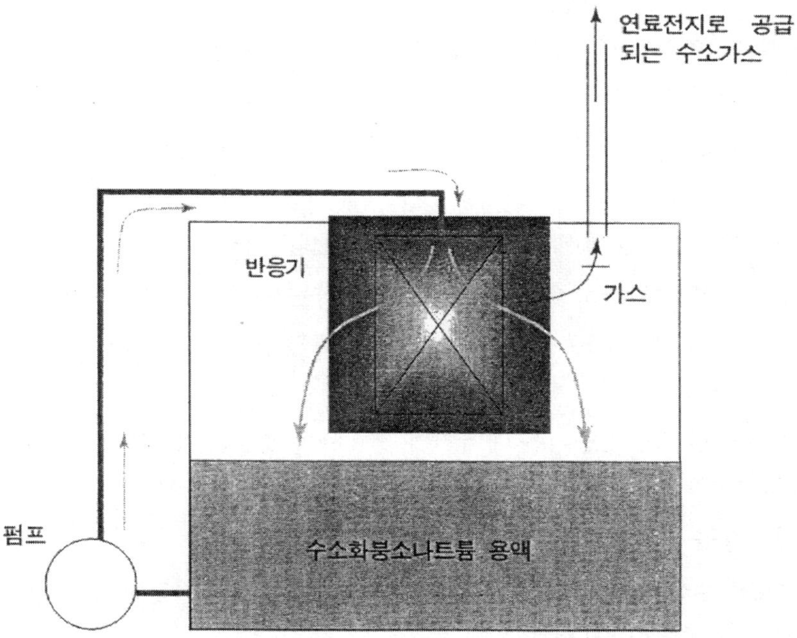

〈그림5-61〉 물 속의 수소화붕소나트륨용액에서 수소가 방출되는 반응기의 예. 용액은 수산화나트륨으로 안정화되어 있다. 펌프에 의해 반응기로 공급되는 용액의 속도를 제어함으로써 수소생성 비율을 쉽게 조절할 수 있다.

실제의 수소화붕소나트륨 시스템이 <그림 5-61>에 나타나 있다. 펌프에 의해 용액이 반응기로 공급되면 수소가 방출된다. 펌프를 구동하는 전동기는 수소압력을 검출하는 간단한 센서에 의해 ON-OFF된다. 압력을 가해 용액이 반응기로 공급되면신선한용액이촉매에계속적으로접촉하게한다. 생성속도를 제어하는 것은 단지 펌프의 듀티사이클(duty cycle) 뿐이다. 반응은 실온에서 발생하고, 전체 시스템은 이 절에서 설명한 어떤 다른 발생기보다 매우 간단하다. 그러나 용액이 묽어지면 반응속도는 매우 늦어지므로 시스템의 거동이 달라진다. 용액을 매우 효율 좋게 사용하는 것도 가능할 것 같지 않다. 또한 용액은 사용자의 사정에 따라 완전히 교체할 수 없다-수소화붕소나트륨이 모두 사용된 경우에만 용액을 완전히 교환 할 수 있을 뿐 다른 경우에는 불가능하다.

사용되고 있는 또 하나의 방법은 Millenium Cell Corp. 社에 의해 추진되고 있는 'Hydrogen on Demand® (필요한 만큼 공급되는 수소) 시스템'이다. <그림 5-61>의 재순환 시스템과 달리 이 방법에서는 용액이 촉매를 한번만 통과(single pass catalyst)한다. 주요한 장점으로는 언제라도 탱크에 새 용액을 충전시킬 수 있다는 것이고, 단점으로는 촉매를 통과한 사용된 용액을 위한 탱크가 따로 필요 하므로 모두 2 개의 탱크가 필요하다는 것이다.

'1kg의 수소를 발생시키는데 필요한 체적'이라는 성능지수 변에서 30%의 수소화붕소나트륨용액은 <표 5-14>의 액체 수소운반체 중에서 가장 좋지 않다. 그러나 이것은 경쟁력이 있으며, 단지 순수한 액체수소보다 아주 조금 좋지 않을뿐, 다른 기술에 비해 다음과 같은 많은 장점을 가지고 있다.

- 수송 시 모든 용액 중에서 확실히 안전성이 있다.
- 극저온 수소를 제외하고 순수한 수소가 생성되는 유일한 액체이다. 이것은 생성된 가스가 연료전지내에서 100 % 사용될 수 있는 유일한 방식임을 의미하기 때문에 매우 중요하다.
- 수소를 생성시키는 반응기는 에너지가 필요하지 않으며, 대기압과 대기 온도에서 동작한다.
- 수소생성량을 쉽게 제어할 수 있다.
- 수소생성반응을 촉진시키기 위한 반응기의 구조는 매우 간단하며, 어떤 다른 용액의 반응기보다 훨씬 더 간단하다.
- 필요하다면 생성된 수소가스에 많은 양의 수증기를 포함시킬 수 있으므로,PEMFC에 매우 적합하다.

〈표 5-14〉 NaNH4 30%, NaOH 3 %, H_2O 67 %로 이루어진 1.0L의 용액을 저장하는 수소원(hydrogen source)에 대한 추정치

개질기, 탱크, 용액의 무게	2.0 kg
저장되는 수소무게	0.067 kg
저장효율 (수소질량 %)	3.35%
비 에너지	1.34 kWh/kg
용기의 체적	약 2.0 L
리터 당 수소무게	0.036 kg/L

중량 및 체적을 기준으로 한 저장효율을 비교하기 위해, 완전한 수소저장 시스템이 어떤 것인지를 추측할 필요가 있다. 완전한 수소저장시스템의 무게는 저장되는 용액의 무게와 거의 같고, 체적은 용액의 거의 2배가 되도록 구성된다. 따라서 1L 용액을 가지는 시스템은 체적이 2L이고 무게가 약 2kg이대. 수소화붕소나트륨 저장시스템은 <표 5-14>과 같은 값을 가진다.

이와 같은 값을 갖는 시스템은 다른 시스템에 비해 매우 경쟁력이 있다. 그렇다면 단점은 무엇인가? 3가지의 주요한 문제가 있다. 첫 번째는 붕산용액의 처리문제이다. 이것은 위험한 물질이 아니기 때문에 그다지 곤란하지 않다. 그러나 다른 두 가지 결점은 매우 심각하다. 두 번째는 비용이다. 수소화붕소나트륨은 고가의 화합물이다. 제품설명서를 참조하여 간단히 계산해보면, 이 방법으로 수소를 만드는 비용은 1kg 당 약 630$가 든다. 이것은 전력을 이용하여 전기분해를 하는 것보다도 100배 이상 고가이다(Larminie (2002)). 이와 같은 비용 때문에 이 시스템은 실용적이지 않다.

세 번째는 수소화붕소나트륨을 제조하기 위해 필요한 에너지로써 이 또한 비용 문제와 관련이 있다. 현재의 방법을 사용하면 이 비용은 메탄올과 같은 화합물에서 필요로 하는 비용을 훨씬 초과한다. 현재 수소화붕소나트륨은 붕사(borax, NaO, $2B_2O$, $10H_2O$)와 메탄올로 만들어지며 붕사는 대량으로 채굴되며 많은 용도를 가진 자연계에 존재하는 광물이다. 목표는 식(5.13)의 가수분해반응에서 생기는 메타붕산나트륨(sodium metaborate)을 수소화붕소나트륨으로 재생시켜 이용하는 것이다. <표 5-15>은 주요한 화합물의 생성에 대한 mol 당 엔탈피를 나타내고 있다. 이 재생이용에는 적어도788kJ/mol을 필요로 하므로 상당히 쉽지 않은 문제이다. 그러나 이 값은 4mol의 수소에 대한 것이어서 수소 1mol 당 은

197kJ/mol이므로 그다지 낙담할 정도는 아니다. 그러나 재생이용이 가능하기 위해서는 극복해야하는 문제가 많이 남아있다.

〈표 5-15〉 수소화붕소나트륨과 붕산(borate)나트륨의 주요한 열역학적 데이터

	$NaBH_4$	$NaBO_2$
생성 몰 엔탈피	-189 kJ/mol	-997 kJ/mol

Millenium Cell Corp. 社와 같은 기업은 이와 같은 처리공정의 실용화에 많은 기대를 가지고 제조 비용과 에너지 문제를 열심히 연구하고 있다. 만약 성공한다면 유용한 수소 운반체가 탄생되겠지만, 비용이 적어도 10배 이하로 감소되기전에는 이 방법은 특수한 틈새용도에만 적합할 것이다.

4) 암모니아

암모니아는 무색의 기체로서 쉽게 알아챌 수 있는 자극적인 냄새를 가진 매우 독성이 높은 물질이다. 분자식은 NH3로써, 분자식으로부터 수소운반체로서의 가능성을 쉽게 알 수 있다. 화학산업에서 많은 용도로 사용되고 있으며, 그 중 가장 중요한 것은 비료 제조로써, 암모니아의 약 80%가 사용되고 있다. 또한 폭약의 제조에도 사용되고 있다. 암모니아는 대량으로 제조되고 있고, 그 생산량은 연간1억 톤으로 추정되고 있으며 그 중 1600만 톤 정도가 미국에서 생산되고 있다.

암모니아는 -33°C에서 액화되며 이것은 그다지 낮은 온도는 아니다. 또한 대기온도와 약 8 기압(그다지 고압이 아니다)의 자체 증기압 하에서 액체로 유지된다. 대량의 암모니아는 보통 이러한 액체형태로 수송 및 저장된다. 그러나 물에 쉽게 녹는다-실제로 모든 가스중에서 가장 물에 녹기 쉽다. 용액(수산화암모늄)은 강한알칼리성으로 '암모니아물' 또는 '암모니아용액' 이라고 부르는 경우가 많다. 어떤 연구자는 이 암모나아용액을 이용하는 수소발생기를 만들었다. 그러나 이것은 수소밀도가 높은 암모니아의 주요한 장점이 없어져버릴 뿐만 아니라 처리과정이 복잡해진다.

액체암모니아는 가장 컴팩트한 수소저장법 중의 하나이다. 1kg의 수소를 저장하는 데에 필요한 체적은 경쟁 관계에 있는 대부분의 물질보다 작다. 예상과 달리 LH_2보다 1.7배

나 효과적이다(LH_2는 액체 형태인 경우에도 수소분자가 차지하는 공간이 매우 넓어서 밀도가 매우 낮기 때문이다).

암모니아의 그 밖의 두 가지 특징은 수소운반체로서만 이용하려는 목적 때문에 관심의 그늘에 가려져 있다. 첫 번째는 계절에 따라 비료로 사용해야 하기 때문에 대량 비축이 가능하다는 것이다. 두 번째는 수요에 대한 공급의 과잉 때문에 암모니아가격이 억제되고 있다는 것이다. 그러나 암모니아의 제조와 수소로의 변환과정을 고려하면 매력은 줄어든다.

암모니아를 수소운반체로서 이용하기 위해서는, 천연가스와 공기 중의 질소로부터 화합물을 제조하고, 생성가스를 액체형태로 압축한 뒤, 이용 단계에서 암모니아를 질소와 수소로 분리시키는 것이 필요하다. 5-2절에 개요를 나타냈듯이, 암모니아의 제조과정에는 메탄(천연가스)의 수증기개질 과정이 포함되어 있다. 반응은 고온에서 일어나고 Haber 처리공정에서 질소와 반응시키기 위해 생성된 수소를 상당한 고압(보통은 100기압)으로 압축시켜야 한다. 미국의 암모니아의 약 40%를 제조하고 있는 Louisiana Ammonia Producers Association에 의하면 이 처리공정의 효율은약 60%이다. 이는 가스의60 %는 수소를 공급하기 위해, 40%는 처리공정의 에너지를 공급하기 위해 사용된다는 것을 의미한다. 펌프와컴프레서를구동하는전력은여기서고려하고있지않기때문에이효율값을 '최대치'라고 생각해야 한다. 처리공정은 연료에서 수소를 만든 후 다른 가스와 반응시키는 메탄올의 생산공정과 매우 비슷하다. 이 경우에 이산화탄소대신에 질소가 사용된다. 처리공정의 효율과 비용도 비슷하다.

암모니아에서 수소를 생성 시키는데는 다음과 같은 간단한 분리반응이 이용된다.

$$NH_3 \rightarrow \frac{1}{2}N_2 + \frac{3}{2}H_2 \quad (\Delta H = +46.4\,kJ/mol) \qquad (5.14)$$

이 반응이 적절한 속도로 발생하기 위해서는 600~900 °C 사이에서 암모니아를 가열시켜 촉매위로 통과시킬 필요가 있다. 반응기의 생성물질 중 암모니아 잔류분을 ppm의 레벨로 하는 위해서는 약 900°C의 높은 온도가 필요하다. 한편 촉매는 고가일 필요가 없다. 좋은 촉매가 될 수 있는 재료들 가운데서 철, 구리, 니켈 등이 많이 사용된다. 또 이 반응을 위한 시스템이 여러 문헌들(Kaye 등(1998) , Faleschini 등(2000))에서 설명되어 있다. Faleschini 등(2000)의 논문은 사용가능한 촉매에 대해서 많은 내용을 다루고 있다.

이 반응은 이미 보았듯이 흡열반응이다. 그러나 이 에너지만이 필요한 것은 아니다. 액체 암모니아는 증발해서 기체로 될 때에 다량의 에너지를 흡수한다. 이것이 암모니아가 지금도 많은 경우에 냉매로서 이용되고 있는 이유이기도 하다.

$$NH_3(\text{액체}) \rightarrow NH_3(\text{가스})\ (\triangle H = +22.3\ kJ/mol) \quad (5.15)$$

약 800~900 °C에서 분리반응이 안정적으로 일어나므로, 암모니아를 대기온도에서 기체상태로 만든 뒤에 가열한다. 간단하게 하기 위해 800 °C의 온도를 가정하면, 암모니아의 몰 당 비열은 36.4[J/mol]이기 때문에 다음과 같다.

$$\triangle H = 800 \times 36.4 = 29.1\ [kJ/mol]$$

이 과정에서 1.5mol의 수소가 발생되고, 몰 당 생성엔탈피는 -285.84kJ/mol(HHV기준)이다. 이 단계에서 가능한 최고의 효율은 다음과 같이 구한다.

$$\frac{(285.84 \times 1.5) - (23.3 + 29.1 + 46.4)}{285.84 \times 1.5} = 0.77 = 77\%$$

개질공정에서 주위로의 열손실을 고려하지 않는다면, 위의 값은 효율의 상한 값이라고 생각해야 할 것이다. 그러나 생성가스는 연료전지에 들어가기 전에 약 80°C로 냉각될 필요가 있고 이 열을 회수할 여지도 있기 때문에, 시스템의 효율은 이 값에 아주 가깝게 될 수 있다. 또 대기온도보다 낮은 온도에서 증발이 일어나기 때문에 어느 정도의 열을 주위에서 흡수하는 것도 가능하다.

암모니아와 수산화암모늄의 부식성은 또 다른 중요한 문제이다. 연료전지 중에는 반드시 수분이 존재한다. 생성가스인 수소와 질소 중에 미량의 암모니아가 남아 있으면 이 수분에 녹아 셀 내부에 알칼리(수산화암모늄)가 발생된다. 알칼리전해질 연료전지(AFC)의 경우라면 소량이 허가되지만 PEMFC의 경우는 치명적이다. 이 점은 다수의 암모니아 지지자에 의해 인정되고 있으며, 또한 AFC의 장점으로도 언급되고 있다(Kordesch 등 (1999)). 메탄과 메탄올 등의 다른 수소 운반체로부터 생산된 수소도 일산화탄소라는 유해물질이 포함되어 있다. 그러나 이것은 제거될 수 있을 뿐만 아니라, 영구히 셀을 손상시키지 않고 단지 일시적으로 성능을 떨어뜨릴 뿐이다. 반면에 암모니아는 셀을 영구적으로 손상 시키므로,이 때문에 문제가 점점 더 악화된다.

암모니아는 수소운반체로서 메탄올과 자주 비교되며, 요약하면 다음과 같다.

- 제조법과 비용이 비슷하다.
- 암모니아 1L 당 생성되는 수소가 약간 더 많다.
- 암모니아는 저장 취급, 수송이 훨씬 더 어렵다.
- 암모니아는 위험성과 독성이 더욱 크다.
- 암모니아에서 수소를 추출하는 과정이 매우 복잡하다.
- 암모니아 개질기는 상당한 고온에서 동작하므로 메탄올보다 소형 연료전지 시스템에 내장시키는 것이 훨씬 더 어렵다.
- AFC를 제외하고 암모니아 개질기에서 생성된 가스는 어떤 종류의 연료 전지에도 사용하기 어렵다.

결론적으로 수소운반체로서의 암모니아는 아주 특수한 상황에서만 사용된다.

5) 수소저장방법의 비교

〈표 5-16〉 수소저장방법의 비교데이터. 모든 값들은 액체수소용 탱크나 메탄올개질기와 같은 관련 장비들을 포함시켜 고려한 것이다.

방 법	질량저장효율 (수소질량 %)	리터 당 수소질량(kg/L)	비 고
고압탱크	0.7~3.0	0.015	'싸고 기꺼이'널리 사용되고 있다.
금속 수소화물	0.65	0.028	소형시스템에 적합하다
액화수소 (LH_2)	14.2	0.040	대량저장에 널리 이용되고 있다.
메탄올	6.9	0.055	값싼 화학물질 광범위한 시스템에 사용될 가능성이 있다.
수소화나트륨입상체	2.2	0.02	사용 후 용액의 처리문제가 있다.
$NaBH_4$ 수용액	3.35	0.036	매우 고가이다.

지금까지 많은 수소저장방법에 대해 검토하였다.

모든 방법이 커다란 문제를 가지고 있다. <표 5-16>에는 현재 이용 가능한 수소 저장방법을 질량 및 체적을 기준으로 한 성능 면에서 비교하였다. 이 표를 이용하면 설계자가 가장 어려움이 적은 방법을 선택하는 데에 유용할 것이다. 주목할 점은 최악의 값을 가지는 저장방법(고압탱크에 저장)이 현실에서 널리 사용되고 있다는 것이다. 이는 그 방법이 매우 간단하고 쉽기 때문이다. 또한 이 값들을 보면 왜 메탄올이 미래에 그처럼 기대되는 연료 후보인지를 알 수 있다.